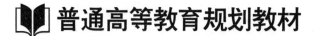普通高等教育规划教材

地下建筑结构
（第二版）

门玉明　王启耀　主编
刘妮娜

U0293986

人民交通出版社股份有限公司
China Communications Press Co.,Ltd.

内 容 简 介

本书介绍了地下结构的作用(荷载)计算、弹性地基梁理论、浅埋式地下结构计算、防空地下室设计、盾构隧道和顶管管道、沉井结构和沉管结构、整体式隧道结构、锚喷结构、基坑工程、地层与结构相互作用、地下建筑施工技术与施工组织等内容。

本书是普通高等学校土木工程(岩土工程、地下工程、城市地下空间等)和地质工程等专业的本科生教材,也可作为从事地下结构设计、施工和科学研究的专业技术人员、大专院校师生、短训班学员的参考书。

图书在版编目(CIP)数据

地下建筑结构/门玉明,王启耀,刘妮娜主编. ——
2版.—北京:人民交通出版社股份有限公司,2016.1
ISBN 978-7-114-12478-5

Ⅰ.①地… Ⅱ.①门…②王…③刘… Ⅲ.①地下建
筑物—建筑结构 Ⅳ.①TU93

中国版本图书馆 CIP 数据核字(2015)第 206776 号

书　　名:地下建筑结构(第二版)
著　作　者:门玉明　王启耀　刘妮娜
责任编辑:高　培　王景景
出版发行:人民交通出版社
地　　址:(100011)北京市朝阳区安定门外外馆斜街 3 号
网　　址:http://www.ccpress.com.cn
销售电话:(010)59757973
总 经 销:人民交通出版社发行部
经　　销:各地新华书店
印　　刷:北京鑫正大印刷有限公司
开　　本:787×1092　1/16
印　　张:19.25
字　　数:452 千
版　　次:2007 年 8 月　第 1 版
　　　　　2016 年 1 月　第 2 版
印　　次:2016 年 1 月　第 1 次印刷　总第 5 次印刷
书　　号:ISBN 978-7-114-12478-5
定　　价:45.00 元

(有印刷、装订质量问题的图书由本社负责调换)

第二版前言

《地下建筑结构》第一版出版于 2007 年 8 月。该书出版后,得到了同行教师和学生的欢迎,多所高校选用其作为授课教材,在地下建筑结构课程教学中发挥了积极的作用。

近几年来,随着我国基础建设的迅猛发展,对地下建筑工程提出了更新、更高的要求,为了适应新技术、新方法的发展,相关行业的工程技术规程、规范相继进行了修订,一批新的工程技术规程、规范予以颁布。为了适应这种新的变化,更好地反映当前新技术、新规程、新规范的内容,本书根据现行地下建筑结构规程、规范,对第一版中的内容进行了一次较全面的修订;此外在第一版的使用过程中也发现了一些疏漏和不足,在这次修订过程中也进行了更正。第二版在保留第一版特色的基础上,主要进行了以下几方面的修订。

1. 对书中的大部分公式、图表进行了复核、验算和文献查对,对其中发现的一些错误进行了更正。

2. 尽可能反映地下建筑结构领域在近几年来所取得的新成就和发展,对第一版中使用的过期标准、规范等根据现行的标准、规范进行了更新,并对相应的内容作了调整。

3. 根据第 4 章的内容,将原章节题目"浅埋式地下结构"修改为"矩形闭合框架结构"。

4. 从知识的系统性方面考虑,对书中的一些章节,进行了内容的增补。

本书第 1、3、4、8 章由门玉明修编,第 6、7、9、10、11 章由王启耀修编,第 2、5、12 章由刘妮娜修编。全书仍由门玉明统稿。

本书在修编过程中,得到了人民交通出版社、长安大学相关部门和同行的大力支持,在此一并表示衷心的感谢。

编　　者

2015 年 9 月

前　言

随着社会生产力的巨大发展,人口出现快速增长,城市化的进程也在不断加剧。由于城市人口密度的增加和城市建设的扩容,可利用的地面空间越来越趋于紧张,城市建设对土地需求的增长与地面土地资源日益紧张之间的矛盾日显突出。因此,探索开拓新的生存空间的途径,已成为城市建设者们的一项重要的研究课题。

地下空间是迄今尚未被充分利用的一种自然资源。从拓展人类生存空间的意义上看,合理开发与利用城市地下空间以满足未来城市发展的需要,是解决城市发展与土地资源紧张矛盾的最现实的途径,对地下空间的开发利用将成为21世纪的重大技术领域。

为适应大规模地下空间开发利用对高级技术人才的需要,近年来,许多高校为土木工程、地质工程等专业陆续开设了地下建筑结构的课程,希望通过本课程的学习,使学生掌握或了解地下建筑结构设计的基本原理和方法,为以后从事地下建筑结构设计工作奠定良好的基础。本书正是为了适应我国高等学校土木工程、地质工程等专业教育的这一发展和变化而编写的。

本书在编写过程中,参考了高等学校土木工程专业指导委员会编制的《地下建筑结构》教学大纲以及近年来国内出版的有关地下建筑结构的教材及专著。本书虽然是为土木工程和地质工程专业的本科生编写的,但也可供从事地下工程专业的技术人员参考。

本书由门玉明教授和王启耀副教授主编。西安建筑科技大学刘增荣教授和长安大学陈志新教授对书稿进行了认真的审阅并提出了宝贵的意见。书中的第1、2、3、4、5、8、12章由门玉明编写,第6、7、9、10、11章由王启耀编写。由于地下建筑结构涉及的知识面广,内容庞杂,目前在教学内容的选择上,还存在着仁者见仁、智者见智的状况。尽管我们在本书正式出版前,曾以讲义的形式在本科生和研究生教学中进行了反复使用和修改,但仍免不了存在错误和不足之处,敬请读者批评指正。

本书在编写过程中，参阅了许多学者的著作，并吸纳了其中的一些成果，在此对这些著作的作者表示诚挚的谢意。

感谢人民交通出版社对此书出版给予的大力支持。

编　者

2007 年 3 月于西安

目　录

第1章 绪 论

1.1 地下建筑的概念和特点

1.1.1 地下建筑的分类

建造在土层、岩层中或水底以下的各种建筑物(Buildings)和构筑物(Structures),统称为地下建筑(Underground Works)。地下建筑包括交通运输方面的地下铁道、公路隧道、地下停车场、过街或穿越障碍的各种地下通道;工业与民用方面的各种地下车间、地下电站、矿井、地下储藏库、地下商店、人防与市政地下工程;以及文化、体育、娱乐与生活等方面的地下联合建筑体,还包括军事方面的各种地下设施。地面建筑的地下室部分也归属于地下建筑。一小部分露出地面,大部分处于岩石或土壤中的建筑物和构筑物常称为半地下建筑。

地下建筑类型不同,其工程特点、设计、施工方法和施工组织也不相同。对地下建筑的分类有多种途径,常见的有:

(1)按使用功能分类

①工业建筑。包括地下仓库、地下油库、地下粮库、地下冷库、各种地下工厂(车间),及火电站、核电站的地下厂房等。

②民用建筑。包括各种人(民)防工程(如人员掩蔽部、指挥所和通信枢纽、救护站和地下医院等),一些平战结合的地下公共建筑,如地下商业街、地下车库、地下影剧院、地下餐厅、地下招待所、地下物资储存仓库及地下住宅等。

③交通建筑。包括铁路和道路隧道、城市地下铁道、运河隧道和水底隧道等。

④水工建筑。包括水电站地下厂房和附属洞室,以及引水、尾水等水工隧洞、电缆洞和调压井等。

⑤矿山建筑。包括各种矿井(竖井和斜井)、水平巷道和作业坑道等。

⑥军事建筑。包括各种永备的和野战工事、屯兵和作战坑道、指挥所、通信枢纽部、人员或装备掩蔽所、飞机和舰艇洞库、军用油库、导弹发射井,以及军火、炸药和各种军用物资仓库等。

⑦公用和服务性建筑。包括给排水管道、热力和电力管道、输油和煤气管道、通信电缆,以及一些综合性的市政隧道等。

(2)按所处的地质条件和建造方式分类

①岩石中的地下建筑。包括在岩石中修建的地下建筑;利用石灰岩地区已有的天然溶洞及经过加固和改造后的废旧矿坑而形成的各种地下建筑。

②土层中的地下建筑。包括采用明挖法施工的浅埋通道和地下室,以及在深层土体中采用暗挖法施工的深埋通道和地下建筑。

（3）按习惯称谓分类

当地下建筑独立地修建在地层内,在其地面直接上方不再有其他的地面建筑物,称为单建式地下建筑;各种地面建筑物的地下室部分,称为附建式地下建筑。

（4）按埋置深度分类

①深埋地下建筑。洞顶衬砌外缘至地面的垂直距离 h 与洞顶衬砌外缘的跨度或圆洞的直径 b 的比值

$$\frac{h}{b} \geqslant a \tag{1-1}$$

②浅埋地下建筑。洞顶衬砌外缘至地面的垂直距离 h 与洞顶衬砌外缘的跨度或圆洞的直径 b 的比值

$$\frac{h}{b} < a \tag{1-2}$$

式中 a 的取值,根据土压力理论计算约为 2.5。

国内有些设计部门建议,对于坚硬完整的岩体,其值可以降低为 1.0～2.0,但必须同时满足

$$h \geqslant (2.0 \sim 2.5) h_0 \tag{1-3}$$

式中: h_0——洞顶岩体压力拱的计算高度。

上述对地下建筑进行分类的因素中,工程所在位置、地层的性质、洞室的体型和埋置深度等,实质上又是由地下建筑的用途决定的。而洞室所在位置、地层性质、洞室体型和埋置深度等不同,对地下建筑所赋予的条件和影响也截然不同。

1.1.2 地下建筑的特点

地下建筑由于处于一定厚度的土层或岩层的覆盖下,能满足一定的防护要求和创造特定的生产与生活环境。与地面建筑相比,地下建筑具有以下特点:

（1）自然防护力强

地下建筑上部有较厚的自然岩土覆盖,并可根据防护和使用要求确定其所需的自然覆盖层厚度,因而具有良好的防护性能,可免遭或减轻包括核武器在内的空袭、炮轰、爆破的破坏,同时也能较有效地抗御地震、飓风等自然灾害,以及火灾、爆炸等人为灾害。试验资料表明,大约 10m 厚的中等强度岩石,便可有效地防护 50kN 普通爆破弹的破坏作用;厚约 4～5m 的中等强度岩石,毛洞跨度不大于 5m 时,便可达到抵抗地面冲击波超压 1200kN/m² 的安全防护要求,而地面建筑则由于大部分暴露于地上,一般在 40kN/m² 的超压下即会完全破坏。同时地下建筑还可以利用天然岩土层的围护,对某些危险性产品的生产或储存起一定的隔离和限制作用,如弹药、油料等的生产或储存;将核电站设置在岩石地下建筑中要比设置在地面建筑中安全,防护距离也可相应缩短。

（2）受外界条件影响小

由于地层具有良好的热稳定性和密闭性,因此,除口部地段外,地下建筑内部温度受外界影响很小,这对于大多数物资的储存非常有利。如在岩石中修建的地下冷库,可以不用或少用隔热材料,温度调节系统也比地面冷库简单,备用设备少,经常性的操作费用低,而且还具有良好的冷藏效果,即使在冷冻设备损坏或维修的情况下,也能在一周内保持一定的低温,使库内物资不发生变质。

另一方面,地下建筑的防震性和密闭性也比地面建筑要好,有利于抗震、抗振、排除地面尘土和电磁波的干扰,对于要求恒温、恒湿、超净、防微振、抗电磁波干扰的生产和生活用建筑非常适宜。

此外,利用地下建筑的密闭性,还可以将污水处理厂、核废料库等建于地下,这对于保护环境有着良好的效果。

(3)受地质条件影响大

岩土体的结构、强度及地下水位等,对于地下建筑选址、平面布置、净高和跨度确定都有较大的影响。特别是在岩石地下建筑中,地质条件常常成为其选址和设计的重要依据。因此,岩石地下建筑的选址和规划设计必须在对较大范围内地下岩层做详细调查的基础上进行,以便选用最适合于地下建筑的区段,避开断层和高地应力区,选用合理的衬砌结构形式,并对地下水的影响采取一定的措施。

岩石地下建筑受地质条件的影响,还表现在围岩的稳定性、压力作用与地下建筑的跨度以及平面布置的密切关系。即在一般情况下,洞室的跨度越大,围岩越不稳定,地下建筑所受的围岩压力也越大。因此,岩石地下建筑在平面上不宜采用大跨、多跨或连续成片的布置,而应按使用要求,依据地质条件由若干个单体洞室组合而成,两平行洞室之间需要有一定厚度的岩柱以承受上覆岩体的部分荷载。

(4)需经通风、防排水、防潮、防噪声和照明等处理

地面建筑一般都是利用室内外空气压力(主要为热压和风压),用门窗进行自然通风,以保证室内生产、生活所需要的新鲜空气和适当的温度、湿度,并不断地排出污浊空气及生产、生活中所产生的余热余湿。但地下建筑与地面建筑不同,洞室内所需的空气必须从地面经洞口进入,排出的空气也要经洞口排至洞外。同时,由于地下温度比较稳定,单位时间内的传热量小,以及岩石裂隙中渗透水的存在等,使地下建筑内的余热、余湿难于自然散发,所以必须要有可靠的通风和防潮去湿措施,才能保证洞室的正常使用。如果地下建筑要求防护通风,则在通风系统上还要布置消毒、除尘、滤毒等设施。所有这些都将对建筑设计与构造带来很大影响,使地下建筑具有明显的特殊性。

另一方面,由于洞室内完全见不到阳光,无论白天还是夜间,都需要人工照明。因此,特别是供平时使用的地下建筑,应考虑洞内的采光效果,使洞内有良好的工作环境。在洞口还要有灯光的过渡段(如采用光棚等),以适应人们视觉的调整。

此外,地下建筑多为封闭而狭长的空间,没有敞开的窗户,洞室内产生的各种声响传不出去。由于声的多次反射,声能衰减缓慢,因此混响声级强,混响时间长,在洞室内工作的人员,往往受到更为强烈的噪声干扰(指声源所产生的混响声级,直达声级是不会增高的)。洞内噪声常常影响讯息的传递(如讲话的清晰度受到影响),较强一点的噪声可能会引起人们耳鸣、头晕、头胀、烦躁、易疲劳、记忆力衰退等,严重影响人们的健康和降低工作效率。这就要求进行建筑设计时,必须正确掌握洞室内的各房间的使用特性,搞好洞内噪声的隔离和控制,并对洞室内进行必要的声学处理。

(5)施工条件特殊

地面建筑是采用"围"的办法构成使用空间,而地下建筑是使用"挖"的办法取得空间。因此,土石方工程量大,且由于地下施工作业面小、空间有限,环境潮湿,无论在施工方法和施工机具的使用上、构配件的材料和尺寸大小等方面与地面建筑都有区别。

由于地下建筑挖方工程量大,建设周期长,衬砌等结构费用高,再加上防护、通风、排水、防潮等的处理,所以总的来说,施工较复杂,一次投资较高。据资料介绍,一般岩石地下建筑的造价约比地面同类建筑的造价高出一倍左右。但在地质条件良好,施工机械化程度较高的情况下,有些地下建筑,如地下水电站就比地面同类型建筑的造价要经济。若将水电站的主厂房建在地下,不仅能获得最大的发电量,并在最低水位时能继续正常发电,还可使厂房选择在水道处于最良好的地质体中,且使有压引水管具有良好的垂直度,距离最短。压力管设于岩石中,可利用岩石承受水压力,从而大大简化水管的结构,节约大量的钢材和混凝土。

综上可以看出,地下建筑具有明显的特性,特别是从安全防护和具有良好的热稳定性和密闭性等方面创造的特殊条件,有着很大的优越性。加之它可以节约能源,保护环境,改善地面土地的利用,解决城市用地紧张和交通拥挤等矛盾,因此已作为现代城市和地区建设的新途径而逐渐被人们所掌握。有规划地建造各种地下建筑工程,对节约城市占地、克服地面各种障碍、改善城市交通、减少城市污染、扩大城市空间容量、提高工作效率和提高城市生活质量等方面,都会起到极其重要的作用。

1.2　地下建筑结构的结构形式和适用条件

地下建筑结构是地下工程的重要组成部分,其主要作用是承受地层和室内的各种荷载。它的结构形式应根据地层的类别、使用目的和施工技术水平等进行选择。按照结构形式的不同,地下结构可分为以下 8 类:

(1)拱形结构

这类结构的顶部横剖面均属拱形,主要有:

①半衬砌。只做拱圈、不做边墙的衬砌称为半衬砌。当岩层较坚硬,整体性较好,侧壁无坍塌危险,仅顶部岩石可能有局部脱落时,可采用半衬砌结构。如图 1-1a)所示为半衬砌结构示意图,如图 1-1b)、c)所示表示落地拱。计算半衬砌时一般应考虑拱支座的弹性地基作用,施工时应保证拱脚岩层的稳定性。

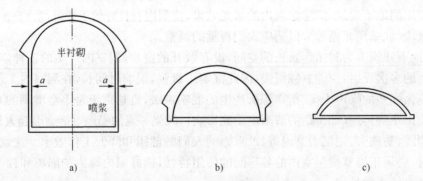

图 1-1　半衬砌结构

②厚拱薄墙衬砌。厚拱薄墙衬砌的拱脚较厚、边墙较薄。当洞室的水平压力较小时,可采用厚拱薄墙衬砌,如图 1-2 所示。这种衬砌的受力特点是将拱圈所受的荷载通过扩大的拱脚传给岩层,使边墙的受力减小,节省建筑材料和减少石方开挖量。

③直墙拱顶衬砌。这是岩石地下工程中采用最普遍的一种结构形式。它由拱圈、竖直边

墙和底板(或仰拱)组成,如图1-3所示。对有一定水平压力的洞室,可采用直墙拱顶衬砌。此类衬砌与围岩之间的间隙应回填密实,使衬砌与围岩能整体受力。

④曲墙拱顶衬砌。曲墙拱顶衬砌由拱圈、曲墙和底板(或仰拱)组成,如图1-4所示。当围岩的垂直压力和水平压力都比较大时,可采用曲墙拱顶衬砌。如遇洞室底部地层软弱或为膨胀性地层时,应采用底部结构为仰拱的曲墙拱顶衬砌,将整个衬砌围成封闭形式,以加大结构的整体刚度。

图1-2 厚拱薄墙衬砌

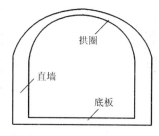

图1-3 直墙拱顶衬砌

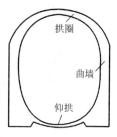

图1-4 曲墙拱顶衬砌

⑤离壁式衬砌。离壁式衬砌的拱圈和边墙均与岩壁相脱离,其间空隙不做回填,仅将拱脚处局部扩大,使其延伸至岩壁并与之顶紧,如图1-5所示。当围岩基本稳定时可采用离壁式衬砌。这时对毛洞的壁面常需进行喷浆围护,以防止围岩风化剥落。

⑥装配式衬砌。由预制构件在洞内拼装而成的衬砌称为装配式衬砌,如图1-6所示。采用装配式衬砌可加快施工速度,提高工程质量。

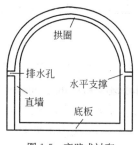

图1-5 离壁式衬砌

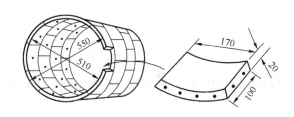

图1-6 装配式衬砌(尺寸单位:cm)

⑦复合式衬砌。分两次修筑、中间加设薄膜防水层的衬砌称为复合式衬砌,如图1-7所示。复合式衬砌的外层常为锚喷支护,内层常为整体式衬砌。

(2)梁板式结构

在浅埋地下建筑中,梁板式结构的应用也很普遍,如地下医院、教室等。这种结构常用在地下水位较低的地区,或要求防护等级较低的工程中。顶、底板做成现浇钢筋混凝土梁板式结构,而围墙和隔墙可采用砖墙。图1-8所示为一防空地下室的梁板式结构横剖面图。

(3)框架结构

在地下水位较高或防护等级要求较高的地下工程中,一般除内部隔墙外,均做成箱形闭合框架钢筋混凝土结构。对于高层建筑,地下室结构都兼作为箱形基础。

在地下铁道、软土中的地下厂房、地下医院和地下指挥所,以及地下发电厂中也常采用框架结构。如图1-9所示为一地铁通道的横断面图。

沉井式结构的水平断面也常做成矩形单孔、双孔或多孔结构等形式。如图1-10所示为一矩形多孔沉井式结构的典型形式。

断面大而短的顶管结构常采用矩形结构或多跨箱涵结构,这类结构的横断面也属于框架结构。

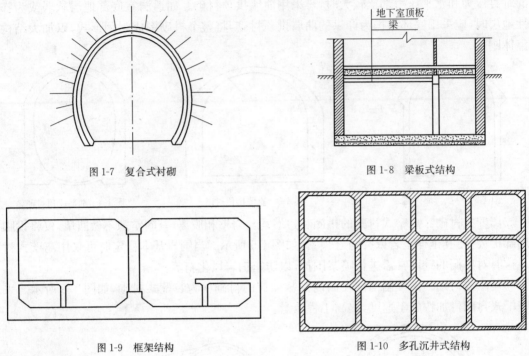

图1-7 复合式衬砌

图1-8 梁板式结构

图1-9 框架结构

图1-10 多孔沉井式结构

(4)圆管形结构

当地层土质较差、靠其自承能力可维持稳定的时间很短时,对中等埋深以上土层的地下结构常以盾构法施工,其结构形式相应的采用装配式管片衬砌。该类衬砌的断面外形常为圆形,与盾构的外形一致,如图1-6所示。盾构一般是圆柱形的钢筒,依靠盾尾千斤顶沿纵向支撑在已拼装就位的管片衬砌上向前推进。装配式管片一般在盾构钢壳的掩护下就地拼装,经过循序交替挖土、推进和拼装管片,就可建成装配式圆形管片结构。将平行修建的装配式圆形管片结构横向连通,即可成为多孔式的隧道结构。

断面小而长的顶管结构一般也采用圆管形结构。

(5)地下空间结构

地下立式油罐一般由球形顶壳、圈梁、圆筒形边墙和圆形底板组成,常称为穹顶直墙结构,如图1-11所示,它的顶盖就属于空间壳体结构。软土中的地下工厂有的采用圆形沉井结构,它的顶盖也采用空间壳体结构。而用于软土中明挖施工的一些地下仓库、地下商店、地下礼堂等的顶盖,也采用空间结构。

坑道交叉接头常称为岔洞结构,图1-12所示为岔洞结构的一种形式。

(6)锚喷支护

锚喷支护是在毛洞开挖后及时地采用喷射混凝土、钢筋网喷射混凝土、锚杆喷射混凝土或锚杆钢筋网喷射混凝土等方式对地层进行加固,如图1-13所示。由于锚喷支护是一种柔性结构,故能更有效地利用围岩的自承能力维护洞室稳定,其受力性能一般优于整体式衬砌。

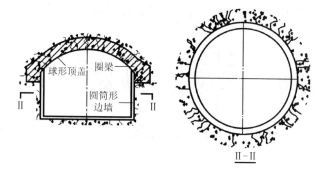

图 1-11 地下立式油罐

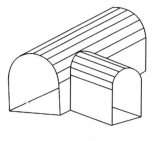

图 1-12 岔洞结构

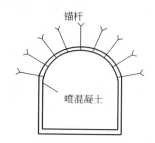

图 1-13 锚喷支护

（7）地下连续墙结构

用地下连续墙方法修建地下结构比用明挖法和沉井法施工有许多优点和特色,当遇到施工场地狭窄时可优先考虑采用地下连续墙结构。用挖槽设备沿墙体挖出沟槽,以泥浆维持槽壁稳定,然后吊入钢筋笼架并在水下浇灌混凝土,即可建成地下连续墙结构的墙体。建成墙体以后,可在墙体的保护下明挖基坑,或用逆作法施工修建底板和内部结构,最终建成地下连续墙结构。图 1-14 所示为地下连续墙墙体结构施工过程的示意图。

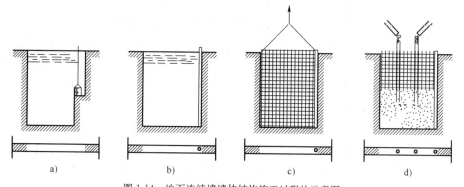

图 1-14 地下连续墙墙体结构施工过程的示意图
a)开挖槽段;b)放置接头管;c)吊放钢筋笼;d)浇注混凝土

（8）开敞式结构

用明挖法施工修建的地下构筑物,需要有和地面连接的通道,它是由浅入深的过渡结构,称为引道。在无法修筑顶盖的情况下,一般都做成开敞式结构。矿石冶炼厂的料室等通常也做成开敞式的地下结构。图 1-15 所示为水底隧道引道采用的开敞式结构的断面示意图。当遇到地下水压较大时,开敞式结构一般应考虑设置抗浮措施。

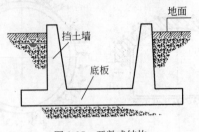

图 1-15　开敞式结构

1.3　地下结构设计方法概述

早期地下工程的建设完全依据经验,19 世纪初才逐渐形成自己的计算理论,开始用于指导地下结构物设计与施工。

在地下结构计算理论形成的初期,人们仅仅仿照地面结构的计算方法进行地下结构物的计算,这些方法可归类为荷载结构法,包括框架内力的计算、拱形直墙结构内力的计算等。然而,由于地下工程所处的环境条件与地面建筑是全然不同的,引用地面结构的设计理论和方法来解决地下工程中所遇到的各类问题,常常难以正确地阐述地下工程中出现的各种力学现象和过程。经过较长时间的实践,人们逐渐认识到地下结构与地面结构受力变形特点不同的事实,并形成以考虑地层对结构受力变形的约束作用为特点的地下结构理论。20 世纪中期,电子计算机的出现和现代计算力学的发展,大大推动了岩土力学和工程结构等学科的研究,地下结构的计算理论也因此有了更大的发展。

从地下结构设计理论发展的历史沿革,大致可分为以下几个阶段:

(1)刚性结构阶段

早期的地下建筑物大都是用砖石等材料砌筑的拱形圬工结构。这类材料的抗拉强度很低,为了保持结构的稳定,其截面尺寸通常都很大,结构受力后的弹性变形很小。这一时期的计算理论实际上是模仿石拱桥的设计方法,采用将地下结构视为刚性结构的压力线理论。这种理论认为,地下结构是由一系列刚性块组成的拱形结构,所受的主动荷载是地层压力,当地下结构处于极限平衡状态时,它是由绝对刚体组成的三铰拱静定体系,铰的位置分别假设在墙底和拱顶,其内力可按静力学原理进行计算。

对于作用在地下结构上的压力,认为是结构顶部上覆岩层的重力。其代表性的理论有海姆(A. Haim)理论、朗肯(W. J. M. Rankine)理论和金尼肯(А. Н. Диник)理论。不同之处在于他们对地层水平压力的侧压系数有不同的理解,海姆认为侧压系数为 1,朗肯根据散体理论认为侧压系数

$$\lambda = \tan^2\left(45° - \frac{\varphi}{2}\right) \tag{1-4}$$

式中:φ——岩土体的内摩擦角。

而金尼肯根据弹性理论认为侧压系数

$$\lambda = \frac{\mu}{1-\mu} \tag{1-5}$$

式中：μ——岩土体的泊松比。

刚性设计方法只考虑衬砌承受其周围岩土所施加的荷载，没有考虑围岩自身的承载能力，也不计围岩对衬砌变形的约束和由此产生的围岩被动抗力，在一般情况下设计出的衬砌厚度偏大。

（2）弹性结构阶段

19 世纪后期，混凝土和钢筋混凝土材料开始应用于地下结构中，与此同时，人们将超静定结构计算力学引入到地下结构计算中，并考虑了地层对结构产生的弹性抗力作用。

1910 年，康姆列尔（O. Kommerall）在计算整体式隧道衬砌时，率先假设刚性边墙受有成直线形分布的弹性抗力作用，建立了将整体式结构的拱圈和边墙分开计算，并将拱圈视为支承在固定支座上的无铰拱的计算方法。其后，许多学者相继提出了假定抗力图形的计算方法，并采用了局部变形的文克尔假定。如 Johnson（1922 年）等人将地层弹性抗力分布假设为梯形；朱拉波夫（Г. Г. Зуробов）和布加耶娃（О. Е. Бусаева）假定抗力为镰刀形。由于假定抗力法对抗力图形的假定带有任意性，稍后人们开始研究将边墙视为双向弹性地基梁的地下结构计算理论。C. H. HayMoB 在 1956 年将其发展为按局部变形弹性地基梁理论计算直边墙的地下结构计算法。此后，共同变形弹性地基梁理论也被用于地下结构的计算。1939 年和 1950 年，达维多夫（С. С. ДаВЫДОВ）两次发表了按共同变形弹性地基梁理论计算整体式地下结构的方法。1954 年，奥尔洛夫（С. А. Орлов）进一步研究了按地层共同变形理论计算地下结构的方法。1964 年，舒尔茨（S. Schuze）和杜德科（H. Dudek）在分析圆形衬砌时，不但按共同变形理论考虑了径向变形的影响，而且还计入了切向变形的影响。

按共同变形理论计算地下结构，其优点在于它是以地层的物理力学特征为依据，并考虑了各部分地层沉陷的相互影响，在理论上比局部变形理论有所改进。

（3）连续介质阶段

自 20 世纪以来，按连续介质力学理论计算地下结构内力的方法逐渐得到了发展。在初期，人们曾致力于建立这类计算理论的解析解，但由于遇到数学上的困难，迄今为止仅对圆形衬砌的计算有较多研究成果。自 20 世纪 60 年代以来，随着电算技术的普及和岩土介质本构关系研究的进步，地下结构的数值计算方法有了较大的发展，1966 年，S. F. Reyes 和 D. U. Deere 应用 Drucker-Prager 准则进行了圆形洞室的弹塑性分析。1968 年，辛克维茨（O. C. Zienkiewicz）等按无拉应力分析了隧道的应力和变形，提出了可按初应力释放法模拟隧洞开挖效应的概念。1975 年，F. H. Kuihawy 用有限元法探讨了几种因素对地下洞室受力变形的影响和开挖面附近隧洞围岩的三维应力状态，开始将力学分析引入非连续岩体和施工过程研究的计算。从 20 世纪 70 年代起，我国学者在这一领域也做了大量研究工作，已经建立的计算方法包括地下洞室的弹性计算法、弹塑性计算法、黏弹性计算法和弹黏塑性计算法等。

连续介质理论较好地反映了支护与围岩的共同作用，符合地下结构的力学原理。然而，由于岩土的计算参数（如原岩应力、岩体力学参数、施工因素等）难以准确获得，人们对岩土材料的本构模型与围岩的破坏失稳准则还认识不足。因此，目前根据连续介质理论所得出的计算结果，还只能作为设计参考依据。

（4）现代支护理论阶段

20 世纪 50 年代以来，喷射混凝土和锚杆被用于隧道支护，与此相应的一整套新奥地利隧道设计方法随之兴起,形成了以岩体力学原理为基础的、考虑支护与围岩共同作用的地下工程现代支护理论。

新奥地利隧洞施工法的英文全名为 New Austrian Tunnelling Method,简称为 NATM。新奥法认为围岩本身具有"自承"能力,如果能采用正确的设计施工方法,最大限度地发挥这种"自承"能力,可以得到最好的经济效果。它的要点就是:尽可能不破坏围岩中的应力分布,开挖之后立即进行一次支护,防止岩石进一步的松动,然后视需要进行二次支护。按新奥法设计的支护都是柔性的,能较好地适应围岩的变形。

新奥法在设计理论上还不很成熟,目前常用的方法是先用经验统计类比的方法做事先的设计,再在施工过程中不断监测围岩应力应变状况,按其发展规律不断调整支护措施。

地下结构理论的另一类内容,是关于岩体中由于节理裂隙切割而形成的不稳定块体的失稳分析,一般应用工程地质和力学计算相结合的分析方法,即岩石块体极限平衡分析法。这种方法是在工程地质的基础上,根据极限平衡理论,研究岩块形状和大小与塌落条件之间的关系,以确定支护参数。

近年来,在地下结构中主要使用的工程类比法,也在向着定量化、精确化和科学化发展。与此同时,在地下结构设计中应用可靠性理论,推行概率极限状态设计法,采用动态分析方法,即利用现场监测信息,从反馈信息的数据预测地下工程的稳定性,从而对支护结构进行优化设计等方面也取得了重要进展。

应当看到,由于岩土体的复杂性,地下结构设计理论还处在不断发展阶段,各种设计方法还需要不断提高和完善。后期出现的设计计算方法一般也并不否定前期的研究成果,各种计算方法都有其比较适用的一面,但又各自带有一定的局限性。设计者在选择计算方法时,应对其有深入的了解和认识。

国际隧道协会(ITA)在 1987 年成立了隧道结构设计模型研究组,收集和汇总了各会员国目前采用的地下结构设计方法。经过总结,国际隧道协会认为,目前采用的地下结构设计方法可以归纳为以下 4 种设计模型:

①以参照过去地下工程实践经验进行工程类比为主的经验设计法。

②以现场量测和试验室试验为主的实用设计方法,如以洞周位移量量测值为基础的收敛—约束法。

③作用—反作用模型,即荷载—结构模型,如弹性地基圆环计算和弹性地基框架计算等计算法。

④连续介质模型,包括解析法和数值法。

由于地下结构的设计受各种复杂因素的影响,因此经验设计法至今仍占据一定的位置。即使内力分析采用了比较严密的理论,其计算结果往往也需要用经验类比来判断和补充。以测试为主的实用设计方法常受现场人员青睐,因为它能提供直觉的材料,以更确切地估计地层和地下结构的稳定性和安全程度。理论计算法可以用于进行无经验可循的新型结构设计,基于作用-反作用模型和连续介质模型的计算理论已成为一种特定的计算手段而受到人们的重视。当然,工程设计人员在进行地下结构设计时,一般应进行多个方案的比较,以作出更为经济合理的设计。

1.4 地下建筑结构的设计内容及计算原则

1.4.1 地下建筑结构的设计内容

地下建筑结构的设计内容包括横向结构设计、纵向结构设计和出入口设计。

（1）横向结构设计

在地下建筑中，一般结构的纵向较长，横断面沿纵向通常都是相同的。沿纵向方向上的荷载在一定区段上也可以认为是均匀不变的，相对于结构的纵向长度来说，结构的横向尺寸不大，可认为力总是沿横向传递的。计算时通常沿纵向截取 1m 的长度作为计算单元，即把一个空间结构简化成单位延米的平面结构按平面应变进行分析。

横向结构设计主要分荷载确定、计算简图、内力分析、截面设计和施工图绘制等几个步骤。

（2）纵向结构设计

横断面设计后，得到结构的横断面尺寸和配筋，但是沿结构纵向需配多少钢筋，是否需要沿纵向分段，每段长度多少等，则需要通过纵向结构设计来解决。特别是在软土地基和通过不良地质地段情况下，如跨活断层或地裂缝时，更需要进行纵向结构计算，以验算结构的纵向内力和沉降，确定沉降缝的设置位置。

工程实践表明：当隧道过长或施工养护注意不够时，混凝土会产生较大损伤，使沿纵向产生环向裂缝；在靠近洞口区段由于温度变化也会产生环向裂缝。这些裂缝会使地下建筑渗水漏水，影响正常使用。为保证正常使用，就必须沿纵向设置伸缩缝。伸缩缝和沉降缝统称为变形缝。

从已发现的地下工程事故来看，较多的是因为纵向设计考虑不周而产生裂缝，故在设计和施工时应予以充分注意。

（3）出入口设计

一般地下建筑的出入口，结构尺寸较小但形式多样，有坡道、竖井、斜井、楼梯、电梯等，人防工程口部则设有洗尘设施及防护密闭门。从使用上讲，无论是平时或战时，地下建筑的出入口都是很关键的部位，设计时必须给予充分重视，应做到出入口与主体结构强度相匹配。

1.4.2 地下建筑结构的计算原则

在地下结构设计与计算中，应遵循以下原则：

（1）遵守设计规范和规程

当前在地下结构设计中颁布的规范有多种，设计时必须根据设计对象、地下建筑的服务领域等，选用相关的规范和规程。

（2）确定合理的设计标准

应根据建筑用途、防护等级、地震烈度等确定地下结构的设计荷载。地下建筑工程材料的选用不得低于规定的等级。

地下结构一般为超静定结构，考虑抗震、抗爆荷载时，允许考虑由塑性变形引起的内力重分布。

在结构截面计算时,一般需进行强度、裂缝(抗裂度或裂缝宽度)和变形的验算。钢筋混凝土结构在施工和正常使用阶段的静荷载作用下,除强度计算外,一般应验算其裂缝宽度。根据工程的重要性,限制裂缝宽度的大小,不允许出现通透裂缝,对较重要的结构则不能开裂,即需验算其抗裂度。

钢筋混凝土结构在爆炸动荷载作用下只需进行强度计算,不作裂缝验算,因在轰炸情况下,只要求结构不倒塌,允许出现裂缝,日后再进行修复。

1.5 地下建筑的发展历史及前景

1.5.1 地下建筑的发展历史

人类对地下空间的利用经历了一个从自发到自觉的漫长过程。推动这一过程的,一是人类自身的发展,如人口的繁衍和智能的提高;二是社会生产力的发展和科学技术的进步。从历史的角度出发,可以将人类对地下空间的利用史划分为以下 4 个时代:

第一时代,从人类出现至公元前 3000 年的远古时期。人类利用天然洞穴作为群居和活动场所。考古学家发现,距今 10000 年前,被称为"新洞人"和"山顶洞人"的两种古人类居住地址就在北京周口店龙骨山自然条件较好的天然岩洞中。黄河流域已发现公元前 8000~公元前 3000 年的洞穴遗址 7000 余处。在日本、欧洲、美洲、西亚、中东、北非等地也都发现了这一时期的古人类居住洞穴,说明这种原始居住方式在当时已被广泛采用。

第二时代,从公元前 3000 年至公元 5 世纪的古代时期。公元前 3000 年以后,世界进入了铜器和铁器时代,劳动工具的进步和生产关系的改变,导致生产力有很大发展。古埃及、巴比伦、印度及中国先后建立了奴隶制国家。随着生产关系的改变和劳动工具的进步,人类开始把开发地下空间用于满足居住以外的多种需求。埃及金字塔、巴比伦幼发拉底河引水隧道,均为这一时代的建筑典范。

第三时代,从公元 5 世纪至 14 世纪的中世纪时期。欧洲在中世纪经历了封建社会的最黑暗的千年文化低潮,地下空间的开发利用也基本上处于停滞状态。在这一时期,我国地下空间的开发多用于建造陵墓和满足宗教建筑的一些特殊要求。相继建成的陕西子长钟山石窟(始建于东晋)、山西大同云冈石窟、河南洛阳龙门石窟(北魏)、甘肃敦煌莫高窟(从北魏到隋、唐、宋、元各朝),以及甘肃麦积山和河北邯郸响堂山石窟(北齐)等,这些石窟的形成和加工与以佛教故事为题材的浮雕艺术和壁画艺术融为一体,使石窟逐渐由单一的佛殿加僧房功能发展为集建筑和壁画于一体的佛教石窟文化综合体,成为人类文化宝库中极为珍贵的部分。这时期,用于屯兵和储粮的地下空间也有建造。如隋朝(7 世纪)在洛阳东北建造了面积达 600m×700m 的近 200 个地下粮仓,其中第 160 号仓直径 11m,深 11m,容量 445m³,可存粮 2500~3000t;宋朝在河北峰峰建造的军用地道,约长 40km。

第四时代,从 15 世纪开始的近代和现代。14 世纪至 16 世纪出现的欧洲文艺复兴,促进了社会生产力的提高和资本主义生产关系的萌芽。从此,欧洲的产业革命、科学技术开始走在世界的前列,地下空间的开发利用也进入了新的发展时期。17 世纪火药的大范围应用,使人们在坚硬岩层中挖掘隧道成为可能,从而进一步扩大了开发利用地下空间的诸多领域。1613年建成伦敦地下水道,1681 年修建了地中海比斯开湾长 170m 的连接隧道,1843 年伦敦建成越河隧道,1863 年伦敦建成世界第一条城市地下铁道,1871 年穿越阿尔卑斯山,连接法国和意大利的全长 12.8km 的公路隧道开通。到 21 世纪初,世界上已有 46 个国家所属的 126 座城市建成了地下铁道,线路总长度达到 6964km。我国大瑶山铁路隧道,长 14295m,自 1981 年11 月开始施工,于 1987 年 5 月建成。日本青函隧道连接北海道与本州,总长 53850m,穿越津轻海峡,其海底长度达 13.3km,青函隧道工程自 1939 年开始规划,1946 年实施调查,1971 年正式施工,至 1988 年 3 月投入运营,经历了半个世纪。英法海峡隧道总长 50km,海底长度37km,于 1987 年动工,1994 年 5 月投入运营。各类地下电站也迅速增长,其中地下水力发电站的数目,全世界已超过 400 座,其发电量达 45 亿瓦以上。地下电站的建设是十分庞大的地下工程,原苏联的罗戈水电站,土石方量 510 万 m^3,混凝土用量 160 万 m^3,开凿的隧道、洞室294 个,总长度达 62km。

第二次世界大战期间,参战国的地面工厂和民用建筑都遭到了严重破坏,而构筑在隧道、岩洞和矿井内的地下工厂、军事设施等则安然无恙。战后,许多国家都有计划地把一些重要工业和军事工程转入地下。特别是在 20 世纪 70 年代的冷战时期,各国为了防御核战争的袭击,修建了大量的地下防御工事和民防建筑。

近年来,世界各国对于地下空间的开发利用都十分重视。城市地下空间的开发利用,已经成为城市建设的一项重要内容,一些工业发达国家,逐渐将地下商业街、地下停车场、地下铁道及地下管线等连为一体,成为多功能的地下综合体。国际上有许多专家称"21 世纪是人类开发利用地下空间的新时代"。预计 21 世纪的城市在向高空发展的同时,也将加大开发地下空间的力度和深度,向地下索取更大的空间,以期创造更加美好的地下世界。

1.5.2　地下建筑的发展前景

随着社会生产力的巨大发展,人口出现快速增长,城市化的进程也在不断加剧,由于城市人口密度的增加和城市建设的扩容,可利用的地面空间越来越趋于紧张,城市建设对土地需求的增长与地面土地资源日益紧张之间的矛盾越来越显得突出,因此,探索开拓新的生存空间的途径,已成为城市建设者们的一项重要的研究课题。

地下空间是迄今尚未被充分利用的一种自然资源,具有很大的开发潜力。以目前的施工技术和维持人的生存所需花费的代价来看,地下空间的合理开发深度以 2km 为宜。考虑到在实体岩层中开挖地下空间,需要一定的支承条件,即在两个相邻岩洞之间应保留相当于岩洞尺寸 1~1.5 倍的岩体;以 1.5 倍计,则在当前和今后一段时间内的技术条件下,在地下 2km 以内可供合理开发的地下空间资源总量为 $4.12×10^{17}\,m^3$。由于人类的生存与生活主要集中在陆地表面积 20% 左右的可耕地、城市和村镇用地的范围内,因此,可供有效利用的地下空间资源应为 $2.40×10^{16}\,m^3$。在我国,可耕地、城市和乡村居民点用地的面积约占国土总面积的15%,按照上面的计算方法,我国可供有效利用的地下空间资源总量接近 $1.15×10^{15}\,m^3$。由此可见,可供有效利用的地下空间资源的绝对数量十分巨大,从拓展人类生存空间的意义上看,无疑是一种具有很大潜力的自然资源。

开发城市地下空间以满足未来城市发展的需要,是解决城市发展与土地资源紧张矛盾的最现实的途径。可以预言,对地下空间的开发利用将成为21世纪的重大技术领域。

1.6 本课程的研究内容及任务

地下建筑包括岩层地下建筑和土层地下建筑两大类,而这两类建筑工程无论在规划设计方面,还是在施工方面,都既相类似,又有显著区别。应当指出,目前地下建筑还没有形成一个独立的学科,但它涉及的内容却相当广泛,除建筑设计和城市规划的一些基本内容外,还与多种学科交叉,融合多种学科知识,可以说,它是一个具有横跨岩土、地质、结构、灾害防御等学科领域的大学科;同时,它还涉及一些生产工艺的知识,如粮食储存工艺、液体燃料储运工艺、铁路设计工艺、地下岩石施工工艺等;如果对这些工艺没有相当深度的了解,就无法利用地下空间的特点,以满足这些生产工艺的特殊要求。

从学科属性上看,地下建筑研究的范围大体上有以下几个方面:地下空间资源的合理开发与综合利用;各类地下建筑的规划设计;地下结构的设计与计算;地下建筑施工技术与组织;以及地下建筑结构与地下环境特殊性有关的一些技术问题,如环境问题、防灾问题、防护问题、防水排水问题、环境与人体生理和心理上的相互作用问题等。

本课程主要介绍地下结构设计的基本理论,包括弹性地基梁的计算理论、隧道结构计算、浅埋式地下结构计算、防空地下室设计、盾构隧道和顶管管道、沉井结构和沉管结构、锚喷结构、地层与结构相互作用、地下工程施工技术与施工组织等知识。

本课程的主要任务可归结为:通过地下建筑结构理论的学习,使学生掌握或了解地下建筑结构设计的基本原理和方法,能够根据地下结构所处的不同介质环境、使用功能和施工方法,设计出安全、经济和合理的结构。

本课程的前修课程应包括材料力学、结构力学、工程地质学、土力学、岩石力学和钢筋混凝土结构等。

复习思考题

1 简述地下建筑的类型。

2 简述地下结构的主要形式。

3 地下结构设计理论的发展可以划分为哪几个阶段?各有什么特点?

4 简述地下结构的设计内容。

5 试说明荷载—结构法、经验设计法的基本含义。

6 简述局部变形理论和共同变形理论的基本含义及主要区别。

7 试说明弹性抗力的基本含义及主要的计算方法。

8 简述地下结构的计算原则。

9 简述地下建筑研究的范围。

10 与地面建筑相比较,地下建筑有哪些突出特点?

11 试说明划分深埋地下建筑与浅埋地下建筑的依据。

12 简述国际隧道协会归纳的四种地下结构设计模型。

第2章 地下结构的荷载计算

2.1 地下结构的荷载分类

地下结构在建造和使用过程中均受到各种荷载的作用,地下建筑的使用功能也是在承受各种荷载的过程中实现的。地下建筑的结构设计就是依据所承受的荷载及荷载组合,通过科学合理的结构形式,使用一定性能、数量的材料,使结构在规定的设计基准期内,以及规定的条件下,满足可靠性的要求,即保证结构的安全性、适用性和耐久性。因此,在进行地下结构设计时,首先要准确地确定结构上的各种作用(荷载)。

施加在结构上的力集(包括集中力和分布力)属于直接作用,习惯上统称为荷载,如永久荷载、活荷载、偶然荷载等。不是直接以力集的形式出现的作用,如地基变形、混凝土收缩和徐变、焊接变形、温度变化以及地震等引起的作用属于间接作用。

地下结构的荷载可分为永久荷载、可变荷载和偶然荷载三类。

(1)永久荷载

在结构使用期间,其值不随时间变化,或其变化与平均值相比可以忽略的,或其变化是单调的并能趋于某一限值的荷载。地下结构上的永久荷载主要有地层压力和结构自重。

①围岩压力。隧道开挖后,因围岩变形或松散等原因,作用于洞室周边岩体或支护结构上的压力,属于地下结构的基本荷载。

②土压力。包括作用于衬砌上的填土压力和洞门墙的墙背主动土压力。

③结构自重。即由材料自身重力产生的荷载。

④结构附加恒载。伴随地下工程运营的各种设备和设施的荷载。

⑤混凝土收缩和徐变的影响。在跨度较大的拱形结构中,由于混凝土收缩和徐变而引起的内力也是不可忽视的。如施工时分段浇筑则影响小,否则影响较大。混凝土收缩和徐变一般在5~6年可基本完成不再变化。

(2)可变荷载

在结构使用期间,其值随时间变化,且其变化与平均值相比不可忽略的荷载。按其作用性质,又可将其分为活荷载、附加荷载和特殊荷载。

①活荷载。作用于地下结构上的活荷载主要有以下几种:

a.使用荷载。地下结构在使用过程中的吊车荷载、车辆荷载以及人群荷载等。

b.水压力。当地下结构修建在含水地层中,需考虑水压力。

c.动荷载。要求具有一定防护能力的地下建筑物,需考虑核武器和常规武器(炸弹、火箭)爆炸产生的冲击波和土中压缩波对防空地下室结构形成的动荷载,它们属于偶然荷载,也是防空地下室设计的主要荷载,具有作用时间短且不断衰减的特点。

②附加荷载。

a. 制动力 制动力是指公路车辆或列车在制动时产生的作用力。

b. 温度变化的影响 地下结构是高次超静定结构,因此,温度变化会在地下结构中引起内力,如浅埋结构土壤温度梯度的影响,浇灌混凝土时的水化热温升和散热阶段的温降,都会在地下结构中产生内力。因此地下结构在建造和使用过程中,如果温度变化大,或结构对温度变化很敏感(如连续刚架式棚洞)时,应考虑由于温度变化引起的内力。

c. 灌浆压力 暗挖修建的地下结构,为了回填密实,有时需压注水泥砂浆,此外,灌浆还具有防水和对结构补强的作用。压浆在结构建造完毕后进行,由灌浆产生的压力称为灌浆压力。

d. 冻胀力 指由于土体的冻胀作用在地下结构中产生的附加作用力。冻胀力可分为切向冻胀力、法向冻胀力和水平冻胀力。

③施工荷载。指地下结构在施工安装过程中的各种临时荷载。

(3)偶然荷载

在设计基准期内不一定出现,而一旦出现,其量值很大且持续时间很短的作用。落石冲击力和地震作用都属于偶然作用。

①落石冲击力。一般指修建在山区的明洞,由于洞顶上部落石所产生的冲击力。

②地震作用。指因地震而间接施加在地下结构上的力。地震作用的大小除了和地震波的特性有极为密切的关系外,还和场地土性质、结构本身的动力特性有很大关系。

落石冲击力、地震作用均属于特殊荷载。

地下结构上的荷载还有其他一些种类,这里只列出了主要部分。

在确定地下结构上的荷载时,应充分考虑以下各项因素对它的影响。

①地下建筑所处的地形、地质条件:偏压或膨胀压力、松散压力。

②地下建筑的埋置深度:深埋或浅埋。

③地下建筑的支护结构类型及工作条件:喷锚支护或模注混凝土衬砌等。

④地下建筑的施工方法:钻爆法开挖或明挖法,掘进机开挖等。

这些因素对确定作用(荷载)的性质、大小及其分布皆有重大影响,在设计时应进行认真分析。

2.2 地下结构的荷载计算

在进行地下结构的荷载计算时,应按照施工阶段和使用阶段分开考虑。

(1)围岩压力

围岩压力是地下结构承受的主要荷载。由于影响围岩压力分布、大小和性质的因素很多,具体设计时应根据结构所处的环境,结合已有的试验、测试和研究资料来确定。

深埋岩石地下结构主要承担由于岩体松动、坍塌而产生的竖向和侧向主动压力,围岩的松动压力仅是隧道周围某一破坏范围(承载拱)内岩体的重量,而与隧道的埋深无直接联系。

围岩松动压力的计算方法有现场量测法、理论公式计算法和统计法等,具体可参见《岩体力学》教材。

需要指出的是,一些部门在围岩压力计算方面,针对本部门地下结构的特点,分别建立了计算围岩压力的经验公式,这些公式由于计算前提、资料来源及研究对象等方面的不同,在具体形式上有一些差异,使用时应予以注意。

以深埋隧道围岩压力的计算为例,《公路隧道设计规范》(JTG D70—2004)规定:用矿山法施工的Ⅰ~Ⅳ级深埋隧道,围岩压力为主要形变压力,其值可按释放荷载计算。

Ⅳ~Ⅵ级围岩中深埋隧道的压力为松散荷载时,其垂直均布压力可按下式计算

$$\left.\begin{array}{l} q = \gamma h \\ h = 0.45 \times 2^{s-1}\omega \end{array}\right\} \tag{2-1}$$

式中:q——垂直均布压力,kN/m^2;

　s——围岩类别;

　γ——围岩重度,kN/m^3;

　ω——宽度影响系数,$\omega = 1 + i(B-5)$;

　B——隧道宽度,m;

　i——B 每增加 1m 时的围岩压力增减率,以 $B=5m$ 的围岩垂直匀布压力为准,当 $B<5m$ 时,取 $i=0.2$;$B>5\sim15m$ 时,取 $i=0.1$。

围岩水平均布压力仍按表 2-1 确定。

围岩水平均布压力 表 2-1

围岩级别	Ⅰ、Ⅱ	Ⅲ	Ⅳ	Ⅴ	Ⅵ
水平均布压力	0	$<0.15q$	$(0.15\sim0.3)q$	$(0.3\sim0.5)q$	$(0.5\sim1.0)q$

注:在应用式(2-1)和表 2-1 计算围岩垂直和水平均布压力时,应具备以下两个条件:① $H/B<1.7$,H 为隧道开挖高度(m),B 为隧道开挖宽度(m);②不产生显著偏压及膨胀力的一般围岩。

《铁路隧道设计规范》(TB 10003—2005/J 449—2005)规定:计算单线深埋隧道衬砌时,围岩压力按松散压力考虑,其垂直匀布压力的作用标准值可按下式确定

$$\left.\begin{array}{l} q = \gamma h \\ h = 0.41 \times 1.79^s \end{array}\right\} \tag{2-2}$$

式中:q——垂直均布压力,kN/m^2;

　γ——围岩重度,kN/m^3;

　s——围岩类别;

　h——围岩压力计算高度,m。

水平均布压力仍按表 2-1 确定。

(2)土压力

明挖回填和浅埋暗挖的地下结构,一般按计算截面以上全部土柱重量计算竖向压力。深埋暗挖或覆盖厚度较大($D\sim2D$)的砂性土层中的暗挖隧道,其竖向土压力可按太沙基公式或普氏公式计算。

侧向压力根据结构受力过程中墙体位移与地层间的相互关系,按主动、被动或静止土压力理论进行计算。主动、被动土压力理论可采用库仑理论或朗肯理论。

(3)结构自重

结构自重标准值可根据结构的材料种类、材料体积以及材料标准重度计算确定。

以变厚度拱圈自重计算为例,设拱顶厚度为 d_0,逐渐增大到拱脚厚度 d_n。拱圈的自重近似地认为沿拱跨均匀分布,其计算公式为

$$q = \frac{1}{2}\gamma_h(d_0 + d_n) \tag{2-3}$$

也可以将拱圈自重近似地化为均布荷载 q 与对称三角形荷载 Δq,用下式计算

$$q = \gamma_h d_0 \tag{2-4}$$

$$\Delta q = \left(\frac{d_n}{\cos\varphi_n} - d_0\right)\gamma_h \tag{2-5}$$

以上二式中:d_0、d_n——拱顶与拱脚的厚度;

$\quad\quad\quad\quad\quad \gamma_h$——拱圈材料的重度;

$\quad\quad\quad\quad\quad \varphi_n$——拱脚截面与垂直面的夹角。

式(2-4)随着拱的矢高 f 的增大造成的误差也越大。当拱圈为等厚度时,则变为

$$q = \gamma_h d_0 \tag{2-6}$$

式(2-6)适用于抛物线拱,对圆拱也可应用。但需注意,当 φ_n 趋近于 $90°$ 时 Δq 将趋近于无穷大,这是不合理的。

(4)使用荷载

使用荷载包括地下建筑内部的人群荷载、设备荷载、车辆荷载等。人群荷载按照建筑结构荷载规范取值,设备荷载除按设备使用时的荷载计算外,还应验算设备运输安装过程中的不利工况。

当地下结构上方与公路立交时,应考虑公路车辆荷载。公路车辆荷载应按现行的《公路桥涵设计通用规范》(JTG D60—2004)的规定计算。

当地下结构上方与铁路立交时,应考虑列车活载。列车活载及其冲击力、制动力等应按《铁路桥涵设计基本规范》(TB 10002.1—2005)的规定计算。

(5)地震作用

地震对地下结构的影响可分为剪切错动和振动。剪切错动通常是由基岩的剪切位移所引起的。一般都发生在地质构造带附近,或发生在由于滑坡、地震等诱发的土体较大位移的部位。要靠结构本身来抵抗由于地震引起的剪切错位几乎是不可能的,因此对地下结构的地震作用分析仅局限在假定土体不会丧失完整性的前提下考虑其振动效应。

对于一般的地下建筑,在抗震设计时,都采用静力法或拟静力法。只有埋设于松软地层中的重要地下结构物才有必要进行地震动力响应分析。

采用拟静力法对地下结构进行静力计算,是将地震作用简化为一个惯性力系附加在研究对象上,然后用静力计算模型分析地震荷载或强迫地层位移作用下的结构内力。

拟静力法能在有限程度上反映荷载的动力特性,但不能反映各种材料自身的动力特性以及结构物之间的动力响应,更不能反映结构物之间的动力耦合关系。

拟静力法的优点是物理概念清晰,计算方法较为简单,计算工作量很小、参数易于确定,并在长期的实践中积累了丰富的使用经验,易于为设计人员所接受。但是,拟静力法不能用于地震时土体刚度有明显降低或者产生液化的场合,而且只适用于设计加速度较小、动力相互作用不甚突出的结构抗震设计。

为了克服拟静力法的上述缺陷,发展了一些可以部分反映土体与结构物之间的动力耦合关系的所谓拟动力分析法。迄今为止,已经发展了不少考虑土体-结构物动力相互作用的分析方法,如子结构法、有限元法、杂交法等。

鉴于地震垂直加速度峰值一般比水平加速度峰值小(在距震中较远处,一般为水平加速度的 $1/2 \sim 2/3$),因此,对震级较小和对垂直振动不敏感的结构,可不考虑垂直地震作用。

(6)核爆炸地面冲击波和土中压缩波参数

在防空地下室结构设计计算时,核爆炸地面冲击波和土中压缩波参数是两个主要荷载,其取值应符合《人民防空地下室设计规范》的有关规定。

(7)水压力

水压力可分为静水压力和动水压力。对地下结构来说,一般只考虑静水压力的影响。

作用于地下结构上的水压力与地下水的赋存及流动情况有关。

当渗流作用不明显时,按帕斯卡定律,结构受各向相同的静水压力。在潜水或上层滞水地层中,静水压力强度等于水的重度乘以计算点到潜水或上层滞水水位的深度;在承压水地层中,静水压力等于承压水的压力。

对于渗透能力较强的地层,如裂隙岩体和砂性土,如果存在明显水力梯度,则结构承受动水压力。假设地下水静水压力为 p_0,则结构受到的水压力 p 可以表示为

$$p = \xi \cdot p_0 \tag{2-7}$$

式中:ξ——与地下水的状态和地层渗透性有关的系数。

地下水对结构的浮力用阿基米德原理计算。

静水压力对不同类型的地下结构将产生不同的荷载效应。对于形状接近于圆(球)形的地下结构,静水压力将使结构的压应力增大。对于抗压性能强而抗拉弯性能差的混凝土结构而言,压应力增大有利于改善结构的受力状态,因此宜按可能的最低水位考虑;而对于矩形结构或验算结构的抗浮时,应按可能出现的最高水位计算。

(8)灌浆压力

灌浆压力应按设计的最大作用力进行计算。

(9)温度变化、混凝土收缩和徐变作用的影响

对稳定性有严格要求的刚架和截面厚度大、变形受约束的结构,以及大跨度结构,应考虑温度变化和混凝土收缩徐变的影响。

(10)施工荷载

结构构件在就地建造或安装时,作用在构件上的施工荷载(机械设备自重、人群、温度作用、吊扣或其他机具的荷载及在构件制造、运送、吊装时作用于构架上的临时荷载),应根据施工阶段、施工方法和施工条件确定。

(11)冻胀力

冻胀力对于不同地区和不同结构的影响是不同的。是否要计入冻胀力,应根据地下结构的形式、所处地区的气温以及地下结构的埋深等情况综合考虑。

《铁路隧道设计规范》(TB 10003—2005/J 449—2005)中规定,最冷月平均气温低于 $-15℃$ 地区的隧道应考虑冻胀力。冻胀力可根据当地的自然条件、围岩冬季含水量等资料通过计算确定。

(12)落石冲击力

落石冲击力的计算，目前研究还不够深入，实测资料也很少，具体设计时可通过现场量测或有关计算验证。

2.3　地下结构的荷载组合

近年来，我国的结构设计方法已逐渐从传统的破损阶段法或容许应力法向先进的概率极限状态法过渡。随着对概率极限状态法研究的不断深入，人们已普遍认识到，采用可靠性理论和推行概率极限状态设计法，是国内外工程结构设计发展的必然趋势，也是提高我国工程结构设计水准的有效途径。因而，在地下结构设计中采用概率极限状态法也是符合这一发展趋势的。但由于结构可靠度设计计算方法是建立在统计分析基础上的，而目前对上述各类作用的研究，如围岩压力、公路铁路活载、施工荷载等，尚不够全面和深入，对于相应的结构设计计算，还需要采用以往的方法作为完善可靠度方法前的过渡，因而在一些新的地下结构设计规范中，还保留了早期规范中对荷载和结构计算中的一些规定。这也就是说，在目前的地下结构设计计算中，概率极限状态法、破损阶段法或容许应力法仍然并用，因此，在进行作用组合时，也必须根据采用的计算方法的不同而选择相应的作用(荷载)组合方式。

当整个结构或结构的一部分超过某一特定状态，且不能满足设计规定的某一功能要求时，则称此特定状态为结构对该功能的极限状态。设计中的极限状态往往以结构的某种荷载效应，如内力、应力、变形、裂缝等超过相应规定的标准值为依据。根据设计中要求考虑的结构功能，结构的极限状态可分为两大类，即承载能力极限状态和正常使用极限状态。对承载能力极限状态，一般以结构的内力超过其承载能力为依据；对正常使用极限状态，一般是以结构的变形、裂缝、振动参数超过设计允许的限值为依据。

根据所考虑的极限状态，在确定其荷载效应时，对所有可能同时出现的诸荷载作用加以组合，求得组合后在结构中的总效应。考虑荷载出现的变化性质，包括出现与否和不同的方向，这种组合可以多种多样，因此还必须在所有可能组合中取其中最不利的一组作为该极限状态的设计依据。

(1)对于承载能力极限状态，应采用荷载效应的基本组合或偶然组合进行设计

承载能力极限状态是指结构或构件达到最大设计能力或达到不适于继续承载的较大变形的极限状态。应采用下列设计表达式进行设计

$$\gamma_0 S \leqslant R \tag{2-8}$$

式中：γ_0——结构重要性系数，一般常用隧道结构可取为 1.0，大跨度及复杂结构应按实际设计条件分析确定；

　　S——荷载效应组合的设计值；

　　R——结构构件抗力的设计值，应按各有关建筑结构设计规范的规定确定。

①荷载基本组合。对于基本组合，荷载效应的组合设计值 S 应从下列组合值中取最不利的值：

a.由永久荷载效应控制的组合。

$$S = \sum_{j=1}^{m} \gamma_{G_j} S_{G_{jk}} + \sum_{i=1}^{n} \gamma_{Q_i} \gamma_{L_i} \psi_{c_i} S_{Q_{ik}} \tag{2-9}$$

b. 由可变荷载效应控制的组合。

$$S = \sum_{j=1}^{m} \gamma_{G_j} S_{G_{jK}} + \gamma_{Q_1} \gamma_{L_1} S_{Q_{1k}} + \sum_{i=1}^{n} \gamma_{Q_i} \gamma_{L_i} \psi_{c_i} S_{Q_{ik}} \tag{2-10}$$

式中：γ_{G_j}——第 j 个永久荷载的分项系数；

γ_{Q_i}——第 i 个可变荷载的分项系数；

γ_{L_i}——第 i 个可变荷载考虑使用年限的调整系数，其中 γ_{L_1} 为主导可变荷载 Q_1 考虑使用年限的调整系数；

$S_{G_{jk}}$——按第 j 个永久荷载标准 G_{jk} 计算的荷载效应值；

$S_{Q_{ik}}$——按第 i 个可变荷载标准 Q_{ik} 计算的荷载效应值，其中 $S_{Q_{ik}}$ 为可变荷载效应中起控制作用者；

ψ_{c_i}——第 i 个可变荷载 Q_i 的组合值系数；

m——参与组合的永久荷载数；

n——参与组合的可变荷载数。

②荷载偶然组合。偶然组合指永久荷载、可变荷载和 1 个偶然荷载的组合。

偶然荷载的代表值不乘分项系数，与偶然荷载同时出现的其他作用可根据观测资料和工程经验采用适当的代表值。

（2）对于正常使用极限状态，应根据结构不同的设计状况分别采用荷载的短期效应组合和长期效应组合进行设计

正常使用极限状态是指结构或构件达到使用功能上允许的某一限值的极限状态。可以根据不同的设计要求，采用荷载的标准值或组合值为荷载代表值的标准组合；也可以将可变荷载采用频偶值或准永久值为荷载代表值的频偶组合；或将可变荷载采用准永久值为荷载代表值的准永久组合。并按下式进行设计

$$S \leqslant C \tag{2-11}$$

式中：C——结构或构件达到使用要求的规定限值，如变形、裂缝等的限值。

当永久作用效应对承载能力起有利作用时，其分项系数可取为 1.0。

一般来说，在地下结构的荷载组合中，最重要的是结构的自重和地层压力，只有在特殊情况下（如地震烈度达到 7 度以上的地区，严寒地区具冻胀性土壤的洞口段衬砌）才有必要进行特殊组合（主要荷载＋附加荷载）。此外，城市中的地下结构常常根据战备要求，考虑一定的防护等级，也需要按瞬时作用的特殊荷载进行短期效应的荷载组合。

地面建筑下的地下室，在考虑核爆炸冲击波荷载作用时，地面房屋有被冲击波吹倒的可能，结构计算时是否考虑房屋的倒塌荷载需按有关规定处理。

由于地下结构的类型很多，使用条件差异较大，不同的地下结构在荷载组合上有不同的要求，因而在荷载组合时，必须遵守相应规范对荷载组合的规定。下面以铁路隧道为例，说明荷载组合的过程。

《铁路隧道设计规范》（TB 10003—2005）中规定，当采用概率极限状态法设计隧道结构时，隧道结构的作用应根据不同的极限状态和设计状况进行组合。一般情况下可按作用的基本组合进行设计，基本组合可表达为：结构自重＋围岩压力或土压力。

基本组合中各作用的组合系数取 1.0,当考虑其他组合时,应另行确定作用的组合系数。

当采用破损阶段法或容许应力法设计隧道结构时,应按其可能的最不利荷载组合情况进行计算。

明洞荷载组合时应符合下列规定:

(1)计算明洞顶回填土压力,当有落石危害需检算冲击力时,可只计洞顶填土重力(不包括塌方堆积体土石重力)和落石冲击力的影响。

(2)当设置立交明洞时,应分不同情况计算列车活载,公路活载或渡槽流水压力。

(3)当明洞上方与铁路立交、填土厚度小于 1m 时,应计算列车冲击力;洞顶无填土时,应计算制动力的影响。

(4)当计算作用于深基础明洞外墙的列车荷载时,可不考虑列车的冲击力、制动力。

此外,公路、城建等部门也结合本部门地下工程的特点,对其荷载组合作出了相应的规定,在进行具体的设计计算时,应遵守相应的规范和规则。

复习思考题

1　试述作用、荷载的基本含义及区别。

2　简述地下结构的荷载类型。

3　简述地下结构地层压力的确定方法。

4　简述地下结构的作用组合。

5　试述承载能力极限状态、正常使用极限状态的基本含义及主要区别。

6　试述什么是特殊组合,在什么情况下需要进行特殊组合?

7　试确定过街地下通道上的作用类型。

8　当有地下水时,如何确定地下结构上的地层压力?

第3章 弹性地基梁的计算

弹性地基梁是指放置在一定弹性性质的地基上的梁,这种梁可以是平放的,也可以是竖放的。地基介质可以是岩石、黏土等固体材料,也可以是水、油之类的液体材料。弹性地基梁是超静定梁,针对弹性地基梁的计算理论称为弹性地基梁理论。

弹性地基梁理论在地下结构的设计计算中具有重要的应用,如在计算隧道的直墙式衬砌结构时,就可以将衬砌看成为支承在两个竖直弹性地基上的拱圈,其直墙部分可按弹性地基梁计算。又如在计算浅埋地下通道的纵向内力时,其底板也常作为弹性地基梁。

本章将介绍在地下建筑结构计算中常用的弹性地基梁的理论和它的计算方法。

在地下结构计算中,对弹性地基梁常用的假定有两种:

(1)文克尔假定。这一假定认为弹性地基梁上任一点的地基反力 σ 的大小与该点的地基沉陷量 y 成正比。这个假定的实质是将地基看作无限多个各自独立的弹簧,按照这一假定,地基沉陷只在梁的基底范围内发生,但在实际工程中,在梁的四周也有沉陷。因此,在一般情况下,文克尔假定不能全面地反映地基的实际变形情况。但因由这一假定推导出来的公式简单,计算简便,基本能反映地基的变形情况,因而在地下结构计算中大多仍采用这一模型。

(2)地基为弹性半无限体(或弹性半无限平面)的假定。这一假定认为地基是均匀的、各向同性的弹性半无限体,可用弹性理论的方法计算地基的沉陷量,以确定地基反力的大小。根据这一假定,地基某点的沉陷量不仅与该点的压力有关,而且与其他点的压力也有关,这是与文克尔假定的不同之处。同时,地基的性质是由它的弹性模量 E_0 和泊松系数 μ_0 来反映,它们与受压面积和大小无关,没有弹性压缩系数 K 所具有的缺点。这个假定的优点是反映了地基的连续整体性,但由此建立的模型在数学处理上比较复杂,因而在应用上受到一定的限制。

下面分别来介绍弹性地基梁的两种计算方法。

3.1 按文克尔假定计算弹性地基梁的基本方程

3.1.1 弹性地基梁的挠度曲线微分方程

图 3-1a)表示一等截面的弹性地基梁,梁宽 $b=1$。根据文克尔假定,任一点的地基反力 σ 的大小与该点的地基沉陷量 y 成正比,即

$$\sigma = Ky \tag{3-1}$$

式中:σ——任一点的地基反力,kN/m^2;

y——相应点的地基沉陷量,m;

K——基础梁宽度 $b=1\mathrm{m}$ 时的地基弹性压缩系数，$\mathrm{kN/m^3}$；若 $b\neq1\mathrm{m}$ 时，则 $K=kb$。

梁的角变、位移、弯矩、剪力及荷载的正方向均如图 3-1 所示。下面将按照图中所示情况，推导出弹性地基梁的挠度曲线微分方程。

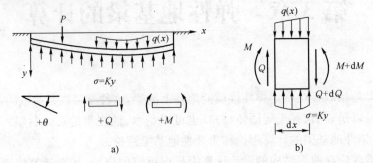

图 3-1　弹性地基梁上的荷载

从如图 3-1a)所示的弹性地基梁中取出微段如图 3-1b)所示，根据力的平衡条件 $\sum y=0$，得

$$(Q+\mathrm{d}Q)-Q+q(x)\mathrm{d}x-\sigma\mathrm{d}x=0$$

化简后成为

$$\frac{\mathrm{d}Q}{\mathrm{d}x}=\sigma-q(x) \tag{3-2}$$

再根据力矩平衡条件 $\sum M=0$，得

$$M-(M+\mathrm{d}M)+(Q+\mathrm{d}Q)\mathrm{d}x+q(x)\frac{(\mathrm{d}x)^2}{2}-\sigma\frac{(\mathrm{d}x)^2}{2}=0$$

整理并略去二阶微量，则得

$$Q=\frac{\mathrm{d}M}{\mathrm{d}x} \tag{3-3}$$

由式(3-2)和式(3-3)，得

$$\frac{\mathrm{d}Q}{\mathrm{d}x}=\frac{\mathrm{d}^2M}{\mathrm{d}x^2}=\sigma-q(x) \tag{3-4}$$

若不计剪力对梁挠度的影响，则由材料力学知识得

$$\left.\begin{aligned}
\theta &= \frac{\mathrm{d}y}{\mathrm{d}x} \\
M &= -EI\frac{\mathrm{d}\theta}{\mathrm{d}x}=-EI\frac{\mathrm{d}^2y}{\mathrm{d}x^2} \\
Q &= \frac{\mathrm{d}M}{\mathrm{d}x}=-EI\frac{\mathrm{d}^3y}{\mathrm{d}x^3}
\end{aligned}\right\} \tag{3-5}$$

将式(3-5)代入式(3-4)，并应用式(3-1)，得到

$$EI\frac{\mathrm{d}^4y}{\mathrm{d}x^4}=-Ky+q(x) \tag{3-6}$$

令

$$\alpha=\sqrt[4]{\frac{K}{4EI}} \tag{3-7}$$

代入式(3-6)中,整理得

$$\frac{\mathrm{d}^4 y}{\mathrm{d}x^4} + 4\alpha^4 y = \frac{4\alpha^4}{K} q(x) \tag{3-8}$$

式中:α——梁的弹性标值;

　E——梁的弹性模量;

　I——梁的截面惯性矩。

式(3-8)就是弹性地基梁的挠度曲线微分方程。

为了便于计算,在上式中用变量 αx 代替变量 x,二者有如下关系

$$\frac{\mathrm{d}y}{\mathrm{d}x} = \frac{\mathrm{d}y}{\mathrm{d}(\alpha x)} \frac{\mathrm{d}(\alpha x)}{\mathrm{d}x} = \alpha \frac{\mathrm{d}y}{\mathrm{d}(\alpha x)} \tag{3-9}$$

将式(3-9)代入式(3-8),则得

$$\frac{\mathrm{d}^4 y}{\mathrm{d}(\alpha x)^4} + 4y = \frac{4}{K} q(\alpha x) \tag{3-10}$$

式(3-10)是用变量 αx 代替变量 x 的挠度曲线微分方程。按文克尔假定计算弹性地基梁,可归结为求解微分方程(3-10)。当 y 解出后,再由式(3-5)就可求出角变 θ、弯矩 M 和剪力 Q。将 y 乘以 K 就得地基反力。

3.1.2　挠度曲线微分方程的齐次解

式(3-10)是一个常系数、线性、非齐次的微分方程,它的一般解是由齐次解和特解所组成。它的齐次解就是式

$$\frac{\mathrm{d}^4 y}{\mathrm{d}(\alpha x)^4} + 4y = 0 \tag{3-11}$$

的一般解。其形式为

$$y = \mathrm{e}^{\alpha x}(A_1 \cos\alpha x + A_2 \sin\alpha x) + \mathrm{e}^{-\alpha x}(A_3 \cos\alpha x + A_4 \sin\alpha x) \tag{3-12a}$$

式中:A_1、A_2、A_3、A_4——待定积分常数。

引用双曲线正弦函数和双曲线余弦函数,即

$$\mathrm{sh}\alpha x = \frac{\mathrm{e}^{\alpha x} - \mathrm{e}^{-\alpha x}}{2}$$

和

$$\mathrm{ch}\alpha x = \frac{\mathrm{e}^{\alpha x} + \mathrm{e}^{-\alpha x}}{2}$$

则可将上式变换为

$$y = C_1 \mathrm{ch}\alpha x \cos\alpha x + C_2 \mathrm{ch}\alpha x \sin\alpha x + C_3 \mathrm{sh}\alpha x \cos\alpha x + C_4 \mathrm{sh}\alpha x \sin\alpha x \tag{3-12b}$$

式中:C_1、C_2、C_3、C_4——待定积分常数。

式(3-12)便是微分方程(3-10)的齐次解。下面将弹性地基梁分为短梁和长梁分别考虑,以定出齐次解中的四个常数与附加项(荷载影响)。再将一般解与附加项叠加,就得到微分方程(3-10)的最终解答。

3.2 按文克尔假定计算短梁

3.2.1 初参数和双曲线三角函数的引用

图 3-2 所示为一等截面的基础梁,设左端有位移 y_0、角变 θ_0、弯矩 M_0 和剪力 Q_0,这四个参数称为初参数,它们的正方向如图中所示。

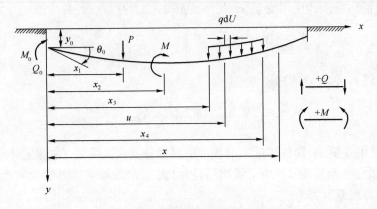

图 3-2 梁的初参数及荷载作用点的坐标

求式(3-12)的各阶导数,并应用梁左端的边界条件

$$\left.\begin{aligned} y\,|_{x=0} &= y_0 \\ \theta\,|_{x=0} &= \theta_0 \\ M\,|_{x=0} &= M_0 \\ Q\,|_{x=0} &= Q_0 \end{aligned}\right\}$$

注意当 $x=0$ 时 $\mathrm{ch}\alpha x = \cos\alpha x = 1$,$\mathrm{sh}\alpha x = \sin\alpha x = 0$。得到

$$\left.\begin{aligned} y_0 &= C_1 \\ \theta_0 &= \alpha(C_2 + C_3) \\ M_0 &= -2EI\alpha^2 C_4 \\ Q_0 &= 2EI\alpha^3(-C_2 + C_3) \end{aligned}\right\} \tag{3-13}$$

联立求解以上 4 式,得出

$$\left.\begin{aligned} C_1 &= y_0 \\ C_2 &= \frac{1}{2\alpha}\theta_0 - \frac{1}{4\alpha^3 EI}Q_0 \\ C_3 &= \frac{1}{2\alpha}\theta_0 + \frac{1}{4\alpha^3 EI}Q_0 \\ C_4 &= -\frac{1}{2\alpha^2 EI}M_0 \end{aligned}\right\} \tag{3-14}$$

这样，将式(3-12)中的 4 个常数 C_1 至 C_4 用初参数 y_0、θ_0、M_0 和 Q_0 表达。

将式(3-14)引入式(3-12)中，得

$$y = y_0 \operatorname{ch}\alpha x \cos\alpha x + \theta_0 \frac{1}{2\alpha}(\operatorname{ch}\alpha x \sin\alpha x + \operatorname{sh}\alpha x \cos\alpha x) - M_0 \frac{1}{2\alpha^2 EI}\operatorname{sh}\alpha x \sin\alpha x -$$

$$Q_0 \frac{1}{4\alpha^3 EI}(\operatorname{ch}\alpha x \sin\alpha x - \operatorname{sh}\alpha x \cos\alpha x) \tag{3-15}$$

为了书写和计算方便，引用下列记号

$$\left. \begin{aligned} \varphi_1 &= \operatorname{ch}\alpha x \cos\alpha x \\ \varphi_2 &= \operatorname{ch}\alpha x \sin\alpha x + \operatorname{sh}\alpha x \cos\alpha x \\ \varphi_3 &= \operatorname{sh}\alpha x \sin\alpha x \\ \varphi_4 &= \operatorname{ch}\alpha x \sin\alpha x - \operatorname{sh}\alpha x \cos\alpha x \end{aligned} \right\} \tag{3-16}$$

其中 φ_1、φ_2、φ_3、φ_4 称作双曲线三角函数，可以从附表 1 查得。这 4 个函数之间有如下的关系

$$\left. \begin{aligned} \frac{\mathrm{d}\varphi_1}{\mathrm{d}x} &= \alpha \frac{\mathrm{d}\varphi_1}{\mathrm{d}(\alpha x)} = -\alpha\varphi_4 \\ \frac{\mathrm{d}\varphi_2}{\mathrm{d}x} &= \alpha \frac{\mathrm{d}\varphi_2}{\mathrm{d}(\alpha x)} = 2\alpha\varphi_1 \\ \frac{\mathrm{d}\varphi_3}{\mathrm{d}x} &= \alpha \frac{\mathrm{d}\varphi_3}{\mathrm{d}(\alpha x)} = \alpha\varphi_2 \\ \frac{\mathrm{d}\varphi_4}{\mathrm{d}x} &= \alpha \frac{\mathrm{d}\varphi_4}{\mathrm{d}(\alpha x)} = 2\alpha\varphi_3 \end{aligned} \right\} \tag{3-17}$$

将式(3-16)代入式(3-15)，并应用式(3-7)消去 EI，再按式(3-5)逐次求导数，并注意式(3-17)，则得以下各式

$$\left. \begin{aligned} y &= y_0\varphi_1 + \theta_0 \frac{1}{2\alpha}\varphi_2 - M_0 \frac{2\alpha^2}{K}\varphi_3 - Q_0 \frac{\alpha}{K}\varphi_4 \\ \theta &= -y_0\alpha\varphi_4 + \theta_0\varphi_1 - M_0 \frac{2\alpha^3}{K}\varphi_2 - Q_0 \frac{2\alpha^2}{K}\varphi_3 \\ M &= y_0 \frac{K}{2\alpha^2}\varphi_3 + \theta_0 \frac{K}{4\alpha^3}\varphi_4 + M_0\varphi_1 + Q_0 \frac{1}{2\alpha}\varphi_2 \\ Q &= y_0 \frac{K}{2\alpha}\varphi_2 + \theta_0 \frac{K}{2\alpha^2}\varphi_3 - M_0\alpha\varphi_4 + Q_0\varphi_1 \end{aligned} \right\} \tag{3-18}$$

上式中的第一式是在微分方程(3-10)的齐次解中引用了初参数和双曲线三角函数的结果。第二、三、四式则是按照式(3-5)对第一式逐次求导数的结果。

3.2.2　荷载引起的附加项

以图 3-2 所示弹性基础梁为例，当初参数 y_0、θ_0、M_0 和 Q_0 已知时，就可用式(3-18)计算荷载 P 以左各截面的位移 y、角变 θ、弯矩 M 和剪力 Q，但是在计算荷载 P 右方各截面的这些量值时，还须在式(3-18)中增加由于荷载引起的附加项。

下面将分别求出集中荷载 P、力矩 M 和分布荷载 q 引起的附加项。

(1)集中荷载 P 引起的附加项

如图 3-2 所示,将坐标原点移到荷载 P 的作用点,仍可用式(3-18)计算荷载 P 引起的右方各截面的位移、角变、弯矩及剪力。因为仅考虑 P 的作用,故在其作用点处的四个初参数为

$$y_{x_1} = 0; \theta_{x_1} = 0$$
$$M_{x_1} = 0; Q_{x_1} = -P$$

用 y_{x_1}、θ_{x_1}、M_{x_1} 和 Q_{x_1} 代换式(3-18)中的 y_0、θ_0、M_0 与 Q_0 则得

$$\left. \begin{aligned} y &= \frac{\alpha}{K} P \varphi_{4\alpha(x-x_1)} \\ \theta &= \frac{2\alpha^2}{K} P \varphi_{3\alpha(x-x_1)} \\ M &= -\frac{1}{2\alpha} P \varphi_{2\alpha(x-x_1)} \\ Q &= -P \varphi_{1\alpha(x-x_1)} \end{aligned} \right\} \tag{3-19}$$

式(3-19)即为荷载 P 引起的附加项。式中双曲线三角函数 φ_1、φ_2、φ_3、φ_4 均有下标 $\alpha(x-x_1)$,表示这些函数随变量 $\alpha(x-x_1)$ 变化。当求荷载 P 左边各截面(图 3-2)的位移、角变、弯矩和剪力时只用式(3-18)即可,不需用式(3-19),因此,当 $x<x_1$ 时式(3-19)不存在。

(2)力矩荷载 M 引起的附加项

和推导式(3-19)的方法相同,当图 3-2 所示的梁只作用着力矩 M 时,将坐标原点移到力矩 M 的作用点,此点的 4 个初参数为

$$y_{x_2} = 0; \theta_{x_2} = 0$$
$$M_{x_2} = M; Q_{x_2} = 0$$

用 y_{x_2}、θ_{x_2}、M_{x_2} 和 Q_{x_2} 代换式(3-18)中的 y_0、θ_0、M_0、Q_0 就得力矩 M 引起的附加项如下

$$\left. \begin{aligned} y &= -\frac{2\alpha^2}{K} M \varphi_{3\alpha(x-x_2)} \\ \theta &= -\frac{2\alpha^3}{K} M \varphi_{2\alpha(x-x_2)} \\ M &= M \varphi_{1\alpha(x-x_2)} \\ Q &= -\alpha M \varphi_{4\alpha(x-x_2)} \end{aligned} \right\} \tag{3-20}$$

式中 φ_1、φ_2、φ_3、φ_4 均有下标 $\alpha(x-x_2)$,表示这些函数随 $\alpha(x-x_2)$ 变化。当 $x<x_2$ 时,式(3-20)不存在。

(3)分布荷载 q 引起的附加项

如图 3-2 所示,设求坐标为 $x(x \geqslant x_4)$ 截面的位移、角变、弯矩和剪力。将分布荷载看成是无限多个集中荷载 $q\mathrm{d}u$ 组成,代入式(3-19),得

$$\left. \begin{aligned} y &= \frac{\alpha}{K} \int_{x_3}^{x_4} \varphi_{4\alpha(x-u)} q\mathrm{d}u \\ \theta &= \frac{2\alpha^2}{K} \int_{x_3}^{x_4} \varphi_{3\alpha(x-u)} q\mathrm{d}u \\ M &= -\frac{1}{2\alpha} \int_{x_3}^{x_4} \varphi_{2\alpha(x-u)} q\mathrm{d}u \\ Q &= -\int_{x_3}^{x_4} \varphi_{1\alpha(x-u)} q\mathrm{d}u \end{aligned} \right\} \tag{3-21}$$

在式(3-21)中 φ_1、φ_2、φ_3、φ_4 随 $\alpha(x-u)$ 变化。如视 x 为常数,则 $\mathrm{d}(x-u)=-\mathrm{d}u$。考虑这一关系,并注意式(3-17),得下列各式

$$\left.\begin{aligned}
\varphi_{4\alpha(x-u)} &= \frac{1}{\alpha}\frac{\mathrm{d}}{\mathrm{d}u}\varphi_{1\alpha(x-u)}\\
\varphi_{3\alpha(x-u)} &= -\frac{1}{2\alpha}\frac{\mathrm{d}}{\mathrm{d}u}\varphi_{4\alpha(x-u)}\\
\varphi_{2\alpha(x-u)} &= -\frac{1}{\alpha}\frac{\mathrm{d}}{\mathrm{d}u}\varphi_{3\alpha(x-u)}\\
\varphi_{1\alpha(x-u)} &= -\frac{1}{2\alpha}\frac{\mathrm{d}}{\mathrm{d}u}\varphi_{2\alpha(x-u)}
\end{aligned}\right\} \tag{3-22}$$

将以上各式代入式(3-21),再进行部分积分,则得

$$\left.\begin{aligned}
y &= \frac{1}{K}\int_{x_3}^{x_4}\frac{\mathrm{d}}{\mathrm{d}u}\varphi_{1\alpha(x-u)}q\mathrm{d}u\\
&= \frac{1}{K}\left\{\left[q\varphi_{1\alpha(x-u)}\right]_{x_3}^{x_4} - \left[\int_{x_3}^{x_4}\varphi_{1\alpha(x-u)}\frac{\mathrm{d}q}{\mathrm{d}u}\mathrm{d}u\right]\right\}\\
\theta &= -\frac{\alpha}{K}\int_{x_3}^{x_4}\frac{\mathrm{d}}{\mathrm{d}u}\varphi_{4\alpha(x-u)}q\mathrm{d}u\\
&= -\frac{\alpha}{K}\left\{\left[q\varphi_{4\alpha(x-u)}\right]_{x_3}^{x_4} - \left[\int_{x_3}^{x_4}\varphi_{4\alpha(x-u)}\frac{\mathrm{d}q}{\mathrm{d}u}\mathrm{d}u\right]\right\}\\
M &= \frac{1}{2\alpha^2}\int_{x_3}^{x_4}\frac{\mathrm{d}}{\mathrm{d}u}\varphi_{3\alpha(x-u)}q\mathrm{d}u\\
&= \frac{1}{2\alpha^2}\left\{\left[q\varphi_{3\alpha(x-u)}\right]_{x_3}^{x_4} - \left[\int_{x_3}^{x_4}\varphi_{3\alpha(x-u)}\frac{\mathrm{d}q}{\mathrm{d}u}\mathrm{d}u\right]\right\}\\
Q &= \frac{1}{2\alpha}\int_{x_3}^{x_4}\frac{\mathrm{d}}{\mathrm{d}u}\varphi_{2\alpha(x-u)}q\mathrm{d}u\\
&= \frac{1}{2\alpha}\left\{\left[q\varphi_{2\alpha(x-u)}\right]_{x_3}^{x_4} - \left[\int_{x_3}^{x_4}\varphi_{2\alpha(x-u)}\frac{\mathrm{d}q}{\mathrm{d}u}\mathrm{d}u\right]\right\}
\end{aligned}\right\} \tag{3-23}$$

式(3-23)就是求分布荷载 q 的附加项的一般公式。下面我们用此式求 4 种不同分布荷载的附加项:梁上有一段均布荷载;梁上有一段三角形分布荷载;梁的全跨布满均布荷载;梁的全跨布满三角形荷载。

①梁上有一段均布荷载的附加项。

如图 3-3 所示,梁上有一段均布荷载 q_0,这时 $q=q_0$,$\dfrac{\mathrm{d}q}{\mathrm{d}u}=0$,代入式(3-23)得附加项为

$$\left.\begin{aligned}
y &= \frac{q_0}{K}\left[\varphi_{1\alpha(x-x_4)} - \varphi_{1\alpha(x-x_3)}\right]\\
\theta &= -\frac{q_0\alpha}{K}\left[\varphi_{4\alpha(x-x_4)} - \varphi_{4\alpha(x-x_3)}\right]\\
M &= \frac{q_0}{2\alpha^2}\left[\varphi_{3\alpha(x-x_4)} - \varphi_{3\alpha(x-x_3)}\right]\\
Q &= \frac{q_0}{2\alpha}\left[\varphi_{2\alpha(x-x_4)} - \varphi_{2\alpha(x-x_3)}\right]
\end{aligned}\right\} \tag{3-24}$$

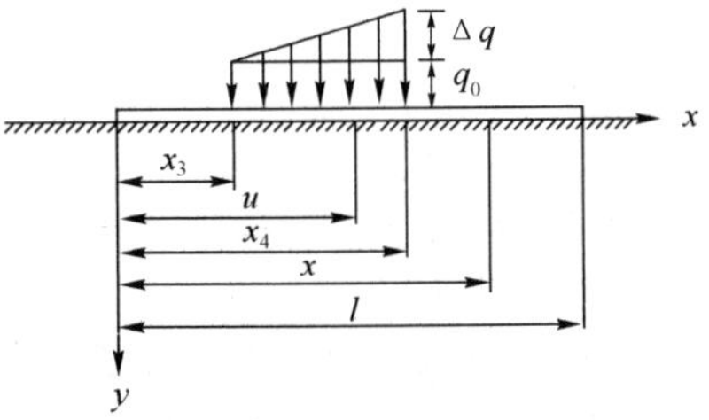

②梁上有一段三角形分布荷载的附加项。

图 3-3　梁上有一段三角形分布荷载

如图 3-3 所示,梁上有一段三角形分布荷载,在 x_3 到 x_4 区段内任一点的荷载集度为

$$q = \frac{\Delta q}{x_4 - x_3}(u - x_3)$$

而

$$\frac{\mathrm{d}q}{\mathrm{d}u} = -\frac{\Delta q}{x_4 - x_3}$$

将以上关系代入式(3-23),积分后则得

$$
\left.
\begin{aligned}
y &= \frac{\Delta q}{K(x_4 - x_3)}\left\{\left[(x_4 - x_3)\varphi_{1\alpha(x-x_4)}\right] + \frac{1}{2\alpha}\left[\varphi_{2\alpha(x-x_4)} - \varphi_{2\alpha(x-x_3)}\right]\right\} \\[2mm]
\theta &= -\frac{\alpha\Delta q}{K(x_4 - x_3)}\left\{\left[(x_4 - x_3)\varphi_{4\alpha(x-x_4)}\right] - \frac{1}{\alpha}\left[\varphi_{1\alpha(x-x_4)} - \varphi_{1\alpha(x-x_3)}\right]\right\} \\[2mm]
M &= \frac{\Delta q}{2\alpha^2(x_4 - x_3)}\left\{\left[(x_4 - x_3)\varphi_{3\alpha(x-x_4)}\right] + \frac{1}{2\alpha}\left[\varphi_{4\alpha(x-x_4)} - \varphi_{4\alpha(x-x_3)}\right]\right\} \\[2mm]
Q &= \frac{\Delta q}{2\alpha(x_4 - x_3)}\left\{\left[(x_4 - x_3)\varphi_{2\alpha(x-x_4)}\right] + \frac{1}{\alpha}\left[\varphi_{3\alpha(x-x_4)} - \varphi_{3\alpha(x-x_3)}\right]\right\}
\end{aligned}
\right\} \tag{3-25}
$$

式(3-25)就是梁上有一段三角形分布荷载的附加项。

在式(3-24)和式(3-25)中,函数 φ 的下标中有 $\alpha(x-x_4)$,在式(3-25)中第一个方括号内还有乘数 (x_4-x_3)。使用此二式时要注意,当 x 小于或等于 x_4 时,圆括号内的 x_4 均应换为 x,即 $\alpha(x-x_4)$ 改为 $\alpha(x-x)$,(x_4-x_3) 改为 $(x-x_3)$,这是因为求这些附加项时,只有作用在 x 截面以左的荷载(见图 3-2 或图 3-3)才对 x 截面的位移 y、角变 θ、弯矩 M、剪力 Q 起作用。

③梁的全跨布满均布荷载的附加项。

如图 3-3 所示,当均布荷载 q_0 布满梁的全跨时,则 $x_3 = 0$,并且任一截面的坐标距 x 永小于或等于 x_4。这样,将式(3-24)中各函数 φ 的下标 x_4 改为 x,则

$$\varphi_{1\alpha(x-x)} = 1, \varphi_{2\alpha(x-x)} = 0, \varphi_{3\alpha(x-x)} = 0, \varphi_{4\alpha(x-x)} = 0$$

由此,得全跨受均布荷载的附加项为

$$
\left.
\begin{aligned}
y &= \frac{q_0}{K}(1 - \varphi_1) \\[2mm]
\theta &= \frac{q_0\alpha}{K}\varphi_4 \\[2mm]
M &= -\frac{q_0}{2\alpha^2}\varphi_3 \\[2mm]
Q &= -\frac{q_0}{2\alpha}\varphi_2
\end{aligned}
\right\} \tag{3-26}
$$

④梁的全跨布满三角形荷载的附加项。

如图 3-3 所示,当三角形荷载布满梁的全跨时,$x_3 = 0$,任一截面的坐标距 x 永小于或等于 x_4。与推导式(3-26)相同,从式(3-25)得

$$y = \frac{\Delta q}{Kl}\left(x - \frac{1}{2\alpha}\varphi_2\right)$$

$$\theta = \frac{\Delta q}{Kl}(1 - \varphi_1)$$

$$M = -\frac{\Delta q}{4\alpha^3 l}\varphi_4$$

$$Q = -\frac{\Delta q}{2\alpha^2 l}\varphi_3$$

(3-27)

式（3-27）就是梁的全跨布满三角形荷载时的附加项。

在衬砌结构的计算中，常见的荷载有均布荷载、三角形分布荷载、集中荷载和力矩荷载，见图 3-4。根据这几种荷载，将以上求位移、角变、弯矩和剪力的公式综合写出如下

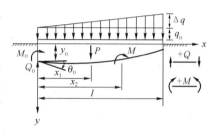

图 3-4　梁的全跨布满三角形荷载

$$y = y_0\varphi_1 + \theta_0\frac{1}{2\alpha}\varphi_2 - M_0\frac{2\alpha^2}{K}\varphi_3 - Q_0\frac{\alpha}{K}\varphi_4 + \frac{q_0}{K}(1 - \varphi_1) + \frac{\Delta q}{Kl}\left(x - \frac{1}{2\alpha}\varphi_2\right) +$$

$$\left\|_{x_1}\frac{\alpha}{K}P\varphi_{4\alpha(x-x_1)} - \right\|_{x_2}\frac{2\alpha^2}{K}M\varphi_{3\alpha(x-x_2)}$$

$$\theta = -y_0\alpha\varphi_4 + \theta_0\varphi_1 - M_0\frac{2\alpha^2}{K}\varphi_2 - Q_0\frac{2\alpha^2}{K}\varphi_3 + \frac{q_0\alpha}{K}\varphi_4 + \frac{\Delta q}{Kl}(1 - \varphi_1) +$$

$$\left\|_{x_1}\frac{2\alpha^2}{K}P\varphi_{3\alpha(x-x_1)} - \right\|_{x_2}\frac{2\alpha^3}{K}M\varphi_{2\alpha(x-x_2)}$$

(3-28)

$$M = y_0\frac{K}{2\alpha^2}\varphi_3 + \theta_0\frac{K}{4\alpha^3}\varphi_4 + M_0\varphi_1 + Q_0\frac{1}{2\alpha}\varphi_2 - \frac{q_0}{2\alpha^2}\varphi_3 - \frac{\Delta q}{4\alpha^3 l}\varphi_4 -$$

$$\left\|_{x_1}\frac{1}{2\alpha}P\varphi_{2\alpha(x-x_1)} - \right\|_{x_2}M\varphi_{1\alpha(x-x_2)}$$

$$Q = y_0\frac{K}{2\alpha}\varphi_2 + \theta_0\frac{K}{2\alpha^2}\varphi_3 - M_0\alpha\varphi_4 + Q_0\varphi_1 - \frac{q_0}{2\alpha}\varphi_2 - \frac{\Delta q}{2\alpha^2 l}\varphi_3 -$$

$$\left\|_{x_1}P\varphi_{1\alpha(x-x_1)} - \right\|_{x_2}\alpha M\varphi_{4\alpha(x-x_2)}$$

式（3-28）是按文克尔假定计算弹性地基梁的方程，在衬砌结构计算中经常使用。式中的位移 y、角变 θ、弯矩 M、剪力 Q 与荷载的正向如图 3-4 所示。

式中符号 $\|_{x_i}$ 表示附加项只有当 $x > x_i$ 时才存在。

对于梁上作用有一段均布荷载或一段三角形分布荷载（见图 3-3）引起的附加项，见式（3-24）与式（3-25）。式（3-28）没有将这两个公式综合到式中去。

【例题 3-1】 如图 3-5 所示基础梁，长度 $l=4\mathrm{m}$，宽度 $b=0.2\mathrm{m}$。$EI=1333\mathrm{kN\cdot m^2}$。地基的弹性压缩系数 $k=40000\mathrm{kN/m^3}$，梁的两端自由。求梁截面 1 和截面 2 的弯矩。

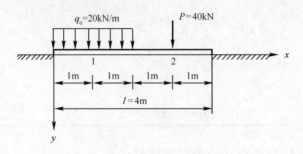

图 3-5　基础梁及荷载分布图

(1)查双曲线三角函数

因梁宽 $b=0.2\mathrm{m}$，故 K 值为

$$K = bk = 0.2 \times 40000 = 8000\mathrm{kN/m^2}$$

由式(3-7)求出梁的弹性标值 α 为

$$\alpha = \sqrt[4]{\frac{K}{4EI}} = \sqrt[4]{\frac{8000}{4 \times 1333}} = 1.107\mathrm{m^{-1}}$$

从附表 1 中查出各 φ 值，见表 3-1。

双曲线三角函数　　　　　表 3-1

$x(\mathrm{m})$	αx	φ_1	φ_2	φ_3	φ_4
1	1.1	0.7568	2.0930	1.1904	0.8811
2	2.2	-2.6882	1.0702	3.6036	6.3163
3	3.3	-13.4048	-15.5098	-2.1356	11.2272
4	4.4	-12.5180	-51.2746	-38.7486	-26.2460

(2)确定初参数 y_0、θ_0、M_0、Q_0

由梁左端的边界条件，知

$$M_0 = 0;\ Q_0 = 0$$

其他两个初参数 y_0 和 θ_0 可用梁右端的边界条件 $M=0$ 与 $Q=0$ 由式(3-18)确定。

因梁上作用着一段均布荷载 q_0，故须将式(3-24)送加到式(3-28)中。如图 3-5 所示，由 $x_1=3\mathrm{m}$；$x_3=0$；$x_4=2\mathrm{m}$，便可写出下列两式

$$y_0 \frac{K}{2\alpha^2}\varphi_3 + \theta_0 \frac{K}{4\alpha^3}\varphi_4 + \frac{q_0}{2\alpha^2}[\varphi_{3\alpha(x-x_4)} - \varphi_3] - \frac{1}{2\alpha}P\varphi_{2\alpha(x-x_1)} = 0$$

$$y_0 \frac{K}{2\alpha}\varphi_2 + \theta_0 \frac{K}{4\alpha^2}\varphi_3 + \frac{q_0}{2\alpha}[\varphi_{2\alpha(x-x_4)} - \varphi_2] - P\varphi_{1\alpha(x-x_1)} = 0$$

将 α 值、K 值和表 3-1 中相应的 φ 值代入以上两式中，得

$$-y_0 \frac{8000 \times 38.7486}{2 \times 1.107^2} - \theta_0 \frac{8000 \times 26.2460}{4 \times 1.107^3} + \frac{20}{2 \times 1.107^2}$$

$$(3.6036 + 38.7486) - \frac{40 \times 2.0930}{2 \times 1.107} = 0$$

$$-y_0 \frac{8000 \times 51.2746}{2 \times 1.107} - \theta_0 \frac{8000 \times 38.7486}{4 \times 1.107^2} + \frac{20}{2 \times 1.107}$$

$$(1.0702 + 51.2746) - 40 \times 0.7568 = 0$$

解出

$$y_0 = 0.00247\text{m}; \theta_0 = -0.0001188$$

以上将 4 个初参数 y_0、θ_0、M_0、Q_0 都求出来了。

(3)求截面 1 与截面 2 的弯矩

将式(3-24)叠加到式(3-28)中,集中荷载 P 的附加项对截面 1 和截面 2 的弯矩没有影响。由此,则得

$$M = y_0 \frac{K}{2\alpha^2} \varphi_3 + \theta_0 \frac{K}{4\alpha^3} \varphi_4 + \frac{q_0}{2\alpha^2}[\varphi_{3\alpha(x-x_4)} - \varphi_3]$$

将 α 值,K 值、y_0、θ_0 和表 3-1 中相应的 φ 值代入上式,算出截面 1 与截面 2 的弯矩如下:

①截面 1 的弯矩。

截面 1 距坐标原点 $x=1$m,在均布荷载范围以内,故 x_4 应等于 x,因此,$\varphi_{3\alpha(x-x_4)}$ 为零。截面 1 的弯矩为

$$M = 0.00247 \times \frac{8000 \times 1.1904}{2 \times 1.107^2} - 0.0001188 \times \frac{8000 \times 0.8811}{4 \times 1.107^3}$$

$$+ \frac{20}{2 \times 1.107^2} \times (-1.1904) = -0.270\text{kN} \cdot \text{m}$$

②截面 2 的弯矩。

截面 2 在均布荷载范围以外,由 $x_4=2$m,$x=3$m。可得截面 2 的弯矩为

$$M = -0.00247 \times \frac{8000 \times 2.1356}{2 \times 1.107^2} - 0.0001188 \times \frac{8000 \times 11.2272}{4 \times 1.107^3} +$$

$$\frac{20}{2 \times 1.107^2}(1.1904 + 2.1356) = 7.957\text{kN} \cdot \text{m}$$

3.3　按文克尔假定计算长梁

在前一节中介绍了短梁的计算方法,但在某些特定情况下可以简化计算,长梁的计算方法就是短梁计算方法的简化。

3.3.1　无限长梁

如图 3-6 所示基础梁,在集中荷载 P 作用点向左或向右的梁的长度都是无限的,称作无限长梁。

因梁及荷载均为对称,故只研究集中荷载作用点(设为 O 点)以右的部分。这部分梁上没有其他荷载,可以应用梁的挠度曲线方程式(3-12),将其改写为

$$y = e^{\alpha x}(A_1 \cos\alpha x + A_2 \sin\alpha x) + e^{-\alpha x} \times (A_3 \cos\alpha x + A_4 \sin\alpha x)$$

$$(3-29)$$

当 x 趋近于∞时,梁的沉陷值 y 应趋近于零。要满足这个条

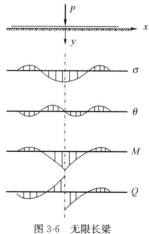

图 3-6　无限长梁

件,上式中的常数 A_1 和 A_2 必须等于零。根据这一关系,上式成为

$$y = e^{-\alpha x}(A_3\cos\alpha x + A_4\sin\alpha x) \tag{3-30}$$

再确定常数 A_3 与 A_4。依据式(3-5)求 y 的各阶导数,得

$$\left. \begin{array}{l} \theta = \dfrac{dy}{dx} = \alpha e^{-\alpha x}\left[(-A_3 + A_4)\cos\alpha x - (A_3 + A_4)\sin\alpha x\right] \\[4mm] M = -EI\dfrac{d^2 y}{dx^2} = -EI\alpha^2 e^{-\alpha x}\left[2A_3\sin\alpha x - 2A_4\cos\alpha x\right] \\[4mm] Q = -EI\dfrac{d^3 y}{dx^3} = -EI\alpha^3 e^{-\alpha x}\left[2(A_3 + A_4)\cos\alpha x + 2(-A_3 + A_4)\sin\alpha x\right] \end{array} \right\} \tag{3-31}$$

在荷载作用点 O,应满足

$$[\theta]_{x=0} = 0;\ [Q]_{x=0} = -\frac{P}{2}$$

代入式(3-31),得

$$\left. \begin{array}{l} -A_3 + A_4 = 0 \\[2mm] -2EI\alpha^3(A_3 + A_4) = -\dfrac{P}{2} \end{array} \right\} \tag{3-32}$$

应用式(3-7),解出常数 A_3 和 A_4 得

$$A_3 = A_4 = \frac{P\alpha}{2K} \tag{3-33}$$

将 A_3 及 A_4 代入式(3-30)和式(3-31)中,得以下各式

$$\left. \begin{array}{l} y = \dfrac{P\alpha}{2K}e^{-\alpha x}(\cos\alpha x + \sin\alpha x) \\[4mm] \theta = -\dfrac{P\alpha^2}{K}e^{-\alpha x}\sin\alpha x \\[4mm] M = \dfrac{P}{4\alpha}e^{-\alpha x}(\cos\alpha x - \sin\alpha x) \\[4mm] Q = -\dfrac{P}{2}e^{-\alpha x}\cos\alpha x \end{array} \right\} \tag{3-34}$$

引用符号 φ,令

$$\left. \begin{array}{l} \varphi_5 = e^{-\alpha x}(\cos\alpha x - \sin\alpha x) \\[2mm] \varphi_6 = e^{-\alpha x}\cos\alpha x \\[2mm] \varphi_7 = e^{-\alpha x}(\cos\alpha x + \sin\alpha x) \\[2mm] \varphi_8 = e^{-\alpha x}\sin\alpha x \end{array} \right\} \tag{3-35}$$

则,式(3-34)变为

$$\left. \begin{array}{l} y = \dfrac{P\alpha}{2K}\varphi_7 \\[4mm] \theta = -\dfrac{P\alpha^2}{K}\varphi_8 \\[4mm] M = \dfrac{P}{4\alpha}\varphi_5 \\[4mm] Q = -\dfrac{P}{2}\varphi_6 \end{array} \right\} \tag{3-36}$$

式 (3-36) 就是计算无限长梁的方程。其中函数 $\varphi_5 \sim \varphi_8$ 可以从附表 2 中查出，它们之间存在下列关系

$$
\left.\begin{aligned}
\frac{\mathrm{d}}{\mathrm{d}x}\varphi_5 &= -2\alpha\varphi_6 \\
\frac{\mathrm{d}}{\mathrm{d}x}\varphi_6 &= -\alpha\varphi_7 \\
\frac{\mathrm{d}}{\mathrm{d}x}\varphi_7 &= -2\alpha\varphi_8 \\
\frac{\mathrm{d}}{\mathrm{d}x}\varphi_8 &= \alpha\varphi_5
\end{aligned}\right\}
\tag{3-37}
$$

当无限长梁上作用有多个集中力时，可以应用叠加法求解，这时式 (3-36) 可以写成

$$
\left.\begin{aligned}
y &= \sum_{i=1}^{n}\frac{P\alpha}{2K}\varphi_7 \\
\theta &= -\sum_{i=1}^{n}\frac{P\alpha^2}{K}\varphi_8 \\
M &= \sum_{i=1}^{n}\frac{P}{4\alpha}\varphi_5 \\
Q &= -\sum_{i=1}^{n}\frac{P}{2}\varphi_6
\end{aligned}\right\}
\tag{3-38}
$$

式中：n——集中力的个数。

用式 (3-36) 计算如图 3-6 所示的无限长梁，求出地基反力 σ 和 θ、M 及 Q 的曲线如图中所示，从图中可以看出，距离荷载 P 越远，则 σ、θ、M 和 Q 的值越小。计算证明，在距离荷载 P 的作用点为 $\alpha x = \pi$ 处，荷载的影响已经很小。因此，给出如下的规定：

当集中荷载 P 与梁端的距离 x 满足

$$\alpha x \geqslant \pi$$

时，则可按无限长梁计算。

有的文献中规定，当 $\alpha x \geqslant 2.75$ 时即可按无限长梁计算。

【例题 3-2】　如图 3-7 所示基础梁，$E = 2 \times 10^8\,\mathrm{kN/m^2}$，$I = 2500 \times 10^{-8}\,\mathrm{m^4}$，梁的宽度 $b = 20\mathrm{cm}$。地基的弹性压缩系数 $k = 15 \times 10^4\,\mathrm{kN/m^3}$，求点 B 的挠度及弯矩。

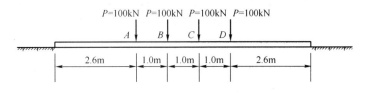

图 3-7　基础梁及荷载分布图

(1) 判定梁的类别

因梁的宽度 $b = 20\mathrm{cm}$，故 K 值须用

$$K = bk = 0.2 \times 15 \times 10^4 = 30000\mathrm{kN/m^2}$$

根据式 (3-7) 求出梁的弹性标值 α 为

$$\alpha = \sqrt[4]{\frac{K}{4EI}} = \sqrt[4]{\frac{30000}{4 \times 2 \times 10^8 \times 2500 \times 10^{-8}}} = 1.1\,\frac{1}{\mathrm{m}}$$

靠近梁端的荷载至梁端的距离为 2.6m,则

$$\alpha x = 1.1 \times 2.6 = 2.86 > 2.75$$

故可按无限长梁计算。

(2)查双曲线三角函数 φ

将坐标原点分别放置于 A、B、C、D 各点,从附表 2 查出各 φ 值,见表 3-2。

双曲线三角函数 φ 表 3-2

荷载至点 B 的距离 x	0	1m	2m
αx	0	1.1	2.2
φ_5	1.0000	−0.1457	−0.1548
φ_7	1.0000	0.4476	0.0244

(3)计算点 B 的挠度和弯矩

由式(3-36)求出点 B 的挠度和弯矩为

$$y = \frac{Pa}{2K}\sum \varphi_7$$

$$= \frac{100 \times 1.1}{2 \times 30000}(1 + 2 \times 0.4476 + 0.0244)$$

$$= 0.00355\text{m}$$

$$M = \frac{P}{4\alpha}\sum \varphi_5$$

$$= \frac{100}{4 \times 1.1}(1 - 2 \times 0.1457 - 0.1548)$$

$$= 12.59\text{kN} \cdot \text{m}$$

3.3.2 半无限长梁

如图 3-8 所示的基础梁,从坐标原点向右为无限长,称作半无限长梁。在坐标原点作用集中力 Q_0 和力矩 M_0,对这种基础梁的计算说明如下。

图 3-8 半无限长梁

半无限长梁的计算原理与无限长梁相同,只是式(3-31)中的常数 A_3 及 A_4 须根据梁左端的边界条件重新确定。梁左端的边界条件为

$$[M]_{x=0} = M_0;\ [Q]_{x=0} = Q_0$$

代入式(3-31)中则得

$$2EI\alpha^2 A_4 = M_0;\ -2EI\alpha^3(A_3 + A_4) = Q_0 \tag{3-39}$$

解出

$$A_3 = -\frac{1}{2EI\alpha^3}(Q_0 + \alpha M_0);\ A_4 = \frac{M}{2EI\alpha^2} \tag{3-40}$$

将 A_3 和 A_4 代入式(3-30)与式(3-31)中,得

$$y = \frac{1}{2EI\alpha^3}e^{-\alpha x}\left[-Q_0\cos\alpha x - M_0\alpha(\cos\alpha x - \sin\alpha x)\right] \left.\begin{array}{l}\\ \\ \\ \\ \\ \\ \\ \end{array}\right\}$$

$$\theta = \frac{1}{2EI\alpha^2}e^{-\alpha x}\left[Q_0(\cos\alpha x + \sin\alpha x) + 2M_0\alpha\cos\alpha x\right]$$

$$M = \frac{1}{\alpha}e^{-\alpha x}\left[-Q_0\sin\alpha x - M_0\alpha(\cos\alpha x + \sin\alpha x)\right] \tag{3-41}$$

$$Q = -e^{-\alpha x}\left[-Q_0(\cos\alpha x - \sin\alpha x) + 2M_0\alpha\sin\alpha x\right]$$

在上式中引用式(3-35)中的各函数 φ_i，并注意

$$\alpha = \sqrt[4]{\frac{K}{4EI}}$$

则变为

$$y = \frac{2\alpha}{K}(-Q_0\varphi_6 - M_0\alpha\varphi_5) \left.\begin{array}{l}\\ \\ \\ \\ \\ \\ \end{array}\right\}$$

$$\theta = \frac{2\alpha^2}{K}(Q_0\varphi_7 + 2M_0\alpha\varphi_6)$$

$$M = -\frac{1}{\alpha}(-Q_0\varphi_8 - M_0\alpha\varphi_7) \tag{3-42}$$

$$Q = -(-Q_0\varphi_5 + 2M_0\alpha\varphi_8)$$

如图 3-8 所示的梁当其长度 l 满足 $\alpha l \geqslant \pi$(或$\geqslant 2.75$)时，即可按半无限长梁进行计算。

按文克尔假定计算基础梁，可分为三类情况考虑：

(1)刚性梁

当梁的长度 l 符合 $\alpha l \leqslant \pi/4$(或<1)时，经计算证明，梁的弯曲变形与地基沉陷相比甚小，可以忽略不计。这样，地基反力则可按直线分布计算。

(2)长梁

当荷载与梁两端的距离 x 符合 $\alpha x \geqslant \pi$(或$\geqslant 2.75$)时，叫做无限长梁，用式(3-36)计算。

当梁端上作用着集中力和力矩，而梁的长度 l 符合 $\alpha l \geqslant \pi$(或$\geqslant 2.75$)时，叫做半无限长梁，用式(3-41)计算。

(3)短梁

凡不属于刚性梁和长梁类型的就叫做短梁，用式(3-28)计算。

3.4 按地基为弹性半无限平面体假定计算基础梁

按照文克尔模型，地基的沉降只发生在梁的基底范围以内，对基底范围以外的岩土体没有影响，因而这种模型属于局部变形模型。实际上，地基的变形不仅会在受荷区域内发生，而且也会在受荷区域外一定范围内发生，为了反映这种变形的连续性，在地下结构计算中，也常采用弹性半无限平面体假定，即所谓的共同变形模型。

地下结构沿纵向的截面尺寸一般相等，因而在实际计算中，经常可以将空间问题简化为平面问题，故本节简要介绍地基为弹性半无限平面体时的基础梁计算。

3.4.1 基本方程

如图 3-9a)所示为等截面基础梁,长度为 $2l$,荷载 $q(x)$ 以向下为正,地基对梁的反力 $\sigma(x)$ 以向上为正,坐标原点取在梁的中点。

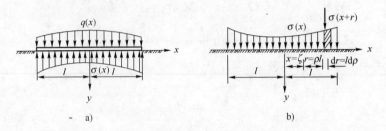

图 3-9 地基为弹性半无限平面体时的基础梁计算简图

如图 3-9b)所示为地基受的压力,此压力与地基对梁的反力 $\sigma(x)$ 大小相等,但方向相反。以平面应力问题为例写出基本方程如下:

(1)梁的挠度曲线微分方程

参照式(3-6),写出梁的挠度曲线微分方程为

$$EI\,\frac{\mathrm{d}^4 y(x)}{\mathrm{d}x^4} = q(x) - \sigma(x) \tag{3-43}$$

引用无因次的坐标 $\zeta = \dfrac{x}{l}$,将 q、σ、y 都看作是 ζ 的函数,并注意式(3-9),则式(3-43)变为

$$\frac{\mathrm{d}^4 y(\zeta)}{\mathrm{d}\zeta^4} = \frac{l^4}{EI}\big[q(\zeta) - \sigma(\zeta)\big] \tag{3-44}$$

(2)平衡方程

由梁的平衡条件 $\sum F_y = 0$ 和 $\sum M = 0$ 可得下列两式

$$\left.\begin{aligned}
\int_{-l}^{l} \sigma(x)\mathrm{d}x &= \int_{-l}^{l} q(x)\mathrm{d}x \\
\int_{-l}^{l} \sigma(x)x\mathrm{d}x &= \int_{-l}^{l} q(x)x\mathrm{d}x
\end{aligned}\right\} \tag{3-45}$$

考虑 $\zeta = \dfrac{x}{l}$,式(3-45)可写为

$$\left.\begin{aligned}
\int_{-1}^{1} \sigma(\zeta)\mathrm{d}\zeta &= \int_{-1}^{1} q(\zeta)\mathrm{d}\zeta \\
\int_{-1}^{1} \sigma(\zeta)\zeta\mathrm{d}\zeta &= \int_{-1}^{1} q(\zeta)\zeta\mathrm{d}\zeta
\end{aligned}\right\} \tag{3-46}$$

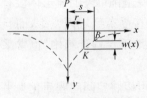

图 3-10 地基沉陷曲线图

(3)地基沉陷方程

如图 3-10 所示为弹性半无限平面体的界面上作用一集中力 P(沿厚度均布)。虚线表示界面的沉陷曲线。点 B 为任意选取的基点。$w(x)$ 表示界面上任一点 K 相对于基点 B 的沉陷量。

设为平面应力问题,根据弹性理论中的半无限平面体问题

的解答

$$w(x) = \frac{2P}{\pi E_0} \ln \frac{s}{r} \qquad (3\text{-}47)$$

如图 3-9b)所示弹性半无限平面体的界面上承受分布力 $\sigma(x)$，可利用式(3-47)求出地基表面上任一点 K 的相对沉陷量 $w(x)$，力 $\sigma(x+r)\mathrm{d}r$ 引起点 K 的沉陷可写为

$$\frac{2\sigma(x+r)\mathrm{d}r}{\pi E_0} \ln \frac{s}{r}$$

因此，由于点 K 右方全部压力引起点 K 的沉陷为

$$\frac{2}{\pi E_0} \int_0^{l-x} \sigma(x+r) \ln \frac{s}{r} \mathrm{d}r$$

同样，由于点 K 左方全部压力引起点 K 的沉陷为

$$\frac{2}{\pi E_0} \int_0^{l+x} \sigma(x-r) \ln \frac{s}{r} \mathrm{d}r$$

梁底面全部压力引起点 K 的总沉陷量为以上两式的总和，即

$$w(x) = \frac{2}{\pi E_0} \int_0^{l-x} \sigma(x+r) \ln \frac{s}{r} \mathrm{d}r + \frac{2}{\pi E_0} \int_0^{l+x} \sigma(x-r) \ln \frac{s}{r} \mathrm{d}r \qquad (3\text{-}48)$$

上式就是地基沉陷方程。假定沉陷基点取在很远处，积分时可将 s 当作常量。

引用无因次坐标 $\zeta = \dfrac{x}{l}$，可以写出 $\rho = \dfrac{r}{l}$，$K = \dfrac{s}{l}$，$\mathrm{d}r = l\mathrm{d}\rho$。这样，式(3-47)变为

$$w(\zeta) = \frac{2l}{\pi E_0} \int_0^{l-\zeta} \sigma(\zeta+\rho) \ln \frac{K}{\rho} \mathrm{d}\rho + \frac{2l}{\pi E_0} \int_0^{l+\zeta} \sigma(\zeta-\rho) \ln \frac{K}{\rho} \mathrm{d}\rho \qquad (3\text{-}49)$$

式(3-44)和式(3-49)是按平面应力问题导出的，如为平面变形问题，只需将以上两式中的 E 换为 $\dfrac{E}{1-\mu^2}$，而 E_0 换为 $\dfrac{E_0}{1-\mu_0^2}$ 即可。

其中，E_0、μ_0 分别为地基的弹性模量和泊松系数；E、μ 分别为基础梁的弹性模量和泊松系数。

以上得出了梁的挠度曲线微分方程(3-44)、平衡积分方程(3-46)和地基沉陷积分方程(3-49)。利用这些方程，可按下述方法求地基反力。

①将地基反力 $\sigma(\zeta)$ 用无穷幂级数表示，计算中只取前 11 项，即

$$\sigma(\zeta) = a_0 + a_1\zeta + a_2\zeta^2 + a_3\zeta^3 + \cdots + a_{10}\zeta^{10} \qquad (3\text{-}50)$$

②反力 $\sigma(\zeta)$ 必须满足平衡条件 $\sum F_y = 0$ 和 $\sum M = 0$，为此，将式(3-50)代入式(3-46)积分后得含系数 a_i 的两个方程。

③利用梁的挠度与地基沉陷相等的条件，即

$$y(\zeta) = w(\zeta) \qquad (3\text{-}51)$$

将式(3-50)代入式(3-44)，积分求出 $y(\zeta)$，积分时注意梁的边界条件 $M=0$ 和 $Q=0$，或写为

$$\left[\frac{\mathrm{d}^2 y(\zeta)}{\mathrm{d}\zeta^2}\right]_{\zeta=\pm 1} = 0; \quad \left[\frac{\mathrm{d}^3 y(\zeta)}{\mathrm{d}\zeta^3}\right]_{\zeta=\pm 1} = 0$$

再将式(3-50)代入式(3-49),积分求出 $w(\zeta)$。

将求出的 $y(\zeta)$ 和 $w(\zeta)$ 代入式(3-51),然后令 ζ 幂次相同的系数相等,可得含系数的 9 个方程。这样,可得出 11 个方程,以求解 $a_0 \sim a_{10}$ 共 11 个系数。最后将求出的 11 个系数代入式(3-50)就得到地基反力的表达式。

当地基反力 $\sigma(\zeta)$ 求出后,就不难计算梁的弯矩 $M(\zeta)$,剪力 $Q(\zeta)$、角变 $\theta(\zeta)$ 和挠度 $y(\zeta)$。

为了计算简便,可将基础梁上的荷载分解为对称及反对称两组。按照以上所讲的计算程序,在对称荷载作用下,只需取式(3-50)中含偶次幂的项,得 5 个方程,再加式(3-46)中的第 1 个方程,共计 6 个方程,可解出系数 a_0、a_2、a_4、a_6、a_8、a_{10};在反对称荷载的作用下,只需取式(3-50)中 ζ 奇次幂的项,得 4 个方程,再加式(3-46)中的第 2 个方程,共计 5 个方程,可解出系数 a_1、a_3、a_5、a_7、a_9。

为了使用方便,将各种不同荷载作用下的地基反力、剪力和弯矩制成表格,见附表 4~6,在附表 7~11 中给出了计算基础梁角变 θ 的系数。

3.4.2 表格的使用

使用附表 4~6 时,首先算出基础梁的柔度指标 t。在平面应力问题中,柔度指标为

$$t = 3\pi \frac{E_0}{E} \left(\frac{l}{h}\right)^3 \tag{3-52}$$

在平面变形问题中,柔度指标为

$$t = 3\pi \frac{E_0(1-\mu)}{E(1-\mu_0)} \left(\frac{l}{h}\right)^3 \tag{3-53}$$

如果忽略 μ 和 μ_0 的影响,在两种平面问题中,计算基础梁的柔度指标均可用近似公式

$$t = 10 \frac{E_0}{E} \left(\frac{l}{h}\right)^3 \tag{3-54}$$

式中:l——梁的一半长度;

h——梁截面高度。

(1)全梁作用均布荷载 q_0

反力 σ,剪力 Q 和弯矩 M 如图 3-11 所示。根据基础梁的柔度指标 t 值,由附表 4 查出右半梁各十分之一分点的反力系数 $\bar{\sigma}$,剪力系数 $\bar{Q}$ 和弯矩系数 $\bar{M}$,然后按转换公式(3-55)求出各相应截面的反力 σ、剪力 Q 和弯矩 M

$$\left.\begin{array}{l} \sigma = \bar{\sigma} q_0 \\ Q = \bar{Q} q_0 l \\ M = \bar{M} q_0 l^2 \end{array}\right\} \tag{3-55}$$

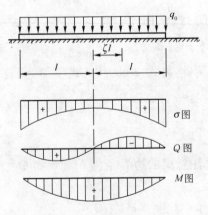

图 3-11　梁上受均布荷载 q_0 作用

由于对称关系,左半梁各截面的 σ、Q、M 与右半梁各对应截面的 σ、Q、M 相等,但剪力 Q 要改变正负号。

注意,查附表时不必插值,只需按照表中最接近于算得的 t 值查出 $\bar{\sigma}$、$\overline{Q}$、$\overline{M}$ 即可。

如果梁上作用着不均匀的分布荷载,可变为若干个集中荷载,然后再查表。

(2)梁上受集中荷载 P

反力 σ、剪力 Q 和弯矩 M 如图 3-12 所示。根据 t 值与 α 值,由附表 5 查出各系数 $\bar{\sigma}$、$\overline{Q}$、$\overline{M}$。每一表中左边竖行的 α 值和上边横行的 ζ 值对应于右半梁上的荷载;右边竖行的 α 值和下边横行的 ζ 值对应于左半梁上的荷载。在梁端($\zeta = \pm 1$),$\bar{\sigma}$ 为无限大。当右(左)半梁作用荷载时,表 b)中带有星号(*)的 $\overline{Q}$ 值对应于荷载左(右)边邻近截面,对于荷载右(左)边的邻近截面,需从带星号(*)的 $\overline{Q}$ 值中减去 1,求 σ、Q、M 的转换公式为

$$\left.\begin{array}{l} \sigma = \bar{\sigma}\,\dfrac{P}{l} \\[2mm] Q = \pm\,\overline{Q}P \\[2mm] M = \overline{M}Pl \end{array}\right\} \tag{3-56}$$

在剪力 Q 的转换式中,正号对应于右半梁上的荷载,负号对应于左半梁上的荷载。

(3)梁上作用力矩荷载 m

反力 σ、剪力 Q 和弯矩 M 如图 3-13 所示。如果梁的柔度指标 t 不等于零,可根据 t 值和 α 值由附表 6 查出 $\bar{\sigma}$、$\overline{Q}$、$\overline{M}$。

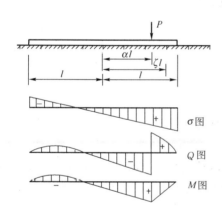

图 3-12　梁上受集中荷载 P 作用

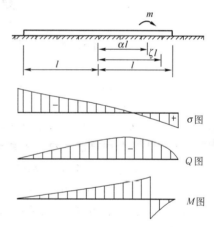

图 3-13　梁上受力矩荷载 m 作用

每一表中左边竖行的 α 值和上边横行的 ζ 值对应于右半梁上的荷载,右边竖行的 α 值和下边横行的 ζ 值对应于左半梁上的荷载。在梁端($\zeta \pm 1$),$\bar{\sigma}$ 为无限大。当右(左)半梁作用荷载时,表 c)中带有星号(*)的 $\overline{M}$ 值对应于荷载左(右)边的邻近截面,对于荷载右(左)边的邻近截面,需将带星号(*)的 $\overline{M}$ 值加上 1。转换公式是

$$\left.\begin{array}{l} \sigma = \pm\,\bar{\sigma}\,\dfrac{m}{l^2} \\[2mm] Q = \overline{Q}\,\dfrac{m}{l} \\[2mm] M = \pm\,\overline{M}m \end{array}\right\} \tag{3-57}$$

式中的力矩 m 以顺时针向为正。在反力 σ 和弯矩 M 的转换式中,正号对应于右半梁上的

荷载,负号对应于左半梁上的荷载。

在梁的柔度指标 t 等于零(或接近于零)的特殊情况下,认为梁是刚体,并不变形,所以反力 σ 与剪力 Q 都与力矩荷载 m 的位置无关。这时只需根据 ζ 值由附表6-1a～6-4a)和 6-1b～6-4b)查出 $\bar{\sigma}$ 和 $\bar{Q}$。弯矩 M 是与力矩荷载 m 的位置有关的,因此,M 也与力矩荷载 m 的位置有关——对于荷载左边的各截面,M 值如附表 6c)中所示,但对于荷载右边的各截面,需把该表中的 M 值加上 1。转换公式是

$$\left.\begin{array}{l} \sigma = \bar{\sigma}\dfrac{m}{l^2} \\[2mm] Q = \bar{Q}\dfrac{m}{l} \\[2mm] M = \bar{M}m \end{array}\right\} \tag{3-58}$$

在集中荷载和力矩荷载作用时,查附表也不必插值,只需按照表中最接近于算得的 t 值与 α 值查出 $\bar{\sigma}$、$\bar{Q}$、$\bar{M}$ 即可。

当梁上受有若干荷载时,可根据每个荷载分别计算,然后将算得的 σ、Q 或 M 叠加。

复习思考题

1　在计算弹性地基梁时,对地基有哪几种假设?

2　短梁和长梁是如何划分的?

3　简述短梁的计算步骤。

4　简述长梁的计算步骤。

5　试说明局部变形模型和共同作用模型的基本含义。

6　简述查表计算弹性地基梁内力的理论基础。

7　某基础梁如图 3-14 所示,已知梁的长度 $l=12\text{m}$,宽度 $b=0.6\text{m}$,$EI=5.04\times10^5\,\text{kN}\cdot\text{m}^2$,地基的弹性压缩系数 $k=210000\text{kN/m}^3$,全梁上作用均布荷载 $q_0=40\text{kN}$。梁的两端简支于刚性支座上,试作梁的弯矩图、剪力图并求地基反力。

8　如图 3-15 所示基础梁,长度 $l=4\text{m}$,宽度 $b=0.2\text{m}$,$EI=1333\text{kN}\cdot\text{m}^2$,地基的弹性压缩系数 $k=40000\text{kN/m}^3$,梁的两端自由,求梁截面 1 和截面 2 的剪力和转角。

图　3-14　　　　　　　　　　　　　　　　图　3-15

9　如图 3-16 所示基础梁,长度 $l=6\text{m}$,宽度 $b=1\text{m}$,$EI=3.6\times10^5\,\text{kN}\cdot\text{m}^2$,地基的弹性压缩系数 $k=3.46\times10^5\,\text{kN/m}^3$,梁的两端刚性固定,求梁的固端弯矩 M_{AB}^F 和 M_{BA}^F。

10　如图 3-17 所示基础梁,梁长 $2l=28\text{m}$,截面高度 $h=2\text{m}$,宽度 $b=1\text{m}$,梁的弹性模量

$E=21\times10^6\,\mathrm{kN/m^2}$，地基的弹性模量 $E_0=10000\,\mathrm{kN/m^2}$，受对称荷载 $P_1=P_2=1200\,\mathrm{kN}$ 作用，求地基反力和梁的剪力 Q 及弯矩 M。

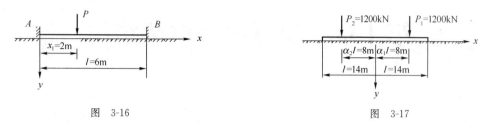

图 3-16　　　　　　　　　　　　　图 3-17

11　如图 3-18 所示基础梁，宽度 $b=0.2\,\mathrm{m}$，$E=2000\,\mathrm{kN/m^2}$，$I=2500\,\mathrm{cm^4}$，地基的弹性压缩系数 $k=1500\times10^2\,\mathrm{kN/m^3}$，荷载 $P_1=P_4=50\,\mathrm{kN}$，$P_2=P_3=100\,\mathrm{kN}$，求梁 B 点的弯矩及挠度。

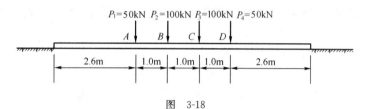

图　3-18

12　如图 3-19 所示基础梁，长度 $2l=14\,\mathrm{m}$，截面高度 $h=1.4\,\mathrm{m}$，宽度 $b=1\,\mathrm{m}$，梁的 $E=2.1\times10^7\,\mathrm{kN/m^2}$，地基的弹性模量 $E_0=5000\,\mathrm{kN/m^2}$，求地基反力 σ 和梁的剪力 Q 及弯矩 M。

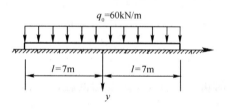

图　3-19

第4章 矩形闭合框架结构

4.1 矩形闭合框架结构的形式、应用和设计要求

当地下结构上部的覆盖土层较薄，不满足压力拱成拱条件或在软土地层中覆盖层厚度小于结构尺寸时，其应按照浅埋式结构进行计算。决定采用深埋式还是浅埋式的因素很多，如建筑物的使用要求、防护等级、地质条件及施工能力等，目前我国修建的大量人防地下建筑物都属于浅埋式结构。

一般浅埋式地下建筑，常采用明挖法施工。根据我国的经验，明挖法开挖深度在 10m 以内是经济合理的，但依地质条件和施工能力也可达十几米甚至二十几米。

浅埋式结构的形式很多，大体可归纳为直墙拱、矩形框架和梁板式结构，或者是上述形式的组合。

关于直墙拱的计算将在第 8 章进行讨论。本章将着重介绍矩形闭合框架的设计与计算。

矩形闭合框架结构在地下建筑中的应用非常广泛。特别是浅埋式地铁通道以及车站等最为适用。浅埋式地下铁道多采用明挖法施工，因为结构是矩形时，挖掘断面经济且易于施工。此外，结构内部空间与车辆的形状相似，可充分利用其内部空间。

如图 4-1a)所示为某地铁区间隧道的横断面图。隧道承受的荷载有地层竖向压力和水平压力以及车辆荷载等，分析时可将其视作平面变形问题，沿纵向取 1m 宽按闭合框架计算。如图 4-1b)所示为它的计算简图。由于底板与地基之间有摩擦力，故可认为底板不能沿水平方向移动。

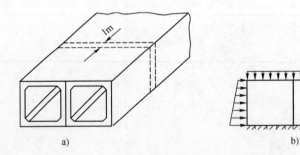

a)   b)

图 4-1　地铁区间隧道横断面图

图 4-2 所示为表示地下铁道的车站或地下厂房的计算简图。

对以上类型的结构，可按自由变形的闭合框架计算。关于地基反力的计算，在本章中采用了两种不同的假定：①地基反力按直线分布；②将地基当作弹性半无限平面。

在松软地层中的人防通道，常采用砖砌的直墙拱。这类直墙拱砌筑在钢筋混凝土的底板

上,如图 4-3a)所示。图 4-3b)所示为其计算简图,认为直墙的下端是铰接,叫做两铰直墙拱。底板按基础梁计算,地基反力采用直线分布的假定,或采用弹性半无限平面的假定。

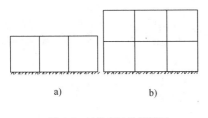

图 4-2　地铁车站计算简图

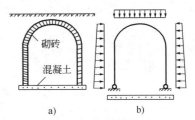

图 4-3　砖砌直墙拱及计算简图

4.2　地基反力按直线分布时的闭合框架计算

当基础梁的刚度较大时,作用于基础梁上的地基反力可以假定按直线分布,本节中将根据这个假定计算在松软地层中浅埋的框架。

下面以图 4-4 所示的对称框架为例,说明怎样计算地基反力和地层压力。

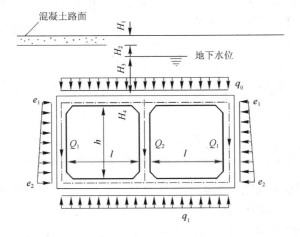

图 4-4　对称框架的荷载图

(1)顶板上的荷载 q_0

$$q_0 = \sum \gamma_i H_i \tag{4-1}$$

式中:γ_i——H_i 层材料的重度或土壤的重度。

(2)底板上的荷载(地基反力)q_1

$$q_1 = q_0 + \frac{2Q_1 + Q_2}{2l} \tag{4-2}$$

式中:Q_1、Q_2——分别为侧壁和中央竖柱的质量。

因地基反力采用按直线分布的假定,故求 q_1 时不必计入底板的质量。

(3)侧壁上的荷载 e_1 和 e_2

水平荷载 e_1 和 e_2 包括水平地层压力与水压力,分别计算如下:

侧壁上的水平地层压力,可用朗肯公式计算,即

$$e = \gamma H \tan^2 \left(45° - \frac{\varphi}{2}\right) \tag{4-3}$$

因顶板以上的地层分为三层,故侧壁上端的水平地层压力为

$$e'_1 = \left[H_1\gamma_1 + H_2\gamma_2 + \left(H_3 + \frac{H_4}{2}\right)\gamma_3\right]\tan^2\left(45° - \frac{\varphi}{2}\right) \tag{4-4}$$

侧壁下端的水平地层压力为

$$e'_2 = e'_1 + \gamma_3 h \tan^2\left(45° - \frac{\varphi}{2}\right) \tag{4-5}$$

式中:γ_3——土壤的浮重度(因土层在地下水位以下)。

侧壁上端的水压力为

$$e''_1 = \psi\gamma_w\left(H_3 + \frac{H_4}{2}\right) \tag{4-6}$$

侧壁下端的水压力为

$$e''_2 = \psi\gamma_w\left(H_3 + \frac{H_4}{2} + h\right) \tag{4-7}$$

式中:γ_w——水的重度;

ψ——折减系数,根据土壤的透水性来确定,在砂土中取 $\psi=1$,在黏土中 $\psi=0.7$。

根据以上的计算,得水平荷载 e_1 和 e_2 分别如下

$$e_1 = e'_1 + e''_1 \tag{4-8}$$
$$e_2 = e'_2 + e''_2 \tag{4-9}$$

这样,将图 4-4 所示框架的荷载都求出来了,然后用力矩分配法、迭代法或位移法以计算框架的内力。

4.3 将地基当做弹性半无限平面时的框架计算

如图 4-1a)所示的地下铁道的通道,为平面变形问题。计算时一般沿纵向取 1m 宽计算。将地基也沿纵向取 1m 宽,并视为弹性半无限平面。采用这种假定,通常称作弹性地基上的框架。

弹性地基上框架结构与一般平面框架的主要区别在于结构底板承受未知的地基弹性反力。因此在计算时,不仅要考虑框架自身变形对内力的影响,也要考虑由于底板变形引起的框架内力的变化。对框架的内力计算仍可以采用结构力学中介绍的力法、位移法和力矩分配法等方法;对框架底板的计算,则可采用第 3 章中介绍的弹性半无限平面体上基础梁的求解方法,即查表法,也可以采用链杆(弹簧)法求解。本章仅介绍将地基当作弹性半无限平面时的框架内力计算方法,对于链杆法,可参阅有关文献。

4.3.1 框架对称、荷载对称的单跨框架

当跨度较小时,可采用单跨矩形闭合框架。图 4-5a)所示为一地铁车站出入口通道的计算简图,系单跨对称的框架。计算这个框架的内力时可采用如图 4-5b)所示的基本结构。即将上部框架与底板相连接的刚结点 A、D 换为铰接,使上部框架变为两铰框架。利用其对称性,将未知力取为成组力 x_1,根据变形连续条件,列出如下的力法方程

$$\delta_{11}x_1 + \Delta_{1P} = 0 \tag{4-10}$$

式中:δ_{11}——框架的单元变位;

Δ_{1P}——框架的载变位。

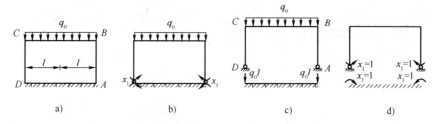

图 4-5　某地铁车站出入口通道的计算简图

由于基本结构对称,上式中的 δ_{11} 和 Δ_{1P} 按下述方法计算。

如图 4-5c)所示,首先求出两铰框架铰 A 处的角变,然后再求出基础梁(底板)A 端的角变,此两种角变的代数和即为 Δ_{1P}。基础梁承受两个对称集中荷载时,它的角变可从附表 8 中查出。两铰框架铰 A 处的角变可按表 4-1 计算。

位移及角度的计算公式　　　　　　　　　　　表 4-1

情　形	简　图	位移及角变的计算公式
(1)对称	C B K_2 K_1 K_1 D A	$\theta_A = \dfrac{M_{BA}^F + M_{BC}^F - \left(2 + \dfrac{K_2}{K_1}\right)M_{AB}^F}{6EK_1 + 4EK_2}$
(2)反对称	P C B K_2 h K_1 K_1 M M D A	$\theta_A = \left[\left(\dfrac{3K_2}{2K_1} + \dfrac{1}{2}\right)hP - M_{BC}^F + \left(\dfrac{6K_2}{K_1} + 1\right)M\right]\dfrac{1}{6EK_2}$
(3)	q_0 l x y	$\theta = \dfrac{q_0}{24EI}(l^3 - 6lx^2 + 4x^3)$ $y = \dfrac{q_0}{24EI}(l^3 x - 2lx^3 + x^4)$
(4)	P a b l x y	荷载左段 $\theta = \dfrac{P}{EI}\left(\dfrac{b}{6l}(l^2 - b^2) - \dfrac{bx^2}{2l}\right)$ $y = \dfrac{P}{EI}\left(\dfrac{bx}{6l}(l^2 - b^2) - \dfrac{bx^3}{6l}\right)$ 荷载右段 $\theta = \dfrac{P}{EI}\left[\dfrac{(x-a)^2}{2} + \dfrac{b}{6l}(l^2 - b^2) - \dfrac{bx^2}{2l}\right]$ $y = \dfrac{P}{EI}\left[\dfrac{(x-a)^3}{6} + \dfrac{bx}{6l}(l^2 - b^2) - \dfrac{bx^3}{6l}\right]$

情 形	简 图	位移及角变的计算公式
(5)	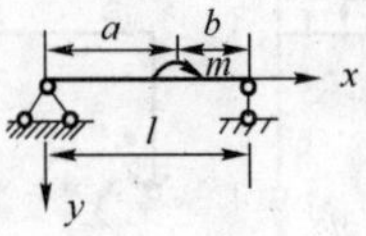	荷载左段 $$\theta=\frac{m}{EI}\left(\frac{x^2}{2l}-a+\frac{l}{3}+\frac{a^2}{2l}\right)$$ $$y=\frac{m}{EI}\left(\frac{x^3}{6l}-ax+\frac{lx}{3}+\frac{a^2x}{2l}\right)$$ 荷载右段 $$\theta=\frac{m}{EI}\left(\frac{x^2}{2l}-x+\frac{l}{3}+\frac{a^2}{2l}\right)$$ $$y=\frac{m}{EI}\left(\frac{x^3}{6l}-\frac{x^2}{2}+\frac{lx}{3}+\frac{a^2x}{2l}-\frac{a^2}{2}\right)$$
(6)	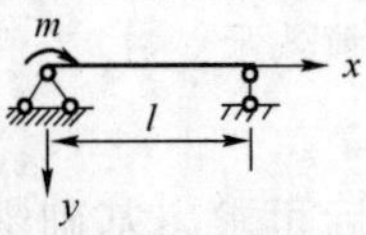	$$\theta=\frac{m}{EI}\left(\frac{x^2}{2l}-x+\frac{l}{3}\right)$$ $$y=\frac{m}{EI}\left(\frac{x^3}{6l}-\frac{x^2}{2},+\frac{lx}{3}\right)$$
(7)	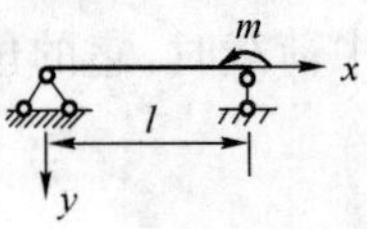	$$\theta=\frac{m}{EI}\left(\frac{l}{6}-\frac{x^2}{2l}\right)$$ $$y=\frac{m}{6EI}\left(lx-\frac{x^3}{l}\right)$$
(8)	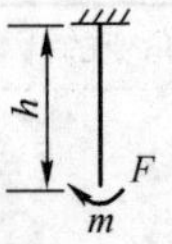	$\theta_F=\dfrac{mh}{EI}$　(下端的角变) $y_F=\dfrac{mh^2}{2EI}$　(下端的水平位移)
(9)	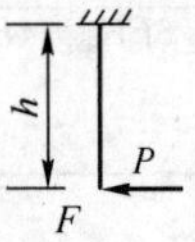	$\theta_F=\dfrac{Ph^2}{2EI}$　(下端的角变) $y_F=\dfrac{Ph^3}{3EI}$　(下端的水平位移)
说明	角变 θ 以顺时针向为正,固端弯矩 M^F 以顺时针向为正,$K=\dfrac{I}{l}$	
	对称情况求铰 A 处的角变 θ_A 时用情形 1 的公式	
	反对称情况求铰 A 处的角变时用情形 2 的公式。但应注意,M^F_{BA} 必须为零方可,否则不能使用该公式图中所示的 M 和 P 为正方向	
	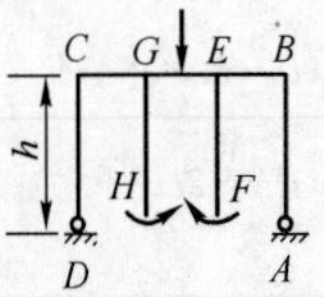 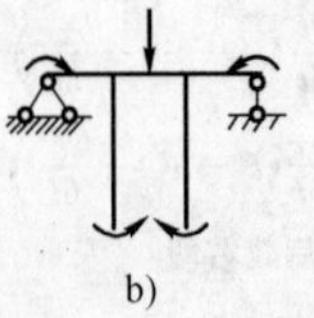 设欲求图 a)所示两铰框架截面 F 的角变,首先求出此框架的弯矩图,然后取出杆 BC 作为简支梁,如图 b)所示 按情形 4、5、6、7 算出截面 E 的角变 θ_E。 按情形 8 算出截面 F 的角变 θ'_F。截面 F 的最终角变 θ_F 为 $$\theta_F=\theta_E+\theta'_F$$	

在图 4-5d)中,首先求出两铰框架铰 A 处的角变(表 4-1),然后再求出基础梁(底板)A 端的角变,此两种角变的代数和即为 δ_{11}。

【例题 4-1】　如图 4-6a)所示为单跨对称的框架,受均布荷载 $q_0 = 20 \text{kN/m}$ 作用,几何尺寸示于图中,材料的弹性模量 $E = 14 \times 10^6 \text{ kN/m}^2$,地基的弹性模量 $E_0 = 50000 \text{ kN/m}^2$。设为平面变形问题。绘出框架的弯矩图。

取基本结构如图 4-6b)所示,列出力法方程为

$$\delta_{11} x_1 + \Delta_{1P} = 0$$

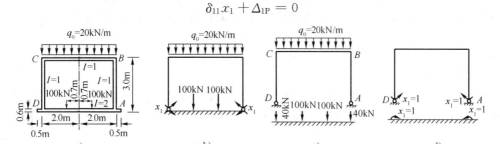

图 4-6　单跨对称框架及计算简图

(1) Δ_{1P} 的计算

首先求如图 4-6c)所示两铰框架铰 A 处的角变。为此将框架拆分为三段单跨超静定梁,根据结构力学中单跨超静定梁固端弯矩的计算公式,计算出杆 AB 和杆 BC 的固端弯矩分别为 $M_{AB}^F = M_{BA}^F = 0$,$M_{BC}^F = \dfrac{q_0(2l)^2}{12} = 26.67 \text{ kN} \cdot \text{m}$,按表 4-1 中的情形 1,代入其角变计算公式中得铰 A 处的角变为

$$
\theta'_A = \frac{M_{BA}^F + M_{BC}^F - \left(2 + \dfrac{K_2}{K_1}\right)M_{AB}^F}{6EK_1 + 4EK_2}
$$

$$
= \frac{26.67}{\dfrac{6EI}{3} + \dfrac{4EI}{4}} = \frac{8.89}{EI}
$$

（顺时针向,与 x_1 同方向）

再求图 4-6c)中基础梁截面 A 的角变。

将地基作为弹性半无限平面体,则基础梁的柔度指标为

$$
t = 10\frac{E_0}{E}\left(\frac{l}{h}\right)^3 = 10 \times \frac{50000}{14 \times 10^6}\left(\frac{2.5}{0.6}\right)^3 = 2.6,\text{取 } t = 3
$$

基础梁在 100kN 荷载作用下,$\alpha = \dfrac{0.7}{2.5} \approx 0.3$,$\zeta = \dfrac{2}{2.5} = 0.8$。由附表 8 查得两个对称集中荷载作用下基础梁的角变系数

$$\widetilde{\theta} = -0.418$$

代入角变计算公式中得到

$$\theta = -0.148 \times \frac{100 \times 2.5^2}{2EI} = -\frac{46.25}{EI}\text{（逆时针向）}$$

基础梁在 40kN 荷载作用下,$\alpha = \zeta = \dfrac{2}{2.5} = 0.8$。由附表 8 查得角变系数为

$$\widetilde{\theta} = 0.075$$

代入角变计算公式中得到

$$\theta = 0.075 \times \frac{40 \times 2.5^2}{2EI} = \frac{9.38}{EI} \text{(顺时针向)}$$

基础梁截面 A 的总角变为

$$\theta'_A = -\frac{46.25}{EI} + \frac{9.38}{EI} = -\frac{36.87}{EI} \qquad \text{(逆时针向，与 } x_1 \text{ 同方向)}$$

将框架和基础梁在截面 A 处的角变相叠加，注意两者的正向相反，求出

$$\Delta_{1P} = \theta'_A + \theta'_A = \frac{8.89}{EI} + \frac{36.87}{EI} = \frac{45.76}{EI}$$

(2)δ_{11} 的计算

首先求出如图 4-6d)所示两铰框架铰 A 处的角变。按表 4-1 中的情形 1，将杆 AB 和杆 BC 的固定端弯矩 $M^F_{BA} = M^F_{BC} = 0$，$M^F_{AB} = -1$ 代入其角变计算公式中，得铰 A 处的角变得

$$\theta'_A = \frac{-(2+0.75)(-1)}{\frac{6EI}{3} + \frac{4EI}{4}} = \frac{0.917}{EI} \qquad \text{(顺时针向，与 } x_1 \text{ 同方向)}$$

再求图 4-6d)中基础梁截面 A 的角变。$t=3$，$\alpha = \zeta = 0.8$，从附表 9 查得两个对称力矩作用下基础梁的角变系数为

$$\tilde{\theta} = -0.675$$

代入角变计算公式中得到

$$\theta'_A = -0.675 \times \frac{1 \times 2.5}{2EI} = -\frac{0.844}{EI} \qquad \text{(逆时针向，与 } x_1 \text{ 同方向)}$$

因此，求出 δ_{11} 为

$$\delta_{11} = \theta'_A + \theta'_A = \frac{0.917}{EI} + \frac{0.844}{EI} = \frac{1.761}{EI}$$

对于两铰框架铰 A 与铰 D 处的水平反力在基础梁中产生的轴向变形，在计算中不予考虑。

(3)框架的内力计算

将以上求出的 δ_{11} 和 Δ_{1P} 代入力法方程，得

$$1.761x_1 + 45.76 = 0$$

解出 $x_1 = -26.0\text{kN} \cdot \text{m}$

根据如图 4-7a)所示的两铰框架和基础梁的受力图，对两铰框架用力矩分配法计算，对基础梁按第 3 章中讲述的方法利用表格计算，可分别求出框架与基础梁的内力。图 4-7b)所示为框架和基础梁的弯矩图，正弯矩绘在杆的受拉侧。

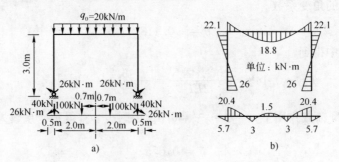

图 4-7　框架和基础梁的弯矩图

4.3.2　双跨对称框架

当结构的跨度较大，或由于使用和工艺的要求，结构可设计成双跨或多跨的。

图 4-8a)所示一双跨对称的框架。求这个框架的内力时可采用图 4-8b)所示的基本结构。即将 A 和 D 二个刚结点换为铰结，并将中央的竖杆在 F 点割断，使上部框架变为两铰框架。中央的竖杆由于对称关系只承受轴力而不引起弯矩和剪力，故只有轴向未知力 x_2。根据 A、D 和 F 各截面的变形连续条件，并注意对称关系，可写出如下力法方程

$$\delta_{11}x_1 + \delta_{12}x_2 + \Delta_{1P} = 0$$
$$\delta_{21}x_1 + \delta_{22}x_2 + \Delta_{2P} = 0$$

(4-11)

式中：Δ_{1P}——如图 4-8c)所示，两铰框架铰 A 处的角变与基础梁 A 端角变的代数和；

$\quad\ \Delta_{2P}$——如图 4-8c)所示，两铰框架 F 点的竖向位移与基础梁中点的竖向位移的代数和再除以 2，因为未知力 x_2 在对称轴上，凡与它相应的位移均需除以 2；

$\quad\ \delta_{11}$——如图 4-8d)所示，两铰框架铰 A 处的角变与基础梁 A 端角变的代数和；

$\quad\ \delta_{22}$——如图 4-8e)所示，两铰框架 F 点的竖向位移与基础梁中点的竖向位移的代数和再除以 2；

$\quad\ \delta_{12}$——如图 4-8e)所示，两铰框架铰 A 处的角变与基础梁 A 端角变的代数和；

$\quad\ \delta_{21}$——如图 4-8d)所示，两铰框架 F 点的竖向位移与基础梁中点的竖向位移的代数和再除以 2。

根据位移互等定理，知 $\delta_{21} = \delta_{12}$。计算以上各系数与自由项时，可利用表 4-1。

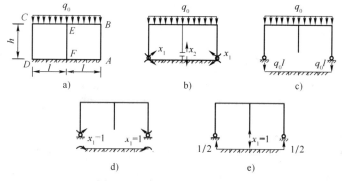

图 4-8　双跨对称框架的计算简图

4.3.3　多跨对称框架

有些地下厂房(如地下发电站)由于工艺要求必须做成多层多跨结构。地铁车站部分，为了达到换乘的目的，局部也做成多层多跨结构。

如图 4-9a)所示为三跨对称的框架。求此框架的内力时，采用如图 4-9b)所示的基本结构。即将 A 和 D 两个刚结点换为铰接，并将中间两根竖杆在 F 及 H 点割断，使上部框架变为两铰框架。根据 A、D、F、H 各截面的变形连续条件，并注意对称的关系，写出如下的力法方程

$$\left.\begin{aligned}
\delta_{11}x_1 + \delta_{12}x_2 + \delta_{13}x_3 + \delta_{14}x_4 + \Delta_{1P} &= 0\\
\delta_{21}x_1 + \delta_{22}x_2 + \delta_{23}x_3 + \delta_{24}x_4 + \Delta_{2P} &= 0\\
\delta_{31}x_1 + \delta_{32}x_2 + \delta_{33}x_3 + \delta_{34}x_4 + \Delta_{3P} &= 0\\
\delta_{41}x_1 + \delta_{42}x_2 + \delta_{43}x_3 + \delta_{44}x_4 + \Delta_{4P} &= 0
\end{aligned}\right\}$$

(4-12)

力法方程中的系数及自由项的意义和计算方法如下：

(1)自由项

如图 4-10a)所示,两铰框架与基础梁在截面 A 的相对角变即为 Δ_{1P},截面 F 的相对竖向位移即为 Δ_{2P},截面 F 的相对角变即为 Δ_{3P},截面 F 的相对水平位移即为 Δ_{4P}。

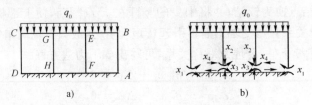

图 4-9　三跨对称框架的计算简图

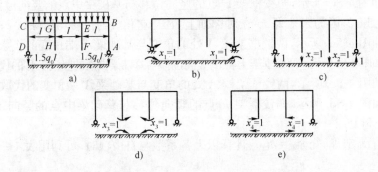

图 4-10　三跨对称框架的系数计算

(2)系数

在图 4-10b)中,两铰框架与基础梁在截面 A 的相对角变为 δ_{11},截面 F 的相对竖向位移即为 δ_{21},截面 F 的相对角变即为 δ_{31},截面 F 的相对水平位移即为 δ_{41}。

在图 4-10c)中,两铰框架与基础梁在截面 A 的相对角变为 δ_{12},截面 F 的相对竖向位移为 δ_{22},截面 F 的相对角变为 δ_{32},截面 F 的相对水平位移为 δ_{42}。

在图 4-10d)中,两铰框架与基础梁在截面 A 的相对角变为 δ_{13},截面 F 的相对竖向位移为 δ_{23},截面 F 的相对角变为 δ_{33},截面 F 的相对水平位移为 δ_{43}。

在图 4-10e)中,两铰框架与基础梁在截面 A 的相对角变为 δ_{14},截面 F 的相对竖向位移为 δ_{24},截面 F 的相对角变为 δ_{34},截面 F 的相对水平位移为 δ_{44}。

根据位移互等定理,有

$$\delta_{12} = \delta_{21}; \delta_{13} = \delta_{31}; \delta_{14} = \delta_{41}$$

$$\delta_{23} = \delta_{32}; \delta_{24} = \delta_{42}; \delta_{34} = \delta_{43}$$

以上所列举的单层多跨框架,在实际工程中,中间各竖杆的刚度常比两侧竖杆的刚度小得多。因此,可以假定中间各竖杆不承受弯矩与剪力。这样,便可将图 4-9a)的计算简图简化为图 4-11a)所示的形式。它的基本结构如图 4-11b)所示,只有未知力 x_1 与 x_2。

通过以上介绍,对于单层对称框架的计算步骤,概括如下：

①列出力法方程。所取的基本结构将框架分为两铰框架和基础梁,根据变形连续条件列出力法方程。

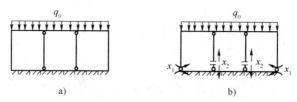

图 4-11　单层多跨框架的计算简图

②求力法方程中的自由项与系数。实质上就是计算两铰框架与基础梁的有关角变和位移。求两铰框架的有关角变和位移可以使用表 4-1，或用结构力学中的其他方法（如虚功原理）。

③求框架的内力图。通过力法方程解出各未知力。计算两铰框架的弯矩可用力矩分配法，或叠加法。求基础梁的内力及地基反力可用第 3 章中讲述的方法，使用表格计算。

4.3.4　框架对称、荷载反对称的情况

当框架对称，荷载反对称时，其计算方法和步骤与以上的对称情况相同。但需注意，在基本结构中所取的未知力亦应为反对称。计算力法方程中的自由项及系数时，有关求两铰框架的角变与位移可利用表 4-1，有关求基础梁的角变与位移使用附表 10、附表 11。

【例题 4-2】　如图 4-12a) 所示一双跨反对称的平面框架。几何尺寸及荷载见图，底板的厚度为 0.5m。材料的弹性模量 $E = 20 \times 10^6 \, \text{kN/m}^2$，地基的弹性模量 $E_0 = 5000 \, \text{kN/m}^2$。设为平面变形问题，绘此框架的弯矩图。

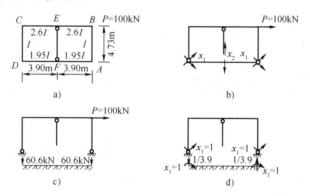

图 4-12　双跨反对称框架

取基本结构如图 4-12b) 所示。将刚结点 A 与 D 换为铰接，并将中央竖杆在下端割断，上部框架变为两铰框架。由于反对称的关系，未知力 x_2 等于零，只有未知力 x_1。根据变形连续条件，列出如下的力法方程

$$\delta_{11} x_1 + \Delta_{1P} = 0$$

求自由项 Δ_{1P} 和系数 δ_{11} 时，均不考虑各杆的轴力对变形的影响。

（1）求 Δ_{1P}

如图 4-12c) 所示，首先求两铰框架铰 A 处的角变。由表 4-1 中的情形 2，并知 $M^F_{AB} = M^F_{BC} = 0$，故得

$$\theta'_A = \left[\frac{\dfrac{3 \times 2.6I}{7.8}}{\dfrac{2I}{4.73}} + \frac{1}{2}\right] \times 4.73 \times 100 \times \frac{1}{\dfrac{6 \times 2.6EI}{7.8}}$$

$$= \frac{677.57}{EI} \quad (\text{顺时针向，与 } x_1 \text{ 反方向})$$

再求图 4-12c)基础梁 A 端的角变。其柔度指标为

$$t = 10\frac{E_0}{E}\left(\frac{l}{h}\right)^3 = \frac{10 \times 5000}{20 \times 10^6} \times \left(\frac{3.9}{0.5}\right)^3 = 1.19 \quad (\text{用 } t = 1)$$

由附表 10 计算基础梁 A 端的角变，即

$$\theta'_A = \varphi - \frac{\Delta}{l}$$

从该表求得 φ 和 Δ 为（$\alpha = \zeta = 1$）

$$\varphi = 0.093 \times \frac{60.6l^2}{1.95EI} = \frac{5.64l^2}{1.95EI}$$

$$\Delta = (0.002 + 0.0075 + 0.0155 + 0.0255 + 0.0375 + 0.0515 + 0.066 + 0.079 +$$

$$0.089 + \frac{0.093}{2}) \times \frac{60.6l^2}{1.95EI} \times 0.1l = \frac{2.55l^3}{1.95EI}$$

故得基础梁 A 端的角变为

$$\theta'_A = \varphi - \frac{\Delta}{l} = \frac{5.64l^2}{1.95EI} - \frac{2.55l^2}{1.95EI} = \frac{3.09 \times 3.9^2}{1.95EI} = \frac{24.10}{EI} \quad (\text{顺时针向，与 } x_1 \text{ 同方向})$$

由以上计算结果，得

$$\Delta_{1P} = \theta'_A + \theta'_A = -\frac{677.57}{EI} + \frac{24.10}{EI} = -\frac{653.47}{EI}$$

(2)求 δ_{11}

如图 4-12d)所示，先求两铰框架铰 A 处的角变。由表 4-1 中的情形 2，并知 $P = M_{BC}^F = 0$ 及 $M = -1$，故得

$$\theta'_A = \left[\frac{\dfrac{6 \times 2.6I}{7.8}}{\dfrac{I}{4.73}} + 1\right] \times (-1)\frac{1}{\dfrac{6 \times 2.6EI}{7.8}} = -\frac{5.23}{EI} \quad (\text{逆时针向，与 } x_1 \text{ 同方向})$$

再求如图 4-12d)所示基础梁 A 端的角变。基础梁的两端受有反对称的竖向力与力矩。计算由于竖向力引起 A 端的角变与计算图 4-12c)中基础梁 A 端的角变相同，只是竖向力的大小和方向不同。由于反对称力矩引起 A 端的角变，可从附表 11 求得。

反对称竖向力引起 A 端角变为

$$\frac{-2.410}{EI} \times \frac{1}{6.06} \times \frac{1}{3.9} = -\frac{0.102}{EI}$$

反对称力矩引起 A 端的角变从附表 11 得

$$\varphi - \frac{\Delta}{l} = 0.589 \times \frac{3.9}{1.95EI} - (0.0065 + 0.026 + 0.0585 + 0.104 + 0.161 + 0.229 +$$

$$0.308 + 0.395 + 0.490 + \frac{0.589}{2}) \times \frac{0.39}{1.95EI}$$

$$= \frac{0.763}{EI}$$

由此,得基础梁 A 端的总角变为

$$\theta'_A = -\frac{0.102}{EI} + \frac{0.763}{EI} = \frac{0.661}{EI} \quad (\text{顺时针向,与} \ x_1 \ \text{同方向})$$

求得 δ_{11} 为

$$\delta_{11} = \theta'_A + \theta'_A = \frac{5.23}{EI} + \frac{0.661}{EI} = \frac{5.891}{EI}$$

(3)求未知力 x_1 并绘出弯矩图

将以上求出的 Δ_{1P} 与 δ_{11} 代入力法方程,得下式

$$5.891x_1 - 653.47 = 0$$

解出: $x_1 = 110.93 \text{kN}$(逆时针向)。

在图 4-12b)中,未知力 x_1 已经求出,然后可用力矩分配法或其他方法求出两铰框架的弯矩图。对于基础梁,用第 3 章中讲述的方法求出弯矩、剪力与地基反力,其弯矩图如图 4-13 所示。

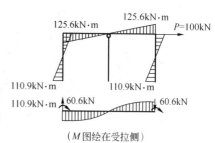

(M 图绘在受拉侧)

图 4-13 框架及基础的弯矩图

复习思考题

1 举例说明几种常见的浅埋式地下结构。

2 简述浅埋式地下结构的计算原理。

3 在进行地下闭合框架计算时,对其地基反力是如何假定的?

4 试确定作用于地下人行通道上的荷载类型。

5 在什么情况下将地基作为弹性半无限平面?

6 在双跨对称框架计算中,为什么不考虑中间竖杆的剪力和弯矩。

7 如图 4-14 所示为一单跨对称框架,受均布荷载 $q_0 = 20 \text{kN/m}$ 作用,几何尺寸示于图中,材料的弹性模量 $E = 14 \times 10^6 \text{kN/m}^2$,地基的弹性模量 $E_0 = 25000 \ \text{kN/m}^2$。设为平面变形问题。绘出框架的弯矩图。

8 如图 4-15 所示为一双跨对称框架,几何尺寸及荷载见图中,结构底板厚度为 0.5m。材料的弹性模量 $E = 20 \times 10^6 \text{kN/m}^2$,地基的弹性模量 $E_0 = 50000 \text{kN/m}^2$。设为平面变形问题。绘出框架的弯矩图。

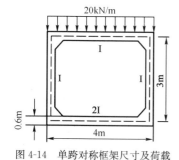

图 4-14 单跨对称框架尺寸及荷载

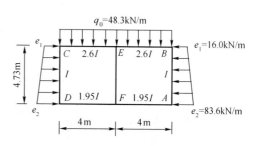

图 4-15 双跨对称框架尺寸及荷载

9 如图 4-16 所示为一双跨反对称框架,几何尺寸及荷载见图中,结构底板厚度为 0.5m。材料的弹性模量 $E=20\times10^6\,\mathrm{kN/m^2}$,地基的弹性模量 $E_0=50000\,\mathrm{kN/m^2}$。设为平面应变问题,绘出框架的弯矩图。

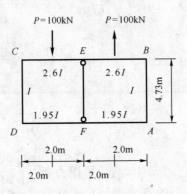

图 4-16 双跨反对称框架尺寸及荷载

第5章 防空地下室结构

5.1 防空地下室结构的特点和类型

5.1.1 人防工程的分类与分级

人防工程又称民防工程,是人民防空工程的简称,是为防空要求而修建在地下或半埋于地下的民用建筑物。人防工程在战时的任务是防备敌人突然袭击,特别是大规模的核袭击和常规武器的轰炸,有效地保存有生力量和战争潜力。它是我国战略威慑力量的组成部分,也是我国战略防御的一个重要方面。近30多年来,我国的人防工程建设取得了显著的成绩,特别是在人防建设与城市建设相结合方面有了新的发展,人防工程的平时用途更加广泛,规模越来越大。

(1)人防工程的分类

①按施工方法和所处的环境条件分类。

按照施工方法和所处的环境条件,人防工程可分为:坑道式、地道式、掘开式和附建式。

a.坑道式。位于山地或丘陵地带,其大部分主体地面与出入口基本呈水平的暗挖式人防工程。

b.地道式。位于平坦地带,其大部分主体地面明显低于出入口的暗挖式人防工程。

c.掘开式。埋深较浅,采用明挖法施工,其上方没有永久性地面建筑物的人防工程,也称单建掘开式。

d.附建式。位于永久性地面建筑物之下,采用明挖法施工,并有战时防空功能的人防工程。

②按战时使用功能分类。

按战时使用功能分类,人防工程可分为:指挥通信工程、医疗救护工程、防空专业队工程、人员掩蔽工程和配套工程五大类。

a.指挥通信工程。各级人防指挥所。

b.医疗救护工程。战时为抢救伤员而修建的医疗救护设施。

c.防空专业队工程。战时为保障各类专业队掩蔽和执行勤务而修建的人防工程。

d.人员掩蔽工程。战时供人员掩蔽的人防工程。根据使用对象的不同,人员掩蔽工程分为两等,一等人员掩蔽工程是为战时坚持生产和工作的留城人员掩蔽的工程;二等人员掩蔽工程是为战时留城的居民提供掩蔽的工程。

e.配套工程。战时用于协调防空作业的保障性工程。

(2)人防工程的分级

按照《人民防空工程战术技术要求》,我国人防工程按照抗力等级分为1、2、2B、3、4、4B、5、6、6B级。不同抗力等级的人防工程,抵抗武器破坏效应、通风、洗消、供电照明、给排水等功能要求不同。1、2、2B、3四级抗力等级较高的坑道、地道、掘开式人防工程应按照现行的《人民防空工程设计规范》(坑道、地道、掘开式工事)的规定进行设计。4、4B、5、6四级附建式防空地下室按照现行的《人民防空地下室设计规范》进行设计。

5.1.2 防空地下室结构的特点

防空地下室是指在地面建筑的首层地面以下及土中建造的具有一定防护抗力要求的地下或半地下工程,属于附建式地下建筑。防空地下室与普通地下室的区别在于,防空地下室要考虑战时核爆动荷载的作用,具有规定的设防等级,能够保障隐蔽人员的安全,而普通地下室在战时必须经过改造转换才能达到相应的防护能力。

由于防空地下室附建于上部地面建筑的下方,因此,它作为地面建筑物的一部分,可以结合基本建设进行构筑。在第二次世界大战以后,各国对修建防空地下室都很重视。如美国,75%的住宅都有地下室。英国《民防法》规定:"新建楼房均应设计地下室,从1980年开始执行家庭掩蔽部计划,标准至少$1m^2$/人,净空高度不低于2m"。法国规定5万人口以上的城镇,都要修建防空地下室。在我国,防空地下室是人防工程建设的重点,国家要求在新建、改建的大、中型工业交通项目和较大的民用建筑中,要按建筑面积比例同时构筑防空地下室,并在本地区人防规划和城市规划的统一安排下,将经费、材料纳入基本建设计划,按照国家基本建设程序及要求进行设计和施工。

结合基本建设修建防空地下室与修建单建式人防工程相比,有以下优越性:

①节省建设用地。

②人员和设备容易在战时迅速转入地下。

③增强上层建筑的抗地震能力,在地震时可作为避震室使用。

④上层建筑对战时核爆炸冲击波、光辐射、早期核辐射以及炮(炸)弹有一定的防护作用,防空地下室的造价比单建式的要低。

⑤便于施工管理,能够保证工程质量,同时也便于日常维护。

但是,防空地下室的土方量较大,结构构造比较复杂,施工周期长,影响上部地面建筑的施工速度。在战时,地面建筑遭到破坏时容易造成出入口的堵塞,引起火灾等不利因素。在第二次世界大战期间,造成房屋破坏和人员伤亡的一个主要原因就是大型火灾。因此,在防空地下室设计中必须满足防火的要求。

现代战争对防空地下室结构的要求是根据核爆炸的杀伤因素(冲击波、光辐射、早期核辐射、放射性污染)、化学武器与生物武器的杀伤作用确定的,其中对承重结构有决定意义的是核爆炸因素(如冲击波)的破坏作用。防空地下室结构不仅承受上部地面建筑传来的静荷载,而且在战争中受到敌人袭击时,地面建筑一旦遭到破坏,地下室结构还将承受核武器爆炸冲击波和常规武器的动荷载。这种动荷载的数值比一般工业与民用建筑中的静荷载大几十倍甚至几百倍,且不是长期作用在结构上的,与静荷载相比,它具有作用时间短暂的特点。在这样的动载作用下,虽然结构变形超出了弹性范围,出现了塑性变形,但只要结构的最大变形不超过其破坏时的极限变形,在荷载消失后,即使有一定的残余变形,结构仍然有一定的承载能力。因此考虑人防要求的结构,不同于普通的工业与民用建筑结构的一个特点,就是允许结构出现一定的塑性变形。

在实际工程中,防空地下室的顶板一般都采用钢筋混凝土结构,可以按弹塑性阶段进行设计。考虑结构在弹塑性阶段的工作,充分利用了材料的潜在能力,节省钢材,具有很大的经济意义。试验结果也表明,在核爆炸动载作用下,钢筋混凝土结构可以按弹塑性阶段设计。由于核爆炸动载的作用仅在很短的时间内使结构产生变形,这种变形不会危及防空地下室的安全。而且,根据动载设计的结构有足够的刚度和整体性,它在静载作用下不会产生过大的变形,因此对防空地下室结构不必进行结构变形的验算。在控制延性比的条件下,不再进行结构构件裂缝开展的计算,但对要求高的平战结合工程可另做处理。考虑到核爆炸压缩波不仅作用在地下结构上,还作用在地下室周围的土层中,使四周土层在一定深度范围内产生压缩变形(弹性的和塑性的),这样就使结构不均匀沉陷的可能性相对减少,而结构整体沉陷不会影响结构的使用,并且这种地基变形也是瞬时的,因此,也不必单独验算地基变形。当然,对于大跨度地下室采用条形基础或单独基础的情况,应另作考虑。

5.1.3　防空地下室的类型

考虑到我国地域辽阔,城市(地区)之间的战略地位相差悬殊,威胁环境十分不同,现行《人民防空地下室设计规范》(GB 50038—2005)将防空地下室区分为甲、乙两种类型,其中甲类防空地下室设计必须满足其预定的战时对核武器、常规武器和生化武器的各项防护要求,乙类防空地下室设计必须满足其预定的战时对常规武器和生化武器的各项防护要求。防空地下室是按照甲类,还是乙类修建,应当由当地人防主管部门根据国家有关规定,结合当地的具体情况确定。

5.1.4　防空地下室的结构形式

目前我国常见的防空地下室结构形式主要有以下几种:

(1)梁板式结构

梁板式结构是由钢筋混凝土梁和板组成的结构类型。除个别作为指挥所、通信室外,大部分防空地下室在战时是作为人员掩蔽工事、地下医院、救护站、生产车间、物资仓库等,属于大量性防空工事,防护能力要求相对较低。其上部地面建筑多为民用建筑或一般的中小型工业厂房。在地下水位较低及土质较好的地区,地下室的结构形式、所用的建筑材料及施工方法等,基本上与上部地面建筑相同,主要承重结构为顶盖、墙、柱及基础等。在地下水位较低的地区可以采用砖外墙。当房间的开间较小时,钢筋混凝土顶板直接支承在四周承重墙上,即为无梁体系。当战时和平时需要大房间,承重墙间距较大时,为了不使顶板跨度过大,可设钢筋混凝土梁。梁可在一个方向上设置,也可在两个方向上设置,梁的跨度不能过大,必要时可在梁下设柱。钢筋混凝土梁板结构可用现浇法施工,这样整体性好,但需要模板,施工进度慢,已建工程中大部分都是采用现浇钢筋混凝土顶板,如图 5-1 所示。

在使用要求比较高、地下水位高、地质条件差、材料供应有保障以及采用大模板或预制构件装配施工的建筑中,可采用现浇的或预制的钢筋混凝土墙板。随着墙体的改革,建筑工业化的发展,在一些工程中已经采用"内浇外挂"的剪力墙结构,其内承重墙采用现浇钢筋混凝土,外墙、楼板、隔墙等也采用钢筋混凝土。

(2)板柱结构

板柱结构是由现浇钢筋混凝土柱和板组成的结构形式。板柱结构的主要形式为无梁楼盖体系,如图 5-2 所示。为使防空地下室结构与上部地面建筑相适应,或满足平时使用要求,可采用不设内承重墙和梁的平板顶盖,顶板采用无梁楼盖的形式,即板柱结构。当地下水位较低时,其外墙可用砖砌或预制构件;当地下水位较高时,采用整体混凝土或钢筋混凝土。在这种情况下,若地质条件较好,可在柱下设单独基础;若地质条件较差,可设筏式基础。为使顶板受力合理,柱距一般不宜过大。

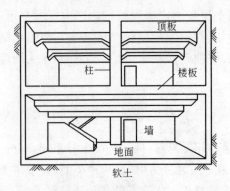

图 5-1　梁板式结构

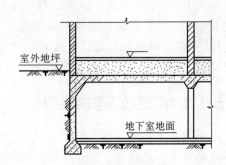

图 5-2　板柱结构

(3)箱形结构

采用箱形结构的防空地下室一般是属于以下几种情况:工事的防护等级较高,结构需要考虑某种常规武器命中引起的效应;土质条件差,在地面上部是高层建筑物。地下水位高,地下室处于饱和状态的土层中,对结构的防水有较高的要求;或根据平时使用要求,需要密闭的房间(如冷藏库)等;以及采用诸如沉井法、地下连续墙等特殊施工方法等。

(4)其他结构

当地面建筑物是单层(如车间、食堂、商店、礼堂等)、大跨度,并且下面的地下室是平战两用的,则地下室的顶板一般采用受力性能较好的钢筋混凝土壳体(双曲扁壳或筒壳),单跨或多跨拱和折板结构等,如图 5-3 所示,其中 a)为壳体顶盖,b)为折板结构。

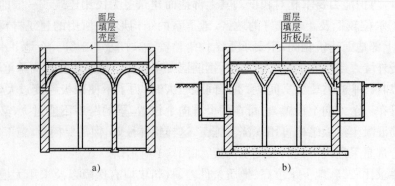

图 5-3　壳体顶盖及折板结构

5.2　防空地下室的建筑设计

防空地下室设计必须贯彻"长期准备、重点建设、平战结合"的方针,并应坚持人防建设与城市建设协调发展,与城市建设相结合的原则,在平面布置、结构选型、通风防潮、采光照明和给排水沟设置等方面,应采取相应措施使其充分发挥战备效益、社会效益和经济效益。

防空地下室的位置、规模、战时及平时的用途,应根据人防建设与城市建设相结合规划,地上与地下综合考虑,统筹安排。

掩蔽人员的防空地下室应布置在人员居住、工作的适中位置,其服务半径不宜大于200m。

防空地下室距甲类、乙类易燃易爆生产厂房、库房的距离不应小于50m;距有害液体、重毒气体的贮罐不应小于100m。

根据战时及平时的使用要求,防空地下室之间宜在一定范围内连通。

防空地下室的室外出入口、进风口、排风口、排烟口和通风采光窗的布置,应符合战时及平时使用要求,同时要考虑与地面建筑四周环境的协调及对城市景观的影响等。特别是位于临街和重要建筑物、广场附近的室外出入口口部建筑形式、色彩等,都应与周围环境相协调,增加城市景观的美感。并应解决好掩蔽时期防护密闭要求与通风、换气、人员进出、给排水、排污、排烟等生活要求之间的矛盾,既达到保证战时掩蔽部内的可居住性,又要满足防护密闭效果。平战结合的人防工程还应满足平时使用功能的要求。当平时使用要求与战时的防护要求不一致时,设计时应采取平战功能转换措施。

(1)早期核辐射的防护

早期核辐射是核爆炸最初十几秒释放出的β射线、γ射线和中子流。它透过岩土及结构进入工程内部,引起人体伤害和电子元件、光学玻璃损伤。由于散射的作用,也可通过出入口通道并透过门扇进入工程内部。适当选择高密度的材料,如钢筋混凝土、钢板等,当其顶板厚度不满足要求时,在顶板上面增加覆土,增加口部拐弯和临时墙厚度,使最终进入人防工程内的早期核辐射剂量设计限值满足规范要求。

(2)主体设计

防空地下室各组成部分平面布局应紧凑合理,人员隐蔽所面积标准和室内净高应按有关规范采用,室内地平面至顶板的结构板底面的净高不宜小于2.4m(专业队装备掩蔽部和人防汽车库除外)。

防空地下室必须合理划分防护单元和抗爆单元。在人防工程中设置防护单元的目的是为了降低遭敌人炸弹命中的概率,减少遭破坏的范围,特别是对于大型人员掩蔽部尤其重要。设置抗爆单元的目的是为了在防护单元一旦遭到炸弹击中时,尽可能减少人员或物资受伤害的数量。即当防护单元中的某个抗爆单元遭到命中时,可以保护相邻抗爆单元的人员及物资不受伤害。但坑道、地道工程由于抗炮弹的防护能力较强,故不需要限制单元的大小。对于掘开式浅覆土人防工程,当工程单层建筑面积超过一定限度,其遭受炮弹的破坏概率,必然会随着单层建筑面积的增大而增大。在局部受到破坏或出现火灾时,应使破坏的范围限制在较小的范围内,不至于影响工程的整体,因此划分防护单元和抗爆单元,对于减轻人员的伤亡,具有重要的作用。按现行规范规定,医疗救护工程、防空专业队工程、人员掩蔽工程和配套工程应按下列规定划分防护单元和抗爆单元：

①上部建筑层数为九层或不足九层（包括没有上部建筑）的防空地下室应按表 5-1 的要求划分防护单元和抗爆单元。

防护单元、抗爆单元的建筑面积（m²）   表 5-1

工程类型	医疗救护工程	防护专业队工程		人员掩蔽工程	配套工程
		队员掩蔽部	装备掩蔽部		
防护单元	≤1000	≤4000		≤2000	≤4000
抗爆单元	≤500	≤2000		≤500	≤2000

注：防空地下室内部为小房间布置时，可不划分抗爆单元。

②上部建筑层数为十层或多于十层（其中一部分上部建筑可不足十层或没有上部建筑，但其建筑面积不得大于 200 m²）的防空地下室，可不划分防护单元和抗爆单元（注：位于多层地下室底层的防空地下室，其上方的地下室层数可计入上部建筑的层数）。

③对于多层的乙类防空地下室和多层的核 5 级、核 6 级和核 6B 级的甲类防空地下室，当其上下相邻楼层划分为不同防护单元时，位于下层及以下的各层可不再划分防护单元和抗爆单元。

相邻抗爆单元之间应设置抗爆隔墙。防空地下室每一个防护单元的防护设施和内部设备应自成系统。相邻防护单元之间应设置防护密闭隔墙，防护密闭隔墙还应达到相应的耐火等级。

防护单元内不宜设置伸缩缝或沉降缝。上部地面建筑需设置伸缩缝、防震缝时，防空地下室可不设置；室外出入口与主体结构连接处，宜设置沉降缝。

(3)口部设计

口部是指防空地下室的主体与地面的连接部分。对于有防毒要求的防空地下室，其口部包括密闭通道、防毒通道、洗消间、除尘室、滤毒室和防护密闭门以外的通道、竖井、扩散室等。口部一般是人防工程战时防护的关键环节。口部设计是防空地下室设计中的重点和难点，也是防空地下室设计中最具特色的部位。口部设计应满足以下要求：

防空地下室的每一个防护单元应不少于两个出入口，其战时的主要出入口应设置在室外，且不宜采用竖井方式。两个出入口应设在不同方向，并保持一定距离。出入口的通道尺寸、防护门、防护密闭门设置的数量，按照设防要求和防护规范确定。

甲类防空地下室中，其战时作为主要出入口的室外出入口通道的出地面段（即无防护顶盖段）宜布置在地面建筑的倒塌范围以外；若平时需要设置口部建筑时，宜采用单层轻型建筑；处于倒塌范围以内的口部建筑应采用防倒塌的棚架。

防空地下室的战时主要出入口应按规定设置防毒通道、洗消间和简单洗消间。

供战时使用和平战两用的进风口、排风口应采取防倒塌、防堵塞装置。等级人防工事的进风口、排风口、排烟口应设置防爆活门、扩散室和扩散箱等滤波设施。出入口防护洗消设施布置如图 5-4 所示。

有防毒要求的人员掩蔽部，应设滤毒室，滤毒室和进风机房宜分室布置。滤毒室应设在染毒区，滤毒室的门应设置在直通地面和清洁区的密闭通道或防毒通道内，并宜设密闭门；进风机室应设在清洁区。

口部应有防地面水倒灌措施。在有暴雨或有江河泛滥可能的地区,考虑出入口地面水倒灌也很重要,在出入口设计时必须采取防止地面雨水倒灌的有效措施。

出入口防护洗消设施布置如图5-4所示。

(4)辅助房间设计

医疗救护工程和专业队队员掩蔽部宜设冲水厕所,人员掩蔽所宜设干厕(便桶)。当因平时使用需要,设置水厕时,也应根据战时需要设置便桶的位置。配套工程应根据需要确定。

医疗救护工程应设开水间。其他工程当人员较多,且有条件时可设开水间。开水间、盥洗室、饮水间、贮水间、厕所等宜相对集中布置在排风口附近,并在上述房间或走道设置弹簧门。

在进风系统中设有滤毒通风的防空地下室,宜在进风口附近设置防化值班室,其使用面积为$6\sim8m^2$。

(5)内部装修

防空地下室的装修设计应根据战时及平时的功能需要,并按适用、经济、美观的原则确定。在灯光、色彩、饰面材料的处理上应有利于改善地下空间的环境条件。室内装修应选用防火、防潮的材料,并满足防腐抗震及其他特殊功能的要求。平战结合的防空地下室,其内部装修应符合国家有关建筑内部装修设计防火规范的要求。

(6)防护功能平战转换

对于平战结合的乙类防空地下室和核5级、核6级、核6B级的甲类防空地下室设计,当其平时使用要求与战时防护要求不一致时,设计中可采用平战转换措施。采用的转换措施应能满足战时的各项防护要求,并应在规定的转换时限内完成。且其临战时的转换工作量应与城市的战略地位相协调,并符合当地的人力、物力条件。

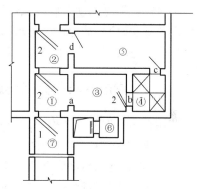

图5-4 出入口防护洗消设施平面布置
1-防护密闭门;2-密闭门
①第一防毒通道;②第二防毒通道;③脱衣室;④淋浴室;⑤检查穿衣室;⑥扩散室;⑦室外通道
a-脱衣室入口;b-淋浴室入口;c-淋浴室出口;d-检查穿衣室出口

5.3 防空地下室的结构计算

5.3.1 防空地下室结构设计的一般规定

防空地下室结构设计的目的是使工程结构达到设计任务书规定的防护等级,在相应战略技术要求下抵御武器的毁伤效应,给掩蔽人员提供安全的掩蔽空间。人防工程结构分析应包括强度分析、抗倾覆分析、抗震分析、抗核电磁脉冲分析、抗核辐射的防护效能分析等内容。其中强度分析和抗倾覆分析是最重要的。因此,对人防工程一般只验算结构强度(包括稳定性),可不进行结构变形和结构裂缝宽度验算。

防空地下室结构的选型,应根据防护要求、使用要求、上部建筑结构类型、工程地质和水文地质条件及材料供应和施工条件等因素综合分析确定。

防空地下室的结构类型可分为砌体结构和钢筋混凝土结构两种类型。当上部建筑为砌体结构,防空地下室抗力等级较低且地下水位也较低时,可采用砌体结构。对钢筋混凝土结构,可采用预制装配整体式。

防空地下室的结构设计,应根据防护要求和受力情况做到结构各个部位抗力相协调,即在规定的动荷载作用下,保证结构各部位(如出入口和主体结构)都能正常地工作。

甲类防空地下室结构应能承受常规武器爆炸动荷载和核武器爆炸动荷载的分别作用,乙类防空地下室结构应能承受常规武器爆炸动荷载的作用。对于常规武器爆炸动荷载和核武器爆炸动荷载,设计时均按一次作用。

此外,尚应根据其上部建筑在平时使用条件下对防空地下室结构的要求进行设计,并应取其中控制条件作为防空地下室结构设计的依据。

在常规武器爆炸动荷载或核武器爆炸动荷载作用下,防空地下室结构动力分析一般采用等效静荷载法,即将动力作用下求内力问题转化成静力作用下求内力问题,按一般静力结构进行结构内力分析,并可采用静力计算手册和相应图表来计算内力。

5.3.2 常规武器和核武器爆炸地面空气冲击波和土中压缩波参数

作用在防空地下室结构上的荷载,应包括常规武器爆炸动荷载、核武器爆炸动荷载、上部建筑物自重、土压力、水压力、防空地下室自重和内部永久设备重等。

(1)常规武器地面爆炸空气冲击波、土中压缩波参数

防空地下室防常规武器作用应按非直接命中的地面爆炸计算,这时,由于常规武器爆心距防空地下室外墙及出入口有一定距离,其爆炸对防空地下室结构主要产生整体效应。因此,防常规武器作用应按常规武器地面爆炸的整体破坏效应进行设计,可不考虑常规武器的局部破坏作用。

常规武器地面爆炸产生的空气冲击波与核武器爆炸冲击波相比,其正相作用时间较短,一般仅数毫秒或数十毫秒,且其升压时间极短,因此在结构计算中,可取按等冲量简化的无升压时间的三角形波形(图 5-5)。

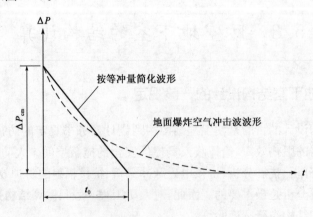

图 5-5 常规武器地面爆炸空气冲击波简化波形

ΔP_{cm}-常规武器地面爆炸空气冲击波最大超压(N/mm^2);t_0-地面爆炸空气冲击波按等冲量简化的等效作用时间(s)

常规武器地面爆炸在土中产生的压缩波向地下传播时,随着传播距离的增加,陡峭的波阵面逐渐会变成有一定升压时间的压力波,其作用时间也不断加大。为便于计算,可将土中压缩波波形按等冲量简化为有升压时间的三角形(图 5-6)。

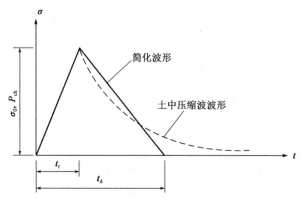

图 5-6 常规武器地面爆炸土中压缩波简化波形

P_{ch}-常规武器地面爆炸空气冲击波感生的土中压缩波最大压力(N/mm²);σ_0-常规武器地面爆炸直接产生的土中压缩波最大压力(N/mm²);t_r-土中压缩波的升压时间(s);t_d-土中压缩波按等冲量简化的等效升压时间(s)

(2)核武器爆炸地面空气冲击波和土中压缩波参数

核武器爆炸动荷载包括核武器爆炸时产生的冲击波和土中压缩波对防空地下室结构形成的动荷载。按照《人民防空地下室设计规范》(GB 50038—2005)规定,在防空地下室的结构计算中,核武器爆炸地面冲击波超压波形,可取在最大压力处按切线或按等冲量简化的无升压时间的三角形(图 5-7)。地面空气冲击波最大超压值(简称地面超压)ΔP_m,按国家现行有关规定确定。地面空气冲击波的其他主要设计参数可按表 5-2 选用。

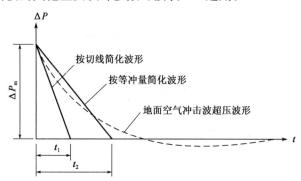

图 5-7 核武器爆炸地面空气冲击波简化波形

ΔP_m-核武器爆炸地面空气冲击波最大超压(N/mm²);t_1-地面空气冲击波按切线简化的等效作用时间(s);t_2-地面空气冲击波按等冲量简化的等效作用时间(s)

地面空气冲击波主要设计参数 表 5-2

防核武器 抗力等级	按切线简化的等效 作用时间 t_1(s)	按等冲量简化的等效 作用时间 t_2(s)	负压值 (kN/m²)	动压值 (kN/m²)
6B	0.90	1.26	$0.300\Delta P_m$	$0.10\Delta P_m$
6	0.70	1.04	$0.200\Delta P_m$	$0.16\Delta P_m$

防核武器抗力等级	按切线简化的等效作用时间 t_1(s)	按等冲量简化的等效作用时间 t_2(s)	负压值（kN/m²）	动压值（kN/m²）
5	0.49	0.78	$0.110\Delta P_m$	$0.30\Delta P_m$
4B	0.31	0.52	$0.055\Delta P_m$	$0.55\Delta P_m$
4	0.17	0.38	$0.040\Delta P_m$	$0.74\Delta P_m$

核武器爆炸产生的冲击波对地面的冲击作用，一方面以反射波的形式传播出去，另一方面以另一种波的形式向地下传播。核武器爆炸冲击波的巨大压力压缩地面，使地面土壤产生一定的速度和加速度，受压的上层土壤压缩下层土壤，使下一层土壤也获得一定的速度和加速度。这种逐次传播的受压和运动过程就是压缩波的传播，在土壤中传播的压缩波称为土中压缩波。在结构计算中，土中压缩波压力波形可取简化有升压时间的平台形，见图 5-8。其最大压力及土中压缩波升压时间可按下列公式确定

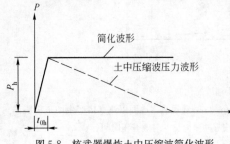

图 5-8 核武器爆炸土中压缩波简化波形

$$P_h = \left[1 - \frac{h}{v_1 t_2}(1-\delta)\right]\Delta P_{ms} \tag{5-1}$$

$$t_{0h} = (\gamma - 1)\frac{h}{v_0} \tag{5-2}$$

$$\gamma = \frac{v_0}{v_1} \tag{5-3}$$

式中：P_h——土中压缩波的最大压力，kN/m²，当土的计算深度小于或等于 1.5m 时，P_h 可近似取 ΔP_{ms}；

t_{0h}——土中压缩波升压时间；

h——土的计算深度，m，计算顶板时，取顶板的覆土厚度；计算外墙时，取防空地下室结构外墙中点至室外地面的深度；

v_0——土的起始压力波速，m/s；

γ——波速比；

v_1——土的峰值压力波速，m/s；

δ——土的应变恢复比；

t_2——地面空气冲击波按等冲量简化的等效作用时间，s；

ΔP_{ms}——空气冲击波超压计算值，kN/m²。当不计地面建筑物影响时，取地面超压值 ΔP_m。

当荷载确定后，就可以根据规范的规定进行荷载组合。

5.3.3 核武器爆炸动荷载的计算

全埋式防空地下室结构上的核武器爆炸动荷载，可按同时均匀作用在结构各部位进行受力分析。当核 6 级和核 6B 级防空地下室顶板高于室外地面时，尚应验算地面空气冲击波对

高出地面外墙的单向作用。

防空地下室结构顶板的核武器爆炸动荷载最大压力 P_{c1} 及升压时间 t_{0h} 可按下列公式进行计算：

①不考虑上部建筑影响的防空地下室。计算公式为

$$P_{c1} = KP_h \qquad (5-4)$$

$$t_{0h} = (\gamma - 1)\frac{h}{v_0} \qquad (5-5)$$

式中：P_{c1}——防空地下室结构顶板的核武器爆炸动荷载最大压力，kN/m^2；

　　　K——顶板核武器爆炸动荷载综合反射系数。

②考虑上部建筑影响，顶板核武器爆炸动荷载计算公式为

$$P_{c1} = KP_h \qquad (5-6)$$

$$t_{0h} = 0.025 + (\gamma_c - 1)\frac{h}{v_0} \qquad (5-7)$$

③土中结构外墙上的水平均布核武器爆炸动荷载最大压力 $P_{c2}(kN/m^2)$ 及升压时间 t_{0h} 可按下式计算

$$P_{c2} = \xi P_h \qquad (5-8)$$

$$t_{0h} = (\gamma_c - 1)\frac{h}{v_0} \qquad (5-9)$$

式中：P_{c2}——土中结构外墙上的水平均布核武器爆炸动荷载的最大压力，kN/m^2；

　　　ξ——土的侧压力系数。

对核6级、核6B级防空地下室的顶板底面高出地面，直接承受空气冲击波作用的外墙最大水平均布压力 P_{c2}'，可取 $2\Delta P_m$。

④结构底板核武器爆炸动荷载最大压力可用下式计算。

$$P_{c3} = \eta P_{c1} \qquad (5-10)$$

式中：P_{c3}——结构底板上核武器爆炸动荷载的最大压力，kN/m^2；

　　　η——底压系数，当底板位于地下水位以上时取 $0.7\sim0.8$，其中核4B级及核4级取小值；当底板位于地下水位以下时取 $0.8\sim1.0$，其中含气量 $a_1 \leqslant 0.1\%$ 时取大值。

5.3.4　结构动力计算

用等效静载法进行结构动力计算时，宜将结构体系拆成顶板、外墙、底板等构件，分别按等效单自由度体系进行动力分析。

在常规武器爆炸动荷载或核武器爆炸动荷载作用下，结构构件的工作状态均可用结构构件的允许延性比 $[\beta]$ 表示。对于砌体结构构件，允许延性比 $[\beta]$ 值取 1.0；对于钢筋混凝土结构构件，允许延性比 $[\beta]$ 可按表 5-3 取值。

钢筋混凝土结构构件的允许延性比 $[\beta]$ 值　　　　表 5-3

结构构件使用要求	动荷载类型	受力状态			
		受弯	大偏心受压	小偏心受压	轴心受压
密闭、防水要求高	核武器爆炸动荷载	1.0	1.0	1.0	1.0
	常规武器爆炸动荷载	2.0	1.5	1.2	1.0

结构构件 使用要求	动荷载类型	受力状态			
		受弯	大偏心受压	小偏心受压	轴心受压
密闭、防水 要求一般	核武器爆炸动荷载	3.0	2.0	1.5	1.2
	常规武器爆炸动荷载	4.0	3.0	1.5	1.2

在常规武器爆炸动荷载作用下,顶板、外墙的局部等效静荷载标准值,可按下列公式计算确定

$$q_{ce1} = k_{dc1} p_{c1} \qquad (5-11)$$
$$q_{ce2} = k_{dc2} p_{c2} \qquad (5-12)$$

式中:q_{ce1}、q_{ce2}——作用在顶板、外墙的均布等效静荷载标准值,kN/m^2;

$\quad p_{c1}$、p_{c2}——作用在顶板、外墙的均布动荷载最大压力,kN/m^2;

$\quad k_{dc1}$、k_{dc2}——顶板、外墙的动力系数。

在核武器爆炸动荷载作用下,顶板、外墙、底板的均布等效静荷载标准值可分别按下列公式计算确定

$$q_{e1} = k_{d1} p_{c1} \qquad (5-13)$$
$$q_{e2} = k_{d2} p_{c2} \qquad (5-14)$$
$$q_{e3} = k_{d3} p_{c3} \qquad (5-15)$$

式中:q_{e1}、q_{e2}、q_{e3}——作用在顶板、外墙及底板上的均布等效静荷载标准值;

$\quad p_{c1}$、p_{c2}、p_{c3}——作用在顶板、外墙及底板上的动荷载最大压力;

$\quad k_{d1}$、k_{d2}、k_{d3}——顶板、外墙及底板的动力系数。

结构构件的动力系数 k_d,应按下列规定确定。

①当常规武器爆炸动荷载的波形简化为无升压时间的三角形时,根据结构构件自振圆频率 ω、动荷载等效作用时间 t_0 及允许延性比 $[\beta]$ 按下列公式计算确定

$$k_d = \frac{2}{\omega t_0}\sqrt{2[\beta]-1} + \frac{2[\beta]-1}{2[\beta]\left(1+\dfrac{4}{\omega t_0}\right)} \qquad (5-16)$$

②当常规武器爆炸动荷载的波形简化为有升压时间的三角形时,根据结构构件自振圆频率 ω、动荷载升压时间 t_r、动荷载等效作用时间 t_0 及允许延性比 $[\beta]$,按下列公式计算确定

$$k_d = \bar{\xi}\,\bar{k}_d \qquad (5-17)$$

$$\bar{\xi} = \frac{1}{2} + \frac{\sqrt{[\beta]}}{\omega t_r}\sin\left(\frac{\omega t_r}{2\sqrt{[\beta]}}\right) \qquad (5-18)$$

式中:$\bar{\xi}$——动荷载升压时间对结构动力响应的影响系数;

$\quad \bar{k}_d$——无升压时间的三角形动荷载作用下结构构件的动力系数,应按式(5-16)计算确定,此时式中的 t_0 改用 t_d。

③当核武器爆炸动荷载的波形简化为无升压时间的三角形时,根据结构构件的允许延性

比$[\beta]$,按下列公式计算确定

$$k_\mathrm{d} = \frac{2[\beta]}{2[\beta]-1} \qquad (5\text{-}19)$$

④当核武器爆炸动荷载的波形简化为有升压时间的平台形时,根据结构构件自振圆频率ω、升压时间t_{0h}、允许延性比$[\beta]$,按表 5-4 确定。

动 力 系 数 k_d 表 5-4

ωt_{0h}	允许延性比$[\beta]$				
	1.0	1.2	1.5	2.0	3.0
0	2.00	1.71	1.50	1.34	1.20
1	1.96	1.68	1.47	1.31	1.19
2	1.84	1.58	1.40	1.26	1.15
3	1.67	1.44	1.28	1.18	1.10
4	1.50	1.30	1.18	1.11	1.06
5	1.40	1.22	1.13	1.07	1.05
6	1.33	1.17	1.09	1.05	1.05
7	1.29	1.14	1.07	1.05	1.05
8	1.25	1.11	1.06	1.05	1.05
9	1.22	1.09	1.05	1.05	1.05
10	1.20	1.08	1.05	1.05	1.05
15	1.13	1.05	1.05	1.05	1.05
20	1.10	1.05	1.05	1.05	1.05

按等效静荷载法进行结构动力分析时,宜取与动荷载分布规律相似的静荷载作用下产生的挠曲线作为基本振型,确定自振频率时,可不考虑土的附加质量的影响。

在核武器爆炸动荷载作用下,结构底板的动力系数k_{d3}可取 1.0,扩散室与防空地下室内部房间相邻的临空墙动力系数可取 1.30。

5.3.5 防空地下室结构等效静荷载标准值

常规武器地面爆炸动荷载及核武器爆炸动荷载作用下的各部位的等效静荷载标准值,除按上述公式进行计算外,当条件符合时,也可按规范中提供的表格直接选用。下面以核武器爆炸动荷载作用下常用结构等效静荷载为例,说明其表格的选用。

(1)顶板等效静荷载标准值

当防空地下室的顶板为钢筋混凝土结构,且按允许延性比$[\beta]$等于 3 计算时,顶板上的等效静荷载标准值q_{e1}可按表 5-5 采用。

顶板等效静荷载标准值 q_{e1}（kN/m²） 表5-5

顶板覆土厚度 h(m)	顶板区格最大短边净跨 l_0(m)	抗力等级			
		6	5	4B	4
$h \leqslant 0.5$	$3.0 \leqslant l_0 \leqslant 9.0$	(55)60	(100)120	240	360
0.5$<h\leqslant$1.0	$3.0 \leqslant l_0 \leqslant 4.5$	(65)70	(120)140	310	460
	$4.5 < l_0 \leqslant 6.0$	(60)70	(115)135	285	425
	$6.0 < l_0 \leqslant 7.5$	(60)65	(110)130	275	410
	$7.5 < l_0 \leqslant 9.0$	(60)65	(110)130	265	400
1.0$<h\leqslant$1.5	$3.0 \leqslant l_0 \leqslant 4.5$	(70)75	(135)145	320	480
	$4.5 < l_0 \leqslant 6.0$	(65)70	(125)135	300	450
	$6.0 < l_0 \leqslant 7.5$	(60)70	(115)135	290	430
	$7.5 < l_0 \leqslant 9.0$	(60)70	(115)130	280	415

注：表中带括号项为考虑上部建筑物影响的顶板等效静载荷标准值。

（2）外墙等效静荷载标准值

防空地下室土中外墙的等效静载荷标准值 q_{e2}，当不考虑上部建筑物对外墙影响时，可按表5-6和表5-7采用；当按规范计入上部建筑物影响时，土中外墙的等效静荷载标准值 q_{e2} 应按表5-6和表5-7中的数值乘以系数 λ 采用。抗力等级为6级时，$\lambda=1.1$；5级时，$\lambda=1.2$；4B级时，$\lambda=1.25$。

非饱和土中外墙等效静荷载标准值 q_{e2}（kN/m²） 表5-6

土 的 类 别		防核武器抗力等级						
		6B		6		5		4B	4
		砌体	钢筋混凝土	砌体	钢筋混凝土	砌体	钢筋混凝土	钢筋混凝土	
碎石土		10～15	5～10	15～25	10～15	30～50	20～35	40～65	55～90
砂土	粗砂、中砂	10～20	10～15	25～35	15～25	50～70	35～45	65～90	90～125
	细沙、粉砂	10～15	10～15	25～30	15～20	40～60	30～40	55～75	80～110
粉土		10～20	10～15	30～40	20～25	55～65	35～50	70～90	100～130
黏性土	坚硬、硬塑	10～15	10～15	20～35	10～25	40～60	25～45	40～85	60～125
	可塑	15～25	15～25	35～55	25～40	60～100	45～75	85～145	125～215
	软塑	25～35	25～30	55～60	40～45	100～105	75～85	145～165	215～240
老黏性土		10～25	10～15	20～40	15～25	40～80	25～50	50～100	65～125
红黏土		20～30	10～20	30～45	15～30	45～90	35～50	60～100	90～140
湿陷性黄土		10～15	10～15	15～30	10～15	30～65	25～45	40～85	60～120
淤泥质土		30～35	25～30	50～55	40～45	90～100	70～80	140～160	210～240

注：1. 表内砖砌体数值系按防空地下室净高≤3m，开间≤5.4m；钢筋混凝土墙数值系按计算高度≤5m计算确定。

2. 砖砌体按弹性工作阶段计算，钢筋混凝土墙按弹塑性工作阶段计算，$[\beta]$取2.0。

3. 碎石土及砂土，密实、颗粒粗的取小值；黏性土，液性指数低的取小值。

非饱和土中钢筋混凝土外墙等效静荷载标准值 q_{e2}（kN/m²）　　表 5-7

土的类别	防核武器抗力等级				
	6B	6	5	4B	4
碎石土、砂土	30～35	45～55	80～105	185～240	280～360
粉土、黏性土、老黏性土、红黏土、淤泥质土	30～35	45～60	80～115	185～265	280～400

注:1. 表中数值系按外墙计算高度高≤4m,允许延性比$[\beta]$取 2.0 确定。

　　2. 含气量 α_1≤0.1%时取大值。

高出室外地面的 6 级防空地下室,当按弹塑性工作阶段设计直接承受空气冲击波单向作用的钢筋混凝土外墙时,其等效静荷载标准值 q_{e2} 取 130kN/m²。

（3）无桩基的防空地下室钢筋混凝土底板等效静荷载标准值

无桩基的防空地下室钢筋混凝土底板的等效静载荷标准值 q_{e3} 可按表 5-8 采用。

钢筋混凝土底板等效静荷载标准值 q_{e3}（kN/m²）　　表 5-8

顶板覆土厚度 h（m）	顶板区格最大短边净跨 l_0（m）	防核武器抗力等级									
		6B		6		5		4B		4	
		地下水位以上	地下水位以下	地下水位以上	地下水位以下	地下水位以上	地下水位以下	地下水位以上	地下水位以下	地下水位以上	地下水位以下
h≤0.5	3.0≤l_0≤9.0	30	20～35	40	40～50	75	75～95	140	160～200	360	240～300
0.5< h≤1.0	3.0≤l_0≤4.5	30	35～40	50	50～60	90	95～115	190	215～270	460	320～400
	4.5<l_0≤6.0	30	30～35	45	45～55	85	85～110	170	195～245	425	290～365
	6.0<l_0≤7.5	30	30～35	45	45～55	85	85～105	160	185～230	410	280～350
	7.5<l_0≤9.0	30	30～35	45	45～55	80	80～100	155	180～225	400	265～335
1.0< h≤1.5	3.0≤l_0≤4.5	35	35～45	55	55～70	105	105～130	205	235～295	480	350～440
	4.5<l_0≤6.0	30	30～40	50	50～60	90	90～115	190	215～270	450	320～400
	6.0<l_0≤7.5	30	30～35	45	45～60	90	90～110	175	200～250	430	300～375
	7.5<l_0≤9.0	30	30～35	45	45～55	85	85～105	165	190～240	415	285～355

注:1. 表中 6 级防空地下室底板的等效静荷载标准值对考虑或不考虑上部建筑物影响均适用。

　　2. 表中 5 级防空地下室底板的等效静荷载标准值按考虑上部建筑物影响计算,对不考虑上部建筑物影响计算时,可按表中数值除以 0.95 后采用。

　　3. 位于地下水位以下的底板,含气量 α_1≤0.1%时取大值。

5.3.6 防空地下室结构荷载组合

在防空地下室结构的荷载组合中,对核武器爆炸动荷载,设计时采用一次作用。对于较高等级的人防工程,如果考虑常规武器的冲击波爆炸作用,则常规武器只考虑一次命中。核武器和常规武器的作用不互相叠加,以一种荷载的破坏作用为主,另一种荷载破坏作为复核,做局部加强。高层建筑地下室往往承受上部结构风荷载及地震作用影响。视抗震设防烈度、风荷载等级、防空地下室等级等考虑其荷载的组合。核武器爆炸动荷载不与地震荷载叠加组合,应在抗震设计基础上对地下室进行核武器爆炸动荷载作用下的抗倾覆、抗剪切及主要构件强度的复核。甲类防空地下室结构的荷载(效应)组合工况为:

①平时使用状态的结构设计荷载。

②战时常规武器爆炸等效静荷载与静荷载同时作用。

③战时核武器爆炸等效静荷载与静荷载同时作用。

乙类防空地下室结构应分别按照上列第①、②条规定的荷载(效应)组合进行设计,并应取各自的最不利的效应组合作为设计依据。其中平时使用状态的荷载(效应)组合应按国家现行有关标准执行。

在常规武器爆炸等效静荷载与静荷载共同作用下,结构各部位的荷载组合可按表 5-9 的规定确定。

常规武器爆炸等效静荷载与静荷载同时作用的荷载组合　　　　　　表 5-9

结 构 部 位	荷 载 组 合
顶板	顶板常规武器爆炸等效静荷载,顶板静荷载(包括覆土、战时不拆迁的固定设备、顶板自重及其他静荷载)
外墙	顶板传来的常规武器爆炸等效静荷载、静荷载、上部建筑自重,外墙自重;常规武器爆炸产生的水平等效静荷载、土压力、水压力
内承重墙(柱)	顶板传来的常规武器爆炸等效静荷载、静荷载、上部建筑自重,内承重墙(柱)自重

注:上部建筑自重系指防空地下室上部建筑的墙体(柱)和楼板传来的静荷载,即墙体(柱)、屋盖、楼盖自重及战时不拆迁的固定设备等。

在核武器爆炸等效静荷载与静荷载共同作用下,结构各部位的荷载组合可按表 5-10 确定。

核武器爆炸等效静荷载与静荷载共同作用的荷载组合　　　　　　表 5-10

结构部位	防核武器抗力等级	荷 载 组 合
顶板	6B、6、5、4B、4	顶板核武器爆炸等效静荷载,顶板静荷载(包括覆土、战时不拆迁的固定设备、顶板自重及其他静荷载)
外墙	6B、6	顶板传来的核武器爆炸等效静荷载、静荷载,上部建筑物自重,外墙自重,核武器爆炸产生的水平等效静荷载,土压力、水压力
	5	顶板传来的核武器爆炸等效静荷载、静荷载; 当上部建筑外墙为钢筋混凝土承重墙时,上部建筑自重取全部标准值;其他结构形式,上部建筑自重取标准值的 1/2;外墙自重;核武器爆炸产生的水平等效静荷载荷载,土压力、水压力
	4B、4	顶板传来的核武器爆炸等效静荷载、静荷载; 当上部建筑外墙为钢筋混凝土承重墙时,上部建筑自重取全部标准值;其他结构形式,不计上部建筑自重;外墙自重;核武器爆炸产生的水平等效静荷载,土压力、水压力

续上表

结构部位	防核武器抗力等级	荷 载 组 合
内承重墙(柱)	6B、6	顶板传来的核武器爆炸等效静荷载、静荷载,上部建筑自重,内承重墙(柱)自重
	5	顶板传来的核武器爆炸等效静荷载、静荷载; 当上部建筑为砌体结构时,上部建筑自重取标准值的 1/2;其他结构形式,上部建筑自重取全部标准值;内承重墙(柱)自重
	4B	顶板传来的核武器爆炸等效静荷载、静荷载; 当上部建筑物外墙为钢筋混凝土承重墙时,上部建筑物自重取全部标准值;当上部建筑物为砌体结构时,不计入上部建筑物自重;其他结构形式,上部建筑自重取标准值的 1/2;内承重墙(柱)自重
	4	顶板传来的核武器爆炸等效静荷载、静荷载; 当上部建筑物外墙为钢筋混凝土承重墙时,上部建筑自重取全部标准值;其他结构形式,不计入上部建筑物自重;内承重墙(柱)自重
基础	6B、6	底板核武器爆炸等效静荷载(条、柱、桩基为墙柱传来的核武器爆炸等效静荷载); 上部建筑自重,顶板传来静荷载,防空地下室墙体(柱)自重
	5	底板核武器爆炸等效静荷载(条、柱、桩基为墙柱传来的核武器爆炸等效静荷载); 当上部建筑为砌体结构时,上部建筑自重取标准值的 1/2;其他结构形式,上部建筑自重取全部标准值; 顶板传来静荷载,防空地下室墙体(柱)自重
	4B	底板核武器爆炸等效静荷载(条、柱、桩基为墙柱传来的核武器爆炸等效静荷载); 当上部建筑外墙为钢筋混凝土承重墙时,上部建筑自重取全部标准值; 当上部建筑为砌体结构时,不计入上部建筑自重;其他结构形式,上部建筑自重取标准值的 1/2; 顶板传来静荷载,防空地下室墙体(柱)自重
	4	底板核武器爆炸等效静荷载(条、柱、桩基为墙柱传来的核武器爆炸等效静荷载); 当上部建筑为钢筋混凝土承重墙时,上部建筑自重取全部标准值;其他结构形式,不计入上部建筑自重; 顶板传来静荷载,防空地下室墙体(柱)自重

注:上部建筑自重系指防空地下室上部建筑的墙体(柱)和楼板传来的静荷载,即墙体(柱)、屋盖、楼盖自重及战时不拆迁的固定设备等。

5.3.7　内力分析和截面设计

在确定等效静荷载和静荷载后,防空地下室工程可按静力计算方法进行结构内力分析。对于超静定的钢筋混凝土结构,可按由非弹性变形产生的塑性内力重分布计算内力。

防空地下室结构在确定等效静荷载标准值和永久荷载标准值后,其承载力设计应采用下列极限状态设计表达式

$$\gamma_0(\gamma_G S_{Gk} + \gamma_Q S_{Qk}) \leqslant R \tag{5-20}$$

$$R = R(f_{cd}, f_{yd}, \alpha_k, \cdots) \tag{5-21}$$

$$f_d = \gamma_d f \tag{5-22}$$

式中：γ_0——结构重要性系数，可取 1.0；

$\quad \gamma_G$——永久荷载分项系数，当其效应对结构不利时可取 1.2，有利时取 1.0；

$\quad S_{Gk}$——永久荷载效应标准值；

$\quad \gamma_Q$——等效静荷载分项系数，可取 1.0；

$\quad S_{Qk}$——等效静荷载效应标准值；

$\quad R$——结构构件承载力设计值；

$\quad R(\cdot)$——结构构件承载力函数；

$\quad f_{cd}$——混凝土动力强度设计值，可按公式(5-22)计算确定；

$\quad f_{yd}$——钢筋(钢材)动力强度设计值，可按公式(5-22)计算确定；

$\quad \alpha_k$——几何参数标准值；

$\quad f_d$——动荷载作用下材料强度设计值，N/mm²；

$\quad f$——静荷载作用下材料强度设计值，N/mm²；

$\quad \gamma_d$——动荷载作用下的材料强度综合调整系数，可按表 5-11 确定。

材料强度综合调整系数 γ_d 表 5-11

材 料 种 类		综合调整系数 γ_d
热轧钢筋 (钢材)	HPB235 级 (Q235 钢)	1.50
	HRB335 级 (Q345 钢)	1.35
	HRB400 级 (Q390 钢)	1.20 (1.25)
	HRB400 级 (Q420 钢)	1.20
混凝土	C55 及以下	1.50
	C60～C80	1.40
砌体	料石	1.20
	混凝土砌块	1.30
	普通黏土砖	1.20

注：对于采用蒸汽养护或掺入早强剂的混凝土，其强度综合调整系数应乘以 0.90 折减系数。

结构构件按弹塑性工作阶段设计时，受拉钢筋配筋率不宜大于 1.5%。当大于 1.5% 时，受弯构件或大偏心受压构件的允许延性比 $[\beta]$ 值应满足式(5-23)，且受拉钢筋最大配筋率不宜大于表 5-12 的规定。

$$[\beta] \leqslant \frac{0.5}{\dfrac{x}{h_0}} \tag{5-23}$$

$$\frac{x}{h_0} = (\rho - \rho') \frac{f_{yd}}{(\alpha_c f_{cd})} \tag{5-24}$$

式中：x——混凝土受压区高度，mm；

　　　h_0——截面的有效高度，mm；

　　　ρ、ρ'——纵向受拉钢筋及受压钢筋配筋率；

　　　α_c——系数，按表 5-13 取值。

受拉钢筋的最大配筋率（%）　　　　　　表 5-12

混凝土强度等级	C25	≥C30
HRB335 级钢筋	2.2	2.5
HRB400 级钢筋	2.0	2.4
RRB400 级钢筋		

α_c　值　　　　　　表 5-13

混凝土强度等级	≤C50	C55	C60	C65	C70	C75	C80
α_c	1	0.99	0.98	0.97	0.96	0.95	0.94

　　按等效静载法分析得出的内力，进行墙、柱受压构件正截面承载力验算时，混凝土及砌体的轴心抗压动力设计强度应乘以折减系数 0.8。进行梁、柱斜截面承载力验算时，混凝土及砌体的动力强度设计值应乘以折减系数 0.8。当板的周边支座横向伸长受到约束时，其跨中截面的计算弯矩值对梁板结构可乘以折减系数 0.7，对无梁楼盖可乘以折减系数 0.9。

　　对于均布荷载作用下的钢筋混凝土梁，当按等效静荷载法分析得出的内力进行斜截面承载力验算时，对斜截面受剪承载力需作跨高比的修正。当仅配置箍筋时，斜截面受剪承载力应符合下列规定

$$v \leqslant 0.7\psi_1 f_{td}bh_0 + 1.25 f_{yd}\frac{A_{sv}}{s}h_0 \tag{5-25}$$

$$\psi_1 = 1 - \frac{\dfrac{l}{h_0} - 8}{15} \tag{5-26}$$

式中：v——受弯构件斜截面上的最大剪力设计值，N；

　　　b——梁截面宽度，mm；

　　　A_{sv}——配置在同一截面内箍筋各肢的全部截面面积，mm^2；

　　　s——沿构件长度方向上的箍筋间距，mm；

　　　l——梁的计算跨度，mm；

　　　ψ_1——梁跨高比影响系数，当 $l/h_0 \leqslant 8$ 时，取 $\psi_1 = 1$；当 $l/h_0 > 8$ 时，ψ_1 应按式(5-26)计算确定；当 $\psi_1 < 0.6$ 时，取 $\psi_1 = 0.6$。

5.4　防空地下室的口部处理

　　防空地下室的口部既是整个建筑物的一个薄弱部位，又是一个很重要的部位。在战时一旦被摧毁，造成口部的堵塞，将影响整个工事的使用和人员的安全。因此，设计时必须予以足够的重视。

5.4.1　室内出入口

　　为使地下室与地面建筑的联系畅通，特别是为平战结合创造条件，每个独立的防空地下室

至少要有一个室内出入口。室内出入口有阶梯式和竖井式两种。作为人员出入的主要出入口,多采用阶梯式的,它的位置往往设在上层建筑楼梯间的附近。竖井式的出入口,主要用作战时安全出入口,平时可供运送物品之用。

(1)阶梯式出入口

设在楼梯间附近的阶梯式出入口,以平时使用为主,在战时(或地震时)倒塌堵塞的可能性很大。因此,它很难作为战时的主要出入口。位于防护门以外通道内的防空地下室外墙称为"临空墙"。临空墙的外侧设有土层,它的厚度应满足防早期核辐射的要求,同时它又是直接承受冲击波作用的,所受的动荷载要比一般外墙大得多,因此在平面设计时,首先要尽量减少临空墙。其次,在可能的条件下,要设法改善临空墙的受力条件。例如在临空墙的外侧填土,使它变为非临空墙;或在其内侧布置小房间(如通风机室、洗涤间等),以减小临空墙的计算长度;也可以为满足平时利用大房间的要求,暂时不修筑其中的隔墙,只根据设计做出留槎,临战时再行补修。这种临空墙所承受的水平方向荷载较大,可采用混凝土或钢筋混凝土结构。为了节省材料,这种钢筋混凝土临空墙可按弹塑性工作阶段设计。

防空地下室的室内阶梯式出入口,除临空墙外其他与防空地下室无关的墙、楼梯板、休息平台板等,一般均不考虑核爆炸动载,可按平时使用的地面建筑进行设计。

(2)竖井式出入口

当处于城市建筑物密集区,场地有限,难以做到把室外安全出入口设在倒塌范围以外,而又没有条件与人防支干道连通,或几个工事连通合用安全出入口的情况下,可考虑设置竖井式安全出入口。

5.4.2　室外出入口

室外出入口往往作为战时的主要出入口,它是保障防空地下室战时能够发挥作用的重要部位,因此要求尽可能将通道敞开段布置在倒塌范围之外,以免空袭之后被倒塌物堵塞。每一个独立的防空地下室(包括人员掩蔽室的每个防护单元)都应设有一个室外出入口,以作为战时的主要出入口。室外出入口也有阶梯式和竖井式两种形式。

(1)阶梯式出入口

设于室外阶梯式出入口的伪装遮雨棚,应采用轻型结构,使它在冲击波作用下可能被吹走,以免堵塞出入口。不宜修建高出地面口部的其他建筑物。由于室外出入口比室内出入口所受荷载更大一些,室外阶梯式出入口的临空墙,一般采用钢筋混凝土结构,其中除按内力配置受力钢筋外,在受压区还应配置构造钢筋,构造钢筋不应少于受力钢筋的1/3~2/3。

室外阶梯式出入口的敞开段(无顶盖段)侧墙,其内、外侧均不考虑动载的作用,按一般挡土墙进行设计。

(2)竖井式出入口

室外安全出入口一般采用竖井式的。竖井计算时,无论有无盖板,一般都只考虑由于土中压缩波产生的法向均布荷载,不考虑其内部压力的作用。

当室外出入口没有条件设在地面建筑物倒塌范围以外时,也可考虑设在建筑物外墙一侧,其高度可在建筑物底层的顶板水平上。

5.4.3　通风采光窗

为了贯彻平战结合的原则,给平时使用所需自然通风和天然采光创造条件,5 级和 6 级防空地下室,根据平时使用需要,可设通风采光窗。通风采光窗的窗孔尺寸,应根据防空地下室的结构类型、平时的使用要求以及建筑物四周的环境条件等因素综合分析确定。窗井应采取相应的防雨和防地表水倒灌等措施。

通风采光窗应有可靠的战时防护措施。其临战时的封堵方式,设置窗井的可采用全填土式或半填土式;高出室外地面的可采用挡板式。

5.5　防空地下室结构的构造要求

为了适应现代战争中防核武器、化学武器、生物武器的要求,防空地下室结构设计不仅要根据强度和稳定性的要求确定其断面尺寸与配筋方案,对结构进行防光辐射和早期核辐射的验算,对其延性比加以限制不使结构的变形过大,同时要保证整体工事具有足够的密闭性和整体性。此外,考虑到它处于土层介质中的工作条件,对其构造要求如下:

(1)建筑材料的强度等级

建筑材料的强度等级应不低于表 5-14 的数值。

材料强度等级　　　　　　　　　　　　　　　表 5-14

构件类别	混凝土		砌体			
	现浇	预制	砖	料石	混凝土砌块	砂浆
基础	C25	—	—	—	—	—
梁、楼板	C25	C25	—	—	—	—
柱	C30	C30	—	—	—	—
内墙	C25	C25	MU10	MU30	MU15	M5
外墙	C25	C25	MU15	MU30	MU15	M7.5

注:1.防空地下室结构不得采用硅酸盐砖和硅酸盐砌块。

　　2.严寒地区,饱和土中砖的强度等级不应低于 MU20。

　　3.装配填缝砂浆的强度等级不应低于 M10。

　　4.防水混凝土基础底板的混凝土垫层,其强度等级不应低于 C15。

(2)防空地下室结构构件的最小厚度

结构构件的最小厚度应符合表 5-15 的规定。

结构构件最小厚度(mm)　　　　　　　　　　表 5-15

构件类别	材料种类			
	钢筋混凝土	砖砌体	料石砌体	混凝土砌块
顶板、中间楼板	200	—	—	—
承重外墙	250	490(370)	300	250
承重内墙	200	370(240)	300	250

构 件 类 别	材 料 种 类			
	钢筋混凝土	砖砌体	料石砌体	混凝土砌块
临空墙	250	—	—	—
防护密闭门门框墙	300	—	—	—
密闭门门框墙	250	—	—	—

注：1. 表中最小厚度不包括甲类防空地下室防早期核辐射对结构厚度的要求。

　　2. 表中顶板、中间楼板最小厚度系指实心截面，如为密肋板，其实心截面厚度不宜小于 100 mm；如为现浇空心板，其板顶厚度不宜小于 100mm，且其折合厚度均不应小于 200mm。

　　3. 砖砌体项括号内最小厚度仅适用于乙类 6 级防空地下室。

　　4. 砖砌体包括烧结普通砖、烧结多孔砖及非黏土砖砌体。

（3）保护层最小厚度

防空地下室结构受力钢筋的混凝土保护层最小厚度，应比地面结构有所增加。因为地下结构的外侧与土壤接触，内侧的相对湿度较高。混凝土保护层的最小厚度应按表 5-16 的规定取值。

纵向受力钢筋的混凝土保护层最小厚度（mm）　　　　表 5-16

外 墙 外 侧		外墙内侧、内墙	板	梁	柱
直接防水	设防水层				
40	30	20	20	30	30

注：基础中纵向受力钢筋的混凝土保护层厚度不应小于 40mm，当基础板无垫层时不应小于 70mm。

（4）变形缝的设置

在防护单元内不应设置沉降缝、伸缩缝；上部地面建筑需设置伸缩缝、防震缝时，防空地下室可不设置；室外出入口与主体结构连接处，应设沉降缝；钢筋混凝土结构设置伸缩缝最大间距应按现行有关标准执行。

（5）圈梁的设置

混合结构应按下列规定设置圈梁。

①当防空地下室顶板采用叠合板结构时，沿内、外墙顶应设置一道圈梁，圈梁应设置在同一平面上，并应相互连通，不得断开。圈梁高度不宜小于 180mm，宽度应同墙厚，上下应各配置 3 根直径为 12mm 的钢筋，箍筋直径不宜小于 6mm，间距不宜大于 300mm。当圈梁兼作过梁时，应另行验算。顶板与圈梁的连接处，见图 5-9，应设置直径为 8mm 的锚固钢筋，其间距不应大于 200mm，锚固钢筋深入圈梁的锚固长度不应小于 240mm，深入顶板内锚固长度不应小于 $l_0/6$（l_0 为板的净跨）。

②当防空地下室顶板采用现浇钢筋混凝土结构时，沿外墙顶部应设置圈梁。在内隔墙上，可间隔设置，其间距不宜大于 12m，配筋与①的要求相同。

（6）构件相接处的锚固

在防空地下室砌体结构墙体转角及交接处，当未设置构造柱时，应沿墙高每隔 500 mm 配置 $2\phi6$ 拉结钢筋。当墙厚大于 360mm 时，墙厚每增加 120mm，应增设 1 根直径为 6mm 的拉结钢筋。拉结钢筋每边深入墙内不宜小于 1000mm。

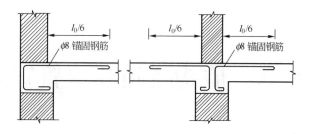

图 5-9　顶板与砖墙锚固钢筋

　（7）砌体结构

　　对于砌体结构的防空地下室,防护密闭门至密闭门的防护密闭段,应采用整体现浇钢筋混凝土结构。

　（8）平战转换设计

　　采用平战转换的防空地下室,应进行一次性的平战转换设计。实施平战转换的结构构件在设计中应满足转换前、后两种不同受力状态的各项要求,并在设计图纸中说明转换部位、方法及具体实施要求。

　（9）平战转换措施

　　平战转换措施应能在不使用机械、不需要熟练工人的情况下,在规定的转换期限内完成。临战时实施平战转换不应采用现浇混凝土。对所需的预制构件应在工程施工时一次做好,并做好标志,就近存放。

复习思考题

1　防空地下室的荷载与普通地下室的有哪些区别?

2　简述对防空地下室出入口设置的要求。

3　对防空地下室的临战加固有什么要求?

4　简述防空地下室的构造要求。

5　何为动力系数?如何确定动力系数?

6　简述防空地下室结构设计要点。

7　简述通风采光洞设计的一般原则。

8　简述在防空地下室中设置防护单元和防爆单元的要求。

第 6 章　盾构隧道和顶管管道

6.1　盾构隧道的功用和特点

盾构是指用钢板制成的、能支承地层荷载而又能在地层中推进的圆形、矩形、马蹄形等特殊形状的筒形结构物。它是集开挖、支护衬砌等多种作业于一体的大型隧道施工机械。使用盾构修筑隧道的方法称为盾构施工法,简称盾构法。用盾构法修建的隧道称为盾构隧道。

盾构法的概貌如图 6-1 所示。首先,在隧道某段的一端建造竖井或基坑,以供盾构安装就位。盾构从竖井或基坑的墙壁开孔出发,在地层中沿着设计轴线,向另一竖井或基坑的孔洞推进,在盾构推进过程中不断将开挖面的土方排出。盾构推进中所受到的地层阻力,通过盾构千斤顶传至盾构尾部已拼装的隧道衬砌结构上,再传到竖井或基坑的后靠壁上。

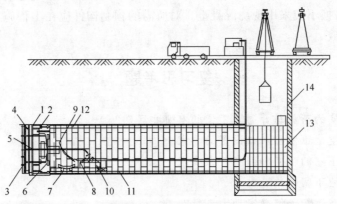

图 6-1　盾构法施工示意图

1-盾构;2-盾构千斤顶;3-盾构正面网格;4-出土转盘;5-出土皮带运输机;6-管片拼装机;7-管片;8-压浆泵;9-压浆孔;10-出土机;11-由管片组成的隧道衬砌结构;12-在盾尾空隙中的压浆;13-后靠管片;14-竖井

通常盾构法是在软弱地层中采用的,因此,往往需要根据穿越地层的工程水文地质特点,辅以各种辅助施工措施。如疏干掘进土层中地下水的措施;稳定地层、防止地层松弛及地面下沉的土壤加固措施;隧道衬砌的防水堵漏技术;配合施工的监测技术;开挖土方的运输及处理方法等。

自 1818 年法国工程师布鲁诺尔发明盾构法以来,经过一百多年的应用与发展,从气压盾构到泥水加压盾构以及更新颖的土压平衡盾构,已使盾构法能适用于任何水文地质条件下的施工,无论是软松的、坚硬的,有地下水的、无地下水的暗挖隧道工程都可用盾构法。加之随着盾构机械设备技术的提高,各种断面形式、特殊功能的盾构机械相继出现,使得盾构法施工的应用范围不断扩大,为地下空间的开发利用提供了有力的支持。

盾构法施工之所以为世界各国广泛采用,除了近代城市地下工程发展的客观需要外,还由于该法本身具有以下突出的优越性:

①可在盾构设备的掩护下安全地进行地下开挖与衬砌支护工作。

②施工时振动和噪声小,对施工区域环境及附近居民几乎没有什么干扰。

③可控制地表沉陷。采用气压盾构或泥水加压盾构、土压平衡盾构等施工时,由于不降低地下水位,通过采取控制正面超挖,及时充填衬砌背面的空隙等措施,可控制地表沉陷,减少对地下管线及地表建筑物的影响。

④施工时不影响地表交通。

⑤穿越水底施工,不影响航道通航。

⑥施工机械化程度高,施工人员少,易管理。在土质差、水位高、埋深大的隧道施工,盾构法有较高的技术经济优越性。

⑦施工不受气候条件影响。

但盾构法也存在着一些缺点,主要有:

①当覆土较浅时,开挖面稳定甚为困难,要采取措施保证安全。

②在曲率半径较小的曲线段上施工比较困难。

③采用气压法施工时,施工条件较差,劳动保护条件要求高。

④在饱和含水层中,对拼装衬砌整体结构防水技术要求高。

⑤不能完全防止盾构施工地区的地表沉降,只能采取严密措施把沉陷控制在最小限度。

6.2　盾构的基本构造及分类

6.2.1　基本构造

由于开挖方法及开挖面支撑方法的不同,盾构种类很多。但其基本构造是由盾构壳体及开挖系统、推进系统、衬砌拼装系统、出土系统等四大部分组成。

(1)盾构壳体及开挖系统

盾构壳体由切口环、支承环、盾尾与竖直隔板、水平隔板组成,并由外壳钢板连成整体。切口环为盾构的前端,设有刃口,施工时可以切入砂土层中,在它的掩护下工人可在开挖面上安全地进行开挖。支承环是盾构承受荷重的核心部分,是刚性较好的圆环结构。大型盾构由于空间较大,在其中安设水平隔板和竖直隔板以增加盾构刚度,水平隔板起系杆作用承受拉力,竖直隔板承受压力,为了便利工作面开挖,在水平隔板上设有可伸缩的工作平台和相应的千斤顶,可安设所有液压动力设备(如油箱、油泵、液压马达等)、操纵控制台、衬砌拼装器(即举重臂、真圆控制器)等。盾尾的作用是掩护工人在其内部安装衬砌。

(2)推进系统

盾构的推进系统主要由盾构千斤顶和液压设备组成,利用不同位置千斤顶活塞杆伸出长度不同达到纠偏目的。盾构千斤顶一般是沿支承环圆周均匀分布的。有些盾构为了拼装管片,将顶部盾构千斤顶做成二级活塞杆,使千斤顶顶出长度增长,以便将封顶管片纵向插入。

(3)拼装系统

衬砌拼装器又称举重臂,是拼装系统的主要设备,亦以油压系统为动力,一般举重臂均安装在支承环上。中、小型盾构因受空间限制有的安装在后部车架上或平板车上。举重臂能作旋转、径向运动,还能沿隧道中轴线作往复运动。完成这些运动的精度应该保证待装配的管片上的螺栓孔能和已装配好的螺栓孔对齐,以便螺栓固定。

(4)出土系统

大直径盾构施工要运出大量土方,出土方式恰当与否直接影响到盾构推进的速度和施工场地安排是否合理,出土方式一般有以下三种:

①有轨运输 盾构开挖出的土方经皮带运输机或刮板运输机传送到矿车,由电机车牵引到洞口或工作井,再经垂直起吊送至地面。有轨运输在气压施工时,矿车要经过气闸室加压减压才能进出气压段,工效低、施工麻烦。

②无轨运输 即大型自卸卡车直接开到盾构车架后部,装土后直接送到弃土场,中间不经井底车场垂直提升等环节,效率较高。但此种方式必须先将洞室引道做好,圆形隧道内部车道板也要预制装配好才能使用。

③管道运输 20世纪60年代起管道水力运输兴起,人们将开挖或水力冲刷下来的土,经搅拌机搅拌成泥浆,然后再经泥浆泵接力压送至地面,使盾构出土实现了连续化,大大提高了工效,并且隧道内非常干净,实现了文明施工。近年来,泥水盾构、加水式土压平衡盾构都采用这种方式。

6.2.2 盾构分类

根据盾构前部的构造,可将其大致分为全面开放式(敞口)、部分开放式(局部开口)和闭胸式。全面开放式盾构可根据其形式分为人力开挖式、半机械化开挖式和机械化开挖式三种。部分开放式盾构有窗口式。闭胸式盾构可分为土压式和泥水加压式两类,具体见表6-1。

盾 构 分 类 表6-1

机械	前部构造	形式	工作面支护设备	开挖设备	装渣及运渣设备	其他设备
盾构	敞口	人力开挖式	突檐	人力	皮带运输机、斗车	
			支护千斤顶	人力	皮带运输机、斗车	
		半机械化开挖式	突檐	旋转式	皮带运输机、斗车	
				单斗挖土机	皮带运输机、斗车	
				反铲挖土机	皮带运输机、斗车	
				螺旋式	皮带运输机、斗车	
			支护千斤顶	旋转式	皮带运输机、斗车	
				单斗挖土机	皮带运输机、斗车	
				反铲挖土机	皮带运输机、斗车	
				螺旋式	皮带运输机、斗车	
		机械化开挖式	面板	回转(单轴、双轴)	皮带运输机、斗车	
				摆动	皮带运输机、斗车	
			辐条	回转	皮带运输机、斗车	
				摆动	皮带运输机、斗车	
	局部	封闭式	切口槽	推进	皮带运输机、斗车	

续上表

机械	前部构造	形式	工作面支护设备	开挖设备	装渣及运渣设备	其他设备
盾构	闭胸式	土压式	（土压）开挖土＋面板	回转	皮带运输机、斗车	排土设备螺旋输送机
					皮带运输机、管道	
					泵、管道	
			开挖土＋辐条	回转	皮带运输机、斗车	
					皮带运输机、管道	
					泵、管道	
			（泥浆压力）开挖土＋添加剂＋面板	回转	皮带运输机、斗车	
					皮带运输机、管道	
					泵、管道	
			开挖土＋添加剂＋辐条	回转	皮带运输机、斗车	
					皮带运输机、管道	
					泵、管道	
		泥水加压式	泥浆＋面板	回转	泵、管道	泥浆、沙砾处理设备凝集沉淀、脱水处理
			泥浆＋辐条	回转	泵、管道	

（1）全面开放式盾构

该类盾构的工作面全部或大部分是敞开的,采用这种形式的盾构应以工作面能自稳为前提。盾构前方稳定工作面的作用是有限的,对于不能自稳的工作面,应采用辅助施工法,使其能够满足自稳条件。

①人力开挖式盾构　用人工开挖土砂,以皮带运输机等出渣的盾构。在这类盾构机中,根据土壤性质的不同,安装有突檐或挡土支撑等稳定开挖面的机构。

②半机械化开挖式盾构　采用机械进行大部分土砂的开挖以及装运的盾构。与人力开挖盾构相比,对工作面的土壤要求具有自稳性。

③机械化开挖式盾构　在盾构前部安装有切削刀头,用机械连续地开挖土砂的盾构。这种盾构刀具的形式及种类有很多种。

（2）部分开放式盾构

该类盾构开挖面密闭,但在其一部分上设有可调的出渣口。开挖时,盾构的前部贯入土砂之中,使土砂呈塑性化流动,开挖下来的土砂从出渣口排出,用调节土壤的排出阻力和速度来保持开挖面的稳定。

（3）闭胸式盾构

该类盾构前部有一隔板,在掌子面及隔板间的切削刀腔内充满着土砂和泥浆,对土砂或泥浆加以足够的约束力,用来保持开挖面的稳定。

①土压式盾构　为保持开挖面的稳定,给挖下来的土砂以一定的压力,故在这种盾构前方设有开挖土砂的开挖机构,搅拌开挖下来的土砂的搅拌机构,排出土砂的排土机构和对开挖下来的土砂加压的控制机构等。这类盾构,依其开挖下来的土砂状态,可大致分为土压式盾构和

泥浆土压式盾构两种。

土压式盾构是使工作面和盾构隔板间的主腔内充满着用回转刀头开挖下来的土砂,以盾构的推进力对整个工作面加压,在保持工作面稳定的同时,用螺旋输送器出渣。

泥浆土压式盾构是在注入使开挖下来的土砂呈塑性流动化的添加剂的同时,用旋转刀头搅拌开挖下来的土砂,使之充满隔板与工作面之间的空间,用盾构的推进力对工作面全部加压,在保持开挖面稳定的同时,用螺旋输送器等出渣。

②泥水加压式盾构　给泥浆以一定的压力,使泥浆循环,在保持工作面稳定的同时,以流体方式将土砂运出。在盾构中设置有开挖土砂的开挖机构、搅拌开挖下来的土砂的搅拌机构、循环泥浆的机构、给泥浆加一定压力的控制机构、分离泥浆的泥浆处理机构、向工作面压输送泥浆的泥浆调和机构等。根据工作面的状态,有时采用浓度较高的泥浆。

选择盾构类型时,除应考虑施工区段的围岩条件、地面情况、隧道长度、隧道平面形状、工期和使用条件等各种因素外,还应考虑开挖和衬砌等的施工问题,必须选择可以安全且经济地进行施工的盾构类型。

6.2.3　盾构隧道衬砌的基本类型及管片拼装

盾构隧道的衬砌,一般分为一次衬砌和二次衬砌。一次衬砌是由管片组装成的环形结构,是承受地层压力和施工荷载的主要结构,因此要有足够的刚度和强度,同时需要管片装配安全简便。

二次衬砌一般均用现场浇筑的混凝土,在一次衬砌内侧浇筑。当把一次衬砌作为永久结构时,将二次衬砌作为隧道防水、补强管片、防腐蚀、修正蛇行、内装修之用。在铁路的盾构隧道中,也有用二次衬砌来防止竣工后的噪声、振动的实例。但是最近,随着防水材料的发展,防水性的提高,也有将二次衬砌取消的实例。另外,在把二次衬砌作为结构的一部分时,可根据现有建筑物和将来的建筑物荷载进行配筋,使之与一次衬砌成为一体。

隧道衬砌是在盾构尾部壳保护下的空间内进行拼装的。拼装的衬砌以球墨铸铁、钢、钢筋混凝土或钢与钢筋混凝土的复合材料等制成的管片或砌块,形式很多。通常根据结构受力及使用要求,确定盾构及衬砌结构形式。

衬砌拼装方法按照施工机械的不同分为举重臂拼装和拱托架拼装(一种简单老式的拼装方法)。采用举重臂拼装管片的原则应是自下而上、左右交叉,最后封顶成环。若采用纵向插入的封顶管片,则举重臂沿隧道轴向移动的距离要加长,盾构顶部几只盾构千斤顶的冲程也要加长,一般均设计成二级千斤顶。待管片全部拼装好,再分头对称拧紧全部环向、纵向螺栓,达到设计要求后,才算一环管片拼装完毕。随着盾构不断地推进,拼装工作也不断重复上述步骤,直至隧道建成。

衬砌拼装方法按接缝的形式可分为通缝拼装或错缝拼装(一般环间错开 1/2～1/3 管片)。按照成环的先后可分为"先环后纵"和"先纵后环"两种。先环后纵是拼装前将所有盾构千斤顶缩回,管片先拼成圆环,然后将拼装好的圆环沿纵向靠拢形成衬砌,拧紧纵向螺栓。这种方法的优点是环面平整,纵缝拼装质量好;缺点是在易产生后退的地段,不宜采用。先纵后环的方法是可以有效地防止盾构后退,拼一块则缩回这部分的千斤顶,其他千斤顶仍在支撑着盾构,这样逐块轮流,直至拼装成环。

在拼装过程中要特别强调注意保证质量。一是保证环面接缝平整,纵向通缝防水涂料压密,以防止管片呈喇叭状,形成漏水、漏泥的通道;二是注意衬砌的准圆度,圆度控制不好,会使衬砌环出现外张或内张角(向圆心方向张角称内张角),导致衬砌漏水。

6.3　盾构隧道的设计与计算

6.3.1　盾构几何尺寸的选定及盾构千斤顶推力计算

盾构设计、盾构几何尺寸的选定应与隧道断面形式、建筑界限、衬砌厚度和衬砌拼装方式等相适应。特别是大型盾构,绝大多数工程都是专门定制的,很少几个工程通用一个盾构。盾构几何尺寸的选定主要指盾构外径 D、盾构长度 L、盾构灵敏度 L/D。一个盾构推进时是否容易操纵,是否灵活方便,与盾构灵敏度值的大小关系很大。

(1)盾构外径 D

盾构外径就是指壳板的外径,摩擦旋转式切削刀、稳定翼、回填压浆用配管等突出部分的尺寸除外。盾构的外径必须根据管片外径、盾尾空隙和盾尾板厚度进行确定。用公式可以表示为如下

$$D = D_0 + 2(x + t) \tag{6-1}$$

式中:D_0——管片外径;

　　　x——盾尾空隙;

　　　t——盾尾板厚度。

盾尾空隙,就是盾壳板内表面与管片外表面间的空隙,目的是使衬砌满足曲线段或纠偏旋转倾角 a 所必需的最小建筑空隙值。日本盾尾空隙的实践,多取 20～30mm。

盾尾钢板厚度应保证在荷载作用下不至于发生明显的变形,同时在不产生有害变形的范围内,应尽可能薄一些,最简单的是按弹性匀质圆环计算。就实际受力情况而言,它是一个一端固定于支承环上,另一端自由的薄壁圆筒,难以求得精确解答,通常按经验公式计算或参照已有盾构的盾尾钢板厚度选取。计算经验公式如下

$$t = 0.02 + 0.01(D - 4) \tag{6-2}$$

当 $D<4\text{m}$ 时,式中第二项取零。按此式的计算值往往偏大,工程上常用类比法决定其厚度值。

(2)盾构长度 L

盾构的长度以"盾构本体长"和"盾构全长"表示。盾构全长(L)是从盾构前端到盾构后端的最大值,盾构本体长(l_M)是盾壳板长度的最大值,如下式所示,其中参数见图 6-2。

$$l_M = l_H + l_C + l_r \tag{6-3}$$

式中:l_M——盾构本体长度;

　　　l_H——切口环长度;

　　　l_C——支承环长度;

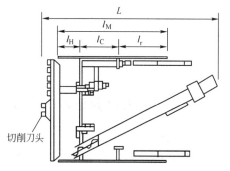

图 6-2　盾构长度尺寸选定

l_r——盾尾长度。

盾构的长度应根据围岩条件,隧道的断面形状、开挖方法、运转操作、衬砌形式等确定。决定盾构长度时,必须注意的是与其外径的均衡,依灵活性的观点,盾构的长度越小越好。但过于缩短,将会导致对接触压变大,灵活性变差,故需注意。

(3)盾构灵敏度 L/D

一般在盾构直径和长度确定以后,通过盾构长度 L 与直径 D 之间的比例关系,可以看出盾构的灵敏度如何。下列一些经验数值可作为确定普通盾构灵敏度的参考。

小型盾构　　　$D=2\sim3\text{m}, L/D=1.50$
中型盾构　　　$D=3\sim6\text{m}, L/D=1.00$
大型盾构　　　$D=6\sim9\text{m}, L/D=0.75$
特大型盾构　　$D>9\sim12\text{m}, L/D=0.45\sim0.75$

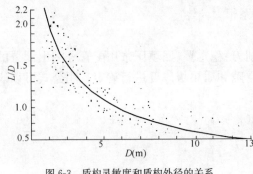

这些数值除了保证灵敏度外,还能保证盾构推进时的稳定。一般盾构灵敏度与盾构外径的关系应满足如图 6-3 所示曲线。

(4)盾构千斤顶推力计算

盾构千斤顶应有足够的推力克服盾构推进时所遇到的阻力。盾构的推进阻力由下列各种阻力构成:

①盾构四周与土壤间的摩擦阻力或黏结阻力(F_1)。

图 6-3　盾构灵敏度和盾构外径的关系

②推进时,在刃脚前端产生的贯入阻力(F_2)。

③工作面前方的阻力(F_3)。采用人力、半机械化开挖盾构时为工作面支护阻力;采用机械化开挖盾构时,为作用在切削刀盘上的推进阻力。

④变向阻力(曲线段施工、修正蛇行、稳定翼及阀门的阻力等)(F_4)。

⑤盾尾内的衬砌与盾尾板间的摩擦阻力(F_5)。

⑥后方台车的牵引阻力(F_6)。

以上各种推进阻力的总和,即为总推力,用下式表示,但在使用时,必须对各种机械条件下的因素影响仔细研究,留出必要的富余量

$$\sum F=F_1+F_2+F_3+F_4+F_5+F_6 \tag{6-4}$$

根据日本资料,盾构总推力可按下列经验公式求得

$$P=(70\sim100)\frac{\pi}{4}D^2 \tag{6-5}$$

6.3.2　内力计算与管片结构设计

(1)设计原则

确保衬砌必须具有与其使用目的相适应的安全性是设计计算的基本原则,其次还需满足经济合理的原则。因隧道的力学动态复杂,当存在有一些不十分明了的问题时,原则上至少应

确保结构的安全性。衬砌设计计算不仅应保证在竣工后,而且应保证在施工过程中结构的安全性。盾构法施工的隧道衬砌结构到 20 世纪 60 年代已逐渐推广应用装配式钢筋混凝土管片。本节重点介绍这种管片设计和计算的原则。

首先,隧道衬砌结构必须根据工程需要满足其强度和刚度要求,能承受隧道所经过地段的土层压力、水压力以及一些特殊荷载。在已知外荷载的作用下,按梁式模型计算埋在土中圆环的内力和位移以及管片(如钢筋混凝土管片)的裂缝宽度限制等。

在核算隧道衬砌强度的安全系数时,通常计算断面选择在覆土最深、顶压与侧压相差最大处,并且按施工阶段和使用阶段荷载最不利组合情况下的管片强度、变形以及裂缝宽度计算;同时按使用阶段与特殊荷载阶段组合情况下进行管片强度验算。另外再选择覆土最浅的断面处进行使用阶段和特殊荷载阶段组合情况下的管片强度验算。

安全系数按《混凝土结构设计规范》(GB 50010—2002)的要求设定。偏压构件可取强度安全系数 $K=1.55$。考虑特殊荷载时可按特殊规定进行。

其次,验算是否能满足所提出的安全质量指标要求,如裂缝开展宽度、接缝变形和直径变形的允许量、隧道抗渗防漏指标、结构安全度、衬砌内表面平整度要求等。其目的主要是对衬砌结构能提供一个满足使用要求的工作环境,保持隧道内部的干燥和洁净。特别是饱和含水地层中采用钢筋混凝土管片结构,衬砌漏水这个矛盾非常突出,要求更高。

(2)内力计算方法

计算内力时,对管片衬砌环的处理方法有:①把管片衬砌环视为抗弯刚度相同的圆环。②把管片衬砌环视为多铰体系。③把管片衬砌环视为具有能抵抗弯矩的旋转弹簧的环形结构。

在饱和含水地层中(淤泥、流沙、含水砂层、稀释黏土等土壤),因内摩擦角 φ 值很小,主动与被动土压力几乎是相等的,结构变形不能产生很大抗力,故常假定结构可以自由变形,不受地层约束,认为圆环只是在外部荷载及与之平衡的底部地层反力作用下工作。结构物的承载能力由其材料性能截面尺寸大小决定。

装配式圆衬砌根据不同的防水要求,选择不同的连接构造,无论采用错缝拼装还是通缝拼装,都按整体考虑。事实上接缝处的刚度远远小于断面部分的刚度,与整体式等刚度圆形衬砌差异较大。据日本资料可知,接头刚度折减系数 η,对于铸铁管片 $\eta=0.9\sim1.0$;对于钢筋混凝土管片 $\eta=0.5\sim0.7$。但为了便于计算,特别是铸铁(钢筋混凝土)管片,纵向采用双排螺栓,错缝拼装连接时,仍可近似地将这种圆环视为整体式等刚度均质圆环。

当土层较好,衬砌变形后能提供相应的地层抗力,则可按有弹性抗力的整体式匀质圆环进行内力计算。常用的有日本、前苏联的假定抗力法等。

随着工程实践的不断增多,管片结构的连接方式,经过不断的试验研究之后,正朝由刚性连接向柔性连接(无螺栓连接的砌块或设有单排满足防水、拼装施工要求的螺栓,其位置在接头断面中和轴处)过渡,砌块端面为圆柱形的中心传力接头或为各种几何形状的榫槽(榫槽特意做得很深),这样可将接缝看作一个"铰",整个圆环变成一个多铰圆环。多铰圆环虽属不稳定结构,但因有外围土层提供的附加约束和多铰圆环因变形而提供的相应的地层抗力,使多铰圆环仍处于稳定状态。这时装配式圆形衬砌环就可按有弹性抗力的多铰圆环方法计算。

　　将衬砌环视为具有旋转弹簧的圆环的方法,如取旋转弹簧常数为零,则基本上与多铰系统一致,如取其为无限大,则与均匀刚度的圆环一致,所以它是介于这两种方法之间的计算方法。在力学上,它是说明衬砌环承载机理的一种有效的方法。在这种计算方法中,对于错缝拼装的衬砌环也提出了把环向螺栓视为刚体和剪切弹簧的构造模式。对衬砌环接头的旋转弹簧常数的评价,将随管片种类和接头构造形式而异,但对于普通的管片接头,也提出了计算方法。

　　(3)荷载计算

　　作用在圆环上的荷载分为基本荷载(基本使用阶段)、临时荷载(施工阶段)和特殊荷载。

　　①基本荷载(衬砌环宽按1m考虑,荷载简图如图6-4所示)。

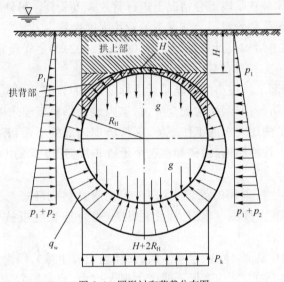

图 6-4　圆形衬砌荷载分布图

　　a. 地层压力。

　　(a)竖向压力 q 由三部分组成。

　　拱上部土压

$$q_1 = \sum_{i=1}^{n} \gamma_i h_i \tag{6-6}$$

　　拱背部土压

$$q_2 = 2\left(\gamma R_{\mathrm{H}}^2 - \frac{\gamma \pi R_{\mathrm{H}}^2}{4}\right) = 2\gamma R_{\mathrm{H}}^2\left(1 - \frac{\pi}{4}\right) = 0.43\gamma R_{\mathrm{H}}^2 \tag{6-7}$$

　　式中:γ——土的重度;

　　　　R_{H}——隧道衬砌半径。

　　　　　地面超载 q_3　当隧道埋深较浅时,必须考虑地面荷载的影响,一般取 $q_3 = 10\mathrm{kN/m^2}$。

　　(b)水平侧向土层压力 p。

　　水平侧向土层压力 p 按照主动土压力理论计算,即

$$p = q\tan^2\left(45° - \frac{\varphi}{2}\right) - 2c\tan\left(45° - \frac{\varphi}{2}\right) \tag{6-8}$$

　　式中:q——地面至圆环任意点的高度处的竖向土压力;

p——梯形分布,可以看成由均匀土压力 p_1 和三角形土压 p_2 组成。

$$p_1 = q_1 \tan^2\left(45° - \frac{\varphi}{2}\right) - 2c \tan\left(45° - \frac{\varphi}{2}\right) \tag{6-9}$$

$$p_2 = 2\gamma R_H \tan^2\left(45° - \frac{\varphi}{2}\right) \tag{6-10}$$

式中,γ、φ、c 分别取各个土层值的加权平均值。

b. 水压力。

按静水压力考虑

$$q_w = \gamma_w h_i \tag{6-11}$$

式中:h_i——地下水位至圆环任意点的高度。

c. 衬砌自重 g。

$$g = \gamma_{rc} \delta \tag{6-12}$$

式中:γ_{rc}——钢筋混凝土重度,一般取 $25 \sim 28 kN/m^3$;

δ——管片厚度 m,当采用箱形管片时可考虑采用折算厚度。

d. 地基反力 P_k。

$$
\begin{aligned}
P_k &= q_1 + \frac{q_2}{2R_H} + q_3 + \frac{2\pi R_H g}{2R_H} - F_浮 \\
&= q_1 + \frac{2\left(1 - \frac{\pi}{4}\right)\gamma R_H^2}{2R_H} + q_3 + \frac{2\pi R_H g}{2R_H} - \frac{\pi R_H^2 \gamma_w}{2R_H} \\
&= q_1 + 0.2146\gamma R_H + q_3 + \pi g - \frac{\pi}{2} R_H \gamma_w
\end{aligned}
\tag{6-13}
$$

②施工阶段临时荷载。

a. 自重引起的临时荷载。施工临时荷载是随盾构推进所产生的,一般来自千斤顶顶力和壁后注浆压力。装配式圆形隧道衬砌在施工装配阶段有它自己的特点:在到达基本使用阶段前,它保留着装配中由其自重作用所产生的受力状态,特别是为了改善衬砌结构的工作条件和防止地表出现大量沉降,向衬砌背后的建筑空隙内注浆。它与基本使用阶段所产生的内力之和,不能超过容许值。

常见的由下向上装配的衬砌环,在装配时可支承于盾构底面,相当于一块管片长度的弧面上,此时拱顶截面产生的内力最大。

$$M = \frac{WR_H}{2\pi \sin\alpha}\left[\alpha(1 + \cos\alpha) - 1.5\sin\alpha\right] \tag{6-14}$$

$$N = \frac{W}{2\pi \sin\alpha}\left[0.5\sin\alpha - \alpha\cos\alpha\right] \tag{6-15}$$

式中:W——1m 宽的隧道衬砌环重力;

α——1/2 支承弧面长度所对的中心角;

R_H——隧道衬砌半径,m。

b. 管片拼装及盾构推进引起的临时集中荷载。钢筋混凝土管片拼装成环时,由于管片制作精度不高,端面不平,拧紧螺栓时往往使管片局部产生较大的应力,导致管片开裂;或因拼装管片误差累积,当盾构千斤顶施加在环缝面上,特别是偏心作用时,也会使管片顶裂、顶碎,成为管片设计中的一个重要控制因素。对钢筋混凝土管片进行的顶力试验表明,当顶力作用点施加在钢筋混凝土管片壳板部位时,承载力较大,作用在环肋面上,则明显降低。若大部分在环肋面上,管片极易压碎、崩裂。唯一改善的方法是合理选择管片形式,提高钢模制作精度和管片混凝土强度,在拼装管片时提高拼装质量。采用错缝拼装也是较好的办法。

此外,管片压浆因局部造成的圆环变形和集中荷载,或衬砌刚出盾尾,侧向压力因某种原因尚未作用上来等,都可能造成比基本使用阶段更不利的工作条件。

由于施工因素复杂,很难预先估计,故常采用附加安全系数,以保证衬砌结构的安全度。

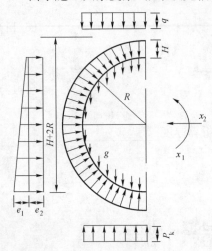

图 6-5　自由变形均质圆环计算简图

③特殊荷载阶段。

特殊荷载是一种瞬时性的,作用时间极短的动力荷载。这个阶段的结构验算往往是控制衬砌结构设计的关键,在某些地区还要考虑地震力作用。盾构结构动力计算一般可用等效静载法,按弹性或弹塑性工作阶段进行,结构内力计算方法与只承受静载的结构相同,并可适当提高材料强度和降低强度安全系数。

(4)衬砌内力计算

①自由变形的匀质圆环计算。

结构计算简图如图 6-5 所示,采用弹性中心法计算。由于结构及荷载对称,拱顶剪力等于零,属二次超静定结构。根据弹性中心处的相对角变位和水平位移等于零的条件($\delta_{12}=\delta_{21}=0$)可列出力法方程

$$\left.\begin{aligned}\delta_{11}x_1 + \Delta_{1p} = 0\\\delta_{22}x_2 + \Delta_{2p} = 0\end{aligned}\right\} \tag{6-16}$$

由于 EI 为常数,$\mathrm{d}s=r\mathrm{d}\varphi$($r$ 为圆环中心线半径),故

$$\left.\begin{aligned}\delta_{11} &= \frac{1}{EI}\int_0^\pi \overline{M}_1^2\mathrm{d}s = \frac{1}{EI}\int_0^\pi r\mathrm{d}\varphi = \frac{\pi r}{EI}\\\delta_{22} &= \frac{1}{EI}\int_0^\pi \overline{M}_2^2\mathrm{d}s = \frac{1}{EI}\int_0^\pi (-r\cos\varphi)^2 r\mathrm{d}\varphi = \frac{\pi r^3}{2EI}\\\Delta_{1p} &= \frac{1}{EI}\int_0^\pi M_p r\mathrm{d}\varphi\\\Delta_{2p} &= -\frac{r^2}{EI}\int_0^\pi M_p\cos\varphi\mathrm{d}\varphi\end{aligned}\right\} \tag{6-17}$$

式中:M_p——基本结构中外荷载对圆环任意截面产生的弯矩。

由式(6-16)得

$$x_1 = -\frac{\Delta_{1p}}{\delta_{11}} = -\frac{\dfrac{r}{EI}\int_0^\pi M_p\mathrm{d}\varphi}{\dfrac{\pi r}{EI}} = -\frac{1}{\pi}\int_0^\pi M_p\mathrm{d}\varphi \tag{6-18}$$

$$x_2 = -\frac{\Delta_{2p}}{\delta_{22}} = \frac{\dfrac{r^2}{EI}\int_0^\pi M_p\cos\varphi\mathrm{d}\varphi}{\dfrac{\pi r^3}{2EI}} = \frac{2}{\pi r}\int_0^\pi M_p\cos\varphi\mathrm{d}\varphi \tag{6-19}$$

圆环中任意截面上的内力可由下式得到

$$\left.\begin{array}{l}M_\varphi = x_1 - x_2 r\cos\varphi + M_p \\ N_\varphi = x_2\cos\varphi + N_p\end{array}\right\}\qquad(6\text{-}20)$$

圆环内力计算可详见表 6-2，设计时可直接利用这些公式。表 6-2 中，r 为衬砌计算半径。

自由变形圆环各截面中的内力计算式 表 6-2

荷载种类	公式应用范围	与竖直轴呈 φ 角的截面中的内力 M_φ	与竖直轴呈 φ 角的截面中的内力 N_φ	地基反力 P_k
自重	$\varphi=0\sim\pi$	$gr^2(1-0.5\cos\varphi-\varphi\sin\varphi)$	$gr(\varphi\sin\varphi-0.5\cos\varphi)$	πg
均布竖向地层压力	$\varphi=0\sim\pi/2$	$qr^2(0.193+0.106\cos\varphi-0.5\sin^2\varphi)$	$qr(\sin^2\varphi-0.106\cos\varphi)$	q
均布竖向地层压力	$\varphi=\pi/2\sim\pi$	$qr^2(0.693+0.106\cos\varphi-\sin^2\varphi)$	$qr(\sin\varphi-0.106\cos\varphi)$	
均布水平地层压力	$\varphi=0\sim\pi$	$e_1 r^2(0.25\sin^2\varphi+0.083\cos^2\varphi)$	$e_1 r\cos^2\varphi$	—
三角形分布的水平地层压力	$\varphi=0\sim\pi$	$e_2 r(0.25\sin^2\varphi+0.083\cos^2\varphi-0.063\cos\varphi-0.125)$	$e_2 r\cos\varphi(0.063+0.5\cos\varphi-0.25\cos^2\varphi)$	—
水压力	$\varphi=0\sim\pi$	$-r^2(0.5-0.25\cos\varphi-0.5\sin\varphi)$	$-r^2(1-0.25\cos\varphi-0.5\sin\varphi)+hr$	$-\pi r/2$
地基竖向反力	$\varphi=0\sim\pi/2$	$P_k gr^2(-0.057-0.106\cos\varphi)$	$0.106R_k r\cos\varphi$	
地基竖向反力	$\varphi=\pi/2\sim\pi$	$P_k gr^2(-0.443+\sin\varphi-0.106\cos\varphi-0.5\sin^2\varphi)$	$P_k r(\sin^2\varphi-\sin\varphi+0.106\cos\varphi)$	

注：表内最后一栏是沿圆水平投影的地基竖向反力值，此项反力为保持圆环平衡所必需，将相应荷载引起的内力及与这些荷载平衡的地基反力引起的内力相加，即可求得圆环各截面中的内力。水压力一栏，算出的内力，应乘以水的重度 γ_w 与圆环的宽度 b。式中 h 是圆环顶点至地下水表面的垂直距离。

②考虑土层产生侧向弹性抗力的均质圆环计算。

当外荷载作用在隧道衬砌上，一部分衬砌向地层方向变形，使地层产生弹性抗力。弹性抗力的分布规律很难确定，目前常采用假定弹性抗力分布规律法，如日本的三角形分布、原苏联 O. E. 布加耶娃的月牙形分布，以及二次、三次抛物线分布等方法。

a. 日本的三角形分布法。该法假定抗力图形呈一等腰三角形，见图 6-6，分布在水平直径上下各 45°范围内。按文克尔局部变形理论，假定土层侧向弹性抗力 $P_{ck}=K\cdot y$。其中 K 为地层侧向压缩系数，y 为衬砌圆环产生的向地层方向的水平变形，在水平直径处最大，其值可由下式计算

$$y=\frac{(2q-P_1-P_2+\pi g)R_H^4}{24(\eta EI+0.045KR_H^4)}\qquad(6\text{-}21)$$

式中：EI——衬砌圆环抗弯刚度；

η——接头刚度折减系数，取 $0.25\sim0.8$。

由 P_{ck} 引起的圆环内力 M、N、Q 也可制成表格。其余各项荷载引起衬砌圆环的内力按上节自由变形圆环计算，可直接查表 6-2。把 P_{ck} 引起的圆环内力和其他衬砌外荷引起的圆环内力进行叠加，形成最终的圆环内力，便为圆环衬砌的设计内力。

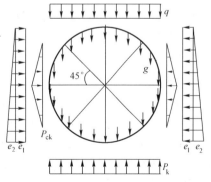

图 6-6　日本的三角形分布法

b. 前苏联布加耶娃法。前苏联 O. E. 布加耶娃假定弹性抗力分布图形是按圆形半径方向作用在衬砌上,呈一新月形,其分布规律如图 6-7 所示。

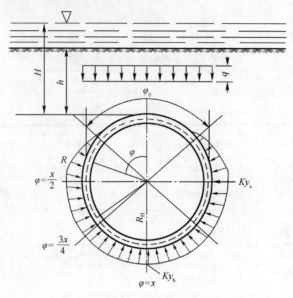

图 6-7　布加耶娃弹性抗力计算图式

当 $\alpha=0\sim45°$ 时,结构与土体脱离,无弹性抗力。

当 $\alpha=45°\sim90°$ 时,$P_k=-Ky_a\cos2\alpha$。

当 $\alpha=90°\sim180°$ 时,$P_k=Ky_a\sin2\alpha+Ky_b\cos^2\alpha$。

式中:y_a——衬砌水平直径处的变形;

$\quad\ y_b$——衬砌底部的变形。

在圆环自重、内水压力和外水压力作用下,都采用上述的弹性抗力分布规律。但在外水压力作用下弹性抗力是负值。只有当地层压力和圆环自重引起的弹性抗力大于此负值时才考虑它,否则不予考虑。由地层压力 q、自重 g、内水压力和静水压力四种荷载引起的圆环各个截面的内力已制成专门的表格,计算非常方便,可查阅相关设计资料。

(5)管片截面设计

当上述各个工作阶段的内力计算完毕,并进行内力组合,得出圆环上各个截面的最大内力值(正、负弯矩,轴向力)后,即可进行管片截面设计。具体计算请参阅钢筋混凝土基本构件相关的资料,这里仅补充一些有关接缝计算方面的内容。

①管片纵向接缝计算。

由装配式衬砌结构组成的隧道衬砌,接缝是结构较关键的部位,从一些试验来看,结构破坏大都开始于薄弱的接缝处。因此接缝构造,接缝变形量与防水要求,以及接缝强度计算在整个结构计算中占有一定地位,但考虑到影响接缝计算的因素很多(包括施工时螺栓预加应力的大小等),故都采用一种近似的计算方法。实际的接缝张开及承载能力必须通过接头试验和整环试验求得。

a. 接缝张开的验算。

最终接缝应力受到两部分应力的组合,即:

（a）管片拼装时由于拼装螺栓预加应力的作用，在接缝上产生预应力 σ_{c1}、σ_{c2}。

$$\begin{matrix} \sigma_{c1} \\ \sigma_{c2} \end{matrix} = \frac{N}{A} \pm \frac{N \cdot e_0}{W} \tag{6-22}$$

式中：N——由螺栓预加应力 σ_1 引起的轴向力，$N = \sigma_1 \cdot S$，S 为螺栓的有效面积，σ_1 一般为 $50 \sim 100\text{MPa}$；

　　　e_0——螺栓位置与承载截面中心轴偏心距；

　　A、W——分别为管片接头截面面积和截面模量。

（b）接缝处受到外荷载后在接缝上下边缘产生的应力为 σ_{a1}、σ_{a2}。

$$\begin{matrix} \sigma_{a1} \\ \sigma_{a2} \end{matrix} = \frac{N'}{A} \pm \frac{N \cdot e_0}{W} \tag{6-23}$$

式中：N'——外荷载引起的轴向力；

　　　e_0——外荷载引起的偏心距。

最终接缝应力为

上边缘

下边缘

$$\left. \begin{matrix} \sigma_1 = \sigma_{a1} + \sigma_{c1} \\ \sigma_2 = \sigma_{a2} + \sigma_{c2} \end{matrix} \right\} \tag{6-24}$$

设 σ_1 为拉应力时，接缝变形量

$$\Delta l = \frac{\sigma_1}{E} l \tag{6-25}$$

式中：E——防水涂料抗拉弹性模量；

　　　l——涂料厚度。

当 σ_1 出现拉应力，但小于接缝涂料与接缝面的黏结力或其变形量 Δl 在涂料和橡胶密封垫的弹性变形范围内时，则接缝仍旧不会张开或虽有一定张开而不致影响接缝防水使用要求。

以上这种接缝张开验算，对负弯矩大偏心接头处特别需要慎重对待。

b. 接缝强度计算。

计算接缝强度时近似地把螺栓看作受拉钢筋，并按钢筋混凝土截面进行计算，一般先假定螺栓直径、数量和位置，然后计算中和轴 x，按偏心受压构件对接缝强度进行验算。

纵向接缝中环向螺栓位置，在只设单排螺栓时，其位置大致在管片厚度的 1/3 处；设双排螺栓时，内外排螺栓的位置离管片内外两侧各不小于 100mm。

箱形管片端肋厚度可近似地按三边固定、一边自由的钢筋混凝土双向板进行计算。一般端肋厚度大致等于或略大于环肋宽度。试验表明：由于环向螺栓集中分布在端肋中间一定宽度范围内，端肋具有一定的柔性，往往中间部位变形小，两侧变形大，螺栓也是两侧受力大，中间稍小。端肋在承受正弯矩临近破坏时，往往在螺栓孔附近端肋与环肋交界处出现裂缝，随着荷载增加，螺栓附近出现八字裂缝，裂缝宽度不断增加直至破坏。

板形管片纵缝上的螺栓钢盒是接缝上的主要受力构件，螺栓在受力后通过螺栓钢盒传至管片上。螺栓钢盒特别是端板应与螺栓等强，螺栓钢盒的端板也可近似地按三边固定、一边自由的双向板进行计算。从试验资料及已有使用资料来看，钢盒端板厚度大致为螺栓直径的 0.65～0.75 倍。

②管片环缝计算。

隧道衬砌随着盾构不断地向前推进，愈拼愈长，由于沿隧道纵向长度范围内地层性质不

同,埋深不同,施工工艺不同,以致对地层的扰动程度不同,使拼装成的隧道衬砌沿隧道纵向长度的施工质量也不一样。特别是衬砌密封情况不好,会引起隧道底中部漏水、漏泥,从而引起隧道不均匀沉降和环面间的相互错动,在纵向发生较大变形。管片环缝构造设计和计算就是要使隧道在纵向上具有足够的抗弯强度,尤其是纵向螺栓的选择要确保环间连接良好,并能将邻环纵向接缝上的部分内力传到对应的衬砌断面上,使衬砌圆环能达到均质刚度的要求,但由于环缝属空间结构,受力复杂,较难计算,故常按构造要求设置。

6.4 顶管管道的功用、特点和构成

顶管法是采用液压千斤顶或具有顶进、牵引功能的设备,以顶管工作井作承压壁,将管子按设计高程、方位、坡度逐根顶入土层直至到达目的地,是修建隧道和地下管道的一种重要方法,见图6-8。

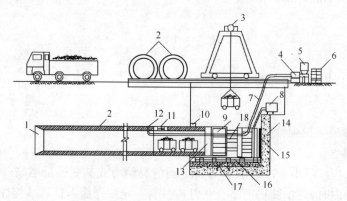

图 6-8 顶管法施工示意图

1-工具管刃口;2-管子;3-起重行车;4-泥浆泵;5-泥浆搅拌机;6-膨润土;7-灌浆软管;8-液压泵;9-定向顶铁;10-洞口止水圈;
11-中继接力环和扁千斤顶;12-泥浆灌入孔;13-环形顶铁;14-顶力支撑墙;15-承压垫木;16-导轨;17-底板;18-后千斤顶

顶管法施工过程如下:先在管道设计路线上施工一定数量的小基坑作为顶管工作井(大多采用沉井),作为一段顶管的起点与终点,工作井的一面或两面侧壁设有圆孔作为预制管节的出口与入口。顶管出口孔壁对面侧墙为承压壁,其上安装液压千斤顶和承压垫板。千斤顶将带有切口和支护开挖装置的工具管顶出工作井出口孔壁,然后以工具管为先导,将预制管节按设计轴线逐节顶入土层中,直至工具管后第一段管节的前端进入下一工作井的进口孔壁,这样就施工完一段管道,继续上一施工过程,一条管线就施工完毕。

顶管施工是继盾构施工之后而发展起来的一种地下管道施工方法,它不需要开挖面层,并且能够穿越公路、铁道、河川、地面建筑物、地下构筑物及各种地下管线等。它最早始于1896年美国的北太平洋铁路铺设工程的施工中。随着现代科学技术的发展,先后发明了中继环接力顶推装置、触变泥浆减阻顶进技术、自动测斜纠偏技术、泥水平衡技术、土压平衡技术、气压保护技术和曲线顶管技术等,大大地推进了顶管技术的发展。

对于长距离顶管,由于管壁四周的土体总摩阻力和迎面阻力很大,常常将管道分段,在每段之间设置中继环,且在管壁四周加注减摩剂以进行长距离管道的顶推。

总的说来,顶管施工有它独特的优点,但也有不足。与开槽埋管相比,优点是:

①开挖部分仅仅只是工作井和接收井,土方开挖量少,而且安全,对交通影响小。

②在管道顶进过程中,只挖去管道断面的土,比开槽施工挖土量少许多。

③施工作业人员比开槽埋管的少。

④建设公害少,文明施工程度比开槽施工高。

⑤工期比开槽埋管短。

⑥在覆土深度大的情况下比开槽埋管经济。

不足之处是:

①曲率半径小而且多种曲线组合在一起时,施工就非常困难。

②在软土层中容易发生偏差,而且纠正这种偏差又比较困难,管道容易产生不均匀下沉。

③推进过程中如果遇到障碍物时处理这些障碍物则非常困难。

④在覆土浅的条件下显得不经济。

与盾构法相比较,顶管法的优点是:

①推进完了不需要进行衬砌,节省材料,同时也可缩短工期。

②工作井和接收井占用面积小,公害少。

③挖掘断面小,渣土处理量小。

④作业人员少。

⑤造价比盾构施工低。

⑥与盾构相比,地面沉降小。

缺点是:

①超长距离顶进比较困难,曲率半径变化大时施工也比较困难。

②大口径,如直径5000mm以上的顶管几乎不太可能。

③在转折多的复杂条件下施工时工作井和接收井都会增加。

顶管设备主要由顶进设备、工具管、中继环、工程管及吸泥设备构成。各部分的功能如下:

（1）顶进设备

主要包括后座、立油缸、顶铁和导轨等。后座设置在立油缸和反力墙之间,其作用是将油缸的集中力分散传递给反力墙。立油缸是顶进设备的核心,有多种顶力规格。常用行程1.1m,顶力4000kN的组合布置方式,对称布置四只油缸,最大顶力可达16000kN。顶铁主要是为了弥补油缸行程不足而设置的。顶铁的厚度一般小于油缸行程,形状为U型,以便于人员进出管道,其他形状的顶铁主要起扩散顶力的作用。导轨在顶进时起导向作用,在接管时作为管道吊放和拼焊平台,导轨的高度约1m,顶进时,管道沿橡皮导轨滑行,不会损伤外部防腐涂层。

（2）工具管（又称顶管机头）

工具管安装于管道前端,具有控制顶管方向,出泥和防止塌方等多种功能。

（3）中继环

中继环是长距离顶管中继接力的必需设备。其实质是将长距离顶管分成若干段,在段与段之间设置中继接力顶进设备（中继环）,以增大顶进长度,中继环内成环形布置有若干中继油缸,中继油缸工作时,后面的管段成了后座,前面的管段被推向前方。这样可以分段克服摩擦阻力,使每段管道的顶力降低到允许顶力范围内。前后管段均设置环形梁,于前环形梁上均布中继油缸,两环形梁间设置替顶环,供拆除中继油缸使用。前后管段间采用套接方式,其间有橡胶密封,防止泥水渗漏。施工结束后割除前后管段环形梁,以避免影响管道的正常使用。

(4)工程管

工程管是地下工程管道的主体,目前顶进的工程管主要是根据地下管道直径确定的圆形钢管,通常管径为 1.5～4m,当管径大于 4m 时,顶进困难,施工不一定经济。但美国用顶管法施工地下人行通道的管道直径已达 4m,顶进距离超过 400m,并认为是经济的。

(5)吸泥设备

管道顶进过程中,正前方不断有泥沙进入工具管的冲泥舱,通常采用水枪冲泥,水力吸泥机排放,由管道运输。水力吸泥机的优点是结构简单,其特点是高压水走弯道,泥水混合体走直道,能量损失小,出泥效率高,可连续运输。

顶管尤其是长距离顶管的主要技术关键为:

(1)方向控制

要有一套能准确控制管道顶进方向的导向机构。管道能否按设计轴线顶进,是长距离顶管成败的关键因素之一。顶进方向失去控制会导致管道弯曲,顶力急骤增加,工程无法正常进行。高精度的方向控制也是保证中继环正常工作的必要条件。

(2)顶力问题

顶管的顶推力是随着顶进长度的增加而增大的,但因受到顶推动力和管道强度的限制,顶推力不能无限度增大。所以仅采用管尾推进方式,管道顶进距离必然受到限制。一般采用中继环接力技术加以解决。另外顶力的偏心度控制也相当关键,能否保证顶进中顶推合力的方向与管道轴线方向一致是控制管道方向的关键所在。

(3)工具管开挖面的正面稳定问题

在开挖和顶进过程中,尽量使正面土体保持和接近原始应力状态是防坍塌、防涌水和确保正面土体稳定的关键。正面土体失稳会导致管道受力情况急剧变化,顶进方向失去控制,正面大量迅速涌水会带来不可估量的损失。

(4)承压壁的后靠结构及土体的稳定问题

顶管工作井一般采用沉井结构或钢板桩支护结构,除需验算结构的强度和刚度外,还应确保后靠土体的稳定性,可以通过注浆、增加后靠土体地面超载等方式限制后靠土体的滑动。若后靠土体产生滑动,不仅引起地面较大的位移,严重影响周围环境,还会影响顶管的正常施工,导致顶管顶进方向失去控制。

6.5 顶管管道的设计与计算

顶管工程设计主要应解决好工作井(坑)设置,顶管顶力估算以及承压壁后靠结构及土体的稳定问题。

(1)顶管工作井设置

在顶管施工时,虽然不需要开挖地面,但必须在顶进管道的两端及中部开挖若干个工作井。工作井分为顶进工作井、接收井和中间工作井。顶进工作井是安放所有顶进设备的场所,也是顶管掘进机或工具管的始发地,同时又是承受主顶油缸反作用力的构筑物。接收井则是接收和拆卸顶管掘进机或工具管的场所。顶进井一般要比接收井坚固、可靠,尺寸也较大。

在长距离顶管施工中,常设中间工作井以弥补顶力的不足,它既是此段的终点,又是新顶管段的起点,它既是前一管段顶进的接收井,又是后一管段顶进的顶进井,见图6-9。

图6-9　顶管顶进程序示意图

a)双向顶进;b)单向顶进

工作井形状一般有矩形、圆形、椭圆形、多边形等几种,其中矩形工作井最为常见。在直线顶管或两段交角接近180°的折线顶管施工中,多采用矩形工作井。矩形工作井的短边与长边之比通常为2:3。这种工作井的优点是后座墙布置方便,坑内空间能充分利用,覆土深浅都可利用。如果在两段交角比较小或者是在一个工作井中需要向几个不同方向顶进时,则往往采用圆形工作井。另外,较深的工作井一般采用圆形,且常采用沉井法施工。这种圆形工作井的优点是占地面积小,但需另筑后座墙。接收井大致也有上述几种形式,不过由于它的功能只限于接收掘进机和工具管,通常选用矩形或圆形。

从经济、合理的角度考虑,工作井在施工结束后,一部分将改为阀门井、检查井。因此,在设计工作井时要兼顾一井多用的原则。工作井的平面布置应尽量避让地下管线,以减小施工的扰动影响,工作井与周围建筑物及地下管线的最小平面距离应根据现场地质条件及工作井的施工方法确定。

工作井的洞口应进行防水处理,设置挡水圈和封门板,进出井的一段距离内应进行井点降水或地基加固处理,以防土体流失,保持土体和附近建筑物的稳定。工作井的顶标高应满足防汛要求,坑内应设置集水井,在暴雨季节施工时为防止地下水流入工作井,应事先在工作井周围设置挡水围堰。

(2)顶管顶力估算

顶管顶进力是在施工中推进整个管道系统和相关机械设备向前运动的力,需要克服顶进中的各种阻力(摩阻力、工具管前端的迎面阻力或称为贯入阻力等),见图6-10。同时在顶进过程中还不断受到各种外界因素的影响。在顶管工程实施之前,准确计算所需的顶进力不仅有利于合理设计顶进工作站和中继站,而且对于后背墙的设计也是至关重要的。因此,合理、准确计算顶力对于实施顶管工程具有十分重要的意义和不可忽视的作用。

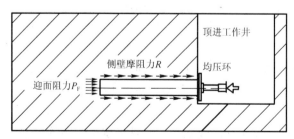

图6-10　顶管施工中的受力示意图

根据《给水排水管道工程施工及验收规范》(GB 50268—1997)的规定,顶管的顶力可按下式计算(亦可采用当地的经验公式确定)。

$$P = f\gamma D_1 \left[2H + (2H + D_1)\tan^2\left(45° - \frac{\varphi}{2}\right) + \frac{\omega}{\gamma D_1} \right] L + P_F \qquad (6\text{-}26)$$

式中：P——计算的总顶力，kN；

γ——管道所处土层的土容重，kN/m³；

D_1——管道的外径，mm；

H——管道顶部以上覆土厚度，m；

φ——管道所处土层的内摩擦角，度(°)；

ω——管道单位长度的自重，kN/m：

L——管道的计算顶进长度，m；

f——顶进时管道表面与周围土层之间的摩擦系数，其取值可按表 6-3 所列数据选用；

P_F——顶进时工具管的迎面阻力，其取值采用表 6-4 中所列公式计算。

顶进管道与周围土层的摩擦系数 表 6-3

土 层 类 型	湿	干	土 层 类 型	湿	干
黏土、亚黏土	0.2～0.3	0.4～0.5	砂土、亚砂土	0.3～0.4	0.5～0.6

顶进工具管迎面阻力 P_F 的计算公式 表 6-4

顶 进 方 法		P_F 的计算公式
手工掘进	工具管顶部及两侧允许超挖	0
	工具管顶部及两侧不允许超挖	$P_F = \pi D_{av} t R$
挤压法		$P_F = \pi D_{av} t R$
网格挤压法		$P_F = \frac{\pi}{4} a D R$

注：D_{av}-工具管刃脚或挤压喇叭口的平均直径，m；t-工具管刃脚厚度或挤喇叭口的平均宽度，m；R-手工掘进顶管法的工具管迎面阻力，或挤压、网格挤压顶管法的挤压阻力，kN/m²，前者可采用 500kN/m²，后者可按工具管前端中心处的被动土压力计算；a-网格截面参数，可取 0.6～1.0。

(3)顶管承压壁后土体的稳定验算

顶管工作井普遍采用沉井或钢板桩支护结构，对这两种形式的工作井都应首先验算支护

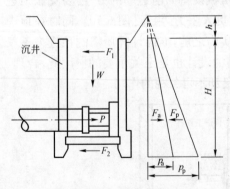

图 6-11 沉井工作井计算示意图

结构的强度。此外，由于顶管工作井承压壁后靠土体的滑动会引起周围土体的位移，影响周围环境，并影响到顶管的正常施工，所以在工作井设置前还必须验算顶管承压壁后靠土体的稳定性，以确保顶管工作井的安全和稳定。

①沉井支护工作井承压壁后靠土体的稳定验算。

采用沉井结构作为顶管工作井时，可按如图 6-11 所示的顶管顶进时的荷载计算图，验算沉井结构的强度和沉井承压壁后靠土体的稳定性。沉井承压壁后靠土体在顶管顶力超过其承受能力后会产生滑动，如

图 6-11 所示，沉井承压壁后靠土体的极限平衡条件为水平方向的合力 $\sum F = 0$，即

$$\left.\begin{array}{l} P = 2F_1 + F_2 + F_p - F_a \\ F_1 = \dfrac{1}{2} P_a H B_1 \mu \end{array}\right\} \qquad (6\text{-}27)$$

$$F_p = B\left[\frac{1}{2}\gamma H^2 \tan^2\left(45° + \frac{\varphi}{2}\right) + 2cH\tan\left(45° + \frac{\varphi}{2}\right) + \gamma h H \tan^2\left(45° + \frac{\varphi}{2}\right)\right]$$

$$F_a = B\left[\frac{1}{2}\gamma H^2 \tan^2\left(45° - \frac{\varphi}{2}\right) - 2cH\tan\left(45° - \frac{\varphi}{2}\right) + \gamma h H \tan^2\left(45° - \frac{\varphi}{2}\right)\right]$$

式中：P——顶管最大计算顶力，kN；

F_1——沉井一侧的侧面摩阻力，kN；

P_a——沉井一侧井壁底端的主动土压力强度；

H——沉井的高度，m；

B_1——沉井一侧（除顶向和承压井壁外）的侧壁长度，m；

μ——混凝土与土体的摩擦系数，视土体而定；

F_2——沉井底面摩阻力，kN，$F_2 = W\mu$，其中 W 为沉井底面的总竖向压力，kN；

F_p——沉井承压井壁的总被动土压力，kN；

F_a——沉井顶向井壁的总主动土压力，kN；

B——沉井承压井壁宽度，m；

h——沉井顶面距地表的距离，m；

γ——土体重度，kN/m³；

φ——内摩擦角，度(°)；

c——黏聚力，kPa，取各层土的加权平均值。

需要强调的是，在中压缩性至低压缩性黏性土层或孔隙比 $e \leqslant 1$ 的砂性土层中，若沉井侧面井壁与土体的空隙经密实填充且顶管顶力作用中心基本不变，可在承压壁后靠土体稳定验算时考虑 F_1 及 F_2。实际工程中，在无绝对把握的前提下，式(6-27)中的 F_1 及 F_2 均不予考虑。若不考虑 F_1 及 F_2，一般采用下式进行沉井承压壁后靠土体的稳定性验算

$$P \leqslant \frac{F_p - F_a}{S} \tag{6-28}$$

式中：S——沉井稳定系数，一般取 S 为 1.0~1.2。土质越差，S 的取值越大。

②钢板桩支护工作井承压壁后靠土体的稳定验算。

顶管顶力 P 通过承压壁传至板桩后的后靠土体，为了计算出后靠土体所承受的单位面积压力 p，首先可以假定不存在板桩。

如图 6-12a)所示，可得出

$$\left.\begin{array}{l} p = \dfrac{P}{F} \\ F = bh_2 \end{array}\right\} \tag{6-29}$$

式中：P——承压壁承受的顶力，kN；

F——承压壁面积，m²；

b——承压壁宽度，m。

其余符号如图 6-12a)所示。

由于板桩的协同作用，便出现了一条类似于板桩弹性曲线的荷载曲线如图 6-12b)所示。因板桩自身刚度较小，承压壁后面的土压力一般假设为均匀分布，而板桩两端的土压力为零，则总的土体抗力呈梯形分布（即图 6-12c 中的阴影部分，其面积 $F_3 = F_1$），由板桩静力平衡条

件(水平向合力为零)得

$$p_0\left(h_2 + \frac{1}{2}h_1 + \frac{1}{2}h_3\right) = ph_2 \tag{6-30}$$

式中：p_0——承压壁后靠土体的单位面积反力，kPa，如图 6-12c)所示；

p——承压壁承受顶力 P 后的平均压力，kPa，$p = P/bh_2$。

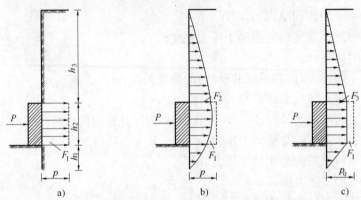

图 6-12　承压壁在单段支护条件下对土体的作用

a)没有板桩墙的协同作用；b)在板桩墙的协同作用下(荷载曲线类似于弹性曲线)；c)在板桩墙的协同作用下(荷载曲线近似于梯形)

　　当顶进管道的铺设深度较大时，顶管工作井的支护通常采用如图 6-13a)所示的两段形式。在两段支护的情况下，只有下面的一段参与承受和传递来自承压壁的作用力，因而仍可用上述公式。至于 h_4，则可不必考虑。下面一段完全参与起作用的前提，是要用混凝土将下段板桩与上段板桩之间的空隙填充起来，以构成封闭的传力系统。否则，需将 h_3 缩短到上段板桩的下沿。

　　图 6-14、图 6-15 分别为钢板桩单段、两段支护条件下的顶管工作井承压壁稳定性计算示意图。当 A 点在后靠土体被动土压力线上或在其左侧(即承压壁后靠土体反力等于或小于承压壁上的被动土压力)时，则后靠土体是稳定的，由此推导得后靠土体的稳定条件为

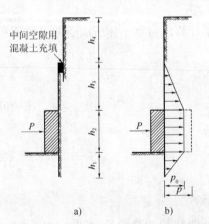

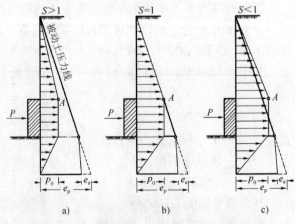

图 6-13　承压壁在两段支护条件下对土体的作用

a)支护系统；b)在第二段板桩墙的协同作用下(荷载曲线近似于梯形)

图 6-14　钢板桩单段支护条件下的承压壁稳定性计算

a)安全系数 $S>1$，表明足够稳定；b)安全系数 $S=1$，表明尚且稳定；c)安全系数 $S<1$，表明不稳定

单段支护

$$\gamma \lambda_p h_3 \geqslant S \frac{2P}{b(h_1+2h_2+h_3)} \tag{6-31}$$

两段支护

$$\gamma \lambda_p(h_3+h_4) \geqslant S \frac{2P}{b(h_1+2h_2+h_3)} \tag{6-32}$$

式中：λ_p——被动土压力系数，$\lambda_p = \tan^2\left(45° + \dfrac{\varphi}{2}\right)$；

γ——土的重度，kN/m^3；

S——安全系数，一般取 $S=1.0 \sim 1.2$，后靠土体土质条件越差，S 取值越大。

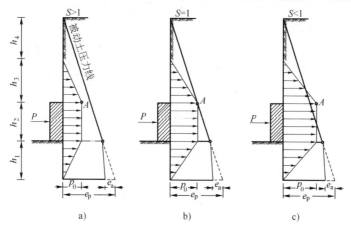

图 6-15　钢板桩两段支护条件下的承压壁稳定性计算

a)安全系数 $S>1$，表明足够稳定；b)安全系数 $S=1$，表明尚且稳定；c)安全系数 $S<1$，表明不稳定

上述推导是基于单向顶进的情况，若是双向顶进，即后靠板桩上留有通过管道的孔口时，则平均压力应修改为

$$p = \frac{P}{bh_2 - \dfrac{1}{4}\pi D^2} \tag{6-33}$$

式中：D——管道外径，m。

同理，后靠土体的工作稳定条件为

单段支护

$$\gamma \lambda_p h_3 \geqslant S\left[\frac{2P}{h_1+2h_2+h_3} \cdot \frac{h_2}{bh_2 - \dfrac{1}{4}\pi D^2}\right] \tag{6-34}$$

两段支护

$$\gamma \lambda_p(h_3+h_4) \geqslant S\left[\frac{2P}{h_1+2h_2+h_3} \cdot \frac{h_2}{bh_2 - \dfrac{1}{4}\pi D^2}\right] \tag{6-35}$$

为了计算承压壁后靠土体的稳定性，首先必须估算承压壁的尺寸。如果第一次计算得出 $S<1$，就必须增大 h_2 或者 b，直至 S 达到1为止。若 S 仍无法达到1，则需降低 P 的数值。

在顶管顶进时应密切观测承压壁后靠土体的隆起和水平位移,并以此确定顶进时的极限顶力,按极限顶力适当安排中继环的数量和间距。此外,还可采取降水、注浆加固地基以及在承压壁后靠土体地表施加超载等办法来提高土体承受顶力的能力。

(4)顶进管道的荷载与规格设计

在管道铺设完毕之后,顶入的管子与地面埋入的管子便没有多大区别。地面埋设的管子所承受的荷载有:管子自重、土荷载、交通荷载、管内水压、管外水压、固定附加荷载(如建筑物荷载)及临时附加荷载。所有这些荷载都沿横跨管轴的方向起作用。

此外,顶进管被顶入时在管轴方向上受到的荷载还有:推顶力、充气顶管时的空气压力、控制力及强制力。

管道的铺设无论采用哪种施工方式,横跨管轴的荷载在表面形式上皆有相似之处,所以顶进管承载能力的计算,大多仍沿用地面埋设管子的荷载与尺寸规格计算方法。然而,尽管在埋置状态下有着表面形式上的相似性,但顶进管毕竟由于铺设方法的不同而与地面埋入的管子有着很大的区别。计算时要注意顶管顶进时,周围土压力的情况及施工产生的附加压力。

复习思考题

1 简述盾构法隧道的功用和特点。
2 盾构的基本构成有哪些?
3 盾构衬砌内力计算的方法有哪几种,各自的特点是什么?
4 比较盾构法和顶管法的异同。
5 顶管设备由哪几部分组成,各自的作用是什么?
6 顶管工程设计主要考虑哪几个方面的问题,为什么?

第7章 沉井结构和沉管结构

7.1 沉井的概念、构造和特点

7.1.1 沉井的概念和特点

沉井通常是用钢筋混凝土材料制成的井筒状结构物,见图 7-1。施工时先在场地上整平地面铺设砂垫层,设置承垫木,再制作第一节沉井,继后在井筒内挖土(或水力吸泥),边挖边排边下沉。有时井筒太高,也可分段制筑一次下沉或分段制筑多次下沉。当下沉到设计标高,随即用素混凝土封底,最后浇筑钢筋混凝土底板,构成地下结构物,或在井筒内用素混凝土或砂砾石填充,构成深基础。

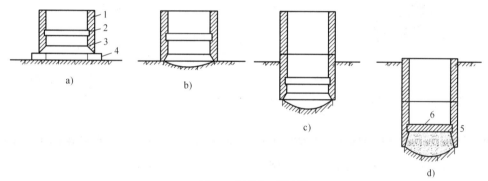

图 7-1 沉井施工顺序图

a)制作第一节沉井;b)抽垫木,挖土下沉;c)沉井接高下沉;d)封底、浇筑钢筋混凝土底板

1-井壁;2-凹槽;3-刃脚;4-承垫木;5-素混凝土封底;6-钢筋混凝土底板

目前,沉井结构已发展成为土层内地下构筑物或深基础中常用的结构形式之一,如自来水厂、电厂和化工厂的地下泵房、地下沉淀池和水池、地下热电站、地下油库、车间、地下掩蔽部、矿用竖井、桥梁墩台基础、大型设备基础、高层或超高层建筑物的基础等。此外,沉井也可用作地下铁道、水底隧道等各种设备井,如通风井、盾构拼装井、车站、区间段连续沉井等。

尽管随着地下连续墙结构的发展,许多工程都采用了地下连续墙施工。但是沉井结构的单体造价较低,主体混凝土都在地面浇筑,质量容易保证,不存在接头的强度和漏水问题。因此,在一定的场合下,沉井仍然是一种不可替代的结构物。

沉井的优点是占地面积小、开挖不需围护、技术上操作简便、挖土量少、节约投资、施工稳妥可靠。当沉井深度很大、井侧土质较好时,为降低井壁侧面摩阻力,国内外常采用壁外喷射高压空气或触变泥浆助沉。目前矿用沉井下沉深度已超过 $100m$。我国在沉井方面也有新的发展,如双壁沉井、钢壳浮运沉井及钢丝网水泥浮运沉井等都取得了显著的成效。

7.1.2 沉井的类型和构造

沉井的分类方法较多,大致有以下几种:

①按构成材料分:有混凝土式、钢筋混凝土式、钢板拼接式、混凝土夹心钢板拼接式等。

②按井筒构筑方法分:现浇式、预制拼接式、拼接浇筑混合式。

③按井筒下沉方法分:自沉式、压沉式。

④按开挖方式分:不排水式、排水式、中心岛式。

⑤按取土方式分:干挖法(人工挖掘法、无人机械自动挖掘法)、水中挖掘法(水力机械法、钻吸法)。

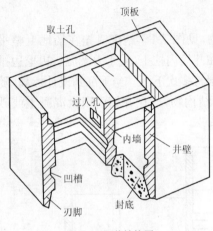

图 7-2 沉井结构图

⑥按断面形状分:水平断面形状为圆形、椭圆形、矩形、正多边形、其他多边形,按竖直断面形状为直壁柱形、内、外阶梯形、锥形等。

⑦按施工自动化程度分:机械式、半自动化式、全自动化式。

⑧按深度分:大深度(30m 以上)、中小深度。

⑨按断面面积大小分:小中断面、大断面、超大断面。

⑩按使用目的分:隧道各种工作沉井、桥梁基础沉井、大厦基础沉井等。

沉井的基本构造如图 7-2 所示,一般由井壁、刃脚、内隔墙、井孔凹槽、底板、顶盖等部分构成。

(1)井壁

井壁是沉井的主要构成部分,在下沉过程中,井壁必须承受水、土压力所引起的弯曲应力,以及要有足够的自重克服井壁摩阻力而顺利下沉到达设计标高,设计时通常先假定井壁厚度,再进行强度验算。井壁厚度一般为 0.4~1.2m。

井壁有等厚度的直壁式和阶梯式两种。直壁式的优点是周围土层能较好地约束井壁,易于控制垂直下沉,井壁接高时亦能多次使用模板。阶梯式的优点是可根据不同高程的水、土压力的受力情况设置不同厚度的井壁,能节约建筑材料。台阶设在每节沉井的施工接缝处,宽度一般为 10~20cm。最下一级阶梯高度如果过小不能起导向作用,容易在下沉时倾斜,一般取井筒高度的 1/4~1/3。在阶梯面所形成的槽孔中,施工时应灌填黄沙或护壁泥浆,以减少井壁摩阻力并防止土体破坏过大。

(2)刃脚

刃脚,即井壁最下端的尖角部分,其作用是减少下沉时的端部阻力。刃脚是井筒下沉过程中受力最为集中的部位,因此必须具有足够的强度,以免下沉时损坏。通常称刃脚的底面为踏面,踏面宽度一般为 10~30cm,内侧的倾角一般为 40°~60°,刃脚的高度当沉井湿封底时取 1.5m 左右,干封底时取 0.6m 左右。

(3)内隔墙

内隔墙的主要功能是增加下沉时的沉井刚度、减小井壁跨径以改善井壁受力条件、使沉井分隔成多个取土井后挖土和下沉较为均衡,并便于纠偏。内隔墙的底面一般比井壁刃脚踏面高出 0.5～1m,以免土顶住内墙妨碍下沉。隔墙的厚度一般为 0.5m 左右,隔墙下部应设 $0.8×1.2m^2$ 的过人孔。取土井的井孔尺寸应保证挖土机具能自由升降,一般不小于 2.5m,取土井的布置应力求简单和对称。

(4)凹槽

凹槽位于刃脚内侧上方,用于沉井封底时使井壁与底板混凝土更好地连接在一起,以便封底底面反力能更好地传递给井壁。通常凹槽高度在 1m 左右,凹槽深度为 15～30cm。

(5)底板

底板即井体下沉到设计标高后,在下端从刃脚踏面至凹槽上缘的整个空间填充不渗水、能承受基底地层反力,并具有一定刚度的材料,以防地下水的涌入和基底隆起。通常底板为两层浇筑的混凝土,下层为素混凝土,上层为钢筋混凝土。底板的厚度取决于基底反力(水压＋土压)、底板的构造材料的性能、施工方法等多种因素。下层为素混凝土的浇筑通常称为封底,当沉井下沉到设计标高,经检验和坑底清理后即可进行封底。封底可分干封和湿封(水下浇灌混凝土),有时需在井底设有集水井后才进行封底,待封底素混凝土达到设计强度后,再在其上浇筑钢筋混凝土底板。

(6)底梁和框架

在比较大型的沉井中,如由于使用要求而不能设置内隔墙时,则可在沉井底部增设底梁,构成框架以增加沉井的整体刚度。有时因沉井高度过大,常在井壁不同高度处设置若干道由纵横大梁组成的水平框架,以减少井壁(在顶、底板间)的跨度,使沉井结构受力合理。在松软地层中下沉沉井,底梁的设置尚可防止沉井"突沉"和"超沉",便于纠偏和分格封底。但纵横底梁不宜过多,以免施工费时和增加造价。

7.2 沉井结构设计与计算

7.2.1 沉井设计的内容与要求

沉井设计计算的基本内容是,确定井筒的尺寸(平面尺寸、高度)和构件(用材的尺寸、型号)。设计结果必须符合下列要求:

①符合力学稳定性的要求,即沉井作用于底面地层上的竖向总荷载必须小于地层的允许承载力;作用于井壁上的水平荷载(包括地震时的水平最大破坏荷载力)必须小于井壁的允许抗剪力;沉井的变形必须小于允许变形值。

②所有构件的应力均应小于允许值。

③全部设计计算的结果必须符合稳定性计算、构件设计要求,以便保证下沉关系的合理性、可靠性。

④沉井既是深基础的一种类型,又是基础的一种特殊施工方法。因此,在沉井设计时必须分别考虑在不同施工阶段和使用阶段的各种受力特性。

7.2.2 沉井的设计

(1)沉井尺寸确定

沉井平剖面尺寸应依据建筑设计平面、剖面、总图给定的尺寸进行设计。根据平剖面确定是否可采用沉井法施工,当已确定沉井施工为最合适的施工方法时,即可根据拟建场地的地段条件、工程地质与水文、施工条件,参考类似的沉井工程施工经验,布置沉井井筒尺寸,根据建筑方案设置隔墙或梁、孔洞等位置,布置沉井分格,确定沉井平面、剖面、井壁厚度等各构件的截面尺寸。

(2)确定下沉系数 K_1,下沉稳定系数 K'_1 和抗浮安全系数 K_2

在确定沉井主体尺寸后,即可算出沉井自重,验算在沉井施工下沉时的下沉系数 K_1,以保证沉井在自重作用下能克服井壁摩阻力 R_f 而顺利下沉。下沉系数 K_1 的计算公式为

$$K_1 = \frac{G - B}{R_f} \tag{7-1}$$

式中:G——沉井在各种施工阶段时的总自重,kN;

B——下沉过程中地下水的总浮力,kN;

R_f——井壁总摩阻力,kN;

K_1——下沉系数,一般为 $1.05\sim1.25$。对位于淤泥质土层中的沉井宜取较小值;位于其他土层的沉井可取较大值。

设置内隔墙及底梁的沉井,当计算下沉阻力时,若同时考虑刃脚踏面、隔墙及底梁下的地基土反力,可采用略大于该处地基土极限承载力的反力值,对于淤泥质黏土可取 200kPa。

沉井在软弱土层中下沉,如有突沉可能,应根据施工情况进行下沉稳定验算

$$K'_1 = \frac{G - B}{R_f + R_1 + R_2} \tag{7-2}$$

式中:K'_1——下沉稳定系数,一般取 $0.8\sim0.9$;

R_1——刃脚踏面及斜面下土的支承力,kN;

R_2——隔墙和底梁下土的支承力,kN。

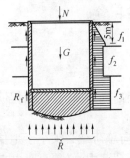

井壁摩阻力的分布形式可有多种假定,通常假定在 5m 深度范围内按三角形分布,5m 以下为常数,见图 7-3。

沉井下沉施工至设计标高后即浇筑混凝土及制作底板,形成无盖的箱形结构。因其受到水的浮力作用,所以,应作抗浮稳定验算。抗浮安全系数 K_2 为

$$K_2 = \frac{G - R_f}{B} \tag{7-3}$$

图 7-3 作用在沉井上的力系

式中:K_2——抗浮安全系数,一般取 $1.05\sim1.1$。在不计井壁摩阻力时,可取 1.05。

(3)刃脚计算

沉井的刃脚一般有下列两种受力情况,见图 7-4,取单位长度作悬臂梁计算,并据此进行刃脚内侧和外侧的竖向钢筋和水平钢筋的配筋计算。

①刃脚向外挠曲的计算(配置内侧竖向钢筋)。

当沉井已下沉全部深度的一半,并且已接高其余各节井壁,或采用分节浇筑一次下沉的起始下沉时,可假定刃脚入土 1m。此时刃脚斜面上土向外的横推力 U 产生的向外弯矩最大,用以计算内侧竖向钢筋。此时可沿井壁周边取 1m 宽的截条作为计算单元,计算步骤如下:

a. 计算井壁自重 G',即沿井壁周长单位宽度上的沉井自重(按全井高度计算),不排水下

沉时应扣除浮力,kN。

b. 计算刃脚自重 g,kN。

c. 计算刃脚上外侧的水、土压力 W 和 E(按朗肯主动土压力理论计算),kN。

d. 计算刃脚上外侧的土对井壁的摩阻力 R'_f。

e. 计算刃脚下土的反力,即踏面上土反力 V_1 和斜面上土反力 R'。假定 R' 作用方向与斜面法线成 β 角(即刃脚斜面与土之间的摩擦角,$\beta=10°\sim30°$),并将 R' 分解成竖直的和水平的两个分力 V_2 和 U(均假定为三角形分布)。

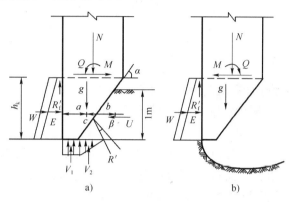

图 7-4　沉井刃脚计算

由实际设计经验得知,刃脚向外挠曲的程度,取决于 V_1、V_2 和 U 的大小,而水、土压力 W、E,刃脚侧面摩擦力 R'_f 和刃脚自重 g 对其影响甚小,可忽略不计。

此时刃脚下的土反力为

$$V_1+V_2 \approx G'-T \tag{7-4}$$

式中:T——作用于单位周长井壁上的摩擦力,kN。

由于

$$\frac{V_1}{V_2} = \frac{a\sigma}{\frac{1}{2}b\sigma} = \frac{2a}{b} \tag{7-5}$$

解(7-4)和(7-5)两联立方程式后得

$$V_2 = \frac{G'-T}{1+\frac{2a}{b}} \tag{7-6}$$

从 V_2 在刃脚斜面上的作用点 c,可知 R' 和 U 的作用点也在 c 点,即 U 的作用点距刃脚底面 1/3m 处,刃脚斜面部分土的水平反力按三角形分布,其合力的大小为

$$U = V_2 \cdot \tan(\alpha-\beta) \tag{7-7}$$

式中:α——刃脚斜面与水平面所成的夹角。

f. 确定刃脚内侧竖向钢筋。

按以上求得力的大小、方向和作用点后,即可在刃脚根部 h_k 处截面上得到轴向力 N、剪力 Q 和力矩 M,从而计算刃脚内侧的竖向钢筋。

对于圆形沉井尚应计算环向拉力。亦即在沉井下沉途中,由于刃脚内侧的土反力的作用,使圆形沉井的刃脚产生环向拉力 N_h,其值为

$$N_h = U \cdot R \tag{7-8}$$

式中:U——按式(7-7)计算;

R——圆形沉井环梁轴线的半径。

沉井刃脚一方面可看作固着在刃脚根部处的悬臂梁,梁长等于井壁刃脚斜面部分的高度;另一方面,刃脚又可看作为一个封闭的水平框架。因此,作用在刃脚侧面上的水平外力将由悬臂梁和框架来共同承担,即部分水平外力是垂直传至刃脚根部,余下部分由框架承担。其分配系数为

悬臂作用

$$\alpha = \frac{0.1l_1^4}{h_k^4 + 0.05l_1^4}(但 \alpha 不大于1) \tag{7-9}$$

框架作用

$$\beta = \frac{h_k^4}{h_k^4 + 0.05l_2^4} \tag{7-10}$$

式中:l_1——沉井外壁支承于内隔墙间的最大计算跨度;

l_2——沉井外壁支承于内隔墙间的最小计算跨度;

h_k——刃脚斜面部分的高度。

上述公式只适用于当内墙刃脚踏面高出外壁不超过 0.5m,或当刃脚处有隔墙或底梁加强,且隔墙或底面不高于刃脚踏面 0.5m 者,否则全部水平力都由悬臂梁承担,即 $\alpha = 1$。

②刃脚向内挠曲的计算(配置外侧竖向钢筋)。

假定沉井下沉到设计标高,为方便下沉,刃脚下的土常被掏空,井壁的自重全部由井侧摩阻力承担,而此时井壁外侧作用最大的水、土压力,使刃脚产生最大的向内挠曲。

刃脚自重 g 和刃脚外侧摩阻力 R_f',对于刃脚根部的弯矩值所占比重都很小,可忽略不计,此时,刃脚向内挠曲取决于刃脚外侧的水、土压力 W 和 E,由此求得刃脚根部 N、Q 和 M 值,依此计算刃脚外侧的竖向钢筋。

如井壁刃脚附近设有槽口,而刃脚根部至槽口底的距离小于 2.5cm 时,则将验算断面定在槽口底。

(4)沉井井壁竖向应力计算(沉井抽承垫木时计算)

一般沉井在制作第一节时,多用承垫木支承。当第一节沉井制成后开始抽承垫木下沉时,刃脚踏面下逐渐脱空,此时井壁在自重作用下会产生较大的应力,因此需要根据不同的支承情况进行验算。

①矩形沉井。

a. 当不排水下沉时,分别按两种情况计算:支承于两短边上,将井壁长边作为简支梁,计算其弯矩与剪力,如图 7-5a)所示;支承于长边的中点,将井壁作为悬臂梁计算其弯矩与剪力,如图 7-5b)所示。

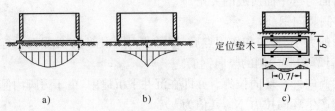

图 7-5 矩形沉井第一节井壁竖向强度验算图

b. 当排水下沉时，按施工可能产生的支承情况验算，一般支点设于长边上。对于沉井的长宽比 $l/b \geqslant 1.5$ 时，设在长边上的两支点间距可按 $0.7l$ 计算，如图 7-5c）所示。

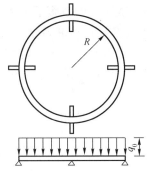

图 7-6　圆形沉井第一节井壁竖向强度演算图

当沉井内有横隔墙或横梁时，除井壁自身的重力外，横隔墙或横梁的重力均作为集中力作用在井壁相应的位置上。

②圆形沉井。

如图 7-6 所示，一般按支承于相互垂直方向上的四个或更多的支点计算沉井的竖向弯曲和扭转。

在计算沉井内力时，将圆形沉井井壁看作是连续水平的圆环梁，在均布荷载 q_0（沉井自重）作用下，按表 7-1 求得剪力、弯矩和扭矩。

计算圆环梁的内力系数表　　　　表 7-1

圆环梁支柱数	最大剪力	弯　矩		最大扭矩	支柱轴线与最大扭矩截面间的中心角
		在二支柱间的跨中	支柱上		
4	$\dfrac{R\pi q_0}{4}$	$0.03524\pi q_0 R^2$	$-0.0643\pi q_0 R^2$	$0.01060\pi q_0 R^2$	$19°21'$
6	$\dfrac{R\pi q_0}{6}$	$0.01500\pi q_0 R^2$	$-0.02964\pi q_0 R^2$	$0.00302\pi q_0 R^2$	$12°44'$
8	$\dfrac{R\pi q_0}{8}$	$0.00832\pi q_0 R^2$	$-0.01654\pi q_0 R^2$	$0.00126\pi q_0 R^2$	$9°33'$
12	$\dfrac{R\pi q_0}{12}$	$0.00380\pi q_0 R^2$	$-0.00730\pi q_0 R^2$	$0.00036\pi q_0 R^2$	$6°21'$

注：R 为圆环梁轴线的半径。

对于中、小型沉井，近年来已不再铺设承垫木，而是将刃脚踏面直接搁放在砂垫层混凝土垫板上。但是第一节沉井开始下沉时的竖向受弯强度仍应按上法验算。

（5）沉井井壁竖向拉力计算（井壁竖直钢筋验算）

沉井偏斜后，使井壁受到竖向拉力，由于此时的影响因素复杂，进行明确的分析较为困难，因此在设计时一般假定沉井下沉接近设计标高，上部有可能被四周土体嵌固，而刃脚下的土已被挖除，井壁阻力呈倒三角形分布，此时最危险的截面在沉井入土深度的一半处，其竖向拉力 S_{max} 为

$$S_{max} = \frac{1}{4}G \tag{7-11}$$

式中：G——沉井的总重，kN。

（6）沉井井壁水平应力计算（井壁水平钢筋计算）

作用在井壁上的水、土压力沿沉井的深度是变化的，因此井壁水平应力的计算也应沿沉井的高度分段计算。对于不同形式框架的内力计算可按一般结构力学方法计算。

另外，对于刃脚根部以上、高度等于该处井壁厚度的一段井壁框架可看作是刃脚悬臂梁的固端，这一段井壁框架除承受框架本身高度范围内的水、土压力外，尚需承受由刃脚部分水、土压力传来的剪力 Q_1。此时，作用在此段井壁上的均布荷载可取 $q = W + E + Q_1$，根据 q 值可求算水平框架中的最大 M、N 和 Q，并进行截面配筋。

对横隔墙进行受力分析时,视隔墙与井壁的相对抗弯刚度(即 d/l 的相对比值。其中 d-壁厚, l-跨度)大小,其结点可作为铰接(将横隔墙作为两端铰支于侧向井壁上的撑杆)考虑,如图 7-7 所示。当隔墙刚度与井壁相差不大时,可按隔墙与井壁联成固结的空腹框架来分析。

对作用于圆形沉井井壁任一标高上的水平侧压力,在理论上与井壁厚度相等的一段在受力计算时认为是各处相等的,此时圆环应当只承受轴向压力,而井壁内弯矩等于零,但实际土质是不均匀的,沉井下沉过程中也可能发生倾斜,因而井壁外侧土压力也是不均匀分布的。为简化计算,假定井圈上互成 $90°$ 的两点处,土的内摩擦角中的差值为 $5°\sim10°$(如图 7-8 所示)。即计算 P_A 时的内摩擦角值采用 $\varphi-(2.5°\sim5°)$;计算 P_B 时的内摩擦角值采用 $\varphi+(2.5°\sim5°)$,并假定其他各点的土压力 P_a 按下式变化

$$P_a = P_A[1+(w-1)\sin\alpha] \tag{7-12}$$

式中: $w=\dfrac{P_B}{P_A}$。

作用于 A、B 截面上的轴向力和弯矩为

$$\left.\begin{aligned}
N_A &= P_A R(1+0.785w') \\
M_A &= -0.149 P_A R^2 w' \\
N_B &= P_A R(1+0.5w') \\
M_B &= 0.137 P_A R^2 w'
\end{aligned}\right\} \tag{7-13}$$

式中: N_A、M_A——分别为 A 截面上的轴向力和弯矩;

$\quad\quad N_B$、M_B——分别为 B 截面上的轴向力和弯矩;

$\quad\quad R$——井壁中心线的半径。

$$w' = w-1$$

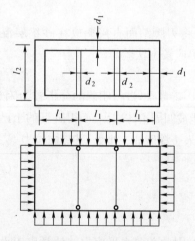

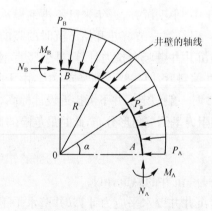

图 7-7 横隔墙与井壁连接的结点按铰接计算　　　　图 7-8 圆形沉井井壁土压力的分布

(7)封底混凝土的厚度计算

对于排水下沉的沉井,如果其基底处于不透水的黏土层中,或虽有涌水和翻砂但数量不大时,应力争采用干封底,以保证封底混凝土的质量,并减小封底混凝土的厚度。根据以往经验一般可取 $0.6\sim1.2m$。

当工程地质和水文地质条件极为不利时应采用水下混凝土封底(又称湿封底)。

沉井底板可按均布荷载作用下的板设计,在计算该均布荷载时,不计沉井井壁摩阻力。

沉井底板及封底混凝土与井壁间的连接,宜按铰支承考虑。当底板与井壁间有可靠的整体连接措施(由井壁内预留钢筋连接等)时,底板与井壁间的连接可按弹性固定考虑。

不论干封底还是湿封底,作用在沉井底板上荷载 q 均为

$$q = p - g \tag{7-14}$$

式中:p——底板下最大的静水压力,kPa;

g——封底板自重,kPa。

封底混凝土的厚度,可按下式计算

$$h_t = \sqrt{\frac{3.5KM_{tm}}{b \cdot R_t}} + h_\mu \tag{7-15}$$

式中:h_t——封底混凝土的厚度,m;

M_{tm}——封底混凝土在最大均布反力作用下的最大计算弯矩,kN·m;

K——设计安全系数,可采用 2.4;

R_t——混凝土抗拉设计强度,kPa;

b——计算宽度,可取 1m;

h_μ——考虑封底混凝土因与井底泥土掺混而需要增加的厚度,一般取 0.3~0.5m。

采用水下混凝土封底,虽其底板厚度已进行过静水压力的强度计算,但因水下封底混凝土质量不易保证,所以即使水下封底后也常会出现漏水现象。再加上从井内抽水后,水下封底混凝土在持续高压水头压力的作用下,其渗水情况可能较以前加剧。因此,水下封底混凝土仅作为一种临时性的施工措施。设计钢筋混凝土底板时不考虑与水下封底混凝土的共同作用,仍应按底板标高以下的最大静水压力考虑,再按单向板或双向板计算底板的配筋。

对以沉井作为深基础的工程,应按整个构筑物的自重及其所承担的上部结构,计算作用于沉井底部的基底压力,并必须满足地基强度条件

$$N + G \leqslant R_s + R_f \tag{7-16}$$

式中:N——沉井顶面处作用的外荷载,kN;

G——包括井内填料或设备的沉井自重,kN;

R_s——沉井底部地基土的总容许承载力,kN;

R_f——沉井侧壁的最大总容许摩阻力,kN。

在计算上式时,有时可不计井壁侧面摩阻力的作用。由于这类井孔一般多用素混凝土填充,故亦不再考虑静水压力对沉井底部的作用。

7.3　沉管的概念、特点和类型

预制管段沉放法(简称沉管法)是在水底修建隧道的一种施工方法。凡采用沉管法施工的隧道,即称沉管隧道。

沉管隧道需先在隧址以外(船厂与干坞)制作隧道管段(每节长 60~140m,多数为 100m左右),管段两端用临时封墙密封,待混凝土达到设计强度后拖运到隧址指定位置上,此时已在预先设计位置挖好水底沟槽,定位就绪后,向管段内注水下沉,然后将沉毕的管段在水下连接,

覆土回填,进行内部装修及设备安装,以完成隧道。

沉管隧道的使用历史始于 1910 年美国的底特律河隧道,迄今为止,世界上已有 1000 多条(包括正在建造的)沉管隧道,其中横截面宽度最大为比利时亚伯尔隧道 53.1m;最长的是美国海湾地区交通隧道,长达 5825m。我国修建沉管隧道起步较晚,但发展很快,已建成的有上海金山供水隧道,宁波甬江隧道,广州珠江隧道,香港地铁隧道,香港东港跨港隧道,及中国台湾的高雄港隧道等。2003 年 6 月竣工通车的上海外环沉管隧道,为双向 8 车道隧道,长 2880m、宽 43m,仅次于荷兰德雷赫特隧道,是位居世界第二的沉管隧道,标志我国沉管隧道技术已达国际先进水平。

沉管隧道的优点是:①隧道结构的主要部分在船台或干坞中浇筑,因此就没有必要像普通隧道工程那样在受到土压力或水压力荷载作用下的有限空间内进行衬砌作业,从而可制作出质量均匀且防水性能良好的隧道结构。②沉放隧道的密度较小,其有效重量一般为 $5\sim10kN/m^3$,加上附加压重以及混凝土防护层,隧道重量才增至 $20kN/m^3$ 左右,而隧道所作用的未扰动地基土层的有效应力约为 $30\sim100kN/m^2$,因此地层的承载力几乎不成问题。③由于隧道在水底,对船舶的航行和将来航路的疏浚影响不大,所以隧道可以埋在最小限度的深度上,从而使隧道的全长缩短至最小限度。④因为管段制作采用的是预制方式,浮运与沉放采用大型机械装置,这样对施工安全与大断面隧道的施工都较有利,且大大缩短了工期。

沉管隧道的缺点是:①由于管段的浮运、沉放以及沟槽的疏浚、基础作业,大部分是依靠机械来完成,对于河流波浪较小、流速较缓的情况施工是不成问题的。可是如果情况相反,而且隧道截面较大时,就会带来一系列的问题,诸如管段的稳定、对航道的影响等。②地基的承载力虽然是不成问题的,但对于沉放管段底面与基础密贴的施工方法还应继续改进,以免沉陷与不均匀沉降的发生。③由于橡胶衬垫的发展,沉放管段之间在水下的连接得到了发展,但是对于不良地质条件所带来的不均匀沉降和防水等问题需进一步研究。

沉管隧道按断面形状一般分为圆形与矩形两大类。它们的基本原理是一样的,但在使用材料与施工方法上有相当大的差别。

(1)圆形沉管

圆形沉管多数利用船厂的船台制作钢壳,制成后沿着船台滑道滑行下水。然后在漂浮状态下系泊于码头边上,进行水上钢筋混凝土作业。这类沉管的横断面,内部均为圆形。外表有圆形、八角形或花篮形,见图 7-9。其优点是:

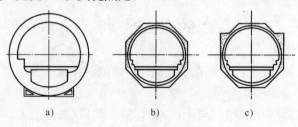

图 7-9　各种圆形沉管
a)圆形;b)八角形;c)花篮形

①圆形断面,受力合理,衬砌弯矩较小,在水深较大时,比较经济、有利。

②沉管的底宽较小,基础处理比较容易。

③钢壳既是浇筑混凝土的外模,又是隧道的防水层,这种防水层不会在浮运过程中被碰损。

④当具备利用船厂设备的条件时,工期较短。在管段需用量较大时,更为明显。

其缺点是:

①圆形断面空间,常不能充分利用。

②车道上方必定余出一个净空限界以外的空间(在采用全横向通风方式时,可以作排风道利用),使车道路面高程压低,从而增加了隧道全长,亦增加了挖槽土方数量。

③浮于水面进行浇筑混凝土时,整个结构受力复杂,应力很高,故耗钢量巨大,造价高。

④钢壳制作时,焊缝质量要求高,手焊难以保证。一旦出现渗漏,难以弥补、截堵。

⑤钢壳本身防锈抗蚀问题,迄今没有完善、可靠的解决办法。

⑥圆形沉管只能容纳两个车道,若需多车道,则必须另行沉管。因此,20世纪50年代以后,各国多用矩形断面。

(2)矩形沉管(图7-10)

矩形沉管多在临时干坞中制作钢筋混凝土管段,制成后往坞内注水使之浮起并拖运至隧址沉放。矩形管段可以在一个断面内同时容纳2～8个车道,此外,有的管段还需为维修管理、避险、排水设施等提供必要的宽度和空间。

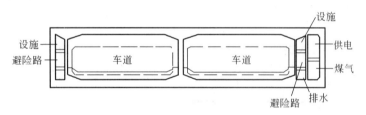

图7-10　矩形沉管

矩形管道的优点是:

①不占用造船厂设备,不妨碍造船工业生产。

②车道上方没有非必要空间,空间利用率较高。车道最低点的高程较高,隧道全长较短,挖槽土方量少。

③建造4～8个车道的多车道隧道时,工程量与施工量均较省。

④一船用钢筋混凝土灌注,不需要钢壳,可大量地节省钢材,降低造价。

其缺点是:

①必须建造临时干坞。

②由于矩形沉管干舷较小,在灌筑混凝土及浮运过程中,须有一系列严格控制措施。

(3)圆形沉管与矩形沉管的比较

一般来说,圆形钢壳由于使用钢材,使得制造成本提高,且其横截面不利于安放动力线路及停放维修用车辆,其管段高度远大于矩形钢筋混凝土式管段,从而增加了疏浚的费用。与其相比,采用矩形混凝土截面则更经济更靠。具体比较见表7-2。

两类截面沉管的比较

表 7-2

分　类	圆形钢壳	矩形混凝土
主要用途	双车道公路、单线铁路、下水管等(节段宽度在 10m 以内)	作为多车道大宽度的公路隧道(或铁路隧道)
截面形状	一般为圆形或椭圆形(外表为八角形的也有)	矩形
结构材料	钢壳与钢筋混凝土	钢筋混凝土
管段制作场所	船台等	废弃或临时设置的干船坞
基础处理	刮铺法(用铺瓷机将沙砾铺匀)	临时承台和灌砂(压砂等)
浮运及沉放方法	浮运时干舷高度 30～50cm,从水上向沉放管段的空穴中投沙砾或水中混凝土进行沉放	浮运时干舷高度 10～15cm,作业人员进入沉放管段用压舱物进行沉放作业

7.4　沉管的设计与计算

沉管隧道设计内容多,涉及面广,其质量直接影响到隧道的施工和使用。沉管设计的主要内容包括几何设计、结构设计、通风设计、照明设计、内装设计、给排水设计、供电设计、运营与安全设施设计等。对于兼有其他特殊要求的隧道,还要进行其他设计。这里主要介绍沉放管段的几何及结构设计。

(1)几何设计

隧道的截面尺寸不仅取决于交通条件,还主要取决于隧道施工的两个重要阶段,即浮运阶段和沉放阶段的要求。特别是沉管结构的外轮廓尺寸,必须通过浮力设计才能最后确定,既要保证一定的干舷,又要保证一定的抗浮安全系数。

沉管隧道的内部几何形状,很大程度上应视当地或国家的公路设计标准而定。从力学角度看,圆形是由轴力控制的,矩形是由弯矩控制的,所以就混凝土作为主要结构材料而言,采用圆形截面较有利。因此,非交通的管道基本上是圆形的。

圆形截面在一般水深情况下,结构的厚度较薄,为将其下沉到槽内,必须加相当的固态压舱物,其优点是较容易从水上抛扔沙砾进行基础的加固,这对防止锚锭的危害是较有利的。

对于矩形断面,由于是按弯矩来设计的,它与顶底板的跨度有关。因此将通风道和电缆墙与交通道分开,对减少顶、底板的弯矩是有利的。

每节管段长度为 60～140m,一般为 100m 左右。对其长度的确定通常要考虑下列因素:

①经济条件。

②航道条件。

③横断面形状。

④管段形状。

⑤管段及其他的施工条件。

⑥轴向应力等。

沉放管段总长的确定及隧道暗埋段与敞开段连接位置有关。一般来说,在每边岸上有一个沉放部分和带有敞开段的暗埋部分,连接的位置通常须经过经济考虑决定。敞开段与较短的暗埋段按明挖法一起施工。设置暗埋段的目的是便于与沉放管段连接。假设沉放部分与暗埋段的接头在河里,在河中部分必须采用钢板桩围堰,封闭开挖端头。只要就地建造部分的位置得到确定,隧道的长度也就知道了。

(2)浮力设计

与一般的构筑物相比,沉放管段不但能浮在水面上(管段的浮运、拖运),而且还要沉入河底(管段的沉放)。因此,必须处理好浮力与重量间的关系,也就是浮力设计。浮力设计的内容包括干舷的选定和抗浮安全系数的验算。

①干舷的选定。

由于利用了浮力,使得大断面、大重量的管段移动起来变得相当容易,这是沉放施工法的一个优点。而为了利用这个优点,必须使沉放前的管段在其自重及附加压重作用下能够浮起来。管段在浮运时,为了保持稳定,必须使管顶露出水面,露出的高度称作为干舷。浮游状态的管段的干舷大小取决于管段的形状和施工方法,干舷高度不能过小,否则对管节预制的精度要求过高,难以施工;同样也不能过大,因为在管段沉放时,首先要灌注一定量的压载水,以消除干舷的浮力,干舷越大,所需的压载水罐的容量就越大,越不经济。

在极个别情况下,由于大重量的管段结构无法自浮,则须借助浮筒装置,以产生必要的干舷。对于矩形断面的沉放管段,如果管段是在隧址附近建造或在平静的水中浮运,其干舷高度可为 5～10cm;如果管段须在波浪较大的水中浮运,则干舷应保持在 15～20cm。而圆形断面的沉放管段一般为 45cm(如美国伊丽莎白河 2 号隧道),也有干舷为 15cm 的例子(如美国切萨比克跨湾隧道)。具有一定高度的干舷管段,当其在风浪作用下发生倾斜后,它会自动产生一个反倾力矩,使管段恢复平衡,见图 7-11。

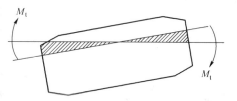

图 7-11　管段的干舷与反倾力矩

②抗浮安全系数的验算。

管段的浮力过大,使得以后的加载及沉放作业变得困难,而如果浮力不足,则无法保证管段在施工期间的稳定。在管段沉放施工期间,抗浮安全系数一般取值为 1.05～1.1。由于在管段沉放完毕进行覆土回填时,会导致周围河水的混浊而使河水密度增大,浮力增加,因此在施工期间的抗浮安全系数应确保在 1.05 以上,以免导致管段的"复浮"。

在覆土完毕后的使用阶段,抗浮安全系数应采用 1.2～1.5。按最小的混凝土重度和体积、最大的河水密度来计算抗浮安全系数,其计算公式为

$$K_f = \frac{W_g}{V_g \times \gamma_{wmax}} \tag{7-17}$$

式中:K_f——抗浮安全系数;

　　W_g——管体重量,已包括内部压载的混凝土重量;

　　V_g——管道体积;

　　γ_{wmax}——最大河水密度。

在实际情况中,如果考虑到覆土重量与管段侧面的负摩擦力的作用,抗浮安全系数会增大。

(3)结构设计

①荷载分析。

作用在沉管结构上的荷载主要有:结构自重、水压力、土压力、浮力、施工荷载、波浪及水流压力、沉降摩擦力、车辆活载、沉船荷载、地基反力、温度应力、不均匀沉降影响、地层荷载等。

作用在管段上的水压力是主要荷载之一。在设计时必须在进行了洪水水位或普通的高、低潮水位等充分调查以后,再决定用于设计上的最高水位。

土压力是作用在管段上的另一主要荷载,且不是常量。作用在沉管上的垂直土压力,是由管段上全部的覆盖土所产生的,即河床底到沉管顶面间的土体重量,由于顶面覆盖土厚度经常变化,故应取最大垂直土压力。在求沉管侧墙的内力时,应取最大水平土压力。

作用于管节上的浮力等于排水量。但水的比重随含盐量及含泥量的增减而变化,因此在设计计算中,浮力往往不是常量。此外,作用于沉放在黏性土层中的管段上的浮力,有时也会因"滞后现象"的作用而大于排水量。

施工荷载主要是封端墙、定位塔、出入筒、压载水柜、索具浮箱等的重力,以及沉放时的吊索拉力、鼻式托座反力与临时支座反力。在进行浮力设计时,应考虑施工荷载的作用。尤其在计算浮运、沉放等各阶段的纵向弯矩时,施工荷载将成为主要荷载。如果施工荷载所引起的纵向弯矩过大,则可调整压载水柜的位置来抵消一部分弯矩。

波浪力应根据气象条件确定。一般可作如下假定:波长等于管节全长,波高为1m,管节顶边浸水长度为管节全长的60%,波浪曲线为

$$y = \frac{H}{2}\left(1 + \cos\frac{2\pi}{L}x\right) \tag{7-18}$$

沉降摩擦力是在回填土之后,由于沟槽底部受荷不均匀,沉降不均匀所引起的。沉管底部土体受荷较小,沉降也小,但其两侧因受大面积回填土的影响,产生的沉降大于管段底部。因此,在管段的两侧受到向下的摩擦力的作用(对于管段的抗浮较有利)。

投锚垂直荷载与拖锚水平荷载是船只因事故抛锚时,如果正中隧顶或其附近,则沉管结构可能受到的两种特殊荷载。投锚的垂直荷载对管节的影响与覆土厚度有关。当覆土厚度超过2m时,影响很小,可略去不计。当覆土小于1.5m时则必须进行计算。计算时落锚速度可按7m/s计。拖锚水平荷载可按锚链的极限强度计算,一般对四车道隧道影响不大。

沉船荷载是船只失事后恰好沉在隧道顶部时,所产生的特殊荷载。在设计时只能对该项荷载作假设。这是由于该项荷载的大小需视具体的情况而定。例如,船只的类型、吨位、沉没方式等。由于其发生的几率实在是太小,因此该项荷载考虑的必要性及计算应视区域而定。

地基反力的分布规律,有多种不同的假定:直线均布、反力与各点地基沉降量成正比(文克尔假定)、假定地基是半无限弹性体、按弹性理论计算等。

温度应力主要是由于沉管四壁的内外侧温差所引起的,温差随外界温度的变化而变化。管段侧墙外表面的温度变化基本上与周围土体温度变化相一致,而对于内表面温度则有不同(其对外界温度的变化有一滞后时间),因此在沉管侧墙的内外表面之间经常存在温差。由于

温度变化须经过一段时间,所以设计时可按持续的 5～7d 高温或最低气温计算。也可采用日平均气温,而不必按昼夜最高或最低气温计算等。

沉放管段设计必须考虑在施工中及建成后所受到的和可能受到的全部荷载,按实际情况进行如下组合:

a. 使用阶段。

静载:结构自重、水压力、土压力、浮力、地基反力、温度应力及不均匀沉降产生的摩擦力。

活载:车辆荷载。

特殊荷载:落锚或沉船的荷载、内部爆炸、内部进水的影响等。

b. 施工阶段。

静载:结构自重、水压力、土压力、浮力。

施工荷载:设备压重等。

特殊荷载:波浪冲击力。

②结构分析。

a. 横截面分析。

(a)钢筋混凝土管段的横截面分析。

横向分析时,可把混凝土管段看成是平面框架。经过"假定构件尺寸→分析内力→修正尺寸→复算内力"的多次循环得到最终结果。当作用在管段上的荷载和地基反力沿纵向不变或只是逐渐变化时,该框架可按均布荷载进行分析。然而在有巨大超载的区域,尤其是不连续的超载时,作用在平面框架上的外部垂直荷载是不均衡的,在这种情况下相邻框架就受到剪力作用。可用弹性地基梁分析法求得地基反力沿纵向的分布情况,然后把这些荷载当作框架上的垂直荷载,进行横截面分析。又由于荷载组合的种类较多且各截面所处位置与埋深的不同,其所受的水土压力也不同,因此不能只按一个横截面分析的结果来决定整节或整条隧道的横向配筋。

(b)钢壳管段的横截面分析。

施工阶段时钢壳在混凝土衬砌施工中作为外模与支撑,外面抵抗水压力,内面承受混凝土的重量,因此,必须有充分的强度、刚度及防水性。其横截面的强度计算,是将每一处的横肋作为独立的闭合框架来处理,其强度一般是由混凝土衬砌施工时的应力控制的。在混凝土的浇捣过程中,随着吃水深度的加大,作用于钢壳上的水压力也在增加。在施工时的混凝土重量与浮力对于钢壳整体来说是平衡的,但对部分来说是不平衡的,在某些横截面上有可能发生浮力大于混凝土重量的情况,其差值即为剪力。一般讲,处于这种状态的钢壳受力条件最为不利。

b. 纵截面分析。

(a)钢筋混凝土管段的纵截面分析。

施工阶段的管段纵向受力分析,主要是计算浮运、沉放时施工荷载所引起的弯矩,见图 7-12。图 7-12a)为浮运时,管段纵向所受的弯矩;图 7-12b)为管段沉放到位喷砂前,纵向所受的弯矩。在海河上浮运的管段,长度越大,所受的纵向弯矩也越大。在使用阶段,管段纵向受力分析一般按弹性地基梁理论进行计算,通常纵向钢筋的配筋率为0.20%～0.30%。

(b)钢壳管段的纵截面分析。

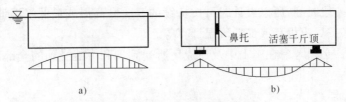

图 7-12　施工阶段管段纵向弯矩图
a)管段浮运纵向弯矩图；b)管段临时支托时弯矩图

纵向的强度计算是将钢壳作为一个整体的梁来分析,一般是以在纵向发生变形而横截面方向无显著变形为前提的。为了保证截面的刚度必须有足够的横肋或支柱进行加强,以防止扭曲或局部弯曲。在施工阶段,衬砌混凝土的浇捣并非同时间均匀进行的。为了使纵向弯矩最小,混凝土的灌注应在管段横向与纵向中线上对称进行。在使用阶段,管段上除了弯矩还有轴向力作用,两者叠加的结果将使纵截面上的拉应力减小,压应力增大。

7.5　管段连接和防水技术

水下沉放隧道,重要的技术环节就是防水。对沉管隧道,水无非以两种途径进入:一是穿过混凝土结构;二是穿过接缝。因此,防水也必须从这两方面入手,以下将对此分别进行讨论。

(1)混凝土结构防水

①混凝土结构渗水原因。

混凝土本身的透水性是很低的,渗水的原因一般是混凝土结构产生了裂缝。裂缝产生的最重要的原因是不均匀收缩,一般由三个因素引起:干缩、外界气温的变化和由于水泥的水化热所引起的温度变化。

水化热是在新浇筑的混凝土中,由于化学反应产生的热,它所产生的温度变化是引起有害裂纹的最主要原因。在管段施工中,水化热可能引起两类问题:

a.底板、侧墙及顶板中心部位的温度将比其外层的要高。一般情况下,外层结构先冷却下来,这会使外层混凝土的收缩率比中心部位的要高,因而将产生拉应力而有开裂的危险。通过计算,像沉管这种混凝土结构,当温差达到 15~20℃ 时就会产生裂纹。

b.管段的混凝土是分阶段浇筑的,先浇筑底板,再浇筑侧墙及顶部。底部先硬结,后浇筑的侧墙混凝土与底板之间,温度变化不一致,变形不协调。在浇筑侧墙时,在侧墙内由于水化热作用将使温度升高,热量向底板散发,而底板的升温是滞后的。最初阶段,侧墙可以自由膨胀,随着进一步的膨胀,侧墙与底板的黏结开始发挥作用,从而使侧墙产生压应力,而底板产生拉应力。在冷却期间,情况却相反,墙体收缩使侧墙内产生拉应力,而在底板产生压应力,从而在侧墙上产生裂缝。实践证明,一般这些裂缝不会超过底板以上 3m 的区域。

②混凝土结构防水措施。

有许多施工方法可以防止混凝土的开裂,以下介绍的是最重要的几种方法,涉及混凝土的配合比、温差的降低及施工中所采取的措施。在实践中,单一的方法未必奏效,必须几种方法配合使用。

a.混凝土的组成。

　　(a)选择合适的水泥:水泥中的化学成分对水化热有较大的影响。

　　(b)减少水泥用量:降低水泥的用量可以减少水化热,但水泥用量又必须以保证混凝土强度和抗渗透性为前提。

　　(c)在水泥中加掺加剂:在水泥掺加火山灰、石粉、火山岩、矿渣粉等都会减少水化热。

　　(d)减少水灰比:较低的水灰比可以减少水化热,也可提高强度,但同时也会降低和易性,因此要加入增塑剂及加气剂以改善其工作性能。

　　b. 降低温差。

　　(a)通过冷却装置来降低混凝土的初始温度,其结果可使混凝土最高温度降低并且使混凝土凝固时间延长,有条件时可用冰水作拌和水。在日本多摩川隧道中,采用的措施是向砂中喷入液氮,待砂冷却后才与其他材料混合,这样可使混凝土灌注温度降低10℃。

　　(b)采用冷却装置,冷却侧墙新浇筑的混凝土,即在侧墙混凝土中增设冷水管,用循环水冷却混凝土。该冷却方法证明是成功的,其目的是在相对冷的底板和顶板之间获得一渐变的温度曲线。冷却的程度取决于冷却管的直径、间距,以及水温、水流量、管段尺寸等因素。在德国埃姆斯河隧道中采用冷却装置后,冷却系统非常有效,由混凝土水化热产生的裂缝几乎没有,当顶板温度下降2℃后就关闭了冷却循环系统,一般需2天时间。

　　(c)加热底板,使热水循环流过底板,亦可有效地降低底板和侧墙之间的温差,该方法可以与冷却侧墙的方法联合使用,一般使用较少。

　　(d)混凝土管段的外壁防水措施,在混凝土管段的外壁上做一防水层以防止外面的水进入隧道,该防水层能承受在施工期间和永久情况下来自外界的力并应有足够的弹性以适应结构可能的开裂。管段的外防水可归纳为:钢壳、钢板防水、卷材防水、涂料防水,其中后两种属于柔性防水层。

　　(2)混凝土管段的接缝处理

　　接缝的主要作用是用来连接各个浇筑的混凝土管段(节)单元,并能抵抗差异沉降和由温差、收缩所造成的变形。

　　混凝土管段结构,在施工期间由于内外侧混凝土存在着温差,沿管段纵向可产生很大的拉应力而导致混凝土开裂。此外,不均匀沉降等影响也会导致管段开裂,这些裂缝对管段的防水极为不利,因此在设计中必须采取适当的措施加以防止。最有效的防范措施就是在垂直于隧道轴线方向设置变形缝,把每一管段分割成若干管节。根据实践经验,各管节的长度一般在15~20m左右。

　　变形缝的构造应满足三个主要要求:

　　①能适应一定幅度的线变形与角变形。

　　②施工阶段能传递弯矩,使用阶段能传递剪力。

　　③变形前后均能防水。

　　变形缝的构造见图7-13。由于橡胶-金属止水带与混凝土之间仍可能存在空隙,因此在接缝的外表面仍需用聚氨基甲酸酯或称作为"Dubbeldam"的橡胶带进行两次防水措施。

　　在管段间的接缝中通常采用一种称为"几那"(GINA)的橡胶密封垫圈作为第一道防线,"Ω"形橡胶止水带作为第二道防水措施,其构造见图7-14。丹麦的利姆隧道和古尔堡海峡隧道均采用了这种方法。另外,也可把接头做成装有剪切销的接缝,这种剪切销可以用钢筋混凝土制成或钢制成。

在沉放最后一根隧道管段后,通常要留下宽1~2m的间隙,并且必须将它闭合。闭合接缝是最后一节隧道管段与前面沉放的隧道管段或与引道结构之间的接缝。当围着隧道周围安装闭合围板之后,这个间隙即可从隧道内部通过浇注钢筋混凝土将其闭合。德国埃姆斯河隧道东部闭合接缝的处理就采用了这种方法。由于最后一节管段与明挖法施工的引道段间留下了较大空隙,于是在其中间插入楔形顶柱,以顶住管段墙体(以免在抽水后,由于水压的减小而使最后一节沉放管段向闭合接缝移动,而导致另一端已密封的管段间裂缝的开裂),然后把装有橡胶圈的钢封板围绕固定在隧道端部,在抽水后浇筑钢筋混凝土而将它闭合。闭合接缝的第二道防水措施主要通过安装一副双"Ω"形橡胶止水带来实现。由于隧隙具有一定的宽度,这种类型的橡胶止水带对水压的抵抗还不够,因此必须采用垫块。在现在的施工实践中,是把有正规隧道断面的一个小段嵌入到闭合接缝中,同时用普通的橡胶金属止水板来达到防水的目的。

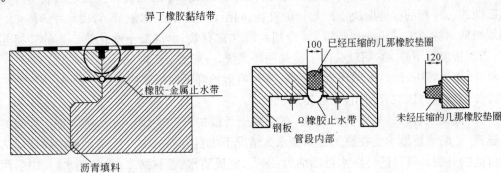

图7-13 采用橡胶-金属止水带的内外防水　　　　图7-14 几那橡胶垫圈与Ω密封带

(3)钢壳管段的接缝处理与防水

前面所述的是针对混凝土管段的防水与接缝处理。对于钢壳管段,由于钢壳基本成为所有单层或双层钢壳管段的基本防水层,因此钢壳管段的防水主要是在管段的接缝处理与钢壳自身的防腐蚀上。1930—1960年,钢壳管段的接缝设计没有多大的变化,在放置期间其作业的方法基本上和50年前一样。接缝对准拼合后用两根大型钢销钉扣紧。在接缝两侧安装模板后,用导管法灌注密实的混凝土,将接缝完全包围住,进行充分地密封,从而在管段之间形成很强的连接结构,见图7-15。但由于导管法灌注的混凝土往往是不完善的,接缝可能还有漏隙,混凝土会渗入接缝内部,需费时费力地将其铲挖清除。

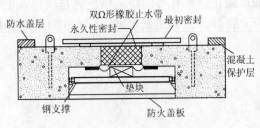

图7-15 侧墙内闭合接头详图

虽然密封垫圈的接缝比导管法混凝土接缝为安装钢衬板提供了更为可靠有效的作业环境,但不足的是其结构在本质上显得较薄弱。以前用厚的导管法混凝土包围层,有助于将管段连接在一起,但现在已不再使用。近年来,已经开始采用强度更高的混凝土和更复杂的分析方法,结构内部混凝土的厚度已经减薄。

为隧道管段的钢壳提供特殊的保护应视具体情况而定。当确定有杂散的直流电流存在时,例如在电气化的快速交通隧道中,可用诸如煤焦油环氧树脂这种材料涂刷钢壳来作为保护措施或用感应电流阴极保护系统。

复习思考题

1　什么叫沉井结构?它是如何施工的?

2　沉井结构都由哪几部分组成?各有什么构造要求?

3　简述沉井结构的功用和特点。

4　如何计算作用于沉井井壁上的土压力?

5　简述沉管结构的功用和特点。

6　分析比较圆形和矩形两种截面形式沉管的优缺点。

7　简述沉管结构的设计内容。

第8章 整体式隧道结构

8.1 隧道结构的特点及分类

隧道是指修建在地下,两端有出入口,可供车辆、行人、水流及管线等通过的工程建筑物。它包括山岭隧道、河谷隧道、水底隧道和城市道路隧道等,当今隧道已涉及到国民经济的各个领域,如:公路、铁路、水利、水电、煤炭、采矿、国防工程、地下仓库、地下停车场及过街地道等。

迄今已知的最早用于交通的隧道,是在古巴比伦城幼发拉底河下修筑的人行隧道,它建于公元前2180~公元前2160年之间,为砖砌构造物。古代最大的隧道建筑物可能是那不勒斯与普佐利(今意大利境内)之间的婆西里勃隧道,建于公元前36年,至今仍可使用。它是在凝灰岩中凿成的垂直边墙无衬砌隧道。

近代隧道兴起于运河时代,从17世纪起,欧洲陆续修建了许多运河隧道。其中法国的Languedoc运河隧道,建于1666~1681年,长157m,它可能是最早用火药开凿的公用隧道。随着铁路运输事业的发展,隧道也越来越多。1895~1906年已出现了长19.73km穿越阿尔卑斯山的铁路隧道。较为完善的水底道路隧道建于1927年,位于纽约哈德逊河底(Holland隧道),现在世界上的长大道路隧道(2km以上)和长大水底隧道(0.5~2.0km)有上百座。1971年日本新干线上修建的大清水隧道,全长22.23km,是目前世界上最长的铁路山岭隧道。1984年建成的日本本洲青森至北海道的函管间的青函海底隧道,长达53.85km,其中海底部分就有23.3km,是目前世界上最长的水底隧道。

我国最早用于交通的隧道为"石门"隧道,位于今陕西省汉中市褒斜道南口,建于公元66年。我国第一条铁路隧道是清朝在台湾修建的狮球岭隧道,建造时间为1887~1891年,最大埋深61m,位于台北—基隆线上。而完全由中国人自行设计和修建的隧道是1907年在京包线上建成的八达岭隧道,是由我国著名工程师詹天佑主持施工的。

新中国建立以来,我国的隧道事业有了长足进展。特别是改革开放以来,随着高速公路和高等级公路建设的快速发展,公路隧道的建设也得到了迅速发展,每年都有10座以上的隧道建成。目前我国建成的公路隧道已有1700余座,总长度超过600km;铁路隧道有5000多座,总长度超过3000km。已建成的最长铁路隧道是位于陕西境内的西康线上的秦岭I线隧道,长达18.456km。正在建造中的宝兰复线上的乌鞘岭隧道,长约22km。

隧道的种类繁多,从不同的角度有不同的分类方法。从隧道所处的地质条件分,可以分为土质隧道和岩质隧道;从埋置的深度来分,可以分为浅埋隧道和深埋隧道;从隧道所处的位置来分,可以分为山岭隧道、城市隧道和水底隧道等。

按其长度分,公路隧道分为四类。长度大于3km者为特长隧道;长度小于3km但大于等于 1km 者为长隧道;小于 1km 但大于 250m 者为中隧道;小于 250m 者为短隧道。

铁路隧道的分类与公路隧道的并不相同。铁路隧道按照长度也分为四类:其长度大于 10km 者为特长隧道;长度小于 10km 但大于等于 3km 者为长隧道;小于 3km 但大于 500m 者为中隧道;小于 500m 者为短隧道。

根据隧道建筑物的作用,可将其分为主体建筑物和附属建筑物,前者包括洞身衬砌和洞门;后者包括通风、照明、防排水、安全设备等。本章所介绍的是与隧道主体结构设计有关的主要内容。

8.2 隧道衬砌结构类型及材料

8.2.1 隧道衬砌结构类型

隧道开挖后,坑道周围地层原有平衡遭到破坏,引起坑道变形或崩塌。为了保护围岩的稳定性,确保行车安全,隧道必须有足够强度的支护结构即隧道衬砌。

隧道衬砌的构造与围岩的地质条件和施工方法密切相关。归纳起来,常用的有以下几种:

(1)整体式混凝土衬砌

是指就地灌注混凝土衬砌,也称模筑混凝土衬砌。模筑衬砌的特点是:对地质条件的适应性强,易于按需要成型,整体性好、抗渗性强,适用于多种施工条件,如可用木模板、钢模板或衬砌台车等,是我国隧道工程中广泛采用的衬砌结构类型。按其边墙的形式,又可分为直墙式和曲墙式两种形式。

(2)装配式衬砌

是指在工厂或现场预先制备成若干构件,运入坑道内,用机械将其拼装成一环接一环的衬砌。这种衬砌的优点是一经装配成环,不需要养护时间,即可承受围岩压力;由于构件是预先在工厂成批生产的,可以保证质量;在洞内采用机械化拼装,缩短了工期,改善了劳动条件;拼装时不需要临时支撑,可节省大量的支撑材料和劳力。但装配式衬砌在实际应用中也存在着一些缺点,如需要坑道内有足够的拼装空间,制备构件尺寸要求一定的精度,接缝多,防水较困难等。基于以上原因,目前,装配式衬砌多用在使用盾构法施工的城市地下铁道中,在我国的铁路和公路隧道中还未能推广应用。

(3)锚喷衬砌

锚喷衬砌是指以锚喷支护作永久衬砌的通称。锚喷支护包括锚杆支护、喷射混凝土支护、喷射混凝土锚杆联合支护、喷射混凝土钢筋网联合支护、喷射混凝土与锚杆及钢筋网联合支护及由上述几种类型支撑(或格栅支撑)组成的联合支护。

锚喷支护是目前常用的一种围岩支护手段。采用锚喷支护可以充分发挥围岩的自承能力,并有效地利用洞内净空,提高作业效率,并能适应软弱和膨胀性地层中的隧道开挖,以及用于整治塌方和隧道衬砌的裂损。

相对于模筑混凝土衬砌而言,锚喷支护是一种与模筑混凝土衬砌本质上不同的支护方式。从作用原理上看,它不是以一个刚度很大的结构物来抵抗围岩所产生的压力荷载,而是通过一种措施以发挥围岩本身的自稳能力,与围岩一起,共同工作。从施工方法来看,它不用拱架和模板来使建筑材料成形,而是直接把建筑材料喷到岩壁上,使其凝结成支护层,从而节约了大量模板及支撑材料,降低了工人的劳动强度,使坑道断面缩小,减少了挖方量,圬工量也因减薄而省。目前在我国,锚喷支护不仅在隧道工程中得到大量应用,而且在其他许多土建工程中也在大力推广应用,并取得了显著的成效。

(4)复合式衬砌

复合式衬砌是指外层用锚喷作初期支护,内层用模筑混凝土或喷射混凝土作二次衬砌的永久结构。初期支护可以采用喷混凝土衬砌和锚杆喷射混凝土衬砌。当岩石条件较差时,也可在喷层中增设钢筋网或型钢拱架,或采用钢纤维喷射混凝土,初期支护的厚度多在 5~20cm之间。二次支护常为整体式现浇混凝土衬砌,或喷射混凝土衬砌,其中整体式现浇混凝土衬砌有表面平顺光滑,外观视觉较好,通风阻力较小等优点,适宜于对洞室内环境要求较高的场合。喷射混凝土衬砌工艺简单,省工省时,投资较低,但外观视觉相对较差,通风阻力较大,对洞室环境要求较低时可以使用,否则需另设内衬改善景观和通风条件。如图 8-1 所示,为目前在公路隧道中常见的复合式衬砌结构。

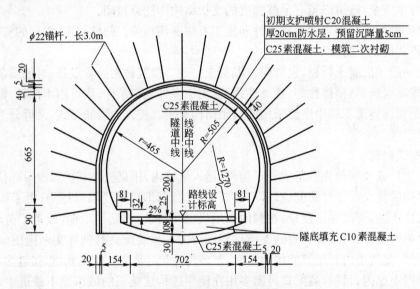

图 8-1　复合式衬砌结构图(尺寸单位:cm)

对于岩质较好、跨度不大的情况,二次支护常在围岩变形趋于稳定后施作,截面厚度和配筋可按构造要求确定。当岩质较差或洞室跨度较大时,则常在围岩变形尚未稳定时施作,故需与初期支护共同承受形变压力的作用,截面和配筋量需要通过计算确定。

当防水要求较高时,须在初期支护和二次支护间施作防水层。防水层的常见形式有塑料板防水层和喷涂防水层两类,其材料可采用软聚氯乙烯薄膜、聚异丁烯片、聚乙烯等防水卷材,或用喷涂乳化沥青及"881"等防水剂。

(5)连拱衬砌

连拱隧道是洞室衬砌结构相连的一种特殊双洞结构形式,两隧道之间的岩体用混凝土替代,中间的连接部分通常称为中墙。如图 8-2 所示为一个市政快速交通主干道上的连拱隧道衬砌结构实例。连拱隧道主要用于地形复杂、线路布设困难、或桥隧相连情况下的隧道工程。

由于增加了中墙结构,连拱隧道的造价高于独立双洞的造价,且因开挖时分块多、工程进度较慢,因而连拱隧道一般只适用于长度不超过 500m 的短隧道。

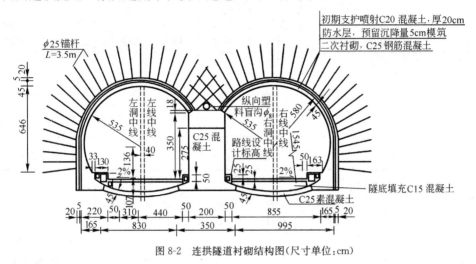

图 8-2　连拱隧道衬砌结构图(尺寸单位:cm)

8.2.2　隧道衬砌材料

隧道是埋藏在地层深处的工程建筑物,其衬砌通常需要承受较大的围岩压力、地下水压力,有时还要受到化学物质的侵蚀,地处高寒地区的隧道往往还要受到冻害等,因此,修建隧道工程的材料应具有足够的强度和耐久性,同时还要满足抗冻、抗渗和抗侵害的需要。另一方面,隧道是大型工程结构物,每延米隧道需要大量建筑材料,工程量很大,所以,从节省造价的观点看,还应满足就地取材、降低造价、施工方便及易于机械化施工等要求。

公路和铁路隧道工程常用的各类建筑材料可选用下列强度等级(括弧中的强度等级仅为公路隧道设计规范中采用):

①混凝土:C50、C40、C30、C25、C20、C15、(C10)。

②石材:MU100、MU80、MU60、MU50、MU40。

③水泥砂浆:(M25)、M20、M15、M10、M7.5、M5。

④喷射混凝土:(C30)、(C25)、C20。

⑤混凝土砌块:MU30、MU20。

⑥钢筋:HPB235、HRB335、HRB400。

隧道衬砌及其他各部位的建筑材料,强度等级不应低于表 8-1 和表 8-2 的规定。

衬砌及管沟建筑材料　　　　表 8-1

材料种类 工程部位	混凝土		钢筋混凝土		喷射混凝土			片石混凝土
	公路隧道	铁路隧道	公路隧道	铁路隧道	公路隧道	铁路隧道		公路隧道
						锚喷衬砌	锚喷支护	
拱圈	C20	C25	C25	C30	C20	C25	C20	
边墙	C20	C25	C25	C30	C20	C25	C20	
仰拱	C20	C25	C25	C30	C20	C25	C20	

续上表

材料种类 工程部位	混凝土		钢筋混凝土		喷射混凝土			片石混凝土
	公路隧道	铁路隧道	公路隧道	铁路隧道	公路隧道	铁路隧道		公路隧道
						锚喷衬砌	锚喷支护	
底板	C20	—	C25	C30	—	—	—	—
仰拱充填	C20	C20	—	—	—	—	—	C10
水沟、电缆槽	C25	C25	C25	—	—	—	—	—
水沟、电缆槽盖板	—	—	C25	C25	—	—	—	—

洞 门 建 筑 材 料　　　　　　　　　　表 8-2

材料种类 工程部位	混凝土		钢筋混凝土		片石混凝土		砌 体
	公路隧道	铁路隧道	公路隧道	铁路隧道	公路隧道	铁路隧道	
端墙	C20	C20	C25	C25	C15	—	M10 水泥砂浆浆砌片石、块石或混凝土砌块镶面
帽石	C20	C20	C25	C25	—	—	M10 水泥砂浆浆砌粗料石
翼墙和洞口挡土墙	C20	C20	C25	C25	C15	—	M7.5 水泥砂浆浆砌片石
侧沟、截水沟	C15	C15	—	—	—	—	M5 水泥砂浆浆砌片石
护坡	C15	C15	—	—	—	—	M5 水泥砂浆浆砌片石

注:1. 公路护坡材料也可采用 C20 喷射混凝土。

2. 最冷月份平均气温低于 −15℃ 的地区,表中水泥砂浆的强度应提高一级。

8.2.3　隧道基本尺寸与限界

隧道基本尺寸包括隧道衬砌内轮廓线、隧道衬砌外轮廓线。

衬砌内轮廓线是指衬砌的完成线,在内轮廓线之内的空间,即为隧道的净空断面。该线应满足所围成的断面积最小,适合围岩压力和水压力的特点,以既经济又适用为目的。

衬砌外轮廓线是指为保持净空断面的形状,衬砌必须有足够的厚度(或称最小衬砌厚度)的外缘线。为保证衬砌的厚度,侵犯该线的岩体必须全部除掉,木质临时支撑或木模板等也不应侵入,所以该线又称为最小开挖线,见图 8-3。

为保证衬砌外轮廓,开挖时往往稍大一些,尤其用钻爆法开挖时,实际开挖线不可避免地成为不规则形状。因为它比衬砌外轮廓线大,所以又称为超挖线,超挖部分的大小叫超挖量,一般不应超过 10cm。实际上因凹凸不平,10cm 的限制线只能是平均线,它是设计时进行工程量计算的依据。

隧道限界包括建筑限界和行车限界。

建筑限界是指建筑物(如衬砌和其他任何部件)不得侵入的一种限界。道路隧道的建筑限界包括车道、路肩、路缘带、人行道等的宽度,以及车道、人行道的净高。道路隧道的净空除包括公路建筑限界以外,还包括通风管道、照明设备、防灾设备、监控设备、运行管理设备等附属设备所需要的足够的空间,以及富余量和施工允许误差等。图 8-4 所示为高速公路和一级公路等单向行车的公路隧道建筑限界的几何形状,图 8-5 所示为铁路隧道建筑限界的几何形状。

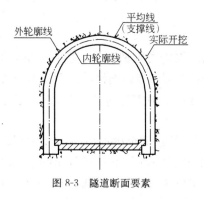

图 8-3 隧道断面要素

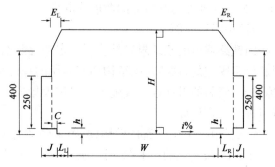

图 8-4 单向行车公路隧道建筑限界(尺寸单位:cm)

H-建筑限界高度,$H=5m$;W-行车道度度;L_L-左侧侧向宽度;L_R-右侧侧向宽度;C-余宽;J-检修道宽度;h-检修道或人行道高度;E_L-建筑限界左顶角宽度,$E_L=L_L$;E_R-建筑限界右顶角宽度,当 $L_R \leqslant 1m$ 时,$E_R=L_R$;当 $L_R > 1m$ 时,$E_R = 1m$

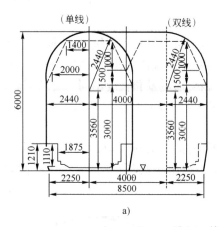

a)

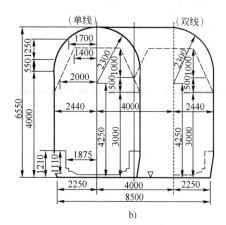

b)

图 8-5 铁路隧道建筑限界

a)隧道 1;b)隧道 2

隧道行车限界是指为了保证道路隧道中行车安全,在一定宽度、高度的空间范围内任何物件不得侵入的限界。隧道中的照明灯具、通风设备、交通信号灯、运行管理专用设施(如电视摄像机、通过率计等)都应安装在限界以外。

8.2.4 隧道衬砌断面形式

隧道的净空及限界确定以后,就可以据此进行隧道断面的初步拟定。因隧道衬砌是一个高次超静定结构,不能直接用力学方法计算出应有的截面尺寸,所以必须预先拟定一种截面尺寸,按照这一尺寸验算在荷载作用下的内力,如果达不到要求,调整截面后再进行计算,直到合适为止。

初步拟定截面尺寸时,可以采用经验类比方法,或依据规范规定的方法。一般说来,当隧道衬砌承受径向分布的静水压力时,结构轴线以圆形为宜。当衬砌主要承受竖向荷载和不大的水平荷载时,结构轴线宜采用上部为圆弧形或尖拱形,下部为直线形的直墙式断面。当衬砌在承受竖向荷载的同时,还要承受较大的水平荷载时,结构轴线宜采用上部为圆弧形或平拱形,下部为凸向外方的圆弧形的曲墙式断面。

(1)铁路隧道断面

我国铁路隧道的建筑限界是统一固定的,因此,在相同围岩类别情况下,其衬砌结构的断面形状也是固定的,这些衬砌结构均有通用的设计标准图,不需做专门的设计。但当有较大偏压、冻胀力、倾斜的滑动推力或施工中出现大量塌方及七度以上地震区等情况时,则应根据荷载特点进行个别设计。

拟定铁路隧道衬砌拱部内轮廓线(图 8-6)的有关参数为:轨顶面至拱顶高度 h、拱顶至拱脚矢高 f、衬砌拱部净宽的一半 b、拱圈第一个内径 r_1 和第二个内径 r_2;内径 r_1 所画出的第一段圆曲线的终点截面与竖直面的夹角 ϕ_1、拱脚截面与竖直面的夹角 ϕ_2;内径 r_2 的圆心 O_2 至 O_1 的水平和垂直距离 a(当 $\phi_1=45°$ 时,此二值相等)。其中 h 和 b 主要与限界的尺寸和形状有关。

对于等截面的直墙式或曲墙式衬砌,在确定了内轮廓线的曲线半径后,只要给定断面的厚度,计算外轮廓线和轴线的半径并不困难。但变截面曲墙式衬砌有关半径的计算则比较麻烦,使用时可参阅铁路隧道设计手册。

(2)公路隧道断面

公路隧道与铁路隧道的主要区别在于:铁路隧道建筑限界是固定统一的,而公路隧道的建筑限界则取决于公路等级、地形、车道数等条件;公路隧道的附属设施如通风、照明、消防、报警等也均比铁路隧道多且要求高,且每一座隧道均会因交通流量和长度不同而要求不同。因此,公路隧道的衬砌断面不能像铁路隧道那样编出标准设计图,需根据其具体要求对每一座隧道单独进行设计。

目前公路隧道大多采用单心圆或三心圆的拱形断面,三心圆又有坦三心圆和尖三心圆两种形状,其中以单心圆和坦三心圆两种断面应用最为普遍。如图 8-7 所示为单心圆内轮廓线示意图。

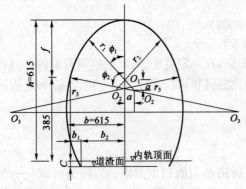

图 8-6　铁路隧道衬砌内轮廓线(单位:cm)

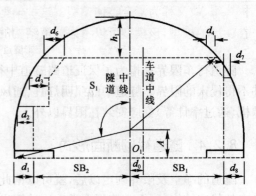

图 8-7　单心圆内轮廓线

8.3　隧道结构的力学模型

8.3.1　隧道结构的力学模型

隧道衬砌是埋置于地层中的结构物,它的受力及变形与围岩的性质和类别密切相关。支护结构与围岩作为一个统一的受力体系相互约束、共同作用,如何在设计中正确地体现这一特点,是隧道支护结构设计理论需要解决的重要课题。

按支护结构与围岩相互作用考虑方式的不同,隧道支护结构计算的力学模型主要有两类:一类是以支护结构作为承载主体的荷载-结构模型;另一类是考虑围岩与支护结构相互作用的围岩-支护结构相互作用模型。

荷载-结构模型认为围岩对支护结构的作用只是产生作用在结构上的荷载(包括主动的围岩压力和被动的弹性抗力),这种荷载来自于结构上方塌落的岩层。因此,作用在支护结构上的荷载就是上方塌落岩石的重量。然而,一般情况下,由于支护结构的限制,岩层并不塌落,而是由于围岩向支护结构方向产生变形而受到支护阻止才使支护产生压力。在这种情况下,作用在支护结构上的荷载就是未知的,应用荷载-结构模型就有困难。所以荷载-结构模型只适用于浅埋情况及围岩塌落而出现松动压力的情况。荷载-结构模型在隧道工程的初期,曾被广泛地应用,因为它适应了当时的施工技术水平。在当时的施工条件下,隧道开挖后采用木支撑等临时支护,结构与围岩之间不能进行紧密的接触,因而也就不能制止围岩变形松弛以及由此产生的松动压力,支护结构只能像拱结构一样工作。由于这种计算模型概念清晰,计算简便,易被工程设计人员接受,且经过长期的使用,已积累了丰富的设计经验,因而至今在隧道设计中仍较为广泛地应用,尤其是对模筑混凝土衬砌的设计计算。

围岩-支护结构相互作用模型主要适用于由于围岩变形而引起的压力,压力值必须通过支护结构与围岩共同作用而求得,这是反映现代支护设计理念的计算方法。在岩质隧道计算中,必须用到岩体力学的方法。由于它是将支护结构与围岩视为一体,作为共同承受荷载的隧道结构体系,故又称为复合整体模型。这种模型是目前隧道结构体系设计计算中力求采用的和正在发展的模型,该模型可以考虑隧道结构的各种几何形状、围岩和支护结构的非线性特性,由开挖面空间效应所引起的三维状态以及地质中的不连续结构面等。在这种模型对于一些具有简单几何形状的问题,是可以用解析法求解的,但对于大多数问题,则必须应用数值法求解。

利用围岩-支护结构相互作用模型进行隧道结构体系计算的关键在于如何正确的确定围岩的初始应力场,以及如何准确地确定反映围岩和衬砌材料特性的各种物理力学参数及其变化情况,如果这些问题得到合理解决,则在任何情况下都可以应用数值分析方法求解围岩和支护结构的应力、位移状态。

本章主要介绍计算隧道支护结构的荷载-结构法,关于围岩-支护结构相互作用方法,将在第 11 章介绍。

8.3.2 荷载-结构模型的三种基本形式

按照对于荷载处理方法的不同,荷载-结构模型大致有以下3种:

(1)主动荷载模型

它不考虑围岩与支护结构的相互作用,因此,支护结构在主动荷载作用下可以自由变形,和地面结构的作用没有什么不同。这种模型主要适用于围岩与支护结构的"刚度比"较小的情况,或是软弱地层对结构变形的约束能力较差时(或衬砌与地层间的空隙回填,灌浆不密实时),围岩没有"能力"去约束刚性衬砌的变形,见图 8-8a)。

(2)主动荷载加围岩弹性约束的模型

它认为围岩不仅对支护结构施加主动荷载,而且由于围岩与支护结构的相互作用,还对支护结构施加被动的弹性反力。因为,在非均匀分布的主动荷载作用下,支护结构的一部分将发生向着围岩方向的变形,只要围岩具有一定的刚度,就必然会对支护结构产生反作用力来抵制它的变形,这种反作用力就称为弹性反力,属于被动性质。而支护结构的另一部分则背离围岩向着隧道内变形,当然,不会引起弹性反力,形成所谓"脱离区"。支护结构就是在主动荷载和围岩的被动弹性反力同时作用下进行工作的,见图 8-8b)。

(3)实地量测荷载模式

这是当前正在发展的一种模式,它是主动荷载模型的亚型,以实地量测荷载代替主动荷载。实地量测的荷载值是围岩与支护结构相互作用的综合反映,它既包含围岩的主动压力,也含有弹性反力。在支护结构与围岩牢固接触时(如锚喷支护),不仅能量测到径向荷载,而且还能量测到切向荷载,见图 8-8c)。切向荷载的存在可以减小荷载分布的不均匀程度,从而大大减小结构中的弯矩。结构与围岩松散接触时(如具有回填层的模筑混凝土衬砌),就只有径向荷载。但应该指出,实地量测的荷载值除与围岩特性有关外,还取决于支护结构的刚度以及支护结构背后回填土的质量。因此,某一种实地量测的荷载,只能适用于与量测条件相同的情况。

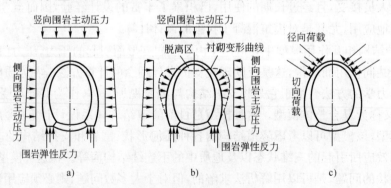

图 8-8　结构力学的计算模型

a)主动荷载模型;b)主动荷载加被动荷载模型;c)实地量测荷载模型

8.3.3 作用在隧道衬砌上的荷载

作用在隧道衬砌上的荷载按其性质可分为主动荷载和被动荷载。

主动荷载是主动作用于结构并引起结构变形的荷载,包括围岩压力、支护结构自重、回填土荷载、地下静水压力及车辆荷载,也包括一些偶然的、非经常作用的荷载,如温差应力、灌浆压力、冻胀压力、混凝土收缩应力以及地震作用等。

被动荷载是指围岩的弹性抗力,它只产生在被衬砌压缩的围岩周边上。目前隧道弹性抗力的计算主要采用局部变形理论。

当作用在支护结构上的荷载确定后,就可以应用结构力学方法求解超静定结构的内力和位移。此法概念清楚,计算简单。其缺点是无法反映出隧道开挖后围岩应力的实际动态变化对支护结构的作用。

8.4　半衬砌结构的计算

大跨度的仓库(如飞机库)或大跨度的地下厂房,当洞室围岩坚硬完整,侧壁不存在坍塌危险,仅有顶部围岩可能产生局部落石时,常采用半衬砌结构,这种结构属于无铰拱。

按照对拱脚变形的考虑程度,可将无铰拱分为固定无铰拱和弹性固定无铰拱两类。

(1)固定无铰拱——拱脚刚性固定,即不考虑拱脚岩石的变形。

(2)弹性固定无铰拱——拱脚受力后,能产生一定的位移和转角。

本节将对这两种无铰拱的计算做一介绍。因为无铰拱变形后其拱圈大部分位于脱离区,故可以不考虑弹性抗力的影响,按照自由变形的结构进行计算。

8.4.1　拱的轴线方程

隧道衬砌结构常用的拱轴线有单心圆(割圆)、三心圆和抛物线 3 种。3 种拱的轴线方程分述如下:

(1)单心圆拱轴线

如图 8-9 所示为单心圆拱轴线,其坐标原点取在顶点,它的方程可表示为

$$x^2 + y^2 - 2Ry = 0 \qquad (8\text{-}1)$$

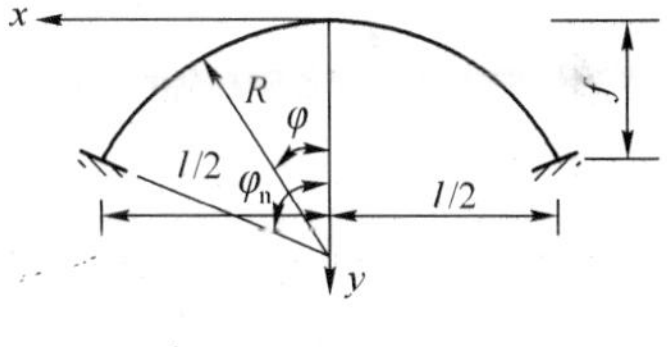

图 8-9　单心圆拱轴线

或写为

$$\left. \begin{array}{l} x = R\sin\varphi \\ y = R(1 - \cos\varphi) \end{array} \right\} \qquad (8\text{-}2)$$

半径 R 和拱轴线的全长 S 按下式计算

$$R = \frac{1}{8f}(l^2 + 4f^2) \qquad (8\text{-}3)$$

$$S = 2R\varphi_n \qquad (8\text{-}4)$$

式中: l ——拱的跨度;

　　 f ——拱的矢高;

　　 φ_n ——拱脚截面与竖直面的夹角。

（2）三心圆拱轴线

图 8-10 所示为三心圆拱轴线。圆弧 BB' 的半径为 r，圆心为 O_1，圆弧 AB 和 $A'B'$ 的半径是 R，圆心分别为 O_2 和 O_3。这三段圆弧分别在点 B 及点 B' 相切。

（3）抛物线拱轴线

如图 8-11a）所示抛物线拱轴线。坐标原点取在顶点，拱轴线的方程为

$$y = \frac{4f}{l^2}x^2 \tag{8-5}$$

拱轴线上任一点的斜率为

$$\tan\varphi = \frac{dy}{dx} = \frac{8f}{l^2}x \tag{8-6}$$

由三角学中知道

$$\cos\varphi = \frac{1}{\sqrt{1+\tan^2\varphi}}; \sin\varphi = \frac{\tan\varphi}{\sqrt{1+\tan^2\varphi}} \tag{8-7}$$

当坐标原点取在左拱脚时如图 8-11b）所示，则拱轴线的方程变为

$$y = \frac{4f}{l^2}x(l-x) \tag{8-8}$$

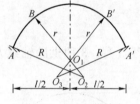

图 8-10   三心圆拱轴线

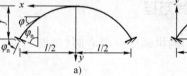

图 8-11   抛物线拱轴线

当拱的全跨受竖向均布荷载时，采用抛物线拱轴线较好。当其只受径向均布荷载时，采用单心圆拱轴线较好。当拱受任意荷载，且矢高 f 和跨度 l 一定时，采用三心圆拱轴线较好，因为可以通过变动半径 R 和 r 的大小使拱轴线尽可能地接近于压力曲线。

除只受径向均布荷载的情况外，单心圆拱轴线不如三心圆拱轴线更接近于压力曲线。但是单心圆拱轴线便于施工，因此，在地下结构中经常被采用。

8.4.2   力法计算固定无铰拱的原理

对于在任意荷载作用下的对称拱，取基本结构如图 8-12 所示，无铰拱是三次超静定结构，故有三个多余未知力 x_1、x_2 和 x_3。根据变形连续条件，拱顶切口处两截面的相对角变、相对水平和竖向位移均为零。由此可列出如下的力法典型方程

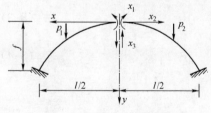

图 8-12   对称拱的基本结构

$$\left.\begin{array}{l} \delta_{11}x_1 + \delta_{12}x_2 + \delta_{13}x_3 + \Delta_{1P} = 0 \\ \delta_{21}x_1 + \delta_{22}x_2 + \delta_{23}x_3 + \Delta_{2P} = 0 \\ \delta_{31}x_1 + \delta_{32}x_2 + \delta_{33}x_3 + \Delta_{3P} = 0 \end{array}\right\} \tag{8-9}$$

即
$$\delta_{ij}x_i + \Delta_{iP} = 0$$

式中：δ_{ij}——单位变位，即 $x_1=1$、$x_2=1$ 和 $x_3=1$ 在基本结构的顶点切口处引起的角变，水平位移或竖向位移；

Δ_{iP}——载变位，即荷载在基本结构的顶点切口处引起的角变、水平位移或竖向位移。

因拱本身是对称的，故
$$\delta_{13} = \delta_{31} = \delta_{23} = \delta_{32} = 0$$

这样，式(8-9)则成为
$$\left. \begin{aligned} \delta_{11}x_1 + \delta_{12}x_2 + \Delta_{1P} = 0 \\ \delta_{21}x_1 + \delta_{22}x_2 + \Delta_{2P} = 0 \\ \delta_{33}x_3 + \Delta_{3P} = 0 \end{aligned} \right\} \tag{8-10}$$

当拱承受的荷载也是对称的，则多余力 $x_3=0$，式(8-10)又可进一步简化为
$$\left. \begin{aligned} \delta_{11}x_1 + \delta_{12}x_2 + \Delta_{1P} = 0 \\ \delta_{21}x_1 + \delta_{22}x_2 + \Delta_{2P} = 0 \end{aligned} \right\} \tag{8-11}$$

在式(8-10)与式(8-11)中，单位变位 δ_{ij} 与载变位 Δ_{iP} 按下二式计算
$$\delta_{11} = \int_s \frac{\overline{M}_1^2}{EI}\mathrm{d}s\,; \delta_{12} = \delta_{21} = \int_s \frac{\overline{M}_1\overline{M}_2}{EI}\mathrm{d}s \tag{8-12}$$

$$\delta_{22} = \int_s \frac{\overline{M}_2^2}{EI}\mathrm{d}s + \int_s \frac{\overline{N}_2^2}{EF}\mathrm{d}s\,, \delta_{33} = \int_s \frac{\overline{M}_3^2}{EI}\mathrm{d}s \tag{8-13}$$

$$\Delta_{1P} = \int_s \frac{M_P\overline{M}_1}{EI}\mathrm{d}s\,; \Delta_{2P} = \int_s \frac{M_P\overline{M}_2}{EI}\mathrm{d}s\,; \Delta_{3P} = \int_s \frac{M_P\overline{M}_3}{EI}\mathrm{d}s \tag{8-14}$$

以上式中：$\overline{M}_1$、$\overline{M}_2$、$\overline{M}_3$——分别为 $x_1=1$、$x_2=1$ 和 $x_3=1$ 在基本结构中引起的弯矩；

M_P——荷载在基本结构中引起的弯矩；

$\overline{N}_2$——$x_2=1$ 在基本结构中引起的轴力；

F、I——分别为拱的截面积和截面惯性矩；

E——材料的弹性模量。

在以上 3 式中，都略去了曲率的影响，在求 δ_{33}、Δ_{2P} 和 Δ_{3P} 的各式中，还略去了轴力 N 和剪力 Q 的影响，在求 δ_{22} 的式中略去了剪力 Q 的影响。根据计算结果的比较，忽略这些因素的影响能够保证所需的计算精度。

在求 δ_{22} 的计算中，当拱的矢跨比 $f/l > 1/4$ 时也可将轴力 N 忽略。

求出单位变位 δ_{ij} 与载变位 Δ_{iP} 后，代入式(8-10)或式(8-11)即可解出多余力 x_1、x_2 和 x_3。下面分别介绍单心圆拱和抛物线拱的单位变位和载变位的计算方法。

8.4.3　单心圆拱的单位变位和载变位的计算

(1)单位变位 δ_{ij} 的计算

基本结构如图 8-13 所示。按式(8-12)计算各单位变位，例如

$$\delta_{11} = \int_s \frac{\overline{M}_1{}^2}{EI} ds = \int_s \frac{1}{EI} ds$$

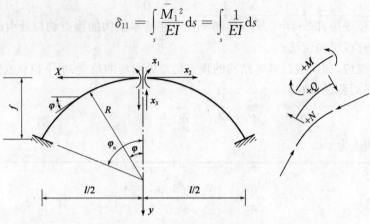

图 8-13 单心圆拱的基本结构

在变厚度的单心圆拱中,拱截面面积 F 和截面惯性矩 I 的变化规律用下式表示

$$\frac{1}{F} = \frac{1}{F_0}\left(1 - \xi' \frac{\sin^2\varphi}{\sin^2\varphi_n}\right); \frac{1}{I} = \frac{1}{I_0}\left(1 - \xi \frac{\sin\varphi}{\sin\varphi_n}\right) \tag{8-15}$$

式中:F_0——拱顶截面的截面积;

$\quad I_0$——拱顶截面的惯性矩;

$\quad \varphi_n$——拱脚截面与竖直面的夹角。

$$\xi' = 1 - \frac{F_0}{F_n}, \xi = 1 - \frac{I_0}{I_n}。$$

将式(8-15)代入上式,并注意 $ds = Rd\varphi$,得

$$\delta_{11} = \frac{2R}{EI_0} \int_0^{\varphi_n} \left(1 - \xi \frac{\sin\varphi}{\sin\varphi_n}\right) d\varphi$$

积分后,得到

$$\delta_{11} = \frac{2R}{EI_0}\left(\varphi_n - \xi \frac{1 - \cos\varphi_n}{\sin\varphi_n}\right)$$

按照同样方法,可求出单位变位 δ_{12}、δ_{22} 和 δ_{33},这里不再赘述。下面将各单心圆拱的单位变位汇录如下

$$\left.\begin{aligned}
\delta_{11} &= \frac{2R}{EI_0}(\varphi_n - \xi K_0) \\
\delta_{12} &= \delta_{21} = \frac{2R^2}{EI_0}(k_1 - \xi K_1) \\
\delta_{22} &= \frac{2R^3}{5EI_0}(k_2 - \xi K_2) + \frac{2R}{EF_0}(k'_2 - \xi' K'_2) \\
\delta_{33} &= \frac{2R^3}{EI_0}(k_3 - \xi K_3)
\end{aligned}\right\} \tag{8-16}$$

式(8-16)是根据变厚度单心圆拱导出的,但也适用于等厚度的单心圆拱,这时只要取 $\xi = \xi' = 0$ 即可。

（2）载变位 Δ_{iP} 的计算

竖向均布荷载 q_0 作用下的载变位按式（8-13）的第一个式子计算，即

$$\Delta_{1P} = \int_s \frac{M_P \overline{M}_1}{EI} \mathrm{d}s$$

将已知条件

$$\left. \begin{array}{c} \overline{M}_1 = 1 ; M_P = -\dfrac{1}{2} q_0 x^2 \\[2mm] x = R\sin\varphi ; \mathrm{d}s = R\mathrm{d}\varphi \\[2mm] \dfrac{1}{I} = \dfrac{1}{I_0}\left(1 - \xi \dfrac{\sin\varphi}{\sin\varphi_n}\right) \end{array} \right\}$$

代入上式，得

$$\Delta_{1q} = -\frac{q_0 R^3}{EI_0} \int_0^{\varphi_n} \left(1 - \xi \frac{\sin\varphi}{\sin\varphi_n}\right) \sin^2\varphi \mathrm{d}\varphi$$

积分后得出

$$\Delta_{1q} = -\frac{2q_0 R^3}{EI_0} \left[\frac{1}{4}(\varphi_n - \sin\varphi_n \cos\varphi_n) - \xi \frac{1}{6\sin\varphi_n}(2 - 3\cos\varphi_n + \cos^3\varphi_n) \right]$$

用同样的方法，可求出载变位 Δ_{2q}，由于荷载对称，故 $\Delta_{3q}=0$。将各载变位计算结果列出如下：

$$\Delta_{1q} = -\frac{2q_0 R^3}{EI_0}(a_1 - \xi A_1), \Delta_{2q} = -\frac{2q_0 R^4}{EI_0}(a_2 - \xi A_2) \tag{8-17}$$

①水平均布荷载 e 作用下的载变位

$$\Delta_{1e} = -\frac{2eR^3}{EI_0}(a_3 - \xi A_3), \Delta_{2e} = -\frac{2eR^4}{EI_0}(a_4 - \xi A_4) \tag{8-18}$$

②竖向三角形分布荷载 Δ_q 作用下的载变位

$$\Delta_{1\Delta q} = -\frac{2\Delta q R^3}{EI_0}(a_5 - \xi A_5), \Delta_{2\Delta q} = -\frac{2\Delta q R^4}{EI_0}(a_6 - \xi A_6) \tag{8-19}$$

③水平三角形分布荷载 Δe 作用下的载变位

$$\Delta_{1\Delta e} = -\frac{2\Delta e R^3}{EI_0}(a_7 - \xi A_7), \Delta_{2\Delta e} = -\frac{2\Delta e R^4}{EI_0}(a_8 - \xi A_8) \tag{8-20}$$

以上式中：

$$a_1 = \frac{1}{4} \times (\varphi_n - \sin\varphi_n \cos\varphi_n);$$

$$A_1 = \frac{1}{6\sin\varphi_n} \times (2 - 3\cos\varphi_n + \cos^3\varphi_n);$$

$$a_2 = \frac{1}{2} \times \left(\frac{1}{2}\varphi_n - \frac{1}{2}\sin\varphi_n \cos\varphi_n - \frac{1}{3}\sin^5\varphi_n\right);$$

$$A_2 = \frac{1}{2\sin\varphi_n} \times \left(\frac{2}{3} - \cos\varphi_n + \frac{1}{3}\cos^3\varphi_n - \frac{1}{4}\sin^4\varphi_n\right);$$

$$a_3 = \frac{1}{4} \times (3\varphi_n - 4\sin\varphi_n + \sin\varphi_n \cos\varphi_n);$$

$$A_3 = \frac{1}{2\sin\varphi_n} \times (\frac{1}{3} - \cos\varphi_n + \cos^2\varphi_n - \cos^3\varphi_n);$$

$$a_4 = \frac{1}{2} \times (\frac{5}{2}\varphi_n - 4\sin\varphi_n + \frac{3}{2}\sin\varphi_n\cos\varphi_n + \frac{1}{3}\sin^3\varphi_n);$$

$$A_4 = \frac{1}{8\sin\varphi_n} \times (7 - 4\cos\varphi_n - 6\sin^2\varphi_n - 4\cos^3\varphi_n + \cos^4\varphi_n);$$

$$a_5 = \frac{1}{6\sin\varphi_n} \times (\frac{2}{3} - \cos\varphi_n + \frac{1}{3}\cos^3\varphi_n);$$

$$A_5 = \frac{1}{6\sin^2\varphi_n} \times (\frac{3}{8}\varphi_n - \frac{3}{8}\sin\varphi_n\cos\varphi_n - \frac{1}{4}\cos\varphi_n\sin^3\varphi_n);$$

$$a_6 = \frac{1}{6\sin\varphi_n} \times (\frac{2}{3} - \cos\varphi_n + \frac{1}{3}\cos^3\varphi_n - \frac{1}{4}\sin^4\varphi_n);$$

$$A_6 = \frac{1}{6\sin^2\varphi_n} \times (\frac{3}{8}\varphi_n - \frac{3}{8}\sin\varphi_n\cos\varphi_n - \frac{1}{4}\cos\varphi_n\sin^3\varphi_n - \frac{1}{5}\sin^5\varphi_n);$$

$$a_7 = \frac{1}{6(1-\cos\varphi_n)} \times (\frac{5}{2}\varphi_n - 4\sin\varphi_n + \frac{3}{2}\sin\varphi_n\cos\varphi_n + \frac{1}{3}\sin^3\varphi_n);$$

$$A_7 = \frac{1}{6\sin\varphi_n(1-\cos\varphi_n)} \times (\frac{7}{4} - \cos\varphi_n - \frac{3}{2}\sin^2\varphi_n - \cos^3\varphi_n + \frac{1}{4}\cos^4\varphi_n);$$

$$a_8 = \frac{1}{6(1-\cos\varphi_n)} \times (\frac{35}{8}\varphi_n - 8\sin\varphi_n + \frac{27}{8}\sin\varphi_n\cos\varphi_n + \frac{4}{3}\sin^3\varphi_n);$$

$$A_8 = \frac{1}{6\sin\varphi_n(1-\cos\varphi_n)} \times (\frac{11}{5} - \cos\varphi_n - 2\sin^2\varphi_n - 2\cos^3\varphi_n + \cos^4\varphi_n)。$$

a_i 和 A_i 均为 φ_n 的参数,可以从文献[2]的附表中查得。

对于拱上作用有集中力时的载变位计算,此处不再赘述,其计算过程可以参见下面的抛物线拱的计算。

8.4.4 抛物线拱的单位变位和载变位的计算

(1)单位变位 δ_{ij} 的计算

基本结构如图 8-13 所示。按式(8-13)计算各单位变位,例如

$$\delta_{12} = \delta_{21} = \int_s \frac{\overline{M_1}\overline{M_2}}{EI}ds = \int_s \frac{y}{EI}ds \tag{8-21}$$

在变厚度的抛物线拱中,拱截面和截面惯性矩的变化规律用下式表示

$$F = \frac{F_0}{\cos\varphi}; I = \frac{I_0}{\cos\varphi} \tag{8-22}$$

将式(8-5)与式(8-22)代入上式,并注意 $ds\cos\varphi = dx$,得

$$\delta_{12} = \delta_{21} = \frac{2 \times 4f}{l^2 EI_0}\int_0^{l/2} x^2 dx = \frac{lf}{3EI_0} \tag{8-23}$$

同样,可算出

$$\delta_{11} = \frac{l}{EI_0}, \delta_{33} = \frac{l^3}{12EI_0} \tag{8-24}$$

$$\delta_{22} = \frac{lf^2}{5EI_0}\left[1 + 0.4167\left(\frac{d_0}{f}\right)^2\frac{\arctan\left(\frac{4f}{l}\right)}{\frac{4f}{l}}\right] \qquad (8\text{-}25)$$

式中: d_0——拱顶截面的厚度。

(2)载变位 Δ_{iP} 的计算

①竖向均布荷载 q_0 作用下的载变位按式(8-14)计算,积分后得

$$\Delta_{1q} = -\frac{q_0 l^3}{24EI_0}; \Delta_{2q} = -\frac{q_0 l^3 f}{40EI_0} \qquad (8\text{-}26)$$

②同理可得水平均布荷载 e 作用下的载变位

$$\Delta_{1e} = -\frac{el f^2}{10EI_0}; \Delta_{2e} = -\frac{el f^3}{14EI_0} \qquad (8\text{-}27)$$

③竖向三角形分布荷载 Δq 作用下的载变位

$$\Delta_{1\Delta q} = -\frac{\Delta q l^3}{96EI_0}; \Delta_{2\Delta q} = -\frac{\Delta q l^3 f}{144EI_0} \qquad (8\text{-}28)$$

④水平三角形分布荷载 Δe 作用下的载变位

$$\Delta_{1\Delta e} = -\frac{\Delta el f^2}{42EI_0}; \Delta_{2\Delta e} = -\frac{\Delta el f^3}{54EI_0} \qquad (8\text{-}29)$$

⑤竖向集中荷载 P 作用下的载变位。

设左半拱上作用着竖向集中荷载 P,基本结构见图 8-14。用式(8-14)计算载变位。将

$$M_P = -P(x - m); \overline{M}_1 = 1; \overline{M}_2 = y = \frac{4f}{l^2}x^2$$

$$\overline{M}_3 = -x; I = \frac{I_0}{\cos\varphi}; \mathrm{d}x = \mathrm{d}s\cos\varphi \qquad (8\text{-}30)$$

分别代入式(8-14),积分后则得

$$\left.\begin{aligned}
\Delta_{1P} &= -\frac{P}{EI_0}\left(\frac{l^2}{8} - \frac{lm}{2} + \frac{m^2}{2}\right) \\
\Delta_{2P} &= -\frac{4fP}{EI_0}\left(\frac{l^2}{64} - \frac{lm}{24} + \frac{m^4}{12l^2}\right) \\
\Delta_{3P} &= -\frac{P}{EI_0}\left(\frac{l^2}{24} - \frac{l^2 m}{8} + \frac{m^3}{6}\right)
\end{aligned}\right\} \qquad (8\text{-}31)$$

式中: m——竖向集中荷载 P 至拱顶的水平距离。

式(8-28)~式(8-31)只适用于变厚度的抛物线拱的计算。

当竖向集中荷载 P 作用在右半拱上时,式(8-31)仍适用,但在求 Δ_{3P} 的公式前须加负号;当竖向集中荷载 P 恰好作用在拱顶对称轴上,则式(8-31)中的 $\Delta_{3P} = 0$,同

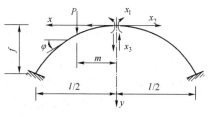

图 8-14　左半拱上作用着竖向集中荷载 P

时 $m=0$;当拱上作用着两个对称竖向集中荷载 P 时,则用式(8-31)计算时,须对 Δ_{1P} 和 Δ_{2P} 乘以 2。

将按式(8-31)算出的载变位及按式(8-23)～式(8-25)算出的单位变位代入式(8-9),即可解出多余力 x_1、x_2 和 x_3。

8.4.5　单位变位 δ_{ij} 与载变位 Δ_{iP} 的数值积分

当拱轴线(如三心圆拱轴线)或荷载不能用简单的解析式表达时,则积分运算将发生困难,这时,可采用数值积分。计算拱的变位常采用辛普生公式。这个公式比较简单,精度较高。这里直接将该公式写出如下

$$\int F(x)\mathrm{d}x = \frac{\Delta x}{3}\left[F_0 + 4(F_1 + F_3 + F_5 + \cdots) + 2(F_2 + F_4 + F_6 + \cdots) + F_n\right] \quad (8\text{-}32)$$

以下将说明如何使用辛普生公式计算单位变位 δ_{ij} 与载变位 Δ_{iP}。

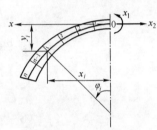

图 8-15　拱的分缝

将全拱或半拱(对称情况)沿拱轴分为 n 个相等的小段,须注意,n 必须为偶数。为了保证计算结果的精度,每段长度 ΔS 不宜超过 1.5m。

算出或从图上量出各分缝处拱轴线的坐标 x_i、y_i 和 φ_i(图 8-15),并算出或从图上量出各分缝处的拱厚度。

计算出各分缝处拱截面的惯性矩 I,和荷载引起各分缝处(基本结构中)的弯矩 M_{Pi}。

有了以上数据,就可用式(8-32)求单位变位与载变位。例如,设拱及荷载均为对称,积分沿左半拱进行,参照图 8-15,求出 δ_{11} 和 Δ_{1P} 为

$$\delta_{11} = \int_s \frac{\overline{M}_1^2}{EI}\mathrm{d}s = 2\int_0^{s/2} \frac{1}{EI}\mathrm{d}s$$

$$= \frac{2\Delta s}{3E}\left[\frac{1}{I_0} + 4\left(\frac{1}{I_1} + \frac{1}{I_3} + \cdots + \frac{1}{I_{n-1}}\right) + 2\left(\frac{1}{I_2} + \frac{1}{I_4} + \cdots + \frac{1}{I_{n-2}}\right) + \frac{1}{I_n}\right] \quad (8\text{-}33)$$

$$\Delta_{1P} = \int_s \frac{M_P\overline{M}_1}{EI}\mathrm{d}s = 2\int_0^{s/2} \frac{M_P}{EI}\mathrm{d}s$$

$$= \frac{2\Delta s}{3E}\left[\frac{M_{P_0}}{I_0} + 4\left(\frac{M_{P_1}}{I_1} + \frac{M_{P_3}}{I_3} + \cdots + \frac{M_{P_{n-1}}}{I_{n-1}}\right) + 2\left(\frac{M_{P_2}}{I_2} + \frac{M_{P_4}}{I_4} + \cdots + \frac{M_{P_{n-2}}}{I_{n-2}}\right) + \frac{M_{P_n}}{I_n}\right]$$

$$(8\text{-}34)$$

式中:Δs——拱轴的分段长度。

8.4.6　力法计算弹性固定无铰拱

半衬砌和落地拱的拱脚都是支承在岩石上,岩石受力后会发生变形,因此,拱脚也随同产生位移与角变。在计算这样的拱时,应将拱脚视为弹性固定(弹性支座上的拱),叫做弹性固定无铰拱。下面只讨论对称情况的计算。

当拱本身对称、荷载对称和两拱脚处岩石的弹性压缩系数 K 相同时,则为对称情况。如

图 8-16a)所示,拱受竖向均布荷载(或其他对称荷载),拱脚 A 与 B 有相等的位移和角变。竖向位移 V_0 不引起拱的内力。水平位移 u_0 与 x_2 方向一致时为正,角变 β 与 x_1 方向一致时为正。基本结构如图 8-16b)所示。根据拱顶切口处两截面的相对角变为零和相对水平位移为零的条件,可列出以下的力法方程

$$
\left.\begin{aligned}
\delta_{11}x_1 + \delta_{12}x_2 + \Delta_{1P} + 2\beta_0 &= 0 \\
\delta_{21}x_1 + \delta_{22}x_2 + \Delta_{2P} + 2f\beta_0 + 2u_0 &= 0
\end{aligned}\right\}
\tag{8-35}
$$

式中单位变位 δ_{ij} 及载变位 Δ_{iP} 可根据不同的拱轴线和不同的荷载按式(8-12)～式(8-14)计算。β_0 和 u_0 为拱脚的角变与水平位移,是由于拱脚压缩岩石而引起的。将它们的表达式推导如下。

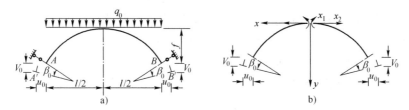

图 8-16　对称弹性固定无铰拱基本结构

左拱脚如图 8-17 所示。厚度为 d_n,宽度 $b=1$。岩石的弹性压缩系数为 K。由于拱脚与岩石之间存在着摩擦力,认为拱脚没有径向位移,故在图中加上一根链杆,按文克尔假定计算拱脚处岩石受的压力时,因拱脚刚度很大,此项压力可以认为按直线分布。

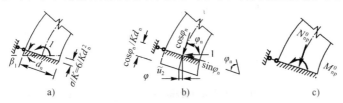

图 8-17　拱脚处的力

如图 8-17a)所示拱脚处作用着单位力矩,拱脚处岩石受的压力为

$$
\sigma = \frac{M}{W} = \frac{6}{bd_n^2} = \frac{6}{d_n^2}
\tag{8-36}
$$

岩石的变形为

$$
\delta = \frac{\sigma}{K} = \frac{6}{Kd_n^2}
\tag{8-37}
$$

故得角变

$$
\bar{\beta}_1 = \frac{\delta}{\dfrac{d_n}{2}} = \frac{12}{Kd_n^3}
\tag{8-38}
$$

从图中可看出,此时的水平位移与竖向位移均等于零。

如图 8-17b)所示拱脚处作用着单位水平力,岩石受的均匀压力为

$$
\sigma = \frac{\cos\varphi_n}{bd_n} = \frac{\cos\varphi_n}{d_n}
\tag{8-39}
$$

岩石的压缩变形为

$$\delta = \frac{\cos\varphi_n}{Kd_n} \tag{8-40}$$

拱脚水平位移为

$$\tilde{u}_2 = \frac{\cos^2\varphi_n}{Kd_n} \tag{8-41}$$

因岩石受均匀压缩,故拱脚的角变等于零。

如图 8-17c)中所示,N_{nP}^0 和 M_{nP}^0 分别表示左半拱(基本结构)上的荷载引起拱脚处的轴力与弯矩。它们引起拱脚的角变及水平位移为

$$\beta_P = \bar{\beta}_1 M_{nP}^0 \;;\; u_P = \frac{\tilde{u}_2}{\cos\varphi_n} N_{nP}^0 \tag{8-42}$$

如图 8-16b)、图 8-17 所示,可将式(8-35)中的 β_0 与 u_0 表达为

$$\left. \begin{aligned} \beta_0 &= x_1\bar{\beta}_1 + x_2 f\bar{\beta}_1 + \beta_P \\ u_0 &= x_2\bar{u}_2 + u_P \end{aligned} \right\} \tag{8-43}$$

代入式(8-35)中,整理后则得下式

$$\left. \begin{aligned} D_{11}x_1 + D_{12}x_2 + D_{1P} &= 0 \\ D_{21}x_1 + D_{22}x_2 + D_{2P} &= 0 \end{aligned} \right\} \tag{8-44}$$

由上式就可解出多余力 x_1 和 x_2,式中各符号 D 为

$$\left. \begin{aligned} D_{11} &= \delta_{11} + 2\bar{\beta}_1 \\ D_{12} &= D_{21} = \delta_{12} + 2f\bar{\beta}_1 \\ D_{22} &= \delta_{22} + 2\bar{u}_2 + 2f^2\bar{\beta}_1 \\ D_{1P} &= \Delta_{1P} + 2\beta_P \\ D_{2P} &= \Delta_{2P} + 2f\beta_P + 2u_P \end{aligned} \right\} \tag{8-45}$$

式中:δ_{11}、δ_{12}、δ_{22}——单位变位,根据不同的拱轴线和荷载选择相应的公式计算;

Δ_{1P}、Δ_{2P}——载变位,根据不同的拱轴线和荷载选择相应的公式计算;

$\bar{\beta}_1$、$\bar{u}_2$、β_P、u_P——按式(8-38)~式(8-42)计算。

计算弹性对称固定无铰拱的步骤如下:

①用相应的公式算出单位变位及载变位。

②由式(8-38)~式(8-42)求出 $\bar{\beta}_1$、$\bar{u}_2$、β_P、u_P。

③由式(8-45)求出各 D 值。

④由式(8-44)解出多余力 x_1 和 x_2。

8.5　直墙拱衬砌的计算

地下厂房、地下仓库,铁路隧道和水工隧洞的衬砌结构经常采用直墙拱。图 8-18 所示为一直墙拱的横截面。一般情况下,直墙拱的顶拱多采用单心圆拱,但在公路和铁路隧道中因为

限界的关系也常采用三心圆拱。由于结构本身属于平面变形问题,在计算时,一般取 1m 宽的一段作为计算单元。

边墙下端可认为弹性固定在围岩上,又因墙基底与围岩之间有摩擦力存在,故认为墙的下端没有水平位移。为了减少墙基底处围岩单位面积上所受的压力,常将墙的下端加宽,但加宽部分高度不大,因此在计算中仍按等截面考虑,即墙的 EI 取为常数。e_0 是墙中线对基底中线的偏心距。根据以上所述的情况,绘出如图 8-18b)所示的计算简图。

如图 8-18b)所示,虚线表示结构轴线的变形曲线。顶拱的端部和边墙的上部有向围岩方向变形的趋势,围岩对结构变形起约束作用,从而产生弹性抗力。顶拱的中部有与围岩相脱离的趋势,叫做脱离区,在脱离区不产生弹性抗力。这种结构的计算与自由变形结构的计算相比,其不同之点就在于考虑弹性抗力的作用。

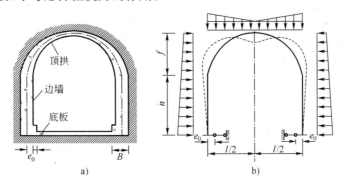

图 8-18　直墙拱及变形曲线

在本节中将视顶拱为支承在边墙上的弹性固定无铰拱,用力法求解,边墙当做基础梁,按文克尔假定进行计算。

8.5.1　顶拱的计算

(1)计算顶拱的力法方程

如图 8-19a)所示为计算图 8-18b)的顶拱所采用的基本结构,拱脚可视作弹性固定在边墙顶部。因为结构本身及荷载均属对称,当两拱脚发生相等的竖向位移时,在结构内并不引起内力,故在图中没有表示出竖向位移。关于弹性固定无铰拱的计算,在上节中已讲述过,所不同者,在这里要考虑顶拱的弹性抗力;另一方面因拱脚是支承在边墙的顶端而不是支承在围岩上(拱脚的位移等于墙顶的位移),故计算拱脚位移时,不能套用式(8-38)~式(8-43),须根据边墙的特性重新推导计算公式。

如图 8-19b)所示,其中 $\bar{\beta}_1$、$\bar{u}_1$、$\bar{\beta}_2$、$\bar{u}_2$、$\bar{\beta}_3$、$\bar{u}_3$ 统称为墙顶的单位变位。

如图 8-19a)所示,两拱脚有角变 β_0 和水平位移 u_0,它们的方向与多余力 x_1 和 x_2 一致时为正。

拱端部的弹性抗力假定如图中的曲线 σ 所示。根据拱顶切口处相对角变为零和相对水平位移为零的条件,可列出以下的力法方程

$$\left.\begin{array}{l} \delta_{11}x_1 + \delta_{12}x_2 + \Delta_{1P} + \Delta_{1\sigma} + 2\beta_0 = 0 \\ \delta_{21}x_1 + \delta_{22}x_2 + \Delta_{2P} + \Delta_{2\sigma} + 2u_0 + 2\beta_0 f = 0 \end{array}\right\} \tag{8-46}$$

式中:$\Delta_{1\sigma}$、$\Delta_{2\sigma}$——分别为由于弹性抗力 σ 引起拱顶切口处的相对角变与相对水平位移。

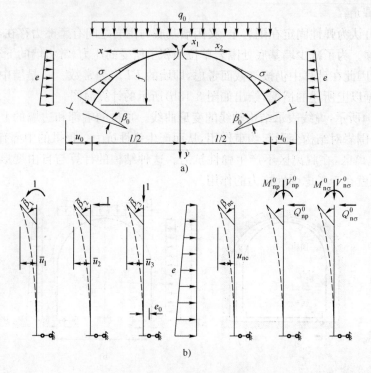

图 8-19　顶拱的基本结构和左边墙的变位

a)计算顶拱的基本结构;b)左边墙顶的角变 β 及水平位移 u

$\bar{\beta}_1$、$\bar{u}_1$-墙顶作用单位力矩时引起墙顶的角变和水平位移;$\bar{\beta}_2$、$\bar{u}_2$-墙顶作用单位水平力时引起墙顶的角变和水平位移;$\bar{\beta}_3$、$\bar{u}_3$-墙顶作用单位竖向力时引起墙顶的角变和水平位移;β_{ne}、u_{ne}-梯形分布的水平力 e 引起墙顶的角变和水平位移,称为墙顶的载变位;M_{nP}^0、Q_{nP}^0、V_{nP}^0-在基本结构中,左半拱上的荷载引起墙顶的弯矩、水平力与竖向力;$M_{n\sigma}^0$、$Q_{n\sigma}^0$、$V_{n\sigma}^0$-在基本结构中,左半拱上的弹性抗力 σ 引起墙顶的弯矩、水平力与竖向力

以上各角变、水平位移和力的方向如图 8-19b)中所示时为正向。根据互等定理知 $\bar{u}_1 = \bar{\beta}_2$。

拱脚的角变及水平位移应等于墙顶的角变及水平位移,因此,式(8-46)中的 u_0 和 β_0 可用下式表达

$$
\left.
\begin{aligned}
\beta_0 &= x_1\bar{\beta}_1 + x_2(\bar{\beta}_2 + f\bar{\beta}_1) + (M_{nP}^0 + M_{n\sigma}^0)\bar{\beta}_1 + \\
&\quad (Q_{nP}^0 + Q_{n\sigma}^0)\bar{\beta}_2 + (V_{nP}^0 + V_{n\sigma}^0 + V_c)\bar{\beta}_3 + \beta_{ne} \\
u_0 &= x_1\bar{u}_1 + x_2(\bar{u}_2 + f\bar{u}_1) + (M_{nP}^0 + M_{n\sigma}^0)\bar{u}_1 + \\
&\quad (Q_{nP}^0 + Q_{n\sigma}^0)\bar{u}_2 + (V_{nP}^0 + V_{n\sigma}^0 + V_c)\bar{u}_3 + u_{ne}
\end{aligned}
\right\}
\tag{8-47}
$$

式中:V_c——边墙自重,但不包括下端加宽的一段。

将式(8-47)代入式(8-46),整理后得

$$
\left.
\begin{aligned}
A_{11}x_1 + A_{12}x_2 + A_{1P} &= 0 \\
A_{21}x_1 + A_{22}x_2 + A_{2P} &= 0
\end{aligned}
\right\}
\tag{8-48}
$$

式(8-48)即为计算顶拱的力法方程的最终形式。由以下各式求出各 A 值,代入式(8-48)即可

解出多余力 x_1 和 x_2。其中

$$
\left.
\begin{aligned}
A_{11} &= \delta_{11} + 2\bar{\beta}_1 \\
A_{12} &= A_{21} = \delta_{12} + 2(\bar{\beta}_2 + f\bar{\beta}_1) \\
A_{22} &= \delta_{22} + 2\bar{u}_2 + 4f\bar{\beta}_2 + 2f^2\bar{\beta}_1 \\
A_{1P} &= \Delta_{1P} + \Delta_{1\sigma} + 2(M_{nP}^0 + M_{n\sigma}^0)\bar{\beta}_1 + 2(Q_{nP}^0 + \\
&\quad Q_{n\sigma}^0)\bar{\beta}_2 + 2(V_{nP}^0 + V_{n\sigma}^0 + V_c)\bar{\beta}_3 + 2\beta_{ne} \\
A_{2P} &= \Delta_{2P} + \Delta_{2\sigma} + 2(M_{nP}^0 + M_{n\sigma}^0)\bar{u}_1 + 2(Q_{nP}^0 + \\
&\quad Q_{n\sigma}^0)\bar{u}_2 + 2(V_{nP}^0 + V_{n\sigma}^0 + V_c)\bar{u}_3 + 2u_{ne} + \\
&\quad 2f(M_{np}^0 + M_{n\sigma}^0)\bar{\beta}_1 + 2f(Q_{np}^0 + Q_{n\sigma}^0)\bar{\beta}_2 + \\
&\quad 2f(V_{np}^0 + V_{n\sigma}^0 + V_c)\bar{\beta}_3 + 2f\beta_{ne}
\end{aligned}
\right\}
\tag{8-49}
$$

式中：$\bar{\beta}_1$、$\bar{u}_1$、$\bar{\beta}_2$、$\bar{u}_2$、$\bar{\beta}_3$、$\bar{u}_3$——按边墙是属于短梁或长梁，分别用式(8-57)、式(8-61)计算，称为墙顶单位变位；

　　　　　β_{ne}、u_{ne}——若边墙属于短梁，用式(8-58)计算，称为墙顶载变位；

　　　　　$M_{n\sigma}^0$、$Q_{n\sigma}^0$、$V_{n\sigma}^0$——单心圆拱可按式(8-53b)计算。

(2)拱上的弹性抗力 σ 和 $\Delta_{1\sigma}$ 及 $\Delta_{2\sigma}$ 计算

当直墙拱承受地层压力和水平地层压力如图 8-18b)所示，或只承受竖向地层压力时，为简化计算起见，顶拱的弹性抗力 σ 的分布规律如图 8-17 所示，可近似地用下式表示

$$
\sigma = \sigma_n \frac{\cos^2 \varphi_b - \cos^2 \varphi}{\cos^2 \varphi_b - \cos^2 \varphi_n}
\tag{8-50}
$$

式中，σ_n 是拱脚处的弹性抗力集度，σ 为拱的 nb 段上任一点的弹性抗力集度，σ_n 和 σ 的作用线与拱轴线上相应点的切线相垂直。角 φ_b 通常定为 $45°$。在拱的 nb 段内尚有摩擦力，此项摩擦力的大小等于弹性抗力乘以混凝土与围岩之间的摩擦系数。由于以上所假定的弹性抗力分布规律是不准确的，而且摩擦力的数值又较小，故在计算中可以不予考虑。

按照文克尔假定，可由下式确定 σ_n

$$
\sigma_n = K u_0 \sin \varphi_n
\tag{8-51}
$$

式中：K——围岩的弹性压缩系数；

　　　φ_n——拱脚截面与竖直面的夹角；

　　　u_0——拱脚(墙顶)的水平位移，由式(8-47)来计算。

求出 σ_n 后，就可由式(8-50)计算任一点的弹性抗力 σ。

如图 8-20 所示的基本结构为单心圆拱，弹性抗力 σ 引起拱顶切口处的变位 $\Delta_{1\sigma}$ 和 $\Delta_{2\sigma}$ 按下述方法计算。

如图 8-21 所示左半拱。ib 段的弹性抗力引起点 i 处的竖向力 $V_{i\sigma}$，水平力 $H_{i\sigma}$ 和弯矩 $M_{i\sigma}$ 为

$$V_{i\sigma} = \int_{\varphi_b}^{\varphi_i} \sigma\cos\varphi \mathrm{d}s$$

$$H_{i\sigma} = \int_{\varphi_b}^{\varphi_i} \sigma\sin\varphi \mathrm{d}s$$

$$M_{i\sigma} = \int_{\varphi_b}^{\varphi_i} \left[R\sigma\cos\varphi(\sin\varphi_i - \sin\varphi) - R\sigma\sin\varphi(\cos\varphi_i - \cos\varphi) \right] \mathrm{d}s$$

(8-52)

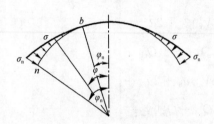

图 8-20 拱顶部的弹性抗力 　　　　　　图 8-21 左半拱上的合力

将式(8-50)代入上式,并注意 $\mathrm{d}s = R\mathrm{d}\varphi$,积分后得

$$V_{i\sigma} = \frac{R\sigma_n}{1 - 2\cos^2\varphi_n} \left(\frac{\sqrt{2}}{3} - \frac{1}{3}\sin\varphi_i - \frac{2}{3}\sin\varphi_i\cos^2\varphi_i \right)$$

$$H_{i\sigma} = \frac{R\sigma_n}{1 - 2\cos^2\varphi_n} \left(\frac{\sqrt{2}}{3} - \cos\varphi_i + \frac{2}{3}\cos^3\varphi_i \right)$$

(8-53a)

$$M_{i\sigma} = \frac{R^2\sigma_n}{3(1 - 2\cos^2\varphi_n)} \left(\cos^2\varphi_i - \sin^2\varphi_i + \sqrt{2}\sin\varphi_i - \sqrt{2}\cos\varphi_i \right)$$

在上式中如以 φ_n 代替 φ_i 就可求出式(8-47)或式(8-49)中的 $V_{n\sigma}^0$、$Q_{n\sigma}^0$ 与 $M_{n\sigma}^0$,如下式

$$V_{n\sigma}^0 = \frac{R\sigma_n}{1 - 2\cos^2\varphi_n} \left(\frac{\sqrt{2}}{3} - \frac{1}{3}\sin\varphi_n - \frac{2}{3}\sin\varphi_n\cos^2\varphi_n \right)$$

$$= a_{13}R\sigma_n$$

$$Q_{n\sigma}^0 = \frac{R\sigma_n}{1 - 2\cos^2\varphi_n} \left(\frac{\sqrt{2}}{3} - \cos\varphi_n + \frac{2}{3}\cos^3\varphi_n \right)$$

(8-53b)

$$= a_{14}R\sigma_n$$

$$M_{n\sigma}^0 = \frac{R^2\sigma_n}{3(1 - 2\cos^2\varphi_n)} \left(\cos^2\varphi_n - \sin^2\varphi_n + \sqrt{2}\sin\varphi_n - \sqrt{2}\cos\varphi_n \right)$$

$$= a_{15}R^2\sigma_n$$

上式适用于单心圆拱,系数 a_{13}、a_{14}、a_{15} 可从参考文献[2]的附表中查得。

将式(8-53a)中的 $M_{i\sigma}$ 代入式(8-14)中,并改为负号,再考虑式(8-17)的关系,积分后求出由于弹性抗力引起的变位如下

$$\Delta_{1\sigma} = -\frac{2R^3}{EI_0}(a_{11} - \xi A_{11})\sigma_n$$

$$\Delta_{2\sigma} = -\frac{2R^4}{EI_0}(a_{12} - \xi A_{12})\sigma_n$$

(8-54)

其中
$$a_{11} = \frac{1}{3(1-2\cos^2\varphi_n)}\left(\frac{3}{2} - \sqrt{2}\sin\varphi_n - \sqrt{2}\cos\varphi_n + \sin\varphi_n\cos\varphi_n\right)$$

$$A_{11} = \frac{1}{3\sin\varphi_n(1-2\cos^2\varphi_n)}\left(\frac{\sqrt{2}}{6} - \frac{\sqrt{2}}{8}\pi + \frac{\sqrt{2}}{2}\varphi_n + \cos\varphi_n - \frac{\sqrt{2}}{2}\sin^2\varphi_n - \frac{\sqrt{2}}{2}\sin\varphi_n\cos\varphi_n - \frac{2}{3}\cos^3\varphi_n\right)$$

$$a_{12} = \frac{1}{3(1-2\cos^2\varphi_n)}\left[\frac{3}{2} + \frac{\sqrt{2}}{3} - \frac{\sqrt{2}}{8}\pi + \frac{\sqrt{2}}{2}\varphi_n - (1+\sqrt{2})\sin\varphi_n - \right.$$

$$\left. \sqrt{2}\cos\varphi_n - \frac{\sqrt{2}}{2}\sin^2\varphi_n + \left(1+\frac{\sqrt{2}}{2}\right)\sin\varphi_n\cos\varphi_n + \frac{2}{3}\sin^3\varphi_n\right]$$

$$A_{12} = \frac{1}{3\sin\varphi_n(1-2\cos^2\varphi_n)}\left[\frac{11}{24} + \frac{\sqrt{2}}{6} - \frac{\sqrt{2}}{8}\pi + \frac{\sqrt{2}}{2}\varphi_n + \cos\varphi_n - \frac{1}{2}(1+\sqrt{2})\sin^2\varphi_n - \right.$$

$$\left. \frac{\sqrt{2}}{2}\sin\varphi_n\cos\varphi_n - \frac{\sqrt{2}}{3}\sin^3\varphi_n - \frac{1}{3}(2+\sqrt{2})\cos^3\varphi_n + \frac{1}{2}\sin^4\varphi_n\right]$$

式(8-54)是针对变厚度单心圆拱推导的,但也适用于等厚度的情形,此时 ξ 变为零。a_{11}、a_{12}、A_{11}、A_{12} 可从参考文献[2]的附表中查出。

式(8-54)也仅适用于单心圆拱情形,当为三心圆拱时,可用 8.4 节中所述的数值积分求出 $\Delta_{1\sigma}$ 与 $\Delta_{2\sigma}$。

这样,就可用式(8-48)求出顶拱的多余力 x_1 和 x_2,当 x_1 和 x_2 求出后,其内力即可由静力平衡条件算出。

8.5.2　边墙的计算

当结构与荷载均属对称时,仅计算左边墙即可。将边墙当作弹性地基梁,按文克尔假定进行计算。

(1)短梁的计算

如图 8-22 所示的边墙,承受梯形分布的水平压力,坐标原点取在墙顶,水平位移与 y 轴方向一致者为正,角变以逆时针转向者为正,弯矩 M 和剪力 Q 的正向如图中所示。

比较图 3-4 与图 8-22,注意角变、弯矩、剪力、荷载的正负号规定不同,由式(3-28)可写出计算边墙的方程如下

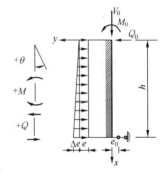

图 8-22　边墙上的力

$$y = y_0\varphi_1 - \theta_0\frac{1}{2\alpha}\varphi_2 + M_0\frac{2\alpha^2}{K}\varphi_3 + Q_0\frac{\alpha}{K}\varphi_4 - \frac{e}{K}(1-\varphi_1) - \frac{\Delta e}{Kh}\left(x - \frac{1}{2\alpha}\varphi_2\right)$$

$$\theta = y_0\alpha\varphi_4 + \theta_0\varphi_1 - M_0\frac{2\alpha^3}{K}\varphi_2 - Q_0\frac{2\alpha^2}{K}\varphi_3 + \frac{e\alpha}{K}\varphi_4 + \frac{\Delta e}{Kh}(1-\varphi_1)$$

$$M = -y_0\frac{K}{2\alpha^2}\varphi_3 + \theta_0\frac{K}{4\alpha^3}\varphi_4 + M_0\varphi_1 + Q_0\frac{1}{2\alpha}\varphi_2 - \frac{e}{2\alpha^2}\varphi_3 - \frac{\Delta e}{4\alpha^3 h}\varphi_4$$

$$Q = -y_0\frac{K}{2\alpha}\varphi_2 + \theta_0\frac{K}{2\alpha^2}\varphi_3 - M_0\alpha\varphi_4 + Q_0\varphi_1 - \frac{e}{2\alpha}\varphi_2 - \frac{\Delta e}{2\alpha^2 h}\varphi_3$$

$$(8\text{-}55)$$

式中：φ_1、φ_2、φ_3、φ_4——可从附表 1 中查得；

　　　　α——边墙的弹性标值；

　　　　K——围岩的弹性压缩系数。

上式中的初参数 y_0 和 θ_0 与墙顶的角变位 β_0 和水平位移 u_0 相等，即

$$y_0 = u_0 ; \theta_0 = \beta_0$$

初参数 M_0 与 Q_0 可参照图 8-19 按下式计算

$$\left.\begin{aligned}
M_0 &= x_1 + f x_2 + M_{nP}^0 + M_{n\sigma}^0 \\
Q_0 &= x_2 + Q_{nP}^0 + Q_{n\sigma}^0
\end{aligned}\right\} \tag{8-56}$$

如令图 8-22 中的 $M_0 = 1$，$Q_0 = 1$，$V_0 = 1$ 和梯形分布荷载分别单独作用在边墙上，利用式 (8-55) 可分别求出式 (8-43) 中的墙顶单位变位 $\bar{\beta}_1$、$\bar{u}_1$、$\bar{\beta}_2$、$\bar{u}_2$、$\bar{\beta}_3$、$\bar{u}_3$ 及墙顶载变位 β_{ne}、u_{ne}，见下列两式

$$\left.\begin{aligned}
\bar{\beta}_1 &= \frac{4\alpha^3}{K}\left(\frac{\varphi_{11} + \varphi_{12}A}{\varphi_9 + \varphi_{10}A}\right) \\
\bar{u}_1 &= \bar{\beta}_2 = \frac{2\alpha^2}{K}\left(\frac{\varphi_{13} + \varphi_{11}A}{\varphi_9 + \varphi_{10}A}\right) \\
\bar{u}_2 &= \frac{2\alpha}{K}\left(\frac{\varphi_{10} + \varphi_{13}A}{\varphi_9 + \varphi_{10}A}\right) \\
\bar{\beta}_3 &= \frac{2\alpha^3 e_0}{K}\left(\frac{\varphi_1 A}{\varphi_9 + \varphi_{10}A}\right) \\
\bar{u}_3 &= \frac{\alpha^2 e_0}{K}\left(\frac{\varphi_2 A}{\varphi_9 + \varphi_{10}A}\right)
\end{aligned}\right\} \tag{8-57}$$

$$\left.\begin{aligned}
\beta_{ne} &= -\frac{\alpha}{K}\left(\frac{\varphi_4 + \varphi_3 A}{\varphi_9 + \varphi_{10}A}\right)e - \frac{\alpha}{K}\left[\frac{\left(\varphi_4 - \dfrac{\varphi_{14}}{ah}\right) + \left(\varphi_3 - \dfrac{\varphi_{10}}{ah}\right)A}{\varphi_9 + \varphi_{10}A}\right]\Delta e \\
u_{ne} &= -\frac{1}{K}\left(\frac{\varphi_{14} + \varphi_{15}A}{\varphi_9 + \varphi_{10}A}\right)e - \frac{1}{K}\left[\frac{\left(\dfrac{\varphi_2}{2ah} - \varphi_1 + \dfrac{\varphi_4 A}{2}\right)}{\varphi_9 + \varphi_{10}A}\Delta e\right]
\end{aligned}\right\} \tag{8-58}$$

式中：K——岩石的弹性压缩系数；

e、Δe——分别为边墙的均布荷载和三角形荷载；

$$A = \frac{6K}{\alpha^3 B^3 K_b}$$

K_b——边墙下端基底处岩石的弹性压缩系数；

B——边墙下端基底宽度；

e_0——边墙中线对墙基底中线的偏心距。

$$\varphi_9 = \varphi_1^2 + \frac{1}{2}\varphi_2\varphi_4 = \frac{1}{2}(\mathrm{ch}^2\alpha x + \cos^2\alpha x)$$

$$\varphi_{10} = \frac{1}{2}\varphi_2\varphi_3 - \frac{1}{2}\varphi_1\varphi_4 = \frac{1}{2}(\mathrm{sh}\alpha x\,\mathrm{ch}\alpha x - \sin\alpha x\cos\alpha x)$$

$$\varphi_{11} = \frac{1}{2}\varphi_1\varphi_2 + \frac{1}{2}\varphi_3\varphi_4 = \frac{1}{2}(\mathrm{sh}\alpha x\,\mathrm{ch}\alpha x + \sin\alpha x\cos\alpha x)$$

$$\varphi_{12} = \frac{1}{2}\varphi_1^2 + \frac{1}{2}\varphi_3^2 = \frac{1}{2}(\mathrm{ch}^2\alpha x - \sin^2\alpha x) \tag{8-59}$$

$$\varphi_{13} = \frac{1}{2}\varphi_2^2 - \frac{1}{2}\varphi_1\varphi_3 = \frac{1}{2}(\mathrm{sh}^2\alpha x + \sin^2\alpha x)$$

$$\varphi_{14} = \varphi_1^2 - \varphi_1 + \frac{1}{2}\varphi_2\varphi_4 = \frac{1}{2}(\mathrm{ch}\alpha x - \cos\alpha x)^2$$

$$\varphi_{15} = \frac{1}{2}(\varphi_2\varphi_3 - \varphi_1\varphi_4 + \varphi_4) = \frac{1}{2}(\mathrm{sh}\alpha x + \sin\alpha x)(\mathrm{ch}\alpha x - \cos\alpha x)$$

式(8-59)中的 $\varphi_9 \sim \varphi_{15}$ 是以 αx 为变量的双曲线三角函数。在使用式(8-57)与式(8-58)时，可令 $x = h$，按 αh 从附表 3 中查出 $\varphi_9 \sim \varphi_{15}$，$h$ 是直墙的高度。

(2)长梁的计算

如图 8-22 所示左边墙，仅墙顶作用着 M_0、Q_0 和 V_0，当墙的 $\alpha h \geqslant 2.75$ 时，就可按文克尔假定中的长梁理论进行计算。角变、位移、弯矩和剪力的正负与图 8-22 所示的相同。注意在这里所规定角变、弯矩、剪力的正负号与图 3-8 所示的不同，则需将式(3-41)改写为如下的形式

$$y = \frac{2\alpha}{K}(Q_0\varphi_6 + M_0\alpha\varphi_5)$$

$$\theta = \frac{2\alpha^2}{K}(Q_0\varphi_7 + 2M_0\alpha\varphi_6)$$

$$M = \frac{1}{\alpha}(Q_0\varphi_8 + M_0\alpha\varphi_7) \tag{8-60}$$

$$Q = Q_0\varphi_5 - 2M_0\alpha\varphi_8$$

用上式就可算出边墙的位移 y、角变 θ、弯矩 M 和剪力 Q。式中 $\varphi_5 \sim \varphi_8$ 可从附表 2 中查出。初参数 M_0 与 Q_0 按式(8-56)计算，与如图 8-22 所示的方向一致时为正。

如图 8-22 所示，令 $V_0 = 0$，然后再令 $M_0 = 1$ 和 $Q_0 = 1$ 分别单独作用于墙顶，并注意当 $\alpha x = 0$ 时，φ_5、φ_6、φ_7 均等于 1，由此利用式(8-60)可求得墙顶的单位变位为

$$\bar{\beta}_1 = \frac{4\alpha^3}{K}$$

$$\bar{u}_1 = \bar{\beta}_2 = \frac{2\alpha^2}{K} \tag{8-61}$$

$$\bar{u}_2 = \frac{2\alpha}{K}$$

为了减少墙基底岩石单位面积上所受的压力，常将墙下端加宽，故墙中线对基底中线有偏心距 e_0。如图 8-22 所示的边墙，按长梁理论计算时，M_0 和 Q_0 不引起墙下端的位移与内力，但 V_0 与墙自重因有偏心距 e_0 的关系，使得墙下端产生弯矩和剪力，因此项弯矩与剪力对决定衬砌厚度影响甚微，可忽略不计。

8.5.3 用力法计算直墙拱的步骤

(1)计算顶拱。

①用力法方程(8-48)求解多余力 x_1 和 x_2,式中各 A 值按式(8-49)计算,解出的 x_1 与 x_2 均含有弹性抗力 σ_n。

②将 x_1 和 x_2 代入式(8-47)的第二式求出 u_0,其中仍含有 σ_n,再将 u_0 代入式(8-51)就可求出 σ_n 的数值。

③求出 x_1 和 x_2 的数值后,利用静力平衡条件计算顶拱各截面的内力。

(2)计算边墙。

①由式(8-47)确定 u_0 与 β_0,再由 $y_0 = u_0$,和 $\theta_0 = \beta_0$ 确定初参数 y_0 和 θ_0,并由式(8-56)求出初参数 M_0 和 Q_0。

②当四个初参数 y_0、u_0、M_0、Q_0 确定后,然后按短梁、长梁或刚性梁分别用式(8-38)、式(8-31)或式(8-57)求边墙的角变,位移和内力。

上述的计算方法,适用于直墙拱是对称的并承受对称荷载。

(3)在计算直墙拱时,对于是否应该考虑弹性抗力,必须根据工程的实际来确定。

①离壁式直墙拱或对超挖部分回填不密实时,不能使用上述的计算方法。

②直墙基底处的围岩受压后将发生沉陷,因此可能使拱圈向下移动,有与围岩脱离的趋势,并且顶拱以上的超挖部分不易回填密实,由于这种原因,有的部门计算直墙拱时不考虑顶拱的弹性抗力,只将边墙按基础梁计算。

③施工时对超挖部分虽能回填密实,但当拱的矢跨比 $f/l \leqslant 1/4$ 时,可以不考虑顶拱的弹性抗力,对边墙仍按基础梁计算。

④当直墙拱修建于软土地层中,由于弹性压缩系数较小,计算时可以不考虑弹性抗力,按自由变形的结构计算。

当结构对称并承受如图 8-18b)所示的荷载,但在计算中不考虑顶拱的弹性抗力时,上述的计算方法仍然适用,只是在各计算式中将含有弹性抗力 σ_n 的项去掉即可。

8.6 曲墙拱衬砌的计算

当隧道的跨度较大($\geqslant 5m$),或水平地应力较大时,为适应较大侧向地层压力的作用,改善结构的整体受力性能,可以将衬砌设计成曲墙拱。曲墙拱的计算仍然可采用力法。抗力的分布采用朱拉波夫—布加耶娃法(图 8-23)。

8.6.1 弹性抗力的分布图形

朱拉波夫—布加耶娃法对弹性抗力分布的假定为:

(1)弹性抗力区的上零点 b 在拱顶两侧 $45°$,下零点 a 在墙脚,最大抗力 σ_h 发生在点 h,计算时一般取 ah 的垂直距离约等于 $2/(3ab)$ 的垂直距离,为简化计算,可假定在分段的接缝上。

(2)各个截面上的弹性抗力强度是最大抗力的二次函数。

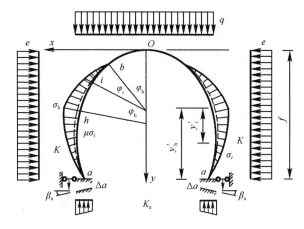

图 8-23　曲墙拱的弹性抗力

在 bh 段,假定抗力按二次抛物线分布,任一点的抗力 σ_i 与最大抗力 σ_h 的关系为

$$\sigma_i = \sigma_h \frac{\cos^2\varphi_b - \cos^2\varphi_i}{\cos^2\varphi_b - \cos^2\varphi_h} \tag{8-62}$$

在 ha 段

$$\sigma_i = \left[1 - \left(\frac{y'_i}{y'_b}\right)^2\right]\sigma_h \tag{8-63}$$

式中:φ_i、φ_b、φ_h——分别为 i、b、h 点所在截面与竖直对称面的夹角;

　　　　y'_i——所求抗力截面与最大抗力截面的垂直距离;

　　　　y'_b——墙底外边缘至最大抗力截面的垂直距离。

以上是根据多次计算和经验统计得出的均布荷载作用下曲墙拱衬砌弹性抗力分布的规律。

8.6.2　计算简图

曲墙拱衬砌的计算简图如图 8-24 所示,为一拱脚弹性固定两侧受地层约束的无铰拱,由于墙底摩擦力较大,不能产生水平位移,仅有转动和垂直沉陷,在荷载和结构均为对称的情况下,垂直沉陷对衬砌内力将不产生影响,一般也不考虑衬砌与岩土体之间的摩擦力。

采用力法求解时,可选用从拱顶切开的悬臂梁作为基本结构,切开处有多余未知力 x_1、x_2 和 σ_h 作用,根据切开处的变形协调条件,只能写出两个方程式,所以还必须利用 h 点的变形协调条件补充一个方程,这样才能求出三个未知力 x_1、x_2 和 σ_h。

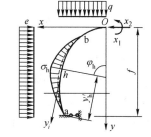

图 8-24　曲墙拱衬砌的计算简图

8.6.3　计算步骤

曲墙拱衬砌的计算过程与直墙拱的类似,其步骤可以归结

为以下几步：

①求主动荷载作用下的衬砌结构的内力。

②以 $\sigma_h = 1$ 时的弹性抗力分布图形作为变更，用同样的方法，求得多余未知力 $x_{1\sigma}$、$x_{2\sigma}$。

③求最大抗力 σ_h。

④计算各截面的最终内力。

除以上介绍的用力法计算隧道结构的内力外，还可以采用矩阵位移法进行计算，这种方法计算过程规范，可以充分发挥电子计算机的自动化效能，有利于编制程序，是隧道计算的一种重要方法。对此方法的计算原理和过程，可参阅文献[11]中的有关章节。

8.7　隧道洞门计算

8.7.1　隧道洞门的类型

洞门是隧道的咽喉，如果隧道洞门出现塌方等事故，将会造成交通的中断，影响到隧道的安全运营，甚至造成生命及财产的损失。而从岩土体稳定性上看，洞口部分在地质上通常是不稳定的，易于失稳，是整个隧道的薄弱部位。为了保护隧道的安全运营，必须对隧道洞门进行合理的设计，使其满足保障安全的需要，同时，还应适当进行洞门及周围环境的美化。洞门的构造形式与隧道的类型及所处的环境有很大的关系，山岭隧道、城市隧道与水底隧道的形式是有很大差别的，应根据具体情况，选择恰当的洞门形式，并对仰坡进行适宜的护坡。

常见的洞门形式有以下几种：

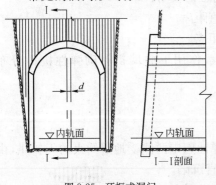

图 8-25　环框式洞门

（1）环框式洞门

当洞口岩层坚硬、整体性好、节理不发育、且不易风化，路堑开挖后仰坡极为稳定，且没有较大的排水要求时，可以设置一种不承载的简单环框。它能起到加固洞口和减少雨后洞口滴水的作用，并对洞口作适当的装饰。

环框应微向后倾，其倾斜度与顶上的仰坡一致。环框的宽度与洞口外观相匹配，一般不小于 70cm，突出仰坡坡面不少于 30cm，使仰坡上流下的水从洞口正面淌下。如图 8-25 所示。

（2）端墙式洞门

此类洞门适用于地形开阔、岩质基本稳定的Ⅳ类以上围岩和地形开阔地区。是最常用的洞门形式。端墙的作用在于支护洞口仰坡，保持其稳定性，并将仰坡水流汇集排出。这种洞门只在隧道口正面设置一面能抵抗山体纵向推力的端墙。它的作用不仅是起挡土墙的作用，而且能支持洞口正面的仰坡，并将从仰坡上流下来的地面水汇集到排水沟中去。

端墙的构造一般是采用等厚的直墙。墙身微向后倾斜，斜度约为 1∶10，这样可以受到较竖直墙要小的岩土压力，而且有利于端墙的抗倾覆稳定性，如图 8-26 所示。

端墙的高度应使洞身衬砌的上方尚有 1m 以上的回填层，以减缓山坡滚石对衬砌的冲击，洞顶水沟深度应不小于0.4m;为保证仰坡滚石不致跳跃超过洞门落到线路上去,端墙应适当上延形成挡渣防护墙,其高度从仰坡坡脚算起,应不小于0.5m,在水平方向上不宜小于1.5m;端墙基础应设置在稳固的地基上,其深度视地质条件、冻害程度而定,一般应在0.6~1.0m左右。端墙宽度与路堑横断面相适应。为增加洞门的稳定性,端墙两侧还要嵌入边坡以内30cm以上。

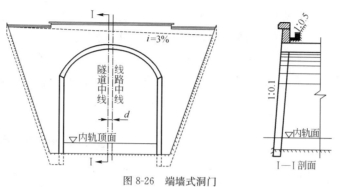

图 8-26 端墙式洞门

(3)翼墙式洞门

在洞口地质条件较差,以及需要开挖路堑的地方,可采用翼墙式洞门。这种洞门是在端墙式洞门以外另外增加单侧或双侧的翼墙,翼墙与端墙共同作用,以抵抗山体的纵向推力,增加洞门的抗滑动和抗倾覆能力。翼墙式洞门适用于Ⅲ类(Ⅳ级)及以下的围岩,其形式如图 8-27 所示。

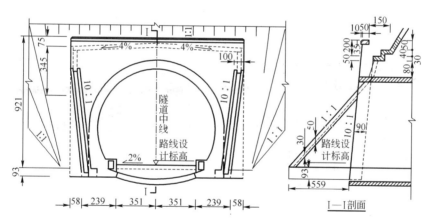

图 8-27 翼墙式洞门

翼墙的正面端墙一般采用等厚的直墙,微向后方倾斜,斜度可取为1:10。翼墙前面与端墙垂直,顶面斜度与仰坡坡度一致。墙顶上设流水凹槽,将洞顶上的水引至路堑边沟内。翼墙基础应设在稳固的地基上,其埋深与端墙基础相同。

(4)柱式洞门

当地形较陡,地质条件较差,仰坡有下滑的可能性,而又受到地形和地质条件限制,不能设置翼墙时,可以在端墙中部设置两个断面较大的柱墩,以增加端墙的稳定性,如图 8-28 所示。这种洞门墙面线条凸出,较为美观,适宜在城市附近或风景区内采用。对于较长大的隧道,采用柱式洞门比较壮观。

(5)台阶式洞门

当洞门处于傍山侧坡地区,洞门一侧边坡较高时,为减小仰坡高度及外露坡长,可以将端墙一侧顶部改为逐步升级的台阶形式,以适应地形的特点,减少仰坡土石方开挖量,如图 8-29 所示。这种洞门也有一定的美化作用。

(6)斜交洞门

当线路方向与地形等高线斜交时,可将洞门做成与地形等高线一致,使洞门左右可以仍保持近似对称。但如此处理将使衬砌洞口段和洞门相对于线路呈斜交形式,如图 8-30 所示。斜洞门与线路中线的交角不应小于 45°,一般斜洞门与衬砌斜口段是整体砌筑的。由于斜洞门及衬砌斜口段的受力情况复杂,施工也不方便,所以,道路隧道一般应少设或不设斜洞门,只有在十分必要时才采用。

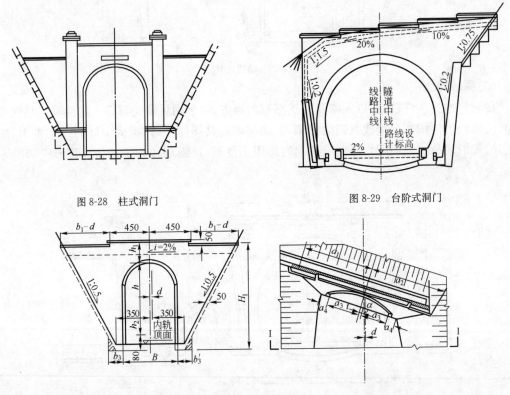

图 8-28　柱式洞门　　　　　　　　图 8-29　台阶式洞门

图 8-30　斜交洞门

除上述各种形式外,还有一些变化形式,如端墙式用于傍山隧道时,端墙可为台阶式,还可以用柱式、直立式等。又如翼墙式的翼墙开度可随地形变化,也可因地制宜设置一侧翼墙等。总之,洞门的设置既要考虑到地形条件,也要与周围环境相协调,以体现安全与美观的统一。

8.7.2　洞门计算部位的选取及计算要点

在洞门墙的计算中,一般都是按照工程类比法初步拟定洞门墙的尺寸,再对墙身截面强度、偏心距、基底应力、抗滑和抗倾覆稳定性进行验算,根据验算结果进一步调整墙身厚度,直至确定一个安全、经济的墙身厚度。因作用在隧道洞门上的力主要是土石压力,因此可将洞门视作挡墙,按挡土墙的计算方法进行分析计算。

计算时,对于作用于墙背的主动土压力,可按库仑理论进行计算。这时无论墙背仰斜或直立,土压力的作用方向均可假定为水平。而墙体前部的被动土压力通常很小,一般情况下不予考虑。

隧道洞门的设计关键是合理地选取计算部位。在进行洞门计算时,应选取最不利位置进行。通常将端墙及挡(翼)墙按 1m 或 0.5m 划分成条带。对于不同形式的洞门,其选取计算条带的位置也不相同。

(1)柱式、端墙式洞门

这类洞门的端墙独立承受墙背土压力,因此,端墙自身必须有足够的强度和整体稳定性。如图 8-31 所示,计算时应分别取图中Ⅰ、Ⅱ条带作为计算条带,计算墙身截面的偏心和强度,以及基底偏心应力及沿基底的滑动和绕墙趾倾覆的稳定性。

(2)有挡、翼墙的洞门

这类洞门的端墙是在挡、翼墙的共同作用下承受墙背的土压力。端墙墙身截面应满足偏心和强度的要求,并应满足与挡、翼墙共同作用时的整体稳定性。

①翼墙式洞门。

计算图式见图 8-32,计算要点为:

a.计算翼墙时取洞门端墙墙趾前之翼墙宽 1m 的条带"Ⅰ",按挡土墙计算偏心、强度及稳定性。

b.计算端墙时取最不利位置"Ⅱ"作为计算条带。

c.计算其截面偏心和强度。

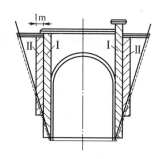

图 8-31　柱式、端墙式洞门计算条带

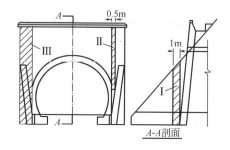

图 8-32　翼墙式洞门计算条带

②偏压式洞门。

计算图式见图 8-33。计算要点为:

a.对于如图 8-34 所示的计算图式,取"Ⅰ"、"Ⅱ"部分(翼墙式和单侧挡墙式只取"Ⅰ"部分)作为计算条带,计算其截面偏心及强度。

b.对于如图 8-35 所示的计算图式,取"Ⅰ"、"Ⅱ"部分(翼墙式和单侧挡墙式只取"Ⅰ"部分)端墙与挡墙或翼墙共同作用,计算其整体稳定性;作为计算条带,计算截面偏心及强度。

c.翼墙的计算,见图 8-35,取"Ⅲ"部分(按 2.5m 墙长之平均高度作为计算高度),按挡土墙计算其偏心、强度及稳定性。

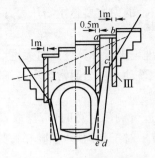

图 8-33 偏压式洞门计算条带

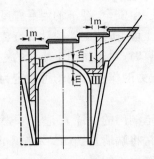

图 8-34 挡翼墙式洞门计算条带

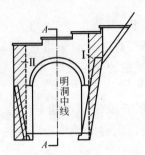

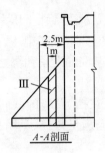

图 8-35 挡翼墙式明洞门计算条带

8.7.3 洞门计算内容

洞门具体计算内容包括:墙身偏心及强度、墙体的抗倾覆稳定性、沿基底抗滑动稳定性及基底应力检算。此外,对于高洞门墙(包括洞口路堑高挡土墙),为避免拉应力过大,设计时还应验算截面拉应力。

以公路隧道洞门墙为例,其墙身强度、偏心距、抗滑稳定性、抗倾覆稳定性及基底应力的计算结果应符合表 8-3 的规定。

洞门墙验算主要规定

表 8-3

项 目	主要规定	项 目	主要规定
墙身截面应力	≤材料容许应力	基底偏心距 e	岩石地基≤0.2B, 土质地基≤0.16B
墙身截面偏心距	≤0.3倍截面厚度	滑动稳定系数 K_c	≥1.3
基底应力 σ	≤地基承载力容许值	倾覆稳定系数 K_0	≥1.6

关于洞门计算的具体公式,可参见相关规范和挡土墙的设计资料。

复习思考题

1 简述隧道的分类方法。

2 简述荷载—结构模型的基本原理及适用条件。

3 简述围岩—支护结构相互作用模型的基本原理及适用条件。

4　简述用力法计算弹性固定无铰拱的原理。

5　说明计算直墙拱的原理和步骤。

6　在直墙拱的计算中,如何考虑弹性抗力的作用? 对弹性抗力采用了哪种模型?

7　简述曲墙拱的计算原理和步骤。

8　简述隧道洞门的计算内容。

9　图 8-36 所示为一弹性固定变厚度抛物线拱,已知跨度 $l=8\text{m}$,矢高 $f=2\text{m}$,拱顶厚度 $d_0=0.4\text{m}$,拱脚厚度 $d_n=0.5\text{m}$,截面宽度 $b=1\text{m}$。围岩的弹性压缩系数 $k=6\times10^5\text{kN/m}^3$,混凝土的弹性模量 $E=14\times10^6\text{kN/m}^2$。受竖向均布荷载 $q_0=100$ kN/m 作用,求多余力 x_1 和 x_2。

10　如图 8-37 所示的直墙拱,顶拱为等厚度单心圆拱,顶拱和边墙的厚度均为 0.5m,宽度为 1m,跨度 $l=6.3\text{m}$,竖向均布荷载(包括地层压力和结构自重)$q_0=55\text{kN/m}$。混凝土的弹性模量 $E=14\times10^6\text{kN/m}^2$。围岩的弹性压缩系数 $k=4\times10^5\text{kN/m}^3$,求结构的内力。

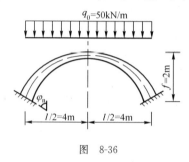

图　8-36

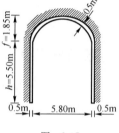

图　8-37

第9章 锚喷支护结构

9.1 锚喷支护原理、特点及设计原则

锚喷支护是采用喷射混凝土、钢筋网喷射混凝土、锚杆喷射混凝土或锚杆钢筋网喷射混凝土等在毛洞开挖后及时地对地层进行加固的结构。可以根据围岩的稳定状况,采用锚喷支护中的一种或几种结构的组合。它既可以用于加固局部岩体而作为临时支护,也可以作为永久支护。锚喷支护自从 20 世纪 50 年代问世以来,随着现代支护结构原理尤其是新奥地利隧道施工方法的发展,已在世界各国矿山、建筑、铁道、水工及军工等部门广为应用。

9.1.1 锚喷支护的组成及作用机理

一般情况下,洞室锚喷支护由喷射混凝土、锚杆和钢筋网组成,各部分都对围岩的稳定起着一定的作用,其作用机理分别表述如下。

(1)喷射混凝土

①支承围岩。由于喷层能与围岩密贴和黏结,并给围岩表面以抗力和剪力,从而使围岩处于三向受力的有利状态,防止围岩强度恶化。此外,喷层本身的抗冲切能力可以阻止不稳定块体的塌滑。

②"卸载"作用。由于喷层属柔性,能使围岩在不出现有害变形的前提下,进入一定程度的塑性,从而使围岩"卸载"。同时喷层的柔性也能使喷层中的弯曲应力减小,有利于混凝土承载力的发挥。

③填平补强围岩。喷射混凝土可射入围岩张开的裂隙,填充表面凹穴,使被裂隙分割的岩块层面黏联在一起,保持岩块间的咬合、镶嵌作用,提高其间的黏结力、摩阻力。有利于防止围岩松动并避免或缓和围岩应力集中。

④覆盖围岩表面。喷层直接粘贴岩面,形成风化和止水的防护层,并阻止节理裂隙中充填物流失。

⑤阻止围岩松动。喷层能紧跟掘进工程,及时进行支护,早期强度较高,因而能及时向围岩提供抗力,阻止围岩松动。

⑥分配外力。通过喷层可以把围岩压力传给锚杆、网架等,使支护结构受力均匀。

(2)锚杆

①支承围岩。锚杆能限制约束围岩变形,并向围岩施加压力,从而使处于两轴应力状态的洞室内表面附近的围岩转为三轴应力状态,制止围岩强度的弱化。

②加固围岩。由于系统锚杆的加固作用,使围岩中,尤其是松动区中的节理裂隙、破裂面等得以连接,因而增大了锚固区围岩的强度。锚杆对加固节理发育的岩体和围岩松动区是十

分有效的,有助于裂隙岩体和松动区形成整体,成为"加固带"。

③提高层间摩阻力,形成"组合梁"。对于水平或缓倾斜的层状围岩,用锚杆群能把数层岩层连在一起,增大层间摩阻力,从结构力学观点来看,就是形成"组合梁"。

④"悬吊"作用。所谓"悬吊"作用是指为防止个别危岩的掉落或滑落,用锚杆将其同稳定围岩联结起来,这种作用主要表现在加固局部失稳的岩体。

(3)钢筋网

①防止收缩裂缝,或减少裂缝数量、限制裂缝宽度。

②提高支护的抗震能力。

③使喷层应力得到均匀分布,改善其变形性能,增强锚喷支护的整体性。

④增强喷层的柔性。

⑤提高喷层承载力,承受剪力和拉力。

9.1.2 锚喷支护的特点和设计原则

锚喷支护之所以比传统支护优越,主要是由于它在机理和工艺上具有一些独特的工作特性。其概括起来说,主要有及时性、粘贴性、柔性、深入性、灵活性和封闭性六大特性。在实际设计施工中,能否根据不同类型的围岩,正确地运用这些特性,是能否发挥围岩自承能力和锚喷支护经济效果好坏的关键。

(1)及时性

由于锚喷支护工艺本身的原因,使得它能做到支护及时迅速,甚至可在挖掘前进行超前支护,加之喷射混凝土的早强和全面密贴性能,因而更保证了支护的及时性和有效性。

锚喷支护的及时性,能使围岩强度不因开挖暴露风化而过度降低,且能迅速给围岩提供支护抗力,从而改善围岩应力状态。由于向围岩及时提供了支护抗力,使围岩由二向应力状态变为三向应力状态,从而使摩尔应力圆内移。此外,由于锚喷支护能及时加固围岩,提高加固围岩的 c、φ 值,因而表现出岩体抗剪强度上移。由此更提高了岩体的稳定性,如图 9-1 所示。

由于锚喷支护可以最大限度地紧跟开挖作业面施作,因此可利用开挖面的"空间效应(端部支撑效应)",限制支护前变形的发展,阻止围岩进入松弛状态。如图 9-2 所示是工程现场实测结果和三维有限元的计算结果,从图中可以看出离开挖面一倍洞径处围岩变形要比开挖面处大一倍多。

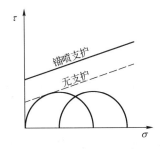

图 9-1 喷锚支护使岩体抗剪强度提高图

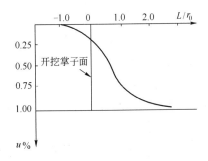

图 9-2 开挖面的空间效应

（2）黏结性

喷射混凝土同围岩能全面密贴地黏结,黏结力一般可达 7MPa。这种粘贴性可产生三种作用:①"联锁"作用。即将被裂隙分割的岩块黏结在一起,保持了岩块间咬合镶嵌。②"复合"作用。即围岩与支护结成一个复合体,保证两者在径向和切向上都共同工作。这一效应首先能使"围岩-支护"间的应力状态得到更好的调节,有利于围岩和支护承载能力的发挥。此外,由于喷射混凝土支护同围岩紧密黏结,从结构观点来看,可以认为喷层与围岩是刚性支座接触,在同样荷载作用下,弯矩值大为减小。③"增强"作用。由于喷射混凝土射入围岩裂隙,充填围岩凹穴,并与围岩紧密黏结,提高了围岩的强度,同时减少了围岩应力集中。

（3）柔性

锚喷支护属于柔性薄型支护。虽然喷射混凝土本身是一种脆性材料,但由于其施工工艺上的特点,喷射混凝土与岩体密贴黏结,使它有可能喷得很薄,所以呈现一定柔性,而且这种柔性还可通过分次喷层的方法进一步发挥。锚杆也属柔性支护,因其加固的岩体,可以允许岩体有较大的变形而破坏,甚至能同被加固的岩体作整体移动,并且仍能保持相当大的支承抗力。

根据弹塑性理论分析,地下洞室开挖后,在围岩不致松散的前提下,维护洞室稳定所需的支承抗力随塑性区的增大而减少。再从支护特征曲线可知:如果支护太"刚",则不能充分利用地层抗力而使支护结构承受相当大的径向荷载;反之,如果支护太"柔",则会导致围岩松散,形成松散压力,也会使支护上所受的荷载明显增大。

由以上分析可见,锚喷支护容易调节围岩变形,能有控制地允许围岩塑性区适度的发展,以发挥围岩自承能力。大量的工程实践表明,锚喷支护的柔性"卸压"作用,对发挥围岩的自承力和改善支护结构的受力状态是十分有利的。

（4）深入性

所谓深入性是锚杆能深入岩体内部一定深度加固围岩的特性。按一定方式、间距布置的锚杆群(系统锚杆),可以提高围岩锚固区的强度和整体性,改善围岩应力状态,制止围岩松动,同时它同围岩相结合形成承载圈。

（5）灵活性

灵活性是锚喷支护十分重要的工艺特点,其主要表现在如下方面:

①锚喷支护的类型和参数可根据各段不同的地质条件而随时调整。

洞室围岩地质条件千变万化,锚喷支护可根据变化了的情况,随时调整锚喷支护的类型与参数,在沿轴线方向和横断上锚喷支护类型与参数均可不同,以便充分发挥锚、喷、网支护各自的作用。另外,锚喷支护易于实施围岩整体破坏整体加固、局部破坏局部加固的原则,从而大大节省支护材料的耗用量。

②施作工艺的可分性。

锚喷支护的施作既可一次完成,也可分次完成。例如锚杆与喷层可在两个时期分别完成,喷层也可分两次或多次完成。这样的施作方法有利于达到支护"先柔后刚"的目的,更好发挥围岩的自承能力,也有利于发挥喷层的强度,节省支护量。

③广泛的适用性。

实践证明,锚喷支护的适用性很广,不同地质条件、不同埋深、不同洞体尺寸、不同支护目的等等,一般都可使用,而且便于修补,对加固损坏了的锚喷支护或传统支护十分方便有效。

（6）封闭性

由于喷混凝土能及时施作，而且是全面密贴的支护，因此能及时阻止洞内潮气和水对围岩的侵蚀，并阻止地下水的渗流。喷混凝土层的及时封闭性，对制止膨胀岩体的潮解和膨胀是特别有效的，也有助于保持岩体原有的强度，抑制岩体的潮解和强度损失。

鉴于锚喷支护的以上特点，为了体现现代支护原理，达到技术上可靠和经济上合理的目的，锚喷支护设计与施工应遵循以下原则：

①采取各种措施，确保围岩不出现有害松动。

②调节控制围岩变形，在不进入有害松动的条件下适度发展，以便最大限度地发挥围岩自承能力。

③保证锚喷支护与围岩形成共同体。

④选择合理的支护类型与参数并充分发挥其功效。

⑤采取正确的施工方法。

⑥依据现场监测数据指导设计施工。

9.2　锚喷支护工程类比设计

9.2.1　工程类比设计的原则与方法

目前国内一些锚喷支护设计规范都明确规定，锚喷支护设计应采用工程类比法为主，必要时辅以监控量测法和理论验算法，尤其是对在中等以上岩类地层中修建中小跨度的地下工程，一般按工程类比法就可最终确定锚喷支护的类型与参数。此外，当需要进行监控法设计和理论法设计时，工程类比法设计仍是工程设计的重要依据。

工程类比设计法通常有直接对比法和间接类比法两种。直接对比法是将设计工程的围岩岩体强度和岩体完整性、地下水影响程度、洞室埋深、可能受到的地应力、工程的形状与尺寸、施工的方法、施工的质量及使用要求等因素，与上述条件基本相同的已建工程进行对比，由此确定锚喷支护的类型与参数。间接类比法一般是根据现行锚喷支护技术规范，按其围岩类别及锚喷支护设计参数表确定拟建工程的锚喷支护类型与参数。

应用工程类比法确定支护参数的设计程序，一般分为初步设计阶段和施工设计阶段。初步设计阶段的工作，是根据选定的洞轴线和掌握的地质资料，初步粗略地划定围岩类别，然后结合工程尺寸，按照锚喷支护设计参数表，初定支护类型与参数，并由此计算工程量，上报工程概算经费。

施工阶段设计工作，必须在对围岩地质条件有比较细致和深入的了解后进行。通常视围岩地质条件，工程规模及各工程部门的设计习惯，在不同时间进行此项工作。当事先开挖导洞时，可根据导洞获得的地质资料，确定施工阶段详细分段，划定围岩类别及进行施工阶段的锚喷支护参数设计。当采用全断面开挖时，对Ⅰ～Ⅲ类围岩，一般可在开挖后进行施工阶段围岩类别的详细划分和锚喷支护参数设计；对Ⅳ、Ⅴ类围岩，一般分为两次支护，需在洞室开挖前，先确定一个初期支护参数，然后根据监控量测数据和紧跟开挖面地质详勘的结果，修正初期支护类型和参数，确定最终支护类型与参数。

施工阶段围岩类别的确定,应组织地质勘察、设计、施工技术人员共同深入现场,按围岩分类表的要求,逐段分析围岩稳定性并加以素描,以洞室的地质展示图及参数设计图的成果形式表达出来,在图上分段标明所划定的围岩类别和选用的支护类型与参数。在Ⅰ~Ⅲ类围岩中,对局部不稳定块体尤应着重查清,标出出露位置、大小和滑塌方向,注明加固具体方案及绘制有关图纸,并编制施工说明书。说明书中要写明施工注意事项,诸如喷射混凝土要进行岩面冲洗、渗漏水处理、危石清除、局部锚杆的定位、定向和定长度等。

9.2.2 围岩分级

围岩分级是工程类比法设计的重要依据,其目的主要是为了便于获得地下工程锚喷支护的设计参数。围岩分级可视其不同目的而有不同的分类方法,这里仅根据现行国家标准《锚杆喷射混凝土支护技术规范》(GB 50086—2001)介绍应用于锚喷支护设计的围岩分级方法。

围岩级别的划分,应根据岩体完整性、岩石强度、岩体结构、受构造影响的程度、结构面发育情况及组合状态、地下水地应力状况、毛洞稳定情况等多因素综合确定,并符合表 9-1 的规定。

围 岩 分 级 表 9-1

| 围岩级别 | 主要工程地质特征 | | | | | | | 毛洞稳定情况 |
| | 岩体结构 | 构造影响程度,结构面发育情况和组合状态 | 岩石强度指标 | | 岩体声波指标 | | 岩体强度应力比 | |
			单轴饱和抗压强度(MPa)	点荷载强度(MPa)	岩体纵波速度(km/s)	岩体完整性指标		
Ⅰ	整体状及层间结合良好的厚层状结构	构造影响轻微,偶有小断层。结构面不发育,仅有 2~3 组,平均间距大于 0.8m,以原生和构造节理为主,多数闭合无泥质充填,不贯通。层间结合良好,一般不出现不稳定块体	>60	>2.5	>5	>0.75	—	毛洞跨度 5~10m 时,长期稳定,无碎块掉落
Ⅱ	同Ⅰ级围岩结构	同Ⅰ级围岩特征	30~60	1.25~2.5	3.7~5.2	>0.75	—	毛洞跨度 5~10m 时,围岩能较长时间(数月至数年)维持稳定,仅出现局部小块掉落
	块状结构和层间结合较好的中厚层或厚层状结构	构造影响较重,有少量断层。结构面发育,一般为 3 组,平均间距 0.4~0.8m,以原生和构造节理为主,多数闭合,偶有泥质充填,贯通性较差,有少量软弱结构面,层间结合较好,偶有层间错动或层面张开现象	>60	>2.5	3.7~5.2	>0.5	—	

续上表

围岩级别	主要工程地质特征							毛洞稳定情况
	岩体结构	构造影响程度,结构面发育情况和组合状态	岩石强度指标		岩体声波指标		岩体强度应力比	
			单轴饱和抗压强度(MPa)	点荷载强度(MPa)	岩体纵波速度(km/s)	岩体完整性指标		
Ⅲ	同Ⅰ级围岩结构	同Ⅰ级围岩特征	20～30	0.85～1.25	3.0～4.5	>0.75	>2	毛洞跨度5～10m时,围岩能维持一个月以上的稳定,主要出现局部掉块塌落
	同Ⅱ级围岩块状结构和层间结合较好的中厚层或厚层状结构	同Ⅱ级围岩块状结构和层间结合较好的中厚层或厚层状结构特征	30～60	1.25～2.50	3.0～4.5	0.5～0.75	>2	
	层间结合良好的薄层和软硬岩互层结构	构造影响较重。结构面发育,一般为3组,平均间距0.2～0.4m,以构造节理为主,节理面多数闭合,少有泥质充填。岩层为薄层或以硬岩为主的软硬岩互层,层间结合良好,少见软弱夹层层间错动和层面张开现象	>60(软岩,>20)	>2.50	3.0～4.5	0.30～0.50	>2	
	碎裂镶嵌结构	构造影响较重。结构面发育,一般为3组以上,平均间距0.2～0.4m,以构造节理为主,节理面多数闭合,少数有泥质充填,块体间牢固咬合	>60	>2.50	3.0～4.5	0.30～0.50	>2	
Ⅳ	同Ⅱ级围岩块状结构和层间结合较好的中厚层或厚层状结构	同Ⅱ级围岩块状结构和层间结合较好的中厚层或厚层状结构特征	10～30	0.42～1.25	2.0～3.5	0.50～0.75	>1	毛洞跨度5m时,围岩能维持数日到一个月的稳定,主要失稳形式为冒落或片帮
	散块状结构	构造影响严重,一般为风化卸荷带。结构面发育,一般为3组,平均间距0.4～0.8m,以构造节理卸荷风化裂隙为主,贯通性好,多数张开夹泥,夹泥厚度一般大于结构面的起伏高度,咬合力弱,构成较多的不稳定块体	>30	>1.25	>2.0	>0.15	>1	

围岩级别	主要工程地质特征							毛洞稳定情况
	岩体结构	构造影响程度,结构面发育情况和组合状态	岩石强度指标		岩体声波指标		岩体强度应力比	
			单轴饱和抗压强度(MPa)	点荷载强度(MPa)	岩体纵波速度(km/s)	岩体完整性指标		
Ⅳ	层间结合不良的薄层中厚层和软硬岩互层结构	构造影响严重。结构面发育,一般为3组以上,平均间距0.2~0.4m,以构造风化节理为主,大部分微张(0.5~1.0mm),部分张开(>1.0mm),有泥质充填,层间结合不良,多数夹泥层间错动明显	>30(软岩,>10)	>1.25	2.0~3.5	0.20~0.40	>1	
	碎裂状结构	构造影响严重,多数为断层影响带或强风化带。结构面发育,一般为3组以上,平均间距0.2~0.4m,大部分微张(0.5~1.0mm),部分张开(>1.0mm),有泥质充填,形成许多碎块体	>30	>1.25	2.0~3.5	0.20~0.40	>1	
Ⅴ	散体状结构	构造影响很严重,多数为破碎带、全强风化带、破碎带交汇部位。构造及风化节理密集,节理面及其组合杂乱,形成大量碎块体,块体间多数为泥质充填,甚至呈石夹土状或土夹石状	—	—	<2.0	—	—	毛洞跨度5m时,围岩稳定时间很短,约数小时至数日

注:1. 围岩按定性分级与定量指标分级有差别时一般应以低者为准。

2. 本表声波指标以孔测法测试值为准,如果用其他方法测试时可通过对比试验进行换算。

3. 层状岩体按单层厚度可划分为:厚层大于0.5m;中厚层0.1~0.5m;薄层小于0.1m。

4. 一般条件下确定围岩级别时应以岩石单轴湿饱和抗压强度为准,当洞跨小于5m,服务年限小于10年的工程确定围岩级别时,可采用点荷载强度指标代替岩块单轴饱和抗压强度指标,可不做岩体声波指标测试。

5. 测定岩石强度,做单轴抗压强度测定后可不做点荷载强度测定。

岩体完整性是影响围岩稳定性的首要因素,受岩体结构类型、地质构造影响、结构面发育情况等因素影响。岩体完整性指标用岩体完整性系数 K_v 表示,K_v 可按下式计算

$$K_v = \left(\frac{V_{pm}}{V_{pr}}\right)^2 \tag{9-1}$$

式中:V_{pm}——隧洞岩体实测的纵波速度,km/s;

V_{pr}——隧洞岩石实测的纵波速度,km/s。

当无条件进行声波实测时也可用岩体体积节理数 J_v,按表9-2确定 K_v 值。

J_v(条/m³)	<3	3~10	10~20	20~25	>25
K_v	>0.75	0.75~0.55	0.55~0.35	0.35~0.15	<0.15

围岩分级表中的岩体强度应力比按如下方法计算：

(1)当有地应力实测数据时

$$S_m = \frac{K_v f_v}{\sigma_1} \qquad (9-2)$$

式中：S_m——岩体强度应力比；

　　f_v——岩石单轴饱和抗压强度，MPa；

　　K_v——岩体完整性系数；

　　σ_1——垂直洞轴线的较大主应力，kN/m²。

(2)当无地应力实测数据时

$$\sigma_1 = \gamma H \qquad (9-3)$$

式中：γ——岩体重力密度，kN/m³；

　　H——隧洞顶覆盖层厚度，m。

9.2.3　锚喷支护类型及参数的确定

在围岩的级别和影响围岩稳定的工程因素确定之后，设计人员就可用工程类比法来确定锚喷支护的类型及参数。在各类规范中锚喷支护类型及参数均以表格形式给出，主要由围岩类别及工程跨度来确定。但实际上，影响围岩稳定的工程因素，除跨度外尚有洞形及施工因素等影响。这些影响因素虽然一般没有在锚喷支护参数表中给出，但却是作为条件加以限制的。如规范中规定锚喷支护工程应当采用控制爆破；对于高边墙洞室，边墙锚喷支护参数应作适当变更等，所以实际上是考虑了这些因素的。

按照现代支护理论概念，锚喷支护参数应当是广义的，既包括支护类型、支护参数，又应包括开挖方法、仰拱施作时间和最终支护时间等。不过我国目前的锚喷支护规范还没有达到这一水平，只是规定了最终支护的施作时间，而在锚喷支护参数表中只给出了锚喷支护类型与参数。锚喷支护参数表中的跨度分级，一般按各部门的工程要求给出，多数以5m或4m跨度分级。

在确定锚喷支护类型与参数时，应当体现如下原则：

①锚喷支护设计参数表的制定是基于国内大量锚喷工程的实践，它以工程实例为依据，并经过综合分析，主要按围岩类别与洞跨给出相应支护类型与参数。

②根据不同的围岩压力特点，对拱墙等不同部位采用不同的支护参数。一般中等稳定以上的围岩，主要因为局部失稳破坏而承受松散地压，所以，支护参数的选定应贯彻"拱是重点、拱墙有别"的原则；而对不稳定的围岩，主要承受变形地压，所以拱墙宜采用相同的支护参数。

③力求体现锚喷支护灵活性的特点及围岩局部破坏局部加固、整体加固与局部加强的等强度支护的原则。对不同的岩体和不同的部位分别采用不同的支护类型与参数。例如在同一级围岩类别中相同跨度的洞室，可根据岩体结构类型、结构面倾角、岩层走向与洞轴线交角不同而选择不同支护类型与参数。如缓倾角的层状岩体或软硬互层的层状岩体，宜在拱部采用

锚喷支护,而边墙采用喷射混凝土支护;又如岩层走向与洞轴线夹角较小,且为陡倾角岩层时,则必须在易向洞内顺层滑落的边墙上采用锚喷支护。因此,现行规范锚喷支护参数表中,对同一级的围岩类别和洞跨,给出多种锚喷支护类型和参数,以便酌情选用。

对于局部不稳定块体和局部不稳定部位,规范规定应采用局部加固,如增设局部加固锚杆。不必因为围岩局部失稳而降低围岩类别或者为此配置或加强系统锚杆。

④锚喷支护参数表中,考虑了各种设计方法的配合,虽然参数表中给出的支护参数是根据工程类比确定的,但要确定最终支护参数,有的还要借助于监控设计和理论设计。例如Ⅳ、Ⅴ类不稳定围岩,锚喷支护参数表给的数值只供监控设计中选用初参数时考虑。对稳定围岩中的大跨度洞室,表中的支护参数作为理论验算中的推荐值,最终支护的设计值还需经过修正设计后才能确定。

⑤考虑不同的工程对象,对重要工程宜采用支护参数表中的上限值,而一般工程宜采用下限值。

⑥支护参数由锚喷支护设计参数表与规范中的有关条文共同确定。例如对不稳定围岩,要求锚杆有一定的密度,通常在条文中规定了锚杆的最大间距限值。

近年来,国家和部门颁布的锚喷支护技术规范有:国家标准《锚杆喷射混凝土支护技术规范》(GB 50086—2001)、《军用物资洞库锚喷支护技术规定(试行)》、《军用立式油罐洞室锚喷支护技术规定(试行)》、《防护工程防核武器结构设计规范》、《铁路隧道喷锚构筑法技术规则》以及《水利水电工程锚喷支护施工规范》(DL/T 5181—2003)等。表9-3、表9-4就是国家标准《锚杆喷射混凝土支护技术规范》(GB 50086—2001)中列出的支护参数表。

隧洞和斜井的锚喷支护类型和设计参数 表9-3

毛洞跨度 B(m) / 围岩级别	B≤5	5<B≤10	10<B≤15	15<B≤20	20<B≤25
Ⅰ	不支护	50mm 厚喷射混凝土	1. 80～100mm 厚喷射混凝土 2. 50mm 厚喷射混凝土,设置 2.0～2.5m 长的锚杆	100～150mm 厚喷射混凝土,设置 2.5～3.0m 长的锚杆,必要时配置钢筋网	120～150mm 厚钢筋网喷射混凝土,设置 3.0～4.0m 长的锚杆
Ⅱ	50mm 厚喷射混凝土	1. 80～100mm 厚喷射混凝土 2. 50mm 厚喷射混凝土,设置 1.5～2.0m 长的锚杆	1. 120～150mm 厚喷射混凝土,必要时配置钢筋网 2. 80～120mm 厚喷射混凝土,设置 2.0～3.0m 长的锚杆,必要时配置钢筋网	120～150mm 厚钢筋网喷射混凝土,设置 3.0～4.0m 长的锚杆	150～200mm 厚钢筋网喷射混凝土,设置 5.0～6.0m 长的锚杆,必要时设置长度大于 6.0m 的预应力或非预应力锚杆
Ⅲ	1. 80～100mm 厚喷射混凝土 2. 50mm 厚喷射混凝土,设置 1.5～2.0m 长的锚杆	1. 120～150mm 厚喷射混凝土,必要时配置钢筋网 2. 80～100mm 厚喷射混凝土,设置 2.0～2.5m 长的锚杆,必要时配置钢筋网	100～150mm 厚钢筋网喷射混凝土,设置 3.0～4.0m 长的锚杆	150～200mm 厚钢筋网喷射混凝土,设置 4.0～5.0m 长的锚杆,必要时设置长度大于 5.0m 的预应力或非预应力锚杆	—

续上表

毛洞跨度 B(m) 围岩级别	B≤5	5<B≤10	10<B≤15	15<B≤20	20<B≤25
IV	80～100mm 厚喷射混凝土,设置1.5～2.0m 长的锚杆	100～150mm 厚钢筋网喷射混凝土,设置2.0～2.5m长的锚杆,必要时采用仰拱	150～200mm 厚钢筋网喷射混凝土,设置3.0～4.0m长的锚杆,必要时采用仰拱并设置长度大于4.0m的锚杆	—	—
V	120～150mm 厚钢筋网喷射混凝土,设置1.5～2.0m 长的锚杆,必要时采用仰拱	150～200mm 厚钢筋网喷射混凝土,设置2.0～3.0m 长的锚杆,采用仰拱,必要时加设钢架	—		

注:1.表中的支护类型和参数,是指隧洞和倾角小于30°的斜井的永久支护,包括初期支护与后期支护的类型和参数。

2.服务年限小于 10 年及洞跨小于 3.5m 的隧洞和斜井,表中的支护参数可根据工程具体情况适当减小。

3.复合衬砌的隧洞和斜井,初期支护采用表中的参数时应根据工程的具体情况予以减小。

4.陡倾斜岩层中的隧洞或斜井,易失稳的一侧边墙和缓倾斜岩层中的隧洞或斜井顶部应采用表中第(2)种支护类型和参数,其他情况下两种支护类型和参数均可采用。

5.对高度大于 15.0m 的侧边墙应进行稳定性验算,并根据验算结果确定锚喷支护参数。

竖井锚喷支护类型和设计参数表   表 9-4

竖井毛径 D(m) 围岩级别	D<25	5≤D<7
I	100mm 厚喷射混凝土,必要时局部设置长1.5～2.0m 的锚杆	100mm 厚喷射混凝土,设置长1.5～2.5m 的锚杆或150mm 厚喷射混凝土
II	100～150mm 厚喷射混凝土,设置长1.5～2.0m 的锚杆	100～150mm 厚钢筋网喷射混凝土,设置长2.0～2.5m 的锚杆,必要时,加设混凝土圈梁
III	150～200mm 厚钢筋网喷射混凝土,设置长1.5～2.0m 的锚杆,必要时加设混凝土圈梁	150～200mm 厚钢筋网喷射混凝土,设置长2.0～3.0m 的锚杆,必要时,加设混凝土圈梁

注:1.井壁采用锚喷做初期支护时,支护设计参数可适当减小。

2.III级围岩中井筒深度超过 500m 时支护设计参数应予以增大。

9.3 锚喷支护结构的理论计算

鉴于岩体力学参数难以准确确定,以及计算模式方面还存在一些问题,理论计算法通常只作为锚喷支护工程设计中的辅助手段,但它却是今后设计的发展方向。按求解方法不同,计算方法可分为解析计算法和图解分析法,这两种方法的基本原理是相同的,这里只介绍解析计算法。目前,锚喷支护解析计算方法只有轴对称条件下的解答,非轴对称条件下只能采用近似的工程计算法。

9.3.1 轴对称条件下喷层上围岩压力的计算

(1)无锚杆情况

轴对称条件下(即侧压系数 $\lambda = 1$,洞室为圆形),无锚杆可求得围岩与喷层共同作用时的弹塑性平面变形解答。

①围岩应力与变形。

洞室开挖后由于应力重分布,洞室局部区域应力有可能超过岩体弹性极限而进入塑性状态。当不考虑体力时,平衡方程为

$$\frac{\partial \sigma_r}{\partial r} + \frac{\sigma_r - \sigma_\theta}{r} = 0 \tag{9-4}$$

在塑性区应力除满足平衡方程外,尚需满足塑性条件。若取摩尔—库仑准则为塑性条件,即

$$\frac{\sigma_r^p + c\cot\varphi}{\sigma_\theta^p + c\cot\varphi} = \frac{1 - \sin\varphi}{1 + \sin\varphi} \tag{9-5}$$

式中:上角标 p ——塑性区的分量(下同)。

联立解式(9-4)及式(9-5),得

$$\ln(\sigma_r^p + c\cot\varphi) = \frac{2\sin\varphi}{1 - \sin\varphi}\ln r + C_1 \tag{9-6}$$

式中: C_1 ——积分常数,由边界条件确定。

当有支护时,支护与围岩界面($r = r_0$)上的应力边界条件为 $\sigma_r^p = P_i$, P_i 为支护抗力,则积分常数为

$$C_1 = \ln(P_i + c\cot\varphi) - \frac{2\sin\varphi}{1 - \sin\varphi}\ln r_0 \tag{9-7}$$

代入式(9-5)及式(9-6),即得塑性区应力,有

$$\left.\begin{aligned} \sigma_r^p &= (P_i + c\cot\varphi)\left(\frac{r}{r_0}\right)^{\frac{2\sin\varphi}{1-\sin\varphi}} - c\cot\varphi \\ \sigma_\theta^p &= (P_i + c\cot\varphi)\left(\frac{1 + \sin\varphi}{1 - \sin\varphi}\right)\left(\frac{r}{r_0}\right)^{\frac{2\sin\varphi}{1-\sin\varphi}} - c\cot\varphi \end{aligned}\right\} \tag{9-8}$$

由上式可见,塑性区应力将随着 c、φ 及 P_i 的增大而增大,而与原岩应力 P 无关。为求得塑性区半径,需应用塑性区和弹性区交界面上的应力协调条件。令塑性区半径为 R_0,则当 $r = R_0$ 时,有

$$\sigma_r^e = \sigma_r^p = \sigma_{R_0}; \sigma_\theta^e = \sigma_\theta^p \tag{9-9}$$

式中:角标 e ——弹性区的分量。

对于弹性区($r \geqslant R_0$),围岩的应力及变形为

$$\left.\begin{array}{l}\sigma_r^e = P\left(1 - \dfrac{R_0^2}{r^2}\right) + \sigma_{R_0}\dfrac{R_0^2}{r^2} = P\left(1 - v'\dfrac{R_0^2}{r^2}\right) \\[4mm] \sigma_\theta^e = P\left(1 + \dfrac{R_0^2}{r^2}\right) - \sigma_{R_0}\dfrac{R_0^2}{r^2} = P\left(1 + v'\dfrac{R_0^2}{r^2}\right) \\[4mm] u^e = \dfrac{(P - \sigma_{R_0})R_0^2}{2Gr} = v'\dfrac{PR_0^2}{2Gr}\end{array}\right\} \tag{9-10}$$

式中：σ_{R_0}——弹塑性区交界面上的径向应力。

$$v' = 1 - \frac{\sigma_{R_0}}{P}$$

将式(9-10)中第一、二式相加,得

$$\sigma_r^e + \sigma_\theta^e = 2P \tag{9-11}$$

因而在弹塑性界面$(r=R_0)$上也有

$$\sigma_r^e + \sigma_\theta^e = 2P \tag{9-12}$$

将式(9-12)代入塑性条件式(9-5)中,整理后即得 $r=R_0$ 处的应力

$$\left.\begin{array}{l}\sigma_r = P(1 - \sin\varphi) - c\cos\varphi = \sigma_{R_0} \\[3mm] \sigma_\theta = P(1 + \sin\varphi) + c\cos\varphi = 2P - \sigma_{R_0}\end{array}\right\} \tag{9-13}$$

式(9-13)表明弹塑性界面上应力是一个取决于 P、c、φ 值的函数,而与 P_i 无关。

将 $r=R_0$ 代入式(9-8),并考虑式(9-13),得塑性区半径 R_0 与 P_i 的关系式

$$P_i = (P + c\cot\varphi)(1 - \sin\varphi)\left(\frac{r_0}{R_0}\right)^{\frac{2\sin\varphi}{1-\sin\varphi}} - c\cot\varphi \tag{9-14}$$

或

$$R_0 = r_0\left[\frac{(P + c\cot\varphi)(1 - \sin\varphi)}{P_i + c\cot\varphi}\right]^{\frac{1-\sin\varphi}{2\sin\varphi}} \tag{9-15}$$

式(9-14)和式(9-15)就是修正了的芬纳公式。它描述了支护抗力 P_i 与 R_0 的关系。从公式可知,P_i 越小,则 R_0 越大;反之,R_0 越大,则为维持极限平衡状态所需的支护抗力 P_i 就越小。如图 9-3 所示,P_i-R_0 曲线可见,在围岩稳定的前提下,扩大塑性区半径 R_0,就可降低为维持极限平衡状态所需的支护抗力 P_i,也就是说,这种情况下充分发挥了围岩的自承作用。但是必须指出,围岩的这种作用是有限的,当 P_i 降低到一定值后,塑性区再扩大,围岩就要出现松动塌落。刚出现松动塌落时的围岩压力称为最小围岩压力 $P_{i\min}$,过此点后围岩压力就要大大增加,上述 P_i-R_0 曲线就不再适用。

由式(9-13)可知

$$v' = 1 - \frac{\sigma_{R_0}}{P} = \sin\varphi + \frac{c}{P}\cos\varphi \tag{9-16}$$

令弹塑性界面上的应力差为 M,则

$$\sigma_\theta^p - \sigma_r^p = M = 2P\sin\varphi + 2c\cos\varphi \tag{9-17}$$

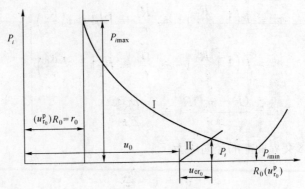

图 9-3　$P_i\text{-}R_0$ 曲线

Ⅰ-$P_i\text{-}u_{r_0}^p$ 或 $P_i\text{-}R_0$ 曲线；Ⅱ-$P_i\text{-}u_{cr_0}$ 曲线；$(u_{r_0}^p)_{R_0=r_0}$-刚出现塑性区时洞壁径向位移

则公式(9-16)可改写为

$$v' = \frac{2M}{P} \tag{9-18}$$

围岩弹性区应力及位移为

$$
\left.
\begin{aligned}
\sigma_r^e &= P\left(1 - \frac{M}{2P}\cdot\frac{R_0^2}{r^2}\right) = P - (P\sin\varphi + c\cos\varphi)\frac{R_0^2}{r^2} \\[2mm]
\sigma_\theta^e &= P\left(1 + \frac{M}{2P}\cdot\frac{R_0^2}{r^2}\right) = P + (P\sin\varphi + c\cos\varphi)\frac{R_0^2}{r^2} \\[2mm]
u^e &= \frac{MR_0^2}{4Gr} = \frac{(P\sin\varphi + c\cos\varphi)R_0^2}{2Gr}
\end{aligned}
\right\}
\tag{9-19}
$$

为了求得塑性区位移 u^p，可假定在小变形情况下塑性区体积不变，即

$$\varepsilon = \varepsilon_r^p + \varepsilon_\theta^p + \varepsilon_z^p = 0 \tag{9-20}$$

将几何方程代入，得

$$\frac{\partial u^p}{\partial r} + \frac{u^p}{r} = 0 \tag{9-21}$$

该微分方程通解为

$$u^p = \frac{A}{r} \tag{9-22}$$

A 为待定常数，由弹塑性界面($r = R_0$)上变形协调条件 $u^e = u^p$ 求得，将弹性区及塑性区位移表达式(9-19)及(9-22)代入，得

$$A = \frac{(P\sin\varphi + c\cos\varphi)R_0^2}{2G} = \frac{MR_0^2}{4G} \tag{9-23}$$

因而塑性区围岩位移为

$$u^p = u = \frac{(P\sin\varphi + c\cos\varphi)R_0^2}{2Gr} = \frac{MR_0^2}{4Gr} \quad (r_0 \leqslant r \leqslant R_0) \tag{9-24}$$

应该指出,塑性区体积不变仅仅是一种假定,实际上,由于岩体存在着剪胀现象,塑性区将扩容。

若令式(9-14)或令(9-15)中 $P_i = 0$,即得无支护情况下塑性区半径,并可相应的求得无支护时围岩的应力和变形。由式(9-19)可知,弹塑性界面($r = R_0$)上的应力值仅取决于 P 和 c、φ 值的函数,而与支护抗力 P_i 无关,支护抗力 P_i 只能改变塑性区大小而不能改变弹塑性界面上的围岩应力。

当 $R_0 = r_0$,即塑性区为零时

$$P_{i\max} = P(1 - \sin\varphi) - c\cos\varphi \tag{9-25}$$

可见最大支护抗力就是弹塑性界面上的应力,其值要比原岩应力 P 小。

将 $r = r_0$ 的塑件位移 $u_{r_0}^p$ 值代入式(9-14),即得支护抗力 P_i 与洞周围岩塑性位移 $u_{r_0}^p$ 关系式

$$P_i = -c\cot\varphi + (P + c\cot\varphi)(1 - \sin\varphi)\left(\frac{Mr_0}{4Gu_{r_0}^p}\right)^{\frac{\sin\varphi}{1-\sin\varphi}} \tag{9-26}$$

由上式可知,支护抗力 P_i 随着洞壁塑性位移增大而逐渐减小,直至达到 $P_{i\min}$。

②喷层上的围岩压力的计算。

计算围岩压力必须考虑喷层与围岩的共同作用,式(9-26)中围岩洞壁位移 $u_{r_0}^p$ 应是支护外壁位移 u_{cr_0} 及支护前围岩洞壁已释放了的位移 u_0 之和,即在洞周边 $r = r_0$ 上有

$$u_{r_0}^p = u_{cr_0} + u_0 \tag{9-27}$$

因而式(9-26)可写为

$$P_i = -c\cot\varphi + (P + c\cot\varphi)(1 - \sin\varphi)\left[\frac{Mr_0}{4G(u_{cr_0} + u_0)}\right]^{\frac{\sin\varphi}{1-\sin\varphi}} \tag{9-28}$$

由式(9-24)可得支护外壁位移

$$u_{cr_0} = \frac{MR_0^2}{4Gr_0} - u_0 \tag{9-29}$$

式中:u_0——与支护施工条件及岩性有关,它可由实际量测、经验估算或考虑空间及时间效应的计算方法确定。

上述各计算应力及位移的公式中均含有尚未确定的塑性区半径 R_0。为了确定这些数值必须考虑支护与围岩的共同工作。

由式(9-23)及式(9-24)第一式,当 $r = r_0$ 时

$$\sigma_{cr} = P_i = P(1 - v) \tag{9-30}$$

$$u_{cr_0} = \frac{P(1 - v)}{K_c} \tag{9-31}$$

因而

$$P(1 - v) = K_c u_{cr_0} \tag{9-32}$$

得
$$P_i = K_c u_{cr_0} \tag{9-33}$$

式中：K_c——支护刚度系数，$K_c = \dfrac{2G_c(r_0^2 - r_1^2)}{r_0[(1-2\mu_0)r_0^2 + 2r_1^2]}$； $\tag{9-34}$

G_c、μ_0——支护剪切模量和泊松比。

将式(9-29)代入式(9-33)得

$$P_i = K_c\left(\dfrac{MR_0^2}{4Gr_0} - u_0\right) \tag{9-35}$$

代入式(9-15)而得塑性区半径

$$R_0 = r_0\left[\dfrac{(P + c\cot\varphi)(1-\sin\varphi)}{K_c\left(\dfrac{MR_0^2}{4Gr_0} - u_0\right) + c\cot\varphi}\right]^{\frac{1-\sin\varphi}{2\sin\varphi}} \tag{9-36}$$

无论是通过试算求出 P_i 或 R_0，都可按式(9-8)、式(9-19)、式(9-24)确定围岩弹塑性区的应力和位移。

对于有支护时的支护应力及位移为

$$
\left.
\begin{aligned}
\sigma_{cr} &= \left(\dfrac{MR_0^2}{4Gr_0} - u_0\right)\dfrac{K_c r_0^2}{r_0^2 - r_1^2}\left(1 - \dfrac{r_1^2}{r^2}\right) = P_i\dfrac{r_0^2}{r_0^2 - r_1^2}\left(1 - \dfrac{r_1^2}{r^2}\right) \\[2mm]
\sigma_{c\theta} &= \left(\dfrac{MR_0^2}{4Gr_0} - u_0\right)\dfrac{K_c r_0^2}{r_0^2 - r_1^2}\left(1 + \dfrac{r_1^2}{r^2}\right) = P_i\dfrac{r_0^2}{r_0^2 - r_1^2}\left(1 + \dfrac{r_1^2}{r^2}\right) \\[2mm]
u_c &= \dfrac{1}{2G}\left(\dfrac{MR_0^2}{4Gr_0} - u_0\right)\dfrac{K_c r_0^2}{r_0^2 - r_1^2}\left[(K_c - 1)\dfrac{r}{2} + \dfrac{r_1^2}{r}\right] \\[2mm]
&= \dfrac{P_i}{2G_c}\dfrac{r_0^2}{r_0^2 - r_1^2}\left[(K_c - 1)\dfrac{r}{2} + \dfrac{r_1^2}{r}\right]
\end{aligned}
\right\}
\tag{9-37}
$$

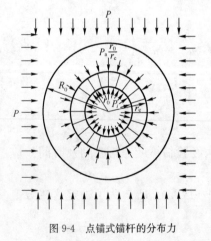

图 9-4　点锚式锚杆的分布力

（2）点锚式锚杆

点锚式锚杆可视为锚杆两端作用有集中力，假设集中力分布于锚固区锚杆内外端两个同心圆上如图 9-4 所示，由此在洞壁上产生支护的附加抗力 P_a，而锚杆内端分布力为 $(r_0/r_c)P_a$（r_c 为锚杆内端半径）。平衡方程及塑性方程为

$$\dfrac{d\sigma_r}{dr} - \dfrac{\sigma_r - \sigma_\theta}{r} = 0 \tag{9-38}$$

$$\dfrac{\sigma_r + C_1\cot\varphi}{\sigma_\theta + C_1\cot\varphi} = \dfrac{1 - \sin\varphi_1}{1 + \sin\varphi_1} \tag{9-39}$$

式中：C_1、φ_1——分别为加锚后围岩的 c、φ 值。一般可取 $\varphi_1 = \varphi$，C_1 按 c 和 φ 由锚杆抗剪力折算而得。

由式(9-38)、式(9-39)得

$$\ln(\sigma_r + C_1\cot\varphi_1) = \dfrac{2\sin\varphi_1}{1 - \sin\varphi_1}\ln r + C' \tag{9-40}$$

当 $r=r_0$ 时，$\sigma_r=P_a+P_i$，代入上式，得积分常数

$$C' = \ln(P_a + P_i + G\cot\varphi_1) - \frac{2\sin\varphi_1}{1-\sin\varphi_1}\ln r_0 \tag{9-41}$$

将式(9-41)代入式(9-40)有

$$\sigma_r = (P_a + P_i + G\cot\varphi_1)\left(\frac{r}{r_0}\right)^{\frac{2\sin\varphi_1}{1-\sin\varphi_1}} - C_1\cot\varphi_1 \tag{9-42}$$

令锚杆内端点的径向应力为 σ_c 并位于塑性区内，则弹塑性界面上有

$$\sigma_r = (\sigma_c + C_1\cot\varphi_1)\left(\frac{R_0^a}{r_c}\right)^{\frac{2\sin\varphi_1}{1-\sin\varphi_1}} - C_1\cot\varphi_1 = P(1-\sin\varphi_1) - C_1\cos\varphi_1 \tag{9-43}$$

式中：R_0^a——有锚杆时的塑性区半径。

由此得

$$\sigma_c = (P + C_1\cot\varphi_1)(1-\sin\varphi_1)\left(\frac{r_c}{R_0^a}\right)^{\frac{2\sin\varphi_1}{1-\sin\varphi_1}} - C_1\cot\varphi_1 \tag{9-44}$$

此外，由式(9-42)并考虑锚杆内端的分布力，则

$$\sigma_c = (P_a + P_i + C_1\cot\varphi_1)\left(\frac{r_c}{r_0}\right)^{\frac{2\sin\varphi_1}{1-\sin\varphi_1}} - C_1\cot\varphi_1 - \frac{r_0}{r_c}P_a \tag{9-45}$$

按式(9-44)、式(9-45)得有锚杆时的塑性区半径 R_0^a

$$R_0^a = r_c\left[\frac{(P + C_1\cot\varphi_1)(1-\sin\varphi_1)}{(P_i + P_a + C_1\cot\varphi_1)\left(\frac{r_c}{r_0}\right)^{\frac{2\sin\varphi_1}{1-\sin\varphi_1}} - \frac{r_0}{r_c}P_a}\right]^{\frac{1-\sin\varphi_1}{2\sin\varphi_1}} \tag{9-46}$$

当锚杆内端位于塑性区内，且在松动区之外时，有锚杆时的最大松动区半径为

$$R_{max}^a = r_c\left[\frac{(P + C_1\cot\varphi_1)(1-\sin\varphi_1)}{(P_{imin} + P_a + C_1\cot\varphi_1)(1+\sin\varphi_1)}\right]^{\frac{1-\sin\varphi_1}{2\sin\varphi_1}} \tag{9-47}$$

当锚杆内端位于松动区时，则有

$$R_{max}^a = R_0^a\left(\frac{1}{1+\sin\varphi_1}\right)^{\frac{1-\sin\varphi_1}{2\sin\varphi_1}}$$

$$= r_0\left[\frac{(P + C_1\cot\varphi_1)(1-\sin\varphi_1)}{\left[(P_{imin} + P_a + C_1\cot\varphi_1)\left(\frac{r_c}{r_0}\right)^{\frac{2\sin\varphi_1}{1-\sin\varphi_1}} - \frac{r_0}{r_c}P_a\right](1+\sin\varphi_1)}\right]^{\frac{1-\sin\varphi_1}{2\sin\varphi_1}} \tag{9-48}$$

有锚杆时的洞壁位移 $u_{r_0}^a$ 及围岩位移 u_r^a 为

$$\left.\begin{aligned} u_{r_0}^a &= \frac{M(R_0^a)^2}{4Gr_0} \\ u_r^a &= \frac{M(R_0^a)^2}{4Gr} \end{aligned}\right\} \tag{9-49}$$

对于点锚式锚杆，可按锚杆与围岩共同变形理论获得锚杆轴力

$$Q = \frac{(u' - u'')E_a A_s}{r_c - r_0} \tag{9-50}$$

图 9-5　加锚区与非加
锚区洞壁位移
比较

式中：u'——锚杆外端位移，$u' = \dfrac{M(R_0^a)^2}{4Gr_0} - u_0^a$；

　　　u''——锚杆内端位移，$u'' = \dfrac{M(R_0^a)^2}{4Gr_c} - \dfrac{r_0}{r_c}u_0^a$；

　　　u_0^a——锚固前洞壁位移值；

　　　E_a、A_s——分别为锚杆弹模与一根锚杆的横截面积。

因为锚杆是集中加载，其围岩变位实际上是不均匀的，如图 9-5 所示，在加锚处的洞壁位移量最小，如锚杆设有托板，则锚端还会有局部承压变形，因此在计算锚杆拉力时应乘以一个小于 1 的系数，即

$$Q = k\frac{u' - u''}{r_c - r_0}E_a A_s \tag{9-51}$$

式中：k——与岩质和锚杆间距有关，岩石好时可取 1，岩质差时取 1/2～4/5。

由 Q 即能算出 P_a，即

$$P_a = \frac{Q}{ei} \tag{9-52}$$

式中：e、i——分别为锚杆的横向和纵向间距。

当锚杆有预拉力 Q_1 作用时，则

$$P_a = \frac{Q + Q_1}{ei} \tag{9-53}$$

显然，上式要求锚杆拉力小于锚杆锚固力。

计算时，需要通过试算求出 P_a、P_i 及 R_0^a，按下式求出洞壁位移

$$u_{r0}^a = \frac{M(R_0^a)^2}{4Gr_0} = u' + u_0^a \tag{9-54}$$

式中：u_0^a——锚固前洞壁位移值。

锚杆拉力 $Q + Q_1$ 为

$$Q + Q_1 = k\frac{u' - u''}{r_c - r_0}E_a A_s + Q_1 \tag{9-55}$$

（3）全长黏结式锚杆

如图 9-6 所示，全长黏结式锚杆通过砂浆对锚杆的剪力传递而使锚杆处于受拉状态。对一般软岩，可认为锚杆与围岩具有共同位移，而略去围岩与锚杆间相对变形，显然，锚杆轴力沿全长不是均布的。由图可见，锚杆两端受有不同方向的剪力，中间存在一中性点，该点剪应力为零。中性点上锚杆拉应力（轴力）最大，在锚杆两端点为零。可见全长黏结式锚杆的受力状况不同于点锚式锚杆。

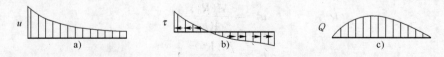

图 9-6　黏结式锚杆内力及位移分布

考虑锚杆上任意点的位移为

$$u_r^a = \left[\frac{M(R_0^a)^2}{4G} - r_0 u_0^a\right]\frac{1}{r} \tag{9-56}$$

当 $r_0 \leqslant r \leqslant \rho$（中性点半径）时，锚杆轴力 Q_1 为

$$Q_1 = -\int\left[\frac{M(R_0^a)^2}{4G} - r_0 u_0^a\right]E_a A_s\left(\frac{d^2\frac{1}{r}}{dr^2}\right)dr + C'$$

$$= -\left[\frac{M(R_0^a)^2}{4G} - r_0 u_0^a\right]E_a A_s\left(\frac{1}{r^2}\right) + C' \tag{9-57}$$

当 $r = r_0$ 时，$Q = 0$，故

$$\left.\begin{aligned} C' &= \left[\frac{M(R_0^a)^2}{4G} - r_0 u_0^a\right]E_a A_s\frac{1}{r_0^2} \\ Q_1 &= \left[\frac{M(R_0^a)^2}{4G} - r_0 u_0^a\right]E_a A_s\left(\frac{1}{r_0^2} - \frac{1}{r^2}\right) \end{aligned}\right\} \tag{9-58}$$

当 $\rho < r < r_0$ 时，其轴力 Q_2 为

$$Q_2 = \left[\frac{M(R_0^a)^2}{4G} - r_0 u_0^a\right]E_a A_s\left(\frac{1}{r^2} - \frac{1}{r_c^2}\right) \tag{9-59}$$

当 $r = \rho$ 时，$Q_1 = Q_2$，则有

$$\frac{1}{r_0^2} - \frac{1}{\rho^2} = \frac{1}{\rho^2} - \frac{1}{r_c^2}; \rho = \sqrt{\frac{2r_c^2 r_0^2}{r_0^2 + r_c^2}} \tag{9-60}$$

式中：ρ——锚杆最大轴力处的半径，此处剪力为零。

由此算得锚杆最大轴力为

$$Q_{max} = k\left[\frac{M(R_0^a)^2}{4G} - r_0 u_0^a\right]E_a A_s\left(\frac{1}{r_0^2} - \frac{1}{\rho^2}\right)$$

$$= k\left[\frac{M(R_0^a)^2}{4G} - r_0 u_0^a\right]E_a A_s\left(\frac{1}{\rho^2} - \frac{1}{r_c^2}\right)$$

$$= \frac{k}{2}\left[\frac{M(R_0^a)^2}{4G} - r_0 u_0^a\right]E_a A_s\left(\frac{1}{r_0^2} - \frac{1}{r_c^2}\right) \tag{9-61}$$

点锚式锚杆中，式(9-50)还可写成（$r_0 \neq r_c$ 时）

$$Q = k\left[\frac{M(R_0^a)^2}{4G} - r_0 u_0^a\right]E_a A_s\left(\frac{1}{r_0 r_c}\right) \tag{9-62}$$

为使计算简化，可用 Q_{max} 或与点锚式锚杆等效的轴力 Q' 来代替 Q，由此可将黏结式锚杆按点锚式锚杆进行计算。Q' 按上述两种锚杆轴力图的面积等效求得，即

$$Q'(r_c - r_0) = \int_{r_0}^{\rho} Q_1 dr + \int_{\rho}^{r_c} Q_2 dr \tag{9-63}$$

由此得

$$Q' = k\left[\frac{M(R_0^a)^2}{4G} - r_0 u_0^a\right]\frac{E_a A_s}{r_c - r_0}\left(\frac{\rho - r_0}{r_0^2} + \frac{\rho - r_c}{r_c^2} + \frac{2}{\rho} - \frac{1}{r_0} - \frac{1}{r_c}\right) \tag{9-64}$$

9.3.2　锚杆支护的计算与设计

(1)锚杆的计算与设计

为让锚杆充分发挥作用，应使锚杆应力 σ 尽量接近钢材设计抗拉强度 f_t，并有一定安全

度，即

$$K_1\sigma = \frac{K_1 Q}{A_s} = f_t \tag{9-65}$$

锚杆抗拉安全系数 K_1，应在 $1\sim1.5$ 之间。

按本法计算，锚杆有一最佳长度，在这一长度时将使喷层受力最小。为防止锚杆和围岩一起塌落，锚杆长度必须大于松动区厚度，而且有一定安全度，即要求

$$\left.\begin{array}{l} r_c > R^a \\[2mm] R^a = r_c\left[\left(\dfrac{P + C_1\cot\varphi_1}{P_i + P_a + C_1\cot\varphi_1}\right)\left(\dfrac{1-\sin\varphi_1}{1+\sin\varphi_1}\right)\right]^{\frac{1-\sin\varphi_1}{2\sin\varphi_1}} \end{array}\right\} \tag{9-66}$$

锚杆间距 e、i 应满足下列要求

$$\frac{e}{r_c - r_0} \leqslant \frac{1}{2}; \frac{i}{r_c - r_0} \leqslant \frac{1}{2} \tag{9-67}$$

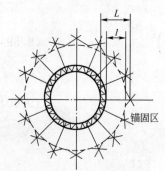

图 9-7　锚杆加固区与锚杆有效长度关系

此条件能保持锚杆有一定实际的加固区厚度，并防止锚杆间的围岩发生塌落，见图 9-7。此外，e、i 的合理选择还应使喷层具有适当的厚度，这样才能充分发挥喷层的作用。

(2)喷层的计算与设计

喷层除作为结构要起到承载作用外，还要求向围岩提供足够的反力，以维持围岩的稳定。为了验证围岩稳定，需要计算最小抗力 $P_{i\min}$ 以及围岩稳定安全系数 K_2。松动区内滑移体的重力 G 为

$$G = \gamma b(R_{\max}^a - r_0) = P_{i\min}b \tag{9-68}$$

式中：b——滑移体的宽度。

求出 $P_{\min}$，由此得

$$K_2 = \frac{P_i}{P_{i\min}} \tag{9-69}$$

要求 K_2 值应在 $2\sim4.5$ 之间。

作为喷层强度校核，要求喷层内壁切向应力小于喷射混凝土抗压强度。按厚壁筒理论有

$$\left.\begin{array}{l} \sigma_\theta = P_i\dfrac{2a^2}{a^2-1} \leqslant R_h \\[2mm] a = \dfrac{r_0}{r_1} \end{array}\right\} \tag{9-70}$$

式中：$a = \dfrac{r_0}{r_1}$；

　　　R_h——喷射混凝土抗压强度；

　　　r_1——喷射混凝土内壁半径。

由此可算喷层厚度 t 为

$$t = k_3 r_0\left[\frac{1}{\sqrt{1 - \dfrac{2P_i}{R_h}}} - 1\right] \tag{9-71}$$

式中：k_3——喷层的安全系数。

9.4 锚喷支护监控设计

9.4.1 监控设计目的、原理与方法

由于地下工程所处环境及结构受力的复杂性,初始的锚喷支护设计可能与实际情况不是很相适应。自 20 世纪 50 年代以来,国际上就开始通过对地下工程的量测来监视围岩和支护的稳定性,并应用现场监测结果来修正设计,指导施工。近年来,现场量测又与工程地质,力学分析紧密配合,正在逐渐形成一整套监控设计(或称信息设计)的原理与方法,以较好地反映和适应地下工程的规律和特点。尽管这种方法目前还很不成熟,但随着岩体力学和测试技术的发展,地下工程监控设计将会得到不断地完善。

具体来讲,监控量测得目的主要有以下几点:

(1)提供监控设计的依据和信息

①掌握围岩力学形态的变化和规律。

②掌握支护的工作状态。

(2)指导施工,预报险情

①做出工程预报,确定施工对策。

②监视险情,安全施工。

(3)工程运营期间的监视手段

①掌握工程运营的安全状况。

②及时发现险情,采取相应的补强措施。

(4)校核理论,完善工程类比方法

①为理论解析,数值分析提供计算数据与对比指标。

②为工程类比提供参数指标。

(5)为地下工程设计与施工积累资料

监控设计的原理是通过现场量测获得围岩力学动态和支护工作状态的信息(数据),据此,再通过必要的力学分析,以修正和确定支护系统的设计和施工对策。

监控设计通常包含两个阶段,初始设计阶段和修正设计阶段。初始设计,一般应用工程类比法与数理初步分析法进行。修正设计则是根据现场监控量测所得到的信息进行理论分析与数值分析,做出综合判断,得出最终设计参数与施工对策,见图 9-8。

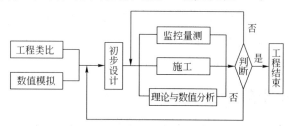

图 9-8 监控设计流程图

监控设计的主要环节是:现场监测→数据处理→信息反馈三个方面。现场监测包括制订方案,确定测试内容,选择测试手段,实施监测计划。数据处理包括原始数据的整理,明确数据处理的目的,选择处理方法,提出处理结果。信息反馈包括:反馈方法(定性反馈与定量反馈)和反馈的作用(修正设计与指导施工)。

9.4.2　监控量测内容及手段

国标《锚杆喷射混凝土支护技术规范》(GB 50086—2001)规定:实施现场监控量测的隧洞必须进行地质和支护状况观察、周边位移和拱顶下沉量测。对于具有特殊性质和要求的隧洞尚应进行围岩内部位移和松动区范围、围岩压力及两层支护间接触应力、钢架结构受力、支护结构内力及锚杆内力等项目量测。具体内容如下:

①现场观察:开挖掌子面附近的围岩稳定性;围岩构造情况;支护变形与稳定情况;校核围岩分类。

②岩体(岩石)力学参数测试:抗压强度;变形模量;黏聚力;内摩擦角;泊松比。

③应力应变测试:岩体原岩应力;围岩应力、应变;支护结构的应力、应变;围岩与支护和各种支护间的接触应力。

④压力测试:支撑上的围岩压力;渗水压力。

⑤位移测试:围岩位移(含地表沉降);支护结构位移;围岩与支护倾斜度。

⑥温度测试:岩体(岩石)温度;洞内温度;气温。

⑦物理探测:弹性波(声波)测试(纵波速度、横波速度、动弹性模量、动泊松比);视电阻率测试。

上述监测项目,一般分为应测项目和选测项目。应测项目是现场测试的核心,它是设计、施工等所必需进行的经常性量测,《锚杆喷射混凝土支护技术规范》(GB 50086—2001)对此有明确的规定。选测项目是根据不同地质,工程性质等具体条件和对现场量测要索取的数据类型而选择的测试项目。由于条件的不同和要取得的信息不同,在不同的工程中往往采用不同的测试项目。但对于一个具体工程来说,对上述列举的项目不会全部应用,只是有目的地选用其中的几种。相关的规范对应测项目、选测项目有具体的规定。在某些工程中,由于特殊需要,还要增测一些一般不常用而对该工程又很重要和必需的测试项目。如底鼓量测,岩体力学参数量测,原岩应力量测等。

现场量测手段,按其仪器(表)的物理效应的不同,可分为下述几种类型:

①机械式:如百分表、千分表,挠度计,测力计等。

②电测式:电阻型,电感型,电容型,差动型,振弦型,压电、电磁型等。

③光弹式:光弹应力计,光弹应变计。

④物探式:弹性波法,形变电阻率法。

9.4.3　数据分析及信息反馈

现场量测的数据是随时间和空间变化的,一般称为时间效应与空间效应。现场监控量测的各类数据(记录时应注明施工工序和开挖面距量测断面的距离)均应及时绘制成时态曲线——即量测数据随时间的变化规律,例如位移-时间曲线,然后进行回归分析或其他数学方法分析。

根据对监测数据的分析,可将结果反馈用于下面几个方面,进行结构设计和施工工艺的优化。

(1)评价围岩稳定性

评价围岩稳定性主要是应用围岩位移、位移速率及围岩位移加速度等数据进行分析。当隧洞支护上任何部位的实测收敛相对值或用回归分析进行预报的总收敛相对值偏离规范规定的数值时,必须立即采用补强措施,并改变原支护设计参数。从围岩稳定的角度看,尤应注意围岩位移加速度的出现。对于浅埋隧道则应根据地表下沉量来判断围岩稳定性。

(2)评价围岩达到稳定的标准,确定最终支护时间及仰拱灌注的时间

我国锚喷支护规范规定,隧道最终支护时间应在围岩达到稳定以后,应满足下述要求:

①周边收敛速度明显下降。

②收敛量已达总收敛量的 $80\%\sim90\%$。

③收敛速率小于 $0.1\sim0.2mm/$日,或拱顶位移速率小于 $0.07\sim0.15mm/$日。

一般软弱围岩仰拱灌注时间可在围岩稳定以后,最终支护之前进行;而对于极差的围岩及塑性流变地层,当变形速度很大时,为维持围岩稳定,仰拱灌注应尽早进行。通常,封底后位移速度会迅速下降,围岩会逐渐趋于稳定,否则应加强支护。当围岩变形量不大,而围岩压力与地层应力很大时,则应适当延迟封底时间,以提高支护的柔性。

(3)调整施工方法与支护时机

当测得的位移速率或位移量超过容许值时,除加强支护外还应调整施工方法,如缩短台阶长度和台阶层数,提前锚喷支护的时间和仰拱封底时间。如这种方案仍未能使变形速度降至允许值之下,则应对开挖面进行加固,如采用先支护(斜插锚杆、钢筋,钢插板等)稳定顶部围岩,用喷射混凝土及锚杆等稳定掌子面。

(4)调整锚杆支护参数

锚杆参数包括锚杆长度、直径、数量(即间距)及钢材种类等。

当围岩位移速率或位移量超过容许值时一般应增加锚杆数量和长度。如果拉拔力足够时,增加锚杆直径亦能起到一定支护效果,而且施工方便。

锚杆长度应大于测试所得的松动区范围,并留有一定富余量。如量测显示锚杆后段的拉应变很小或出现压应变时,可适当减小锚杆的长度。

当锚杆轴向力大于锚杆屈服强度时,应优先考虑改变锚杆材料,采用高强钢材。增加锚杆数量或直径也可获得降低锚杆应力的效果。

根据质量检验中所进行的锚杆抗拔试验,当抗拔力小于锚杆屈服强度时,可考虑改变锚杆材料或缩小其直径。但要注意,设计安全度亦会因此降低。

(5)调整喷层厚度

初始喷层厚度一般在 $5\sim10cm$ 左右。当初始喷层厚度较小,喷层应力大或围岩压力大,喷层出现明显裂损时,应适当加厚初始喷层厚度。若喷层厚度已选得较大时,则可增加锚杆数量,调整锚杆参数或调整施工方法,改变仰拱封底时间以减小初始喷层受力状况。

如测得的最后喷层内的应力较大,达不到规定安全度时,必须增加最后喷层的厚度或改变

二次支护的时间。

(6)调整变形富余量,修改开挖断面尺寸

根据测得的收敛值或位移值,调整变形富余量。当收敛值超过允许值,但喷射混凝土未出现明显开裂时,可增大变形富余量。

复习思考题

1　简述锚喷支护设计的基本原理。

2　说明锚喷支护结构的类型并分析各自的特点。

3　简述锚喷支护的组成及力学作用。

4　简述锚喷支护的工艺特点和设计原则。

5　为什么现阶段锚喷支护设计仍然以采用工程类比法为主?

6　简述监控设计的原理和主要环节。

第 10 章　基坑支护结构

10.1　概　　述

10.1.1　基本概念及支护结构类型

地下建筑结构都是埋置在地下一定深度处,其施工不可避免地涉及大量的土方开挖。开挖的方法可以是暗挖,例如盾构法和顶管法;还可以是明挖,就是先从地面直接往下开挖到设计的深度,待地下建筑结构完成之后再回填土方或是在上面修建上部结构。明挖时为进行地下建筑物(包括构筑物)、上部建筑基础及地下室的施工所开挖的地面以下之空间称为基坑。

基坑开挖后会受到周围土水压力的作用,可能坍塌失稳,为保证基坑施工、主体地下结构的安全和周边环境不受损害而必须采取一定的支护结构、加固、降水和土方开挖与回填等工程,它们总称为基坑工程,包括勘察、设计、施工、监测等。

基坑工程是一项综合性很强的岩土工程,既涉及土力学中典型的强度、稳定与变形问题,又涉及土与支护结构共同作用以及场地的工程、水文地质等问题,同时还与计算技术、测试技术、施工技术等密切相关。因此,基坑工程具有以下特点:

(1)基坑支护体系是临时结构,安全储备较小,具有较大的风险性。基坑工程施工过程中应进行监测,并应有应急措施。在施工过程中一旦出现险情,需要及时抢救。

(2)基坑工程具有很强的区域性。如软黏土地基、黄土地基等工程地质和水文地质条件不同的地基中,基坑工程差异性很大。同一城市不同区域也有差异。基坑工程的支护体系设计与施工和土方开挖都要因地制宜,根据本地情况进行,外地的经验可以借鉴,但不能简单搬用。

(3)基坑工程具有很强的个性。基坑工程的支护体系设计与施工和土方开挖不仅与工程地质、水文地质条件有关,还与基坑相邻建(构)筑物和地下管线的位置、抵御变形的能力、重要性,以及周围场地条件等有关。有时保护相邻建(构)筑物和市政设施的安全是基坑工程设计与施工的关键。这就决定了基坑工程具有很强的个性。因此,对基坑工程进行分类、对支护结构允许变形规定统一标准都是比较困难的。

(4)基坑工程综合性强。基坑工程不仅需要岩土工程知识,也需要结构工程知识,需要土力学理论、测试技术、计算技术及施工机械、施工技术的综合。

(5)基坑工程具有较强的时空效应。基坑的深度和平面形状对基坑支护体系的稳定性和变形有较大影响。在基坑支护体系设计中要注意基坑工程的空间效应。土体,特别是软黏土,具有较强的蠕变性,作用在支护结构上的土压力随时间变化。蠕变将使土体强度降低,土坡稳定性变小。所以对基坑工程的时间效应也必须给予充分的重视。

(6)基坑工程是系统工程。基坑工程主要包括支护体系设计和土方开挖两部分。土方开挖的施工组织是否合理将对支护体系是否成功产生重要作用。不合理的土方开挖、步骤和速度可能导致主体结构桩基变位、支护结构过大的变形，甚至引起支护体系失稳而导致破坏。同时在施工过程中，应加强监测，力求实行信息化施工。

(7)基坑工程具有环境效应。基坑开挖势必引起周围地基地下水位的变化和应力场的改变，导致周围地基土体的变形，对周围建(构)筑物和地下管线产生影响，严重的将危及其正常使用或安全。大量土方外运也将对交通和弃土点环境产生影响。

10.1.2　基坑支护结构的类型及实用条件

基坑工程中为维持基坑边坡稳定并控制其变形，保护地下主体结构施工和基坑周边环境的安全，对基坑采用的临时性支挡或加固基坑侧壁的承受荷载的结构称为基坑支护结构。根据工作机理的不同，支护结构可大致分为支挡式结构、重力式水泥土墙、土钉墙和简单放坡。支挡式结构包括排桩—锚杆结构、排桩—支撑结构、地下连续墙—锚杆结构、地下连续墙—支撑结构、悬臂式排桩或地下连续墙、双排桩结构等；土钉墙又分为单一土钉墙、预应力锚杆复合土钉墙、水泥土桩复合土钉墙、微型桩复合土钉墙。

基坑支护结构选型时，应综合考虑下列因素。按表10-1选用排桩、地下连续墙、水泥土墙、土钉墙、原状土放坡或采用上述形式的组合。

基坑支护结构选型

表10-1

结 构 类 型		适 应 条 件	
		安全等级	基坑深度、环境条件、土类和地下水
支挡式结构	锚拉式结构	一级、二级、三级	适用于较深的基坑	1.排桩适用于可采用降水或截水帷幕的基坑； 2.地下连续墙宜同时用作主体地下结构外墙，可同时用于截水； 3.锚杆不宜用在软土层和高水位的碎石土、砂土层中； 4.当邻近基坑有建筑物地下室、地下构筑物等，锚杆的有效锚固长度不足时，不应采用锚杆； 5.当锚杆施工会造成基坑周边建(构)筑物的损害或违反城市地下空间规划等规定时，不应采用锚杆
	支撑式结构		适用于较深的基坑	
	悬臂式结构		适用于较浅的基坑	
	双排桩，支护结构与主体结构结合的逆作法		当锚拉式、支撑式和悬臂式结构不适用时，可考虑采用双排桩，适用于基坑周边环境条件很复杂的深基坑	
土钉墙	单一土钉墙	二级、三级	适用于地下水位以上或经降水的非软土基坑，且基坑深度不宜大于12m	当基坑潜在滑动面内有建筑物、重要地下管线时，不宜采用土钉墙
	预应力锚杆土钉墙		适用于地下水位以上或经降水的非软土基坑，且基坑深度不宜大于15m	
	水泥土桩垂直复合土钉墙		用于非软土基坑时，基坑深度不宜大于12m；用于淤泥质土基坑时，基坑深度不宜大于6m；不宜用在高水位的碎石土、砂土、粉土层中	
	微型桩垂直复合土钉墙		适用于地下水位以上或经降水的基坑，用于非软土基坑时，基坑深度不宜大于12m；用于淤泥质土基坑时，基坑深度不宜大于6m	

续上表

结构类型	适应条件	
	安全等级	基坑深度、环境条件、土类和地下水
重力式水泥土墙	二级,三级	适用于淤泥质土、淤泥基坑,且基坑深度不宜大于7m
放坡	三级	1.施工场地应满足放坡条件; 2.可与上述支护结构形式结合

注:1.当基坑不同部位的周边环境条件、土层性状、基坑深度不同时,可在不同部位分别采用不同的支护形式。
　2.支护结构可采用上、下部位以不同结构类型组合的形式。

①基坑深度。

②土的性状及地下水条件。

③基坑周边环境对基坑变形的承受能力及支护结构一旦失效可能产生的后果。

④主体地下结构及其基础形式、基坑平面尺寸及形状。

⑤支护结构施工工艺的可行性。

⑥施工场地条件及施工季节。

⑦经济指标、环保性能和施工工期。

支护结构选型应考虑结构的空间效应和受力特点,要用有利于支护结构材料受力性状的形式。

10.1.3　基坑支护工程设计原则及内容

基坑支护工程设计的基本原则是:

①在满足支护结构本身强度、稳定性和变形要求的同时,确保周围环境的安全。

②在保证安全可靠的前提下,设计方案应具有较好的技术、经济和环境效应。

③为基坑支护工程施工和基础施工提供最大限度的施工方便,并保证施工安全。

基坑支护设计应规定其设计使用期限。基坑支护的设计使用期限不应小于一年。基坑支护设计时,应综合考虑基坑周边环境和地质条件的复杂程度、基坑深度等因素,按表 10-2 采用支护结构的安全等级和重要性系数。对同一基坑的不同部位,可采用不同的安全等级。

基坑侧壁安全等级及重要性系数　　　　　　　　　　表 10-2

安全等级	破坏后果	γ_0
一级	支护结构破坏、土体失稳或过大变形对基坑周边环境及地下结构施工影响很严重	1.10
二级	支护结构破坏、土体失稳或过大变形对基坑周边环境及地下结构施工影响一般	1.0
三级	支护结构破坏、土体失稳或过大变形对基坑周边环境及地下结构施工影响不严重	0.90

根据《建筑基坑支护技术规程》(JGJ 120—2012),基坑支护结构极限状态可分为承载力极限状态和正常使用极限状态。承载力极限状态对应于支护结构达到最大承载能力或土体失稳、过大变形导致支护结构或基坑周边环境破坏;正常使用极限状态对应于支护结构的变形已妨碍地下施工或影响基坑周边环境的正常使用功能。

根据承载能力极限状态和正常使用极限状态的设计要求,基坑支护应按下列规定进行计算或验算。

(1)基坑支护结构均应进行承载能力极限状态的计算,计算内容应包括:

①根据基坑支护形式及其受力特点进行土体稳定性计算。

②基坑支护结构的受压、受弯、受剪承载力计算。

③当有锚杆或支撑时,应对其进行承载力计算和稳定性验算。

(2)对于安全等级为一级及对支护结构变形有限定的二级建筑基坑侧壁,尚应对基坑周边环境及支护结构变形进行验算。

(3)地下水控制计算和验算:

①抗渗透稳定性验算。

②基坑底突涌稳定性验算。

③根据支护结构设计要求进行地下水位控制计算。

当场地内有地下水时,应根据场地及周边区域的工程地质条件、水文地质条件、周边环境情况和支护结构与基础形式等因素,确定地下水控制方法。当场地周边有地表水汇流、排泄或地下水管渗漏时,应对基坑采取保护措施。当有条件时,基坑应采用局部或全部放坡开挖,放坡坡度应满足其稳定性要求。

10.1.4　基坑水平荷载

随着基坑的开挖,基坑支护结构内侧出现临空,基坑外侧的土体向基坑内移动,对结构产生一定的压力,而基坑内部的土体则对结构起支撑作用,阻止结构的进一步变形。前者为主动土压力,后者为被动土压力(图 10-1)。根据《建筑基坑支护技术规程》(JGJ 120—2012),土压力的计算一般情况下采用郎肯土压力理论,在某些特殊情况下才采用库仑土压力理论。具体的计算按照水土合算与水土分算分别如下:

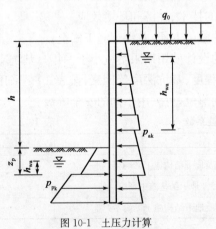

图 10-1　土压力计算

h_{wa}-基坑外侧水位深度;h_{wp}-基坑内侧水位深度

(1)对于地下水位以上或水土合算的土层

$$p_{ak} = \sigma_{ak}K_{a,i} - 2c_i\sqrt{K_{a,i}} \qquad (10\text{-}1)$$

$$K_{a,i} = \tan^2\left(45° - \frac{\varphi_i}{2}\right) \qquad (10\text{-}2)$$

$$p_{pk} = \sigma_{pk}K_{p,i} + 2c_i\sqrt{K_{p,i}} \qquad (10\text{-}3)$$

$$K_{p,i} = \tan^2\left(45° + \frac{\varphi_i}{2}\right) \qquad (10\text{-}4)$$

式中:p_{ak}——支护结构外侧,第 i 层土中计算点的主动土压力强度标准值,kPa;当 $p_{ak}<0$ 时,应取 $p_{ak}=0$;

σ_{ak}、σ_{pk}——支护结构外侧、内侧计算点的土中竖向应力标准值,kPa;

$K_{a,i}$、$K_{p,i}$——第 i 层土的主动土压力系数、被动土压力系数;

c_i、φ_i——第 i 层土的黏聚力,kPa;内摩擦角,度(°);

p_{pk}——支护结构内侧,第 i 层土中计算点的被动土压力强度标准值,kPa。

(2)对于水土分算的土层

$$p_{ak} = (\sigma_{ak} - u_a)K_{a,i} - 2c_i\sqrt{K_{a,i}} + u_a \tag{10-5}$$

$$p_{pk} = (\sigma_{pk} - u_p)K_{p,i} + 2c_i\sqrt{K_{p,i}} + u_p \tag{10-6}$$

式中：u_a、u_p——分别为支护结构外侧、内侧计算点的水压力，kPa。

10.2　支挡式结构

支挡式结构是指以挡土构件和锚杆或支撑为主要构件，或以挡土构件为主要构件的支护结构。挡土构件是指设置在基坑侧壁并嵌入基坑底面的支护结构竖向构件。例如，支护桩、地下连续墙。支挡式结构包括悬臂式结构、内支撑式结构、锚拉式结构和双排桩结构等，如图 10-2 所示。

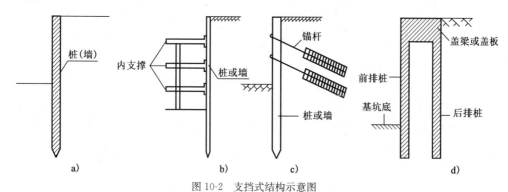

图 10-2　支挡式结构示意图

a)悬臂式结构；b)内支撑式结构；c)锚拉式结构；d)双排桩结构

10.2.1　结构分析与稳定性验算

（1）结构分析

实际的支护结构一般都是空间结构，空间结构的分析方法复杂，通常需要在有经验时才能建立出合理的空间结构模型。按空间结构分析时，应使结构的边界条件与实际情况足够接近，这需要设计人员有较强的结构设计经验和水平。当有条件时，一般希望根据受力状态的特点和结构构造，将实际结构分解为简单的平面结构进行分析。基于此，下面分别就各种支挡结构的具体形式与受力、变形特性展开结构分析。

锚拉式支挡结构，可将整个结构分解为挡土结构、锚拉结构（锚杆及腰梁、冠梁）分别进行分析。挡土结构宜采用平面杆系结构弹性支点法进行分析；作用在锚拉结构上的荷载应取挡土结构分析时得出的支点力。

支撑式支挡结构，可将整个结构分解为挡土结构、内支撑结构分别进行分析。挡土结构宜采用平面杆系结构弹性支点法进行分析；内支撑结构可按平面结构进行分析，挡土结构传至内支撑的荷载应取挡土结构分析时得出的支点力。对挡土结构和内支撑结构分别进行分析时，应考虑其相互之间的变形协调。

悬臂式支挡结构、双排桩支挡结构，宜采用平面杆系结构弹性支点法进行结构分析。

弹性支点法是目前较为常用的一种结构内力计算方法，是将支护结构视作竖向放置的弹性地基梁,基坑外侧土压力看成荷载,内侧土体与支撑(包括锚杆)看成弹性支座,如图10-3所示。

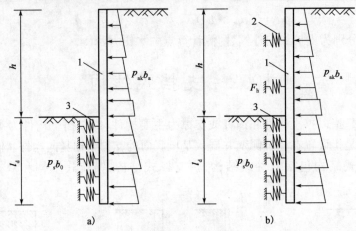

图 10-3 弹性支点法计算

a)悬臂式支挡结构;b)锚拉式支挡结构或支撑式支挡结构
1-挡土构件;2-由锚杆或支撑简化而成的弹性支座;3-计算土反力的弹性支座

(2)稳定性验算

支挡式结构的稳定性验算包括嵌固稳定性验算、基坑整体稳定性验算和基坑抗隆起稳定性验算。

①嵌固稳定性验算。

对于悬臂式支挡结构,在水平荷载作用下,基坑土体有可能因嵌固深度不够而绕结构底端转动失稳,其验算模型如图10-4所示,计算公式如下

$$\frac{E_{pk}z_{p1}}{E_{ak}z_{a1}} \geqslant K_{em} \tag{10-7}$$

式中:K_{em}——嵌固稳定安全系数;安全等级为一级、二级、三级的悬臂式支挡结构,K_{em}分别不应小于1.25、1.2、1.15;

E_{ak}、E_{pk}——基坑外侧主动土压力、基坑内侧被动土压力合力的标准值,kN;

z_{a1}、z_{p1}——基坑外侧主动土压力、基坑内侧被动土压力合力作用点至挡土构件底端的距离,m。

对于内支撑或锚杆支挡结构,基坑土体有可能在支护结构底部因产生踢脚破坏而出现不稳定现象。对于单支点结构,踢脚破坏产生于以支点处为转动点的失稳,多层支点结构则可能绕最下层支点转动而产生踢脚,其验算模型如图10-5所示,计算公式如下

$$\frac{E_{pk}z_{p2}}{E_{ak}z_{a2}} \geqslant K_e \tag{10-8}$$

式中:K_e——嵌固稳定安全系数;安全等级为一级、二级、三级的锚拉式支挡结构和支撑式支挡结构,K_e分别不应小于1.25、1.2、1.15;

z_{a2}、z_{p2}——基坑外侧主动土压力、基坑内侧被动土压力合力作用点至支点的距离,m。

②基坑整体稳定性验算。

基坑整体稳定性分析实际上是对支护结构的直立土坡进行稳定性分析,通过计算确定支护结构的嵌固深度,锚拉式、悬臂式和双排桩支挡结构应进行整体稳定性验算。计算采用圆弧

滑动条分法(图 10-6),按总应力法计算,稳定性系数需要满足式(10-18)要求。

$$K = \frac{\sum\{c_j l_j + [(q_j l_j + \Delta G_j)\cos\theta_j - u_j l_j]\tan\varphi_j\} + \sum R'_{k,k}[\cos(\theta_j + \alpha_k) + \psi_v]/s_{x,k}}{\sum(q_j b_j + \Delta G_j)\sin\theta_j} \geqslant K_s$$

$$(10-9)$$

式中:K_s——圆弧滑动整体稳定安全系数;安全等级为一级、二级、三级的锚拉式支挡结构,K_s
　　　　　分别不应小于 1.35、1.3、1.25;

c_j、φ_j——第 j 土条滑弧面处土的黏聚力,kPa;内摩擦角,度(°);

b_j——第 j 土条的宽度,m;

θ_j——第 j 土条滑弧面中点处的法线与垂直面的夹角,°;

l_j——第 j 土条的滑弧段长度,m,取 $l_j = b_j/\cos\theta_j$;

q_j——作用在第 j 土条上的附加分布荷载标准值,kPa;

ΔG_j——第 j 土条的自重,kN,按天然重度计算;

u_j——第 j 土条在滑弧面上的孔隙水压力,kPa;

$R'_{k,k}$——第 k 层锚杆对圆弧滑动体的极限拉力值,kN;

α_k　——第 k 层锚杆的倾角,°;

$s_{x,k}$——第 k 层锚杆的水平间距,m;

ψ_v——计算系数。

注:对于悬臂式、双排桩支挡结构,采用公式(10-9)时不考虑 $\sum R'_{k,k}[\cos(\theta_j + \alpha_k) + \psi_v]/s_{x,k}$ 项。

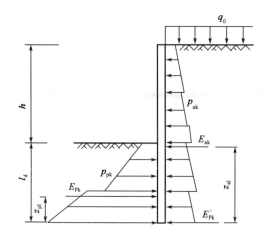

图 10-4　悬臂式结构嵌固稳定性验算

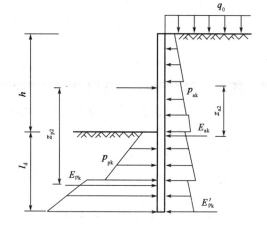

图 10-5　单支点锚拉式支挡结构和支撑式支挡结构的
嵌固稳定性验算

③基坑抗隆起稳定性验算。

对于深度较大的基坑,当嵌固深度较小、土的强度较低时,土体从挡土构件底端以下向基坑内隆起挤出是锚拉式支挡结构和支撑式支挡结构的一种破坏模式。这是一种土体丧失竖向平衡状态的破坏模式,由于锚杆和支撑只能对支护结构提供水平方向的平衡力,对隆起破坏不起作用,对特定基坑深度和土性,只能通过增加挡土构件嵌固深度来提高抗隆起稳定性。

基坑抗隆起稳定的计算方法很多,目前的规范多采用的是地基极限承载力的 Prandtl(普

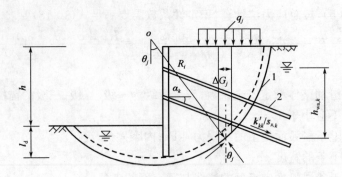

图 10-6　圆弧滑动条分法整体稳定性验算

1-任意圆弧滑动面;2-锚杆

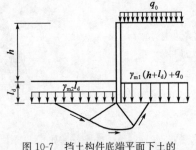

图 10-7　挡土构件底端平面下土的

抗隆起稳定性验算

朗德尔)极限平衡理论公式,其计算模型(图 10-7)和公式如下

$$\frac{\gamma_{m2} l_d N_q + c N_c}{\gamma_{m1}(h + l_d) + q_0} \geqslant K_b \tag{10-10}$$

$$N_q = \tan^2\left(45° + \frac{\varphi}{2}\right) e^{\pi \tan\varphi} \tag{10-11}$$

$$N_c = \frac{N_q - 1}{\tan\varphi} \tag{10-12}$$

式中:K_b——抗隆起安全系数。安全等级为一级、二级、三级的支护结构,K_b 分别不应小于 1.8、1.6、1.4;

γ_{m1}——基坑外、基坑内挡土构件底面以上土层按厚度加权的平均天然重度,kN/m³;

γ_{m2}——挡土构件底面以上土层按厚度加权的平均天然重度,kN/m³;

h、l_d——基坑深度、挡土构件嵌固深度,m;

q_0——地面均布荷载,kPa;

N_c、N_q——承载力系数;

c、φ——挡土构件底面以下土的黏聚力,kPa;内摩擦角,度(°)。

10.2.2　排桩与地下连续墙

(1)概述

排桩指的是沿基坑侧壁排列设置的支护桩及冠梁所组成的支挡式结构部件或悬臂式支挡结构。基坑开挖时,对不能放坡或由于场地限制不能采用搅拌桩支护,开挖深度在 6～10m 左右时,即可采用排桩支护。排桩支护可采用混凝土灌注桩、型钢桩、钢管桩、钢板桩、型钢水泥土搅拌桩等桩型。

按照桩的平面布置方式,排桩支护结构可分为三种。①柱列式排桩支护,当土质尚好、地下水位较低时,可利用土拱作用,以稀疏钻孔灌注桩或挖孔桩支挡土坡,如图 10-8a)所示。②连续排桩支护,如图 10-8b)所示,在软土中一般不能形成土拱,支护桩应该连续密排,密排的钻孔桩可以互相搭接；或在桩身混凝土强度尚未形成时，在相邻桩之间做一根素混凝土树根桩把钻孔桩排连起来，如图 10-8c)所示；也可以采用钢板桩、钢筋混凝土板桩，如图 10-8d)、e)所示。③组合式排桩支护，在地下水位较高的软土地区，可采用钻孔灌注桩排桩与水泥土桩防渗墙组合的形式，如图 10-8f)所示。

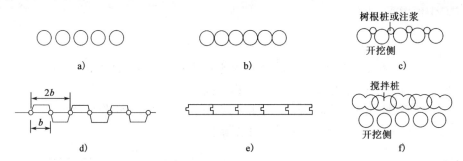

图 10-8　排桩支护类型

按基坑开挖深度及支挡结构受力情况，排桩支护可分为以下三种：

①无支撑（悬臂）支护结构。当基坑开挖深度不大，即可利用悬臂作用挡住墙后土体。

②单支撑结构。当基坑开挖深度较大时，不能采用无支撑支护结构，可以在支护结构顶部附近设置一单支撑（或拉锚）。

③多支撑结构。当基坑开挖深度较深时，可设置多道支撑，以减少挡墙的内力。

在地下挖一段狭长的深槽，在槽内吊放入钢筋笼，浇灌混凝土，筑成一段钢筋混凝土墙段，最后把这些墙段逐一连接形成一道连续的地下墙壁，这就是地下连续墙。地下连续墙技术起源于欧洲，它是根据打井和石油钻井所用膨润土泥浆护壁以及水下浇灌混凝土施工方法的应用而发展起来的，1950 年前后开始用于工程。

地下连续墙按成墙方式可分为桩排式、壁板式和组合式；按挖槽方式可大致分为抓斗式、冲击式和回转式；按墙的用途可分为临时挡土墙、一部分用作主体结构一部分兼作临时挡土墙的地下连续墙、用作多边形基础兼作墙体的地下连续墙。

地下连续墙具有整体刚度大的特点和良好的止水防渗效果，适用于地下水位以下的软黏土和砂土等多种地层条件和复杂的施工环境，尤其是基坑底面以下有深层软土需将墙体插入很深的情况，因此在国内外的地下工程中得到广泛的应用。并且随着技术的发展和施工方法及机械的改进，地下连续墙发展到既是基坑施工时的挡土围护结构，又是拟建主体结构的侧墙，如支撑得当，且配合正确的施工方法和措施，可较好地控制软土地层的变形。

（2）排桩、地下连续墙设计计算

排桩、地下连续墙结构的内力与变形计算是比较复杂的问题，其计算的合理模型应是考虑支护结构—土—支点三者共同作用的空间分析，但这样往往比较复杂，工程上为便于计算，采用分段平面问题计算，排桩计算宽度取桩中心距，地下连续墙由于其连续性取单位宽度。具体的计算内容和步骤如下。

①嵌固深度计算。

a.悬臂式支护结构。

通过对悬臂式支护结构当 $c=0$、φ 为 5°～45°变化范围的各种极限状态进行计算，得到极限状态嵌固深度系数如图 10-9 所示,从图可见在极限状态下要求嵌固深度大小的顺序依次是抗倾覆、抗滑移、整体稳定、抗隆起,因此按抗倾覆要求确定嵌固深度,基本上都可以保证其他各种验算所要求的安全系数。

根据《建筑基坑支护技术规程》(JGJ 120—2012),悬臂式支护结构嵌固深度设计值 h_d 按下式确定(图 10-10)。

$$h_p \sum E_{pj} - 1.2\gamma_0 h_a \sum E_{ai} \geqslant 0 \tag{10-13}$$

式中:$\sum E_{pj}$——桩、墙底以上基坑内侧各土层水平抗力标准值 e_{pjk} 的合力之和;

$\quad h_p$——合力 $\sum E_{pj}$ 作用点至桩、墙底的距离;

$\quad \sum E_{ai}$——桩、墙底以上基坑外侧各土层水平荷载标准值 e_{aik} 的合力之和;

$\quad h_a$——合力 $\sum E_{ai}$ 作用点至桩、墙底的距离。

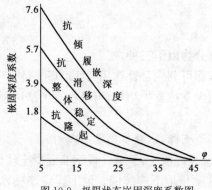

图 10-9　极限状态嵌固深度系数图

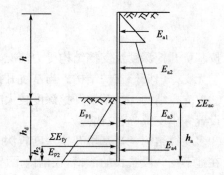

图 10-10　悬臂式支护结构嵌固深度计算简图

b. 单层支点支护结构。

对于单层支点支护结构,由于结构的平衡是依靠支点及嵌固深度两者共同支持的,必须具有足够深度以形成一定的反力保证结构稳定。计算时可以采取传统的等值梁法来确定嵌固深度,根据分析,计算得到的嵌固深度值也大于整体稳定及抗隆起的要求。

嵌固深度设计值 h_d 可按下式确定(图 10-11)。

$$h_p \sum E_{pj} + T_{c1}(h_{T1} + h_d) - 1.2\gamma_0 h_a \sum E_{ai} \geqslant 0 \tag{10-14}$$

设基坑底面以下支护结构弯矩零点位置至基坑底面的距离为 h_{c1},此处 $e_{a1k} = e_{p1k}$ (图 10-12),支点力 T_{c1} 可按下式计算

$$T_{c1} = \frac{h_{a1} \sum E_{ai} - h_{p1} \sum E_{pi}}{h_{T1} + h_{c1}} \tag{10-15}$$

以上两式中:$\sum E_{ai}$——弯矩零点位置以上基坑外侧各土层水平荷载标准值的合力之和;

$\quad h_{a1}$——合力 $\sum E_{ac}$ 作用点至设定弯矩零点的距离;

$\quad \sum E_{pi}$——弯矩零点位置以上基坑内侧各土层水平抗力标准值的合

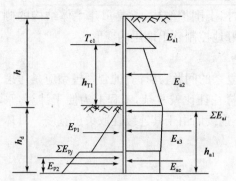

图 10-11　单层支点支护结构嵌固深度计算简图

力之和；

h_{p1}——合力$\sum E_{pc}$作用点至设定弯矩零点的距离；

h_{T1}——支点至基坑底面的距离；

h_{c1}——基坑底面至设定弯矩零点位置的距离。

c. 多层支点支护结构。

多层支点的排桩、地下连续墙嵌固深度设计值 h_d 宜按圆弧滑动简单条分法确定(图 10-13)。

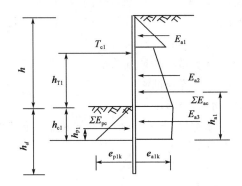 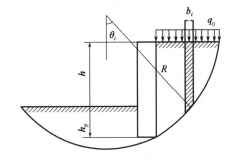

图 10-12　单层支点支护结构支点力计算简图　　　　图 10-13　多支点支护结构嵌固深度计算简图

$$\sum c_{ik}l_i + \sum (q_0 b_i + w_i)\cos\theta_i\tan\varphi_{ik} - \gamma_k\sum(q_0 b_i + w_i)\sin\theta_i \geqslant 0 \qquad (10\text{-}16)$$

式中：c_{ik}、φ_{ik}——最危险滑动面上第 i 土条滑动面上土的固结不排水(快)剪黏聚力、内摩擦角标准值；

　　　　l_i——第 i 土条的弧长；

　　　　b_i——第 i 土条的宽度；

　　　　γ_k——整体稳定分项系数；根据经验确定，当无经验时取 1.3；

　　　　w_i——作用于滑动面上第 i 土条的质量，按上覆土层的天然重度计算；

　　　　θ_i——第 i 土条弧线中点切线与水平线夹角。

当按上述方法确定的悬臂式及单支点支护结构嵌固深度设计值 $h_d < 0.3h$ 时，宜取 $h_d = 0.3h$；多支点支护结构嵌固深度设计值小于 0.2h 时，宜取 $h_d = 0.2h$。

当基坑底为碎石土及砂土、基坑内排水且作用有渗透水压力时，侧向截水的排桩、地下连续墙除应满足上述规定外，嵌固深度设计值尚应满足抗渗透稳定条件，即

$$h_d \geqslant 1.2\gamma_0(h - h_{wa}) \qquad (10\text{-}17)$$

式中：h_{wa}——墙外地下水位深度；

　　　γ_0——基坑重要性系数；

　　　h_d——嵌固深度设计值。

②结构内力计算。

目前我国支护结构计算中常用的方法可分为弹性支点方法与极限平衡法。工程实践证明，当嵌固深度合理时，具有试验数据或当地经验确定弹性支点刚度时，用弹性支点方法确定支护结构内力及变形较为合理，下面主要介绍这种方法。

弹性支点法计算简图见图 10-14，支护结构的基本挠曲方程如下

$$EI\frac{\mathrm{d}^4 y}{\mathrm{d}z} - e_{aik}b_s = 0 \qquad (0 \leqslant z \leqslant h_n) \Bigg\}$$

$$EI\frac{\mathrm{d}^4 y}{\mathrm{d}z} + mb_0(z-h_n)y - e_{aik}b_s = 0 \quad (z \geqslant h_n) \Bigg\} \tag{10-18}$$

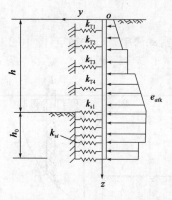

图 10-14 弹性支点法计算简图

式中：m——地基土水平抗力系数的比例系数；

b_0——抗力计算宽度；地下连续墙和水泥土墙取单位宽度，当排桩结构为方形桩时 $b_0 = 1.5b+0.5$、圆形桩时 $b_0 = 0.9 \times (1.5d + 0.5)$，计算宽度大于排桩间距时取排桩间距；

z——支护结构顶部至计算点的距离；

h_n——第 n 工况基坑开挖深度；

y——计算点水平变形；

b_s——荷载计算宽度，排桩可取桩中心距，地下连续墙和水泥土墙可取单位宽度。

支点处边界条件为

$$T_j = k_{Tj}(y_j - y_{0j}) + T_{0j} \tag{10-19}$$

式中：k_{Tj}——第 j 层支点水平刚度系数；

y_j——第 j 层支点水平位移值；

y_{0j}——支点设置前的水平位移值；

T_{0j}——第 j 层支点预加力。

当支点有预加力 T_{0j} 且按式(10-19)确定的支点力 $T_j \leqslant T_{0j}$ 时，第 j 层支点力 T_j 应按该层支点位移为 y_{0j} 的边界条件确定。

解式(10-19)得到支护结构的水平变形位移 y，从而可以计算结构任意截面的内力 M 和 V。

a. 悬臂式支护结构弯矩计算值 M_c 及剪力计算值 V_c 可按式(10-20)、式(10-21)计算[图10-15a)]。

$$M_c = h_{mz}\sum E_{mz} - h_{az}\sum E_{az} \tag{10-20}$$

$$V_c = \sum E_{mz} - \sum E_{az} \tag{10-21}$$

式中：$\sum E_{mz}$——计算截面以上基坑内侧各土层弹性抗力值 $mb_0(z-h_n)y$ 的合力之和；

h_{mz}——合力 $\sum E_{mz}$ 作用点至计算截面的距离；

$\sum E_{az}$——计算截面以上基坑外侧各土层水平荷载标准值 $e_{aik}b_s$ 的合力之和；

h_{az}——合力 $\sum E_{az}$ 作用点至计算截面的距离。

b. 支点支护结构弯矩计算值 M_c 及剪力计算值 V_c 可按式(10-22)、式(10-23)计算[图10-15b)]。

$$M_c = \sum T_j(h_j + h_c) + h_{mz}\sum E_{mz} - h_{az}\sum E_{az} \tag{10-22}$$

$$V_c = \sum T_j + \sum E_{mz} - \sum E_{az} \tag{10-23}$$

式中：h_j——支点力 T_j 至基坑底的距离；

h_c——基坑底面至计算截面的距离，当计算截面在基坑底面以上时取负值。

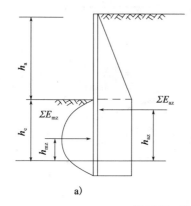 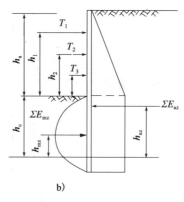

图 10-15 支护结构内力计算简图

③截面承载力计算。

排桩、地下连续墙及支撑体系混凝土结构的承载力应按下列规定计算：

a.正截面受弯及斜截面受剪承载力计算以及纵向钢筋、箍筋的构造要求，应符合现行国家标准《混凝土结构设计规范》(GB 50010—2010)的有关规定。

b.圆形截面正截面受弯承载力应按《建筑基坑支护技术规程》(JGJ 120—2012)附录 B 的规定计算。

c.型钢、钢管、钢板支护桩的受弯、受剪承载力应按现行国家标准《钢结构设计规范》(GB 50017—2003)的有关规定进行计算。

10.2.3 锚杆

(1)锚杆构造及作用机理

锚杆是一种受拉杆件，它一端与工程结构物或挡土桩墙连接，另一端锚固在地基的土层或岩层中，以承受结构物的上托力、拉拔力、倾侧力或支护结构上的土压力、水压力。它是利用地层的锚固力维持结构的稳定。

锚杆支护体系(图 10-16)由挡土构筑物、腰梁及托架、锚杆三个部分组成。挡土构造物包括各种钢板桩、各种类型的钢筋混凝土预制板桩、灌注桩、旋喷桩、挖孔桩、地下连续墙等竖向支护结构。腰梁可采用工字钢、槽钢等组成的钢梁或用钢筋混凝土梁。腰梁放在托架上。托架(用钢材或钢筋混凝土制成)与挡土构筑物连接固定。钢筋混凝土腰梁可与桩的主筋连接或直接做成桩顶圈梁的结构。采用腰梁的目的是将作用在挡土构筑物上的土压力传递给锚杆，并使各桩的应力通过腰梁得到均匀分配。锚杆是受力杆件的总称，与构筑物共同作用。从力的传递机理来看，锚杆由锚杆头部、拉杆及锚固体三个基本部分组成。

①锚杆头部。

锚杆头部是构筑物和拉杆的连接部分。在一般情况下，拉杆设置成倾斜向下，因此作用于拉杆上的力与作用在挡土构筑物上的侧向土压力不在同一方向上。为了能够牢固的将来自挡土构筑物的力传递，一方面必须保证构件本身的材料有足够的强度，构件能紧密固定，另一方面又必须要将集中力分散开。锚杆头部一般由台座、承压垫板和紧固器组成。

②拉杆。

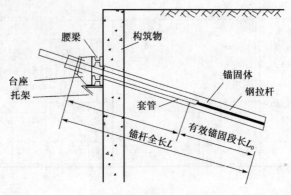

图 10-16 锚杆支护体系

拉杆是锚杆的中心受拉构件,将来自锚杆端部的拉力传递给锚固体。从锚头部到锚固体尾端的全长即是拉杆的长度。拉杆的全长包括有效锚固长度(锚固体长度)和非锚固长度(自由长度)两个部分。

③锚固体。

锚固体是拉杆尾端的锚固部分,将来自拉杆的力通过摩阻抵抗力或支承抵抗力传递给稳定的地层。锚固体能否足够保证挡土构筑物的稳定要求(承载能力与变形)是锚固技术成败的关键。

锚杆之所以能锚固在土层中作为一种新型受拉杆件,主要是由于锚杆在土层中具有一定的抗拔力。当锚固段锚杆受力,首先通过拉杆与周边水泥砂浆的握裹作用将力传到砂浆中,然后通过砂浆传到周围土体。传递过程随着荷载增加,锚索与水泥砂浆黏结力逐渐发展到锚杆下端,待锚固段内发挥最大黏结力时,就发生土体的相对位移,随即发生土与锚杆的摩阻力,直到极限摩阻力。

总结起来,使用锚杆的优点主要有:

a. 能够提供开阔的施工空间,提高挖土和结构施工的效率和质量。锚杆施工机械及设备的作业空间不大,因此可为各种地形及场地所选用。

b. 用锚杆代替钢横撑作为侧壁支撑,不但可以大量节省钢材,减少土方开挖量,且能改善施工条件。

c. 锚杆的设计拉力可通过抗拔试验获得,因此可保证设计有足够的安全度。

d. 锚杆可采用预加拉力,以控制建筑物的变位。

(2)锚杆计算

①锚杆承载力验算。

锚杆的极限抗拔承载力应符合式(10-24)要求。

$$\frac{R_k}{N_k} \geqslant K_t \tag{10-24}$$

式中:K_t——锚杆抗拔安全系数;

N_k——锚杆轴向拉力标准值,kN;

R_k——锚杆极限抗拔承载力标准值,kN。

锚杆的轴向拉力标准值 N_k 按式(10-25)计算。

$$N_k = \frac{F_h s}{b_a \cos\alpha} \qquad (10\text{-}25)$$

式中：F_h——挡土构件计算宽度内的弹性支点水平反力，kN；

$\quad$ s——锚杆水平间距，m；

$\quad$ b_a——结构计算宽度，m；

$\quad$ α——锚杆倾角，($^\circ$)。

$\quad$ 锚杆极限抗拔承载力标准值 R_k 应通过抗拔试验确定，也可按式(10-26)估算，但应按规程规定的抗拔试验进行验证。

$$R_k = \pi d \sum q_{sik} l_i \qquad (10\text{-}26)$$

式中：d——锚杆的锚固体直径，m；

$\quad$ l_i——锚杆的锚固段在第 i 土层中的长度，m；

$\quad$ q_{sik}——锚固体与第 i 土层之间的极限黏结强度标准值，kPa，应根据工程经验并结合表 10-3取值。

锚杆的极限黏结强度标准值　　　　　　　　　　　　　　　　表 10-3

土 的 名 称	土的状态或密实度	q_{sik}(kPa)	
		一次常压注浆	二次压力注浆
填土		16～30	30～45
淤泥质土		16～20	20～30
黏性土	$I_L > 1$	18～30	25～45
	$0.75 < I_L \leqslant 1$	30～40	45～60
	$0.50 < I_L \leqslant 0.75$	40～53	60～70
	$0.25 < I_L \leqslant 0.50$	53～65	70～85
	$0 < I_L \leqslant 0.25$	65～73	85～100
	$I_L \leqslant 0$	73～90	100～130
粉土	$e > 0.90$	22～44	40～60
	$0.75 \leqslant e \leqslant 0.90$	44～64	60～90
	$e < 0.75$	64～100	80～130
粉细砂	稍密	22～42	40～70
	中密	42～63	75～110
	密实	63～85	90～130
中砂	稍密	54～74	70～100
	中密	74～90	100～130
	密实	90～120	130～170
粗砂	稍密	80～130	100～140
	中密	130～170	170～220
	密实	170～220	220～250

土 的 名 称	土的状态或密实度	q_{sik}（kPa）	
		一次常压注浆	二次压力注浆
砾砂	中密、密实	190～260	240～290
风化岩	全风化	80～100	120～150
	强风化	150～200	200～260

②锚杆几何尺寸的确定。

锚杆杆体的截面面积根据杆体轴向受拉承载力计算确定如下

$$A_p \geqslant \frac{N}{f_{py}} \qquad (10\text{-}27)$$

式中：N——锚杆轴向拉力设计值，kN；

f_{py}——预应力钢筋抗拉强度设计值，kPa；当锚杆杆体采用普通钢筋时，取普通钢筋强度设计值，f_y；

A_p——预应力钢筋的截面面积，m^2。

锚杆的自由段长度应按式（10-28）确定（图 10-17），且不应小于 5m。

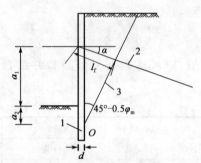

图 10-17　理论直线滑动面
1-挡土构件；2-锚杆；3-理论直线滑动面；α-锚杆的倾角（°）

$$l_f \geqslant \frac{(a_1 + a_2 - d\tan\alpha)\sin\left(45° - \dfrac{\varphi_m}{2}\right)}{\sin\left(45° + \dfrac{\varphi_m}{2} + \alpha\right)} + \frac{d}{\cos\alpha} + 1.5$$

$$(10\text{-}28)$$

式中：l_f——锚杆自由段长度，m；

a_1——锚杆的锚头中点至基坑底面的距离，m；

a_2——基坑底面至挡土构件嵌固段上基坑外侧主动土压力强度与基坑内侧被动土压力强度等值点 O 的距离，m；对于多层土地层，当存在多个等值点时应按其中最深处的等值点计算；

d——挡土构件的水平尺寸，m；

φ_m——O 点以上各土层按厚度加权的内摩擦角平均值，°。

10.2.4　内支撑结构

设置在基坑内的由钢筋混凝土或钢构件组成的用以支撑挡土构件的结构部件称为内支撑。支撑构件采用钢材、混凝土时，分别称为钢内支撑、混凝土内支撑。钢支撑，不仅具有自重轻、安装和拆除方便、施工速度快、可以重复利用等优点，而且安装后能立即发挥支撑作用，对减小由于时间效应而增加的基坑位移十分有效，因此，对性状规则的基坑常采用钢支撑。但钢支撑节点构件和安装相对复杂，需要具有一定的施工技术水平。混凝土支撑是在基坑内现浇而成的结构体系，布置形式和方式基本不受基坑平面形状的限制，具有刚度大、整体性好、施工技术相对简单等优点，所以，应用范围较广。但混凝土支撑需要较长的制作和养护时间，制作后不能立即发挥支撑作用，需要达到一定的强度后，才能进行其下的土方开挖。此外，拆除混凝土支撑工作量大,一般需要采用爆破方法拆除,支撑材料不能重复使用,从而产生大量的废弃混凝土垃圾需要处理。

仅从技术角度讲,支撑式支挡结构比锚拉式支挡结构适用范围要宽得多,但内支撑的设置给后期主体结构施工造成很大障碍,所以,当能用其他支护结构形式时,人们一般不愿意首选内支撑结构。锚拉式支挡结构可以给后期主体结构施工提供很大的便利,但有些条件下是不适合使用锚杆的。另外,锚杆长期留在地下,给相邻地域的使用和地下空间开发造成障碍,不符合保护环境和可持续发展的要求。一些国家在法律上禁止锚杆侵入红线(各种用地的边界线)之外的地下区域,我国目前绝大部分地方目前还没有这方面的限制,但可以预计很快就有类似的规定出台。

内支撑结构形式很多,从结构受力形式划分,可主要归纳为以下四类(图10-18)。①水平对撑或斜撑,包括单杆、桁架、八字形支撑。②正交或斜交的平面杆系支撑。③环形杆系或板系支撑。④竖向斜撑。每类内支撑形式又可根据具体情况分为多种布置形式。一般来说,对

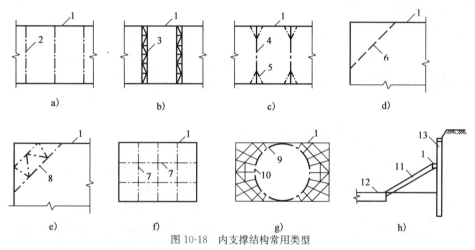

图10-18　内支撑结构常用类型

a)水平对撑(单杠);b)水平对撑(桁架);c)水平对撑(八字撑杆);d)水平斜撑(单杠);e)水平斜撑(桁架);f)正交平面杆系支撑;g)环形杆系支撑;h)竖向斜撑

1-腰梁或冠梁;2-水平单杆支撑;3-水平桁架支撑;4-水平支撑主杆;5-八字撑杆;6-水平角撑;7-水平正交支撑;8-水平斜交支撑;9-环形支撑;10-支撑杆;11-竖向斜撑;12-竖向斜撑基础;13-挡土构件

面积不大、形状规则的基坑常采用水平对撑或斜撑;对面积较大或形状不规则的基坑有时需采用正交或斜交的平面杆系支撑;对圆形、方形及近似圆形的多边形的基坑,为能形成较大开挖空间,可采用环形杆系或环形板系支撑;对深度较浅、面积较大基坑,可采用竖向斜撑。但需注意的是,在设置斜撑基础、安装竖向斜撑前,无撑支护结构应满足承载力、变形和整体稳定要求。对于各类支撑形式,支撑结构的布置要重视支撑体系总体刚度的分布,避免突变,尽可能使水平力的作用中心与支撑刚度中心保持一致。

内支撑结构宜采用超静定结构,对个别次要构件失效会引起结构整体破坏的部位设置冗余约束。内支撑结构的分析和计算应符合下列原则:

①水平对撑与水平斜撑,应按偏心受压构件进行计算;支撑的轴向压力应取支撑间距内挡土构件的支点力之和;腰梁或冠梁应按以支撑为支座的多跨连续梁计算,计算跨度可取相邻支撑点的中心距。

②矩形平面形状的正交支撑,可分解为纵横两个方向的结构单元,并分别按偏心受压构件进行计算。

③不规则平面形状的平面杆系支撑、环形杆系或环形板系支撑,可按平面杆系结构采用平面有限元法进行计算;对环形支撑结构,计算时应考虑基坑不同方向上的荷载不均匀性。当基坑各边的土压力相差较大时,在简化为平面杆系时,尚应考虑基坑各边土压力的差异产生的土体被动变形的约束作用,此时,可在水平位移最小的角点设置水平约束支座,在基坑阳角处不宜设置支座。

④在竖向荷载作用下内支撑结构宜按空间框架计算,当作用在内支撑结构上的施工荷载较小时,可按连续梁计算,计算跨度可取相邻立柱的中心距。

⑤竖向斜撑应按偏心受压杆件进行计算。

⑥当有可靠经验时,宜采用三维结构分析方法,对支撑、腰梁与冠梁、挡土构件进行整体分析。

10.2.5 双排桩

双排桩结构可采用图 10-19 所示的平面刚架结构模型进行计算。

采用图 10-20 所示的结构模型时,作用在后排桩上的主动土压力按郎肯主动土压力理论计算。前、后排桩的桩间土体对桩侧的压力可按式(10-29)计算。

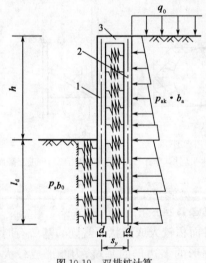

图 10-19 双排桩计算
1-前排桩;2-后排桩;3-刚架梁

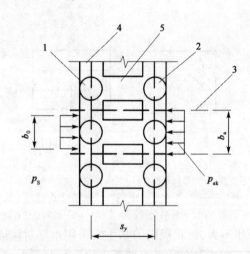

图 10-20 双排桩桩顶连梁布置
1-前排桩;2-后排桩;3-排桩对称中心线;
4-桩顶冠梁;5-刚架梁

$$p'_s = k'_s \Delta \nu + p'_{s0} \qquad (10\text{-}29)$$

式中:p'_s——前、后排桩间土体对桩侧的压力,kPa;可按作用在前、后排桩上的压力相等考虑;

k'_s——桩间土的水平刚度系数,kN/m³;

$\Delta \nu$——前、后排桩水平位移的差值,m;当其相对位移减小时为正值;当其相对位移增加时,取 $\Delta \nu = 0$;

p'_{s0}——前、后排桩间土体对桩侧的初始压力,kPa。

桩间土的水平刚度系数(k_s)可按下式计算

$$k_s = \frac{E_s}{s_y - d} \qquad (10\text{-}30)$$

式中：E_s——计算深度处，前、后排桩间土体的压缩模量，kPa；当为成层土时，应按计算点的深度分别取相应土层的压缩模量；

$\quad\quad s_y$——双排桩的排距，m；

$\quad\quad d$——桩的直径，m。

双排桩结构的嵌固稳定性应符合式(10-31)规定(图 10-21)。

$$\frac{E_{pk}z_p + Gz_G}{E_{ak}z_a} \geqslant K_{em} \qquad (10\text{-}31)$$

式中：K_{em}——嵌固稳定安全系数。安全等级为一级、二级、三级的支挡式结构，K_{em}分别不应小于 1.25、1.2、1.15；

$\quad E_{ak}、E_{pk}$——基坑外侧主动土压力、基坑内侧被动土压力的标准值，kN；

$\quad z_a、z_p$——分别为基坑外侧主动土压力、基坑内侧被动土压力的合力作用点至双排桩底端的距离，m；

$\quad\quad G$——排桩、桩顶连梁和桩间土的自重之和，kN；

$\quad\quad z_G$——双排桩、桩顶连梁和桩间上的重心至前排桩边缘的水平距离，m。

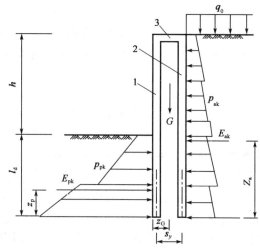

图 10-21　双排桩抗倾覆稳定性验算
1-前排桩；2-后排桩；3-刚架梁

10.2.6　支护结构与主体结构的结合及逆作法

主体工程与支护结构相结合，是指在施工期利用地下结构外墙或地下结构的梁、板、柱兼作基坑支护体系，不设置或仅设置部分临时基坑支护体系。它在变形控制、降低工程造价、可持续发展等方面具有诸多优点，是建设高层建筑多层地下室和其他多层地下结构的有效方法。将主体地下结构与支护结构相结合，其中蕴含巨大的社会、经济效益。支护结构与主体结构相结合的工程类型可采用以下几类：①周边地下连续墙"两墙合一"，结合坑内临时支撑系统；②周边临时围护墙结合坑内水平梁板体系替代支撑；③支护结构与主体结构全面结合。

与主体结构相结合的地下连续墙在较深的基坑工程中较为普遍，地下连续墙与主体地下结构外墙相结合时,可采用单一墙、复合墙或叠合墙结构形式(图10-22)。

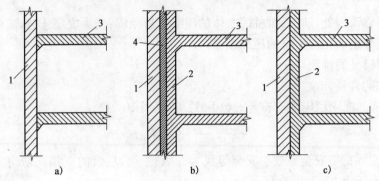

图10-22　地下连续墙与地下结构外墙结合的形式

a)单一墙;b)复合墙;c)叠合墙

1-地下连续墙;2-衬墙;3-楼盖;4-衬垫材料

(1)单一墙

地下连续墙应独立作为主体结构外墙,永久使用阶段应按地下连续墙承担全部外墙荷载进行设计。

(2)复合墙

地下连续墙应作为主体结构外墙的一部分,其内侧应设置混凝土衬墙;两者之间的结合面应按不承受剪力进行构造设计,永久使用阶段水平荷载作用下的墙体内力宜按地下连续墙与衬墙的刚度比例进行分配。

(3)叠合墙

地下连续墙应作为主体结构外墙的一部分,其内侧应设置混凝土衬墙;两者之间的结合面应按承受剪力进行连接构造设计,永久使用阶段地下连续墙与衬墙应按整体考虑,外墙厚度应取地下连续墙与衬墙厚度之和。

通常情况下,采用单一墙时,基坑内部槽段接缝位置需设置钢筋混凝土壁柱,并留设隔潮层、设置砖衬墙。采用复合墙时,地下连续墙墙体内表面需进行凿毛处理,并留设剪力槽和插筋等预理措施,确保与内衬结构墙之间剪力的可靠传递。复合墙和叠合墙在基坑开挖阶段,仅考虑地下连续墙作为基坑围护结构进行受力和变形计算;在正常使用阶段,可以考虑内衬钢筋混凝土墙体的复合或重合作用。

逆作法是利用主体工程地下结构作为基坑支护结构,并采取地下结构由上而下的设计施工方法。多层地下室的传统施工方法是“敞开式”,而“逆作法”是一种“封闭式”施工方法。其工艺原理是:先沿建筑物周围施工地下连续墙,在建筑物内按柱网轴线施工柱下支承桩,然后进行首层施工;完成后同时施工地上、地下结构;待地下室的底板完成后,再进行复合柱、复合墙的施工。

逆作法可设计为不同的围护结构支撑方式,分为全逆作法、半逆作法、部分逆作法等多种形式。

(1)全逆作法

利用地下各层钢筋混凝土肋形楼板对四周围护结构形成水平支撑。楼盖混凝土为整体浇筑,然后在其下掏土,通过楼盖中的预留孔洞向外运土并向下运入建筑材料。

(2)半逆作法

利用地下各层钢筋混凝土肋形楼板中先期浇筑的交叉格形肋梁,对围护结构形成框格式水平支撑,待土方开挖完成后再二次浇筑肋形楼板。

(3)部分逆作法

用基坑内四周暂时保留的局部土方对四周围护结构形成水平抵挡,抵消侧向压力所产生的一部分位移。

(4)分层逆作法

此方法主要是针对四周围护结构,是采用分层逆作,不是先一次整体施工完成。分层逆作四周的围护结构是采用土钉墙。

采用逆作法,一般地下室外墙与基坑围护墙采用两墙合一的形式,一方面省去了单独设立的围护墙,另一方面可在工程用地范围内最大限度扩大地下室面积,增加有效使用面积。此外,围护墙的支撑体系由地下室楼盖结构代替,省去大量支撑费用。而且楼盖结构即支撑体系,还可以解决特殊平面形状建筑或局部楼盖缺失所带来的布置支撑的困难,并使受力更加合理。由于上述原因,再加上施工工期较短,因而在软土地区对于具有多层地下室的高层建筑,采用逆作法施工具有明显的经济效益。

10.3　重力式水泥土墙支护结构

10.3.1　概述

重力式水泥土墙是指由水泥土搅拌桩相互搭接形成的格栅状、壁状等形式的重力式结构。水泥土搅拌桩是采用机械钻进、喷浆(或喷粉)并强制与土搅拌而形成的柱状加固体,这种加固土体虽亦称为“桩”,但它与传统的钢筋混凝土桩及钢桩等刚性桩有着本质的区别,它属于柔性桩。由于水泥土的物理力学性能比原状土大大改善,用搅拌桩组合而成的墙体即可形成挡土结构。同时,由于水泥土的渗透系数较小,一般接近或小于 10^{-7} cm/s,因此可兼作止水帷幕。

水泥土搅拌桩的布置可采用密排布置,也可采用格栅式布置,一般以后者居多。密排布置通常用于局部加强处,如增设墙墩、拱形支护体等位置(图 10-23)。

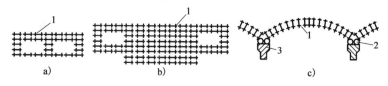

图 10-23　水泥土墙的平面形式

a)格栅式布置;b)局部加墩密排布置;c)拱形布置

1-搅拌桩;2-灌注桩;3-支撑

水泥土墙适用于素填土、淤泥质土、流塑及软塑状的黏土、粉土及粉砂性土等软土地基。当土中含高岭石、多水高岭石、蒙脱石等矿物时,加固效果更好;而含有伊利石、氯化物、水铝英石等矿物或有机质含量高、pH 值较低的黏性土加固效果较差。对于泥炭土、泥炭质土及有机质土或地下水具有侵蚀性时,应通过试验确定其适用性。

水泥土搅拌桩不适用于厚度较大的可塑及硬塑以上的软土、中密以上的砂土。此外加固区地下如有大量条石、碎砖、混凝土块、木桩等障碍时,一般也不适用;如遇古井、洞穴之类地下物,则应先行处理后再作加固。

水泥土墙适用于4~8m深的基坑、基槽,应根据土质状况及现场条件选择确定。其加固深度一般为基坑开挖深度的1.8~2.0倍,有时考虑抗渗要求,采用局部加长形式。

水泥土搅拌桩施工中无振动、无噪声、污染少、挤土轻微,因此在闹市区内施工更显出优越性。但应注意,由于重力式支护结构被动区土压力的发挥有赖于支护结构的位移,因此当基坑周围场地较小,或临近有建筑、地下管线需要保护时,应注意控制支护结构的位移,使之不超过容许范围。

10.3.2 水泥土墙计算

按重力式设计的水泥土墙,其破坏形式包括以下6类:①墙整体倾覆;②墙整体滑移;③沿墙体以外土中某一滑动面的土体整体滑动;④墙下地基承载力不足而使墙体下沉并伴随基坑隆起;⑤墙身材料的应力超过抗拉、抗压或抗剪强度而使墙体断裂;⑥地下水渗流造成的土体渗透破坏。在重力式水泥土墙的设计中,墙的嵌固深度和墙的宽度是两个主要设计参数,土体整体滑动稳定性、基坑隆起稳定性与嵌固深度密切相关,而基本与墙宽无关。墙的倾覆稳定性、墙的滑移稳定性不仅与嵌固深度有关,而且与墙宽有关。有关资料的分析研究结果表明,一般情况下,当墙的嵌固深度满足整体稳定条件时,抗隆起条件也会满足。因此,常常是整体稳定性条件决定嵌固深度下限。采用按整体稳定条件确定的嵌固深度,再按墙的抗倾覆条件计算墙宽,此墙宽一般能够同时满足抗滑移条件。

(1)整体稳定性验算——确定嵌固深度

水泥土墙的整体稳定性计算采用圆弧滑动条分法进行(图10-24),其稳定性应符合式(10-32)规定。

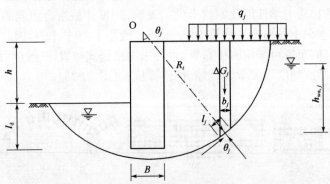

图10-24 整体滑动稳定性验算

$$\frac{\sum \{c_j l_j + [(q_j b_j + \Delta G_j)\cos\theta_j - u_j l_j]\tan\varphi_j\}}{\sum(q_j b_j + \Delta G_j)\sin\theta_j} \geqslant K_s \tag{10-32}$$

式中:K_s——圆弧滑动稳定安全系数,其值不应小于1.3;

c_j、φ_j——第j土条滑弧面处土的黏聚力,kPa;内摩擦角,度(°);

b_j——第j土条的宽度,m;

q_j——作用在第j土条上的附加分布荷载标准值,kPa;

ΔG_j——第j土条的自重,kN,按天然重度计算;分条时,水泥土墙可按土体考虑;

u_j——第j土条在滑弧面上的孔隙水压力,kPa;

θ_j——第 j 土条滑弧面中点处的法线与垂直面的夹角,度(°)。

当墙底以下存在软弱下卧土层时,稳定性验算的滑动面中尚应包括由圆弧与软弱土层层面组成的复合滑动面。

(2)抗倾覆稳定性验算——确定墙宽

水泥土墙绕墙趾 O 的抗倾覆稳定性系数应符合式(10-33)规定(图 10-25)。

$$\frac{E_{pk}a_p + (G - u_mB)a_G}{E_{ak}a_a} \geqslant K_{ov} \tag{10-33}$$

式中:K_{ov}——抗倾覆稳定安全系数,其值不应小于 1.3;

　　　a_a——水泥土墙外侧主动土压力合力作用点至墙趾的竖向距离,m;

　　　a_p——水泥土墙内侧被动土压力合力作用点至墙趾的竖向距离,m;

　　　a_G——水泥土墙自重与墙底水压力合力作用点至墙趾的水平距离,m。

　　　u_m——水泥土墙底面上的水压力,kPa;

E_{ak}、E_{pk}——作用在水泥土墙上的主动土压力、被动土压力标准值,kN/m;

　　　B——水泥土墙的底面宽度,m。

(3)抗滑移稳定性验算

重力式水泥土墙的抗滑移稳定性应符合式(10-34)规定(图 10-26)。

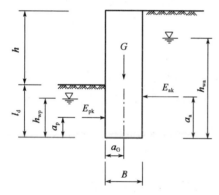

图 10-25　抗倾覆稳定性验算

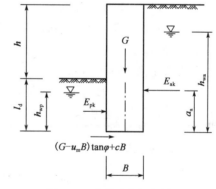

图 10-26　抗滑移稳定性验算

$$\frac{E_{pk} + (G - u_mB)\tan\varphi + cB}{E_{ak}} \geqslant K_{sl} \tag{10-34}$$

式中:K_{sl}——抗滑移稳定安全系数,其值不应小于 1.2;

E_{ak}、E_{pk}——作用在水泥土墙上的主动土压力、被动土压力标准值,kN/m;

　　　G——水泥土墙的自重,kN/m;

　　　u_m——水泥土墙底面上的水压力,kPa;

　　c、φ——水泥土墙底面下土层的黏聚力,kPa;内摩擦角,度(°);

　　　B——水泥土墙的底面宽度,m。

(4)正截面承载力验算

墙体厚度设计值除应符合墙体厚度计算要求外,尚应按下列规定进行正截面承载力验算:

①拉应力验算。

$$\frac{6M_i}{B^2} - \gamma_{cs}z \leqslant 0.15f_{cs} \tag{10-35}$$

式中：M_i——水泥土墙验算截面的弯矩设计值，kN·m/m；

B——验算截面处水泥土墙的宽度，m；

γ_{cs}——水泥土墙的重度，kN/m³；

z——验算截面至水泥土墙顶的垂直距离，m；

f_{cs}——水泥土开挖龄期时的轴心抗压强度设计值，kPa，应根据现场试验或工程经验确定。

②压应力验算。

$$\gamma_0\gamma_F\gamma_{cs}z + \frac{6M_i}{B^2} \leqslant f_{cs} \tag{10-36}$$

式中：γ_0——支护结构重要性系数；

γ_F——荷载综合分项系数。

③剪应力验算。

$$\frac{E_{ak,i} - \mu G_i - E_{pk,i}}{B} \leqslant \frac{1}{6}f_{cs} \tag{10-37}$$

式中：$E_{ak,i}$、$E_{pk,i}$——验算截面以上的主动土压力标准值、被动土压力标准值，kN/m；

G_i——验算截面以上的墙体自重，kN/m；

μ——墙体材料的抗剪断系数，一般取 0.4～0.5。

(5)基底地基承载力验算

水泥土墙是由土加固后形成的重力式挡墙，墙重虽有增加，但不是很明显，一般仅增加3％左右。因此，地基承载力一般能满足要求，不用进行验算。如果地基土质很差，例如厚层软土存在时，则需要进行地基承载力验算。

10.3.3 构造

(1)水泥土墙常布置成格栅形，以降低成本、工期。格栅形布置的水泥土墙应保证墙体的整体性，设计时一般按土的置换率进行控制，置换率即水泥土面积与水泥土墙的总面积的比值。淤泥土的强度指标差，呈流塑状，要求的置换率也较大，淤泥质土次之。同时要求格栅的格子长宽比不宜大于2。

格栅形水泥土墙，应限制格栅内土体所占面积。格栅内土体对四周格栅的压力可按谷仓压力计算，使其压力控制在水泥土墙承受范围内。

(2)搅拌桩重力式水泥土墙靠桩与桩的搭接形成整体，桩施工应保证垂直度偏差要求，以满足搭接宽度要求。桩的搭接宽度不小于150mm，是最低要求。当搅拌桩较长时，应考虑施工时垂直度偏差问题，增加设计搭接宽度。

(3)水泥土标准养护龄期为90d，基坑工程一般不可能等到90d养护期后再开挖，故设计时以龄期28d的无侧限抗压强度为标准。一些试验资料表明，一般情况下，水泥土强度随龄期的增长规律为，7d的强度可达标准强度的30％～50％，30d的强度可达标准强度的60％～75％，90d的强度为180d强度的80％左右，180d以后水泥土强度仍在增长。

(4)为加强水泥土墙整体性,减少变形,水泥土墙顶需设置钢筋混凝土面板,该面板不但利于施工,而且可防止因雨水从墙顶渗入水泥土格栅。

10.4 土钉墙支护结构

10.4.1 概述

土钉墙指的是采用土钉加固的基坑侧壁土体与护面等组成的支护结构。从整体上看,土钉墙有些类似于加筋土挡土墙,但又与加筋土挡土墙有所不同。首先,土钉是一种原位土加筋加固技术,土钉体的设置过程较大限度地减小了对土体的扰动;其次,从施工角度上讲,土钉墙是随着从上到下的土方开挖过程而将土钉体设置到土体中,可以与挖方同步施工。

土钉墙是由三个主要部分组成,即土钉体、土钉墙范围内的土体和面层。较常见的土钉体是由置入土体中的细长金属杆件(钢筋、钢管或角钢等)与外裹注浆层组成;面层一般采用喷射混凝土配钢筋网结构;原位土体是土钉墙支护体系中重要的组成部分。此外,根据具体地质、水文条件,还可在墙体内设置一定数量的排水管并穿出面层作为排水系统。典型的土钉体及面层构造如图 10-27 所示。

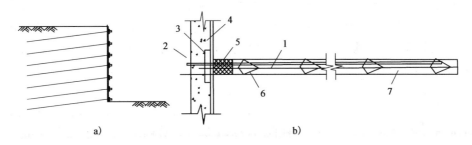

图 10-27 土钉设置及面层构造

1-土钉钢筋;2-土钉排气管;3-垫板;4-面层(配钢筋网);5-止浆塞;6-土钉钢筋对中支架;7-注浆体

土钉支护可适用于具有一定胶结能力和密实程度的砂土、粉土、砾石土、素填土、较硬的黏性土以及风化层等。除非采用专门的措施和掌握专门的技术,在松散砂土(标准贯入击数 $N<10$ 或颗粒不均匀系数<2)、黏性土(塑性指数>20、液性指数>0.75 或无侧限抗压强度小于 50kPa)以及淤泥质土、淤泥中不宜采用。

土钉墙用作基坑开挖的边坡支护结构时,其墙体从上到下分层构筑,典型的施工步骤为:

①基坑开挖一定深度。

②在这一深度的作业面上设置一排土钉。

③喷射混凝土面层。

④继续向下开挖并重复上述步骤,直至设计所需的基坑深度。

根据支护工程特殊需要,土钉支护也可以同其他支护形式结合扩展为土钉—桩、土钉—锚杆等复合支护。

土钉体的置入可采用先钻孔后插入土钉并注浆的方式,还可以将土钉直接击入土中并注浆。国外还开发了气动射击钉,是用高压气体作动力将土钉射入原位土体中,但这种射击钉的长度不可能很长。

一般土钉支护的结构设计与计算内容包括：

①确定土钉墙的平面、剖面尺寸以及分段施工高度。

②根据工程类比和工程经验,初步确定土钉尺寸及布置方式。

③支护体系内部整体稳定性分析。

④土钉强度与抗拔力验算。

⑤支护体系外部整体稳定性分析。

⑥喷射混凝土面层设计及面层与土钉连接构造设计。

⑦必要时还应采用有限元分析方法,对支护体系的内力与变形进行计算。

10.4.2　土钉支护结构参数

土钉墙支护结构参数包括土钉的长度、直径、间距、倾角以及支护面层厚度等。

（1）土钉长度

沿支护高度不同,土钉的内力相差较大,一般为中部大、上部和底部小。因此,中部土钉起的作用大。但顶部土钉对限制支护结构水平位移非常重要,而底部土钉对抵抗基底滑动、倾覆或失稳有重要作用。另外,当支护结构临近极限状态时,底部土钉的作用会明显加强。如此将上下土钉取成等长,或顶部土钉稍长,底部土钉稍短是合适的。

一般对于非饱和土,土钉长度 L 与开挖深度 H 之比（L/H）取 $0.5\sim1.2$;密实砂土及干硬性熟土取小值。为减小变形,顶部土钉长度宜适当增加。非饱和土底部土钉长度可适当减小,但不宜小于 $0.5H$。对于饱和软土,由于土体抗剪能力很低,设计时取 L/H 值大于 1 为宜。

（2）土钉间距

土钉间距影响土体的整体作用效果,目前尚不能给出有足够理论依据的定量指标,水平间距和垂直间距一般宜为 $1.2\sim2.0m$。垂直间距依上层及计算确定,且与开挖深度相对应交错排列,遇局部软弱土层间距可小于 $1.0m$。

（3）土钉筋材尺寸

土钉中采用的筋材有钢筋、角钢、钢管等。当采用钢筋时,一般为 $\phi18\sim\phi32mm$,Ⅱ级以上螺纹钢筋;当采用角钢时,一般为 L5×50×50 角钢;当采用钢管时,一般为 $\phi50$ 钢管。钻孔直径宜为 $70\sim120mm$。

（4）土钉倾角

土钉与水平线的倾角称为土钉倾角,一般为 $0°\sim20°$,其值取决于注浆钻孔工艺与土体分层特点等多种因素。研究表明,倾角越小,支护的变形越小,但注浆质量较难控制;倾角越大,支护的变形越大,但有利于土钉插入下层较好土层,注浆质量也易于保证。

（5）注浆材料

采用水泥砂浆或素水泥浆,其强度等级不宜低于 M10。

（6）支护面层厚度

临时性土钉支护的面层通常用 $50\sim150mm$ 厚的钢筋网喷射混凝土,钢筋网常用 $\phi6\sim\phi8mm$ 的Ⅰ级钢筋焊成 $150\sim300mm$ 方格网片。永久性土钉墙支护面层厚度为 $150\sim250mm$,可设两层钢筋网,分两层喷成。

10.4.3　土钉抗拉承载力计算

单根土钉的抗拔承载力应符合式(10-38)规定。

$$\frac{R_{k,j}}{N_{k,j}} \geqslant K_t \tag{10-38}$$

式中：K_t——土钉抗拔安全系数；安全等级为二级、三级的土钉墙，K_t 分别不应小于 1.6、1.4；

$\quad\quad N_{k,j}$——第 j 层土钉的轴向拉力标准值，kN；

$\quad\quad R_{k,j}$——第 j 层土钉的极限抗拔承载力标准值，kN。

单根土钉的轴向拉力标准值可按式(10-39)计算。

$$N_{k,j} = \frac{1}{\cos\alpha_j}\zeta\eta_j p_{ak,j}s_{xj}s_{zj} \tag{10-39}$$

式中：$N_{k,j}$——第 j 层土钉的轴向拉力标准值，kN；

$\quad\quad \alpha_j$——第 j 层土钉的倾角，度(°)；

$\quad\quad \zeta$——墙面倾斜时的主动土压力折减系数；

$\quad\quad \eta_j$——第 j 层土钉轴向拉力调整系数计算；

$\quad\quad p_{ak,j}$——第 j 层土钉处的主动土压力强度标准值，kPa；

$\quad\quad s_{xj}$——土钉的水平间距，m；

$\quad\quad s_{zj}$——土钉的垂直间距，m。

单根土钉的极限抗拔承载力应按下列规定确定：

安全等级为二级以上的土钉墙，单根土钉的极限抗拔承载力应通过抗拔试验确定，也可先按式(10-40)估算，但应通过土钉抗拔试验进行验证；安全等级为三级的土钉墙，可仅按公式(10-40)确定单根土钉的极限抗拔承载力。

$$R_{k,j} = \pi d_j \sum q_{sik}l_i \tag{10-40}$$

式中：$R_{k,j}$——第 j 层土钉的极限抗拔承载力标准值，kN；

$\quad\quad d_j$——第 j 层土钉的锚固体直径，m；对成孔注浆土钉，按成孔直径计算，对打入钢管土钉，按钢管直径计算；

$\quad\quad q_{sik}$——第 j 层土钉在第 i 层土的极限黏结强度标准值，kPa；应由土钉抗拔试验确定，无试验数据时，可根据工程经验并结合表 10-4 取值；

$\quad\quad l_i$——第 j 层土钉在滑动面外第 i 土层中的长度，m；计算单根土钉极限抗拔承载力时，取图 10-28 所示的直线滑动面，直线滑动面与水平面的夹角取 $(\beta+\varphi_m)/2$。

土钉的极限黏结强度标准值　　　　　表 10-4

土 的 名 称	土 的 状 态	q_{sik}(kPa)	
		成孔注浆土钉	打入钢管土钉
素填土		15～30	20～35
淤泥质土		10～20	15～25
黏性土	$0.75<I_L\leqslant1$	20～30	20～40
	$0.25<I_L\leqslant0.75$	30～45	40～55
	$0<I_L\leqslant0.25$	45～60	55～70
	$I_L\leqslant0$	60～70	70～80

土 的 名 称	土 的 状 态	q_{sik}(kPa)	
		成孔注浆土钉	打入钢管土钉
粉土		40~80	50~90
砂土	松散	35~50	50~65
	稍密	50~65	65~80
	中密	65~80	80~100
	密实	80~100	100~120

图 10-28　土钉抗拉承载力计算简图
1-土钉；2-喷射混凝土面层

10.4.4　土钉墙整体稳定性验算

土钉墙是随基坑分层开挖施作的，各个施工阶段的整体稳定性分析尤为重要。土钉墙应根据施工期间不同开挖深度及基坑底面以下可能滑动面，采用圆弧滑动简单条分法（图 10-29）按式（10-41）和式（10-42）进行整体稳定性验算。

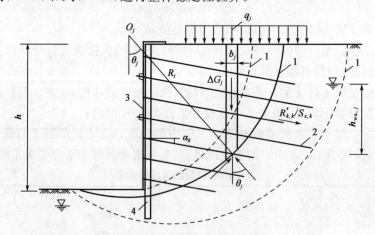

图 10-29　土钉墙整体稳定性验算简图
1-滑动面；2-土钉或锚杆；3-喷射混凝土面层；4-水泥土桩或微型桩

$$\min\{K_{s,1}, K_{s,2}, K_{s,i}, \cdots\} \geqslant K_s \tag{10-41}$$

$$K_{s,i} = \frac{\sum[c_j l_j + (q_j b_j + \Delta G_j)\cos\theta_j \tan\varphi_j] + \sum R'_{k,k}[\cos(\theta_k + \alpha_k) + \psi_v]/s_{x,k}}{\sum(q_j l_j + \Delta G_j)\sin\theta_j} \tag{10-42}$$

式中：K_s——圆弧滑动整体稳定安全系数；安全等级为二级、三级的土钉墙，K_s 分别不应小于 1.3、1.25；

$K_{s,i}$——第 i 个滑动圆弧的抗滑力矩与滑动力矩的比值；抗滑力矩与滑动力矩之比的最小值，宜通过搜索不同圆心及半径的所有潜在滑动圆弧确定；

c_j、φ_j——第 j 土条滑弧面处土的黏聚力，kPa；内摩擦角，度（°）；

b_j——第 j 土条的宽度，m；

q_j——作用在第 j 土条上的附加分布荷载标准值，kPa；

ΔG_j——第 j 土条的自重，kN，按天然重度计算；

θ_j——第 j 土条滑弧面中点处的法线与垂直面的夹角，度（°）；

$R'_{k,k}$——第 k 层土钉或锚杆对圆弧滑动体的极限拉力值，kN；应取土钉或锚杆在滑动面以外的锚固体极限抗拔承载力标准值与杆体受拉承载力标准值（$f_{yk}A_s$ 或 $f_{ptk}A_p$）的较小值；

α_k——第 k 层土钉或锚杆的倾角，度（°）；

θ_k——滑弧面在第 k 层土钉或锚杆处的法线与垂直面的夹角，度（°）；

$s_{x,k}$——第 k 层土钉或锚杆的水平间距，m；

ψ_v——计算系数。

当基坑面以下存在软弱下卧土层时，整体稳定性验算滑动面中尚应包括由圆弧与软弱土层层面组成的复合滑动面。

复习思考题

1　简述支护结构类型及其适用范围。

2　简述基坑支护结构设计的原则。

3　基坑水平荷载是如何确定的？

4　说明排桩、地下连续墙结构的内力与变形简化计算的内容和步骤。

5　简述水泥土墙设计计算的内容。

6　简述土钉支护的施工步骤。

7　比较锚杆支护体系和土钉墙的区别。

第11章 地层与结构的共同作用及其数值模拟

11.1 共同作用的概念

地下结构和地面结构物,如房屋、桥梁、水坝等一样,都是一种结构体系,但两者之间在赋存环境、力学作用机理等方面存在着明显的差异。地面结构体系一般是由上部结构和地基组成,地基只在上部结构底部起约束或支撑作用,除了自重外,荷载都是来自结构外部。而地下结构是埋入地层中的,四周与地层紧密接触,结构上承受的荷载主要来自洞室开挖后由周围地层变形和坍塌产生的地层压力,同时由于周围地层的约束作用,又限制了结构在荷载作用下发生的变形,两者共同作用,相互影响。

一般情况下,岩土地层在洞室开挖之后,都具有一定程度的自稳能力。地层自稳能力较强时,地下结构将不受或少受地层压力的作用,否则地下结构将承受较大的荷载甚至必须独立承受全部荷载作用。因此,周围地层既能与地下结构一起承受荷载,共同组成地下结构承载体系的基本组成部分,又是形成荷载的主要来源。地下结构的安全度首先取决于地下结构周围的地层能否保持持续稳定。为此,应充分利用和更好地发挥围岩的承载能力,在需要设置支护结构时,支护结构应能够阻止围岩的变形,使其达到稳定的作用,这种合二为一的作用机理与地面结构是完全不同的。

地下结构与岩土介质结合成一个连续的或不连续的整体相互作用系统,共同受力。这一认识是随着岩土力学的发展而逐渐形成的。早期的地下工程建设都是沿用地面工程的理论和方法来指导地下工程的设计与施工,因而常常不能正确地阐明地下工程中出现的各种力学现象和过程。经过较长时间的实践,人们才逐步认识到地下结构受力、变形的特点,并形成以考虑地层对结构变形约束为特点的地下结构计算理论和方法。

由于岩土材料的复杂性(非均质、各向异性、非连续、时间相关性等)以及结构几何形状和围岩初始应力状态的复杂性,使得在地下工程的应力应变分析中,解析法受到了很大的限制,即使采用也必须进行较大的简化,得出的结果往往难以满足实际工程的需要。至于模拟复杂的地下工程的施工过程,考虑各种开挖方案和支护措施等因素,解析方法更无能为力。近30多年来,随着计算机技术的迅速发展和普遍使用,数值计算方法有了很大的发展,人们可以用其较好地解决地下结构计算中材料及几何形状等处理上的困难。其中有限单元法是一种发展最快的方法,已经成为分析地下工程围岩稳定和支护结构强度及变形计算的有力工具。本章主要介绍有限单元法在地下建筑结构与地层共同作用模拟中的应用。

11.2　数值计算模型的建立

有限元法把围岩和支护结构都划分为若干个单元,然后根据能量原理建立单元刚度矩阵,并形成整个系统的总体刚度矩阵,从而求出系统上各个节点的位移和单元的应力。它不但可以模拟各种施工过程和各种支护效果,同时可以分析复杂的地层情况(如断层、节理等地质构造以及地下水等)和材料的非线性等。因此,该法从其兴起,就受到了地下工程设计和研究人员的广泛关注,并得到了不断的改进和发展。

(1)地质模型的概化

工程实践中,地下结构围岩的地质条件常十分复杂。首先是岩土体介质类属随机介质,各类地层和断层、节理等展布的几何规律通常带有明显的随机性特征,地层岩性和结构面特性也常随埋藏地点的不同而差异极大。其次是围岩地层、软弱结构面和地下洞室间的几何空间关系常较复杂,工程规模较大、软弱结构面数量较多时其间关系的复杂性更加突出。因此必须根据工程所处地质环境的特点(岩性、构造、初始地应力和地下水)分析影响围岩变形破坏的主要因素,建立起既考虑岩体主要地质特征又适合于数值计算的概化地质模型。地质模型的概化在岩体力学分析中非常重要,是地质与力学之间的桥梁,是解决岩体力学与地质环境脱节的关键。

对岩石地层中的工程,进行数值分析时应予考虑的工程地质因素主要包括:

①围岩地层的种类、数量及其几何展布规律。

②断层、节理等软弱结构面的种类、数量及其几何展布规律。

③初始地应力的大小及分布规律。

④地下水的情况。

(2)计算模型的建立

①单元类型的选择和网格划分。

在有限单元法中,不同类型单元的计算精度对计算机存储量的要求及运算时间是不一样的,合理选择单元类型是计算初期必须重点处理好的首要问题。

最简单的单元是常应变单元,它的计算公式简洁、程序简单,但计算精度较差,且存储量大,运算时间长。为改善精度,可以采用高精度单元。高精度单元由于采用了高次多项式的位移函数,单元精度有显著提高。但是,由于高精度单元的单元自由度和节点数增加,使总刚度矩阵的半带宽大大增加,因而增加了存储量和运算时间。对于地下工程计算,可采用线性应变和二次应变单元。通常认为,采用四节点或八节点的四边形等单元最为适宜,它不仅能较好的适应曲边形的外形,便于进行网格自动剖分,也具有较高的精度。

单元网格的划分也会影响计算的精度和运算时间,一般来说,网格越密,精度越高,要求的机器存储量也越大,计算的时间也越长。为合理划分网格,通常在洞室附近的区域,单元布置密一些,在其他区域单元布置可疏一些,但不宜疏密相差过大。

单元划分时应注意以下几点:

a.单元边界应当选取在材料的分界面及开挖边界线上。

b.同一个单元内的边长不能相差悬殊。

c. 单元节点应布置在荷载的突变点及锚杆的端点。

d. 单元节点编号应使每个单元的编号序数尽量靠近，以减小刚度矩阵的半带宽。

e. 应尽量利用结构的对称性，以减少单元数，节省计算工作量。

②计算范围的选取。

无论是深埋或浅埋隧道，在力学上都属于半无限空间问题，简化为平面应变问题时，则为半无限平面问题。从理论上讲，开挖对周围岩体的影响，将随远离开挖部位而逐渐消失(圣维南原理)，因此，有限元分析仅需在一个有限的区域内进行即可。确定计算边界，一方面要节省计算费用，另一方面也要满足精度要求。实践和理论分析证明，对于地下洞室开挖后的应力和应变，仅在洞室周围距洞室中心点 3~5 倍开挖宽度(或高度)的范围内存在较大影响。在 3 倍宽度处的应力变化一般在 10% 以下，在 5 倍宽度处的应力变化一般在 3% 以下。所以，计算边界可确定在 3~5 倍开挖宽度。在这个边界上，可以认为开挖引起的位移为零。此外，根据对称性的特点，分析区域可以取 1/2(1 个对称轴)或 1/4(2 个对称轴)，如图 11-1 所示。

当要求计算精度较高时，计算边界的确定就比较困难，这时可考虑采用有限元和无限元耦合算法。

③边界条件和初始地应力场。

地下工程都是在岩土体中开挖的，数值计算中一般采用内部加载方式计算，即由于开挖而在洞周形成释放荷载，其值等于沿开挖边界上原先的应力并以与原来相反的方向作用于开挖边界上。采用内部加载计算与外部加载计算算得的应力值是相同的，但位移值通常有较大差别。

计算范围的外边界可采取两种方式处理：其一为位移边界条件，即一般假定边界点位移为零(也有假定为弹性支座或给定位移的，但地下工程分析中很少用)；其二是假定为力边界条件，由岩体中的初始应力场确定，包括自由边界($p=0$)条件。还可以给定混合边界条件，即一部分边界给定位移，另一部分给定节点力。当然无论采用哪种处理方法都会有一定的误差，且随计算范围的减小而增大，靠近边界处误差最大，这种现象叫做"边界效应"。边界效应在动力分析中影响更为显著，需妥善处理。如图 11-2 所示，给出了几种边界条件形式。

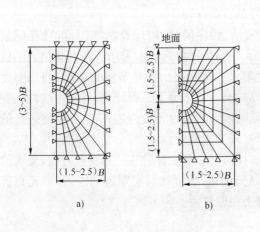

图 11-1　计算域单元划分方法示意图

a)深埋；b)浅埋

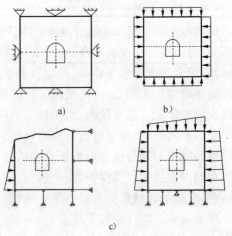

图 11-2　计算范围边界条件

a)位移边界条件；b)力边界条件；c)混合边界条件

当结构为浅埋时,上部为自由边界,考虑重力作用,两侧作用三角形分布初始地应力;当为深埋时,上部及侧部作用有均布初始地应力,侧压力系数以实测或经验确定。

11.3　岩土材料的本构模型

对地下结构进行数值计算,应提出或选择一个能够较为正确描述围岩和支护材料的应力-应变特征的力学模型,并研究和选择与模型一致的确定参数的正确方法,为计算提供可靠的参数。

(1)岩土体材料的力学模型

连续介质力学包含有弹性力学和塑性力学分支。弹性力学研究介质在弹性工作阶段的应力-应变关系,塑性力学则研究介质在塑性工作阶段的应力-应变关系。介质材料在弹性工作阶段,应力-应变关系是线性的,服从虎克定律;在塑性工作阶段,应力-应变的关系是非线性的。材料在弹性阶段,荷载卸除后其变形可以全部恢复,然而进入塑性工作阶段后,其变形在卸载后不能完全恢复,其中不能恢复的残余变形部分称为塑性变形。此外,弹性工作和塑性工作的差别还在于加载和卸载的不同,而且在塑性工作阶段材料的应力-应变关系还依赖于应力和应力路径。

在一般情况下,根据试验结果,将围岩材料变形模式简化为下述 3 种类型:

①理想的弹塑性模型。

在经典的弹塑性理论中,对于材料的应力-应变曲线,通常假设如图 11-3 所示。OY 代表弹性阶段的应力-应变关系,这种关系是线性的。图中 Y 点称为屈服点,与此点相应的应力 σ_y 称为屈服应力。过了 Y 点后,应力—应变关系是一条水平线 YN,这条水平线代表塑性阶段。在这一阶段应力不变,而变形却渐增,并且从到达 Y 点时起所产生的变形都是不可恢复的永久变形或塑性变形。如果应力降低,卸荷曲线的坡度将和 OY 线的坡度相等。重复加载也将沿着这条曲线回到原处。在塑性阶段,材料的体积不变,即泊松比等于 1/2。若所研究的问题变形比较大,相应的弹性变形部分可以忽略,可采用理想刚塑性材料,如图 11-4 所示。

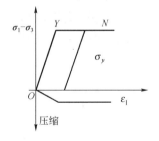

图 11-3　理想弹塑性材料的应力—应变曲线

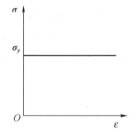

图 11-4　理想刚塑性材料的应力—应变曲线

②应变硬化模型。

在某些岩土材料的试验中,加载曲线具有双曲线形式,如图 11-5 所示。可用下式表示为

$$q = \frac{\varepsilon_z}{a + b\varepsilon_z} \tag{11-1}$$

式中:a、b——试验常数;

q——偏差应力，$q = \sigma_1 - \sigma_3$；

ε_z——轴向应变。

这类材料加载时体积发生收缩。卸载和重复加载曲线，或回弹曲线的坡度与加载曲线的起始坡度相等。应变从开始起即可分为可恢复的弹性应变与代表永久变形的塑性应变两部分。目前通常将其用双直线形简化模式——线性硬化弹塑性材料来代替，如图 11-6 所示。

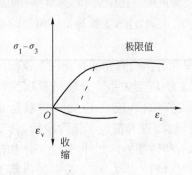

图 11-5 应变硬化材料的应力—应变曲线

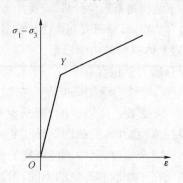

图 11-6 线性硬化弹塑性材料的应力—应变曲线

③应变软化模型。

这种材料的加载曲线是有驼峰的曲线，加载时体积最初略收缩，以后即大量膨胀，剪力或偏差应力 q 超过峰值后急剧下降，曲线的坡度变成负值，直至剪力降至极限值，这代表岩土体的残余强度，如图 11-7 所示。目前许多岩土体的应力—应变都具有这种性质，这种曲线称应变软化曲线。在实际应用中，常把这种曲线简化为如图 11-8 所示的模式。

另外，很多岩土体材料还具有流变性质，即在不变荷载作用下随时间而变形的性质（蠕变）。在图 11-9 列出一些岩石的蠕变变形随时间发展的特性（在不同的不变荷载作用下）：如果荷载小于长期极限强度（曲线 1），则变形速度随时间而减小，总变形值渐近于某一应变值 s；如果荷载超过长期极限强度（曲线 2、3 和 4），则变形的发展是无限制的，在达到某极限值 ε 后破坏。作用于试件上的荷载愈大则试件达到破坏之前经历的时间愈短。在蠕变曲线上可以分出 3 段：a 段蠕变速度是降低的并趋于稳定；b 段蠕变具有不变的速度；c 段是破坏之前的，具有不断增大的变形速度。

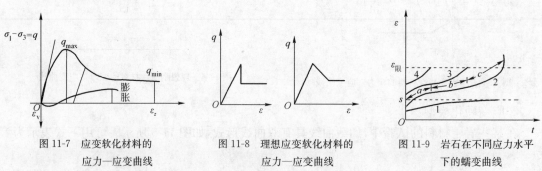

图 11-7 应变软化材料的
应力—应变曲线

图 11-8 理想应变软化材料的
应力—应变曲线

图 11-9 岩石在不同应力水平
下的蠕变曲线

为了表述岩土体应力与应变、变形与时间的关系，可以采用弹性、黏性和塑性三种基本单元的组合关系来模拟与此相适应的应力—应变关系，形成围岩的力学本构模型。

(2)基本单元及其组合

①基本单元。

a. 弹性单元（又称虎克单元），用弹簧表示，见图 11-10。应力与变形呈线性关系，而与时间无关。表达式为

$$\sigma_e = E\varepsilon_e \qquad (或 \tau = G\gamma) \tag{11-2}$$

式中：σ_e、ε_e——弹性单元的应力和应变；

　　E——弹性单元的弹性模量。

式(11-2)两端对时间 t 求导，可得

$$\frac{\mathrm{d}\sigma_e}{\mathrm{d}t} = E\frac{\mathrm{d}\varepsilon_e}{\mathrm{d}t} \quad (或 \dot{\sigma}_e = E\dot{\varepsilon}_e) \tag{11-3}$$

式中："·"——对时间的一阶导数。

b. 黏性单元（又称牛顿单元），用黏壶即黏滞性阻尼筒表示，见图 11-11。黏性单元的变形速率与作用应力成比例，即

$$\dot{\varepsilon}_\eta = \frac{1}{\eta}\sigma_\eta \text{ 或 } \sigma_\eta = \eta\dot{\varepsilon}_\eta \tag{11-4}$$

式中：σ_e、$\dot{\varepsilon}_\eta$、σ_η——分别为黏性单元的应变和应力；

　　η——黏度系数。

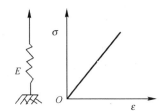

图 11-10　弹性单元及其应力—应变关系

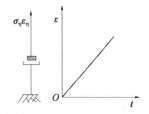

图 11-11　黏性单元及蠕变曲线

在不变应力下，t 瞬间总变形等于

$$\frac{\mathrm{d}\varepsilon_\eta}{\mathrm{d}t} = \frac{1}{\eta}\sigma_\eta \quad (或 \mathrm{d}\varepsilon_\eta = \frac{1}{\eta}\sigma_\eta\mathrm{d}t) \tag{11-5}$$

令 $\gamma = \frac{1}{\eta}$，并对上式积分，则

$$\varepsilon_\eta = \sigma_\eta\gamma t \tag{11-6}$$

当应力随时间而变时，变形为

$$\varepsilon_\eta = \gamma\int_0^t \sigma\mathrm{d}t \tag{11-7}$$

c. 塑性单元（又称圣维南单元），用在一定力下滑移的摩擦单元表示，见图 11-12。其特性为

$$\left.\begin{array}{l} 若 \sigma_p < \sigma_y, \sigma_p = \sigma \\ 若 \sigma_p = \sigma_y, \sigma_p = \sigma_y \end{array}\right\} \tag{11-8}$$

式中：σ——施加的总应力；

σ_p——摩擦板中所发挥的应力，该摩擦板发挥作用的条件是 $\sigma_p \geqslant \sigma_y$；

σ_y——材料的单轴屈服应力。

对于应变硬化材料（假定应变硬化遵从线性关系）

$$\sigma_y = \sigma_y^0 + H'\varepsilon_{up} \tag{11-9}$$

式中：σ_y^0——材料的初始屈服应力；

H'——去掉弹性应变分量后应力-应变曲线中应变硬化段的斜率；

ε_{up}——当前的黏塑性应变。

②组合模型。

a. 弹塑性模型　由弹性单元和塑性单元串联而成，见图 11-13。在应力小于 σ_y 时，介质是弹性的；当 $\sigma = \sigma_y$ 时，变形是不确定的。

b. 弹黏塑性（宾哈姆，Bingham）模型　这是一种较为实用的一维弹黏塑性模型，如图 11-14 所示。宾哈姆模型可以反映材料的弹黏塑性性态，微分方程为

$$\left.\begin{array}{l}\varepsilon = \varepsilon_e + \varepsilon_{up} \\ \sigma = \sigma_y + \sigma_\varepsilon\end{array}\right\} \tag{11-10}$$

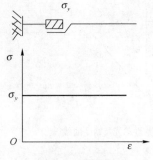

图 11-12　塑性单元

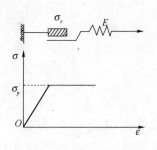

图 11-13　弹塑性单元串联

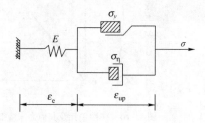

图 11-14　宾哈姆模型

下面推导弹黏塑性条件下模型的应力—应变关系式。根据黏塑性的屈服条件，将式（11-4）及式（11-7）代入式（11-9），引入流变参数 $\gamma = 1/\eta$，并假定 $\sigma = \sigma_A$ 为常数，则其方程的封闭解为

$$\varepsilon = \frac{\sigma_A}{E} + \frac{(\sigma_A - \sigma_y^0)}{H'}(1 - e^{-H'\gamma t}) \tag{11-11}$$

假定 $H' \neq 0$，应变依时间的变化关系如图 11-15a）所示。在初始弹性应变之后，模型中的应变按指数函数形式逐渐达到某个稳态数值。

对于理想的弹塑性材料，$H' = 0$，式（11-11）可按罗比塔法则求得 $H' \to 0$ 时的极限值为

$$\varepsilon = \frac{\sigma_A}{E} + (\sigma_A - \sigma_y^0)\gamma t \tag{11-12}$$

应变依时间而变化的曲线如图 11-15b）所示。在此情况下不能达到稳定状态，弹黏塑性应变以恒定的应变率无限地增长。

c. 弹黏性模型（马克斯威尔模型）　这是由弹性单元和黏性单元串联而成，见图 11-16。马

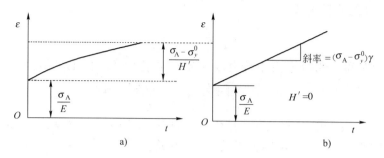

图 11-15　宾哈姆模型应变-时间关系

克斯威尔模型的变形与下述应力微分方程有关

$$
\left.\begin{array}{l}
\sigma = \sigma_e = \sigma_\eta \\
\varepsilon = \varepsilon_e + \varepsilon_\eta \\
\sigma_e = E\,\varepsilon_e \\
\sigma_\eta = \eta\,\dot{\varepsilon}_\eta
\end{array}\right\} \tag{11-13}
$$

且有

$$
\dot{\varepsilon} = \dot{\varepsilon}_\eta + \dot{\varepsilon}_e \tag{11-14}
$$

故

$$
\dot{\varepsilon} = \frac{1}{E}\dot{\sigma} + \frac{1}{\eta}\sigma_\eta \tag{11-15}
$$

如果在 $t = 0$ 瞬间作用有不变应力 $\sigma = \sigma_0$，则方程式(11-15)的解是

$$
\varepsilon = \frac{1}{E}\sigma_0 + \frac{1}{\eta}\sigma_0 t \tag{11-16}
$$

这个函数的图形如图 11-16b)所示，由图可知应变随时间而增大。如果在 $t = 0$ 的瞬间，模型变形 $\varepsilon_0 = $ 常数，则式(11-15)的解为

$$
\sigma = E\varepsilon_0 \exp\left(-\frac{Et}{\eta}\right) \tag{11-17}
$$

它的图形如图 11-16c)所示，表示应力松弛。

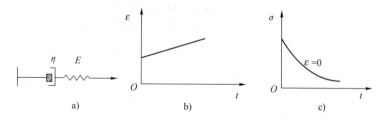

图 11-16　马克斯威尔模型及其蠕变与松弛曲线

d. 弹黏性模型(凯尔文—弗盖特模型)　模型由弹性单元和黏性单元并联而成，如图 11-17 所示，这个模型的微分方程是

$$
\left.\begin{array}{l}
\sigma = \sigma_e + \sigma_\eta = E\varepsilon + \eta_k \\
\varepsilon = \varepsilon_e = \varepsilon_\eta
\end{array}\right\} \tag{11-18}
$$

故应力—应变的关系式可写成

$$\dot{\varepsilon} + \frac{E}{\eta}\varepsilon = \frac{1}{\eta}\sigma \qquad (11\text{-}19)$$

如果在 $t=0$ 瞬间,介质上作用有应力 $\sigma_0=$ 常数,则方程式(11-14)的解是

$$\varepsilon = \frac{\sigma_0}{E}\left[1 - \exp\left(-\frac{Et}{\eta}\right)\right] \qquad (11\text{-}20)$$

这个方程(不可逆蠕变方程)的图形见图 11-17b)。如果在 $t=0$ 瞬间模型变形在 $\varepsilon=\varepsilon_0$ 水平时从作用应力卸载,即 $\sigma_{t=0}=0$,则方程式(11-19)的解为

$$\varepsilon = \varepsilon_0 \exp\left(-\frac{Et}{\eta}\right) \qquad (11\text{-}21)$$

这个方程(弹性后效方程)的图形示于图 11-17c)。

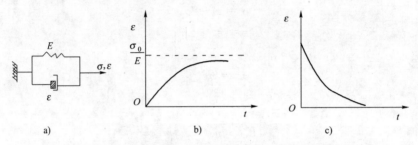

a)   b)   c)

图 11-17   黏弹性模型(凯尔文体及其蠕变后效曲线)

e. Kelvin-Hooke 串联(广义凯尔文)力学模型   该模型目前在工程实践中较多采用,如图 11-18所示。这个力学模型,有如下关系

$$\left.\begin{array}{l} \sigma = \sigma_\eta + \sigma_{e2} = \sigma_{e1} \\ \varepsilon = \varepsilon_{e1} + \varepsilon_{e2} \\ \varepsilon_\eta = \varepsilon_{e2} \end{array}\right\} \qquad (11\text{-}22)$$

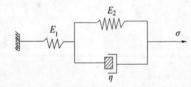

图 11-18   广义的凯尔文模型

式中:σ——整个系统作用的轴向应力;

      ε——整个系统的应变;

σ_{e1}、ε_{e1}——分别为弹簧 1 的应力、应变;

σ_{e2}、ε_{e2}——分别为弹簧 2 的应力、应变;

σ_η、ε_η、η——分别为黏性单元的应力、应变和黏性系数。

用(11-22)建立的 σ-ε 微分方程式为

$$\sigma + \frac{\eta}{E_1+E_2}\dot{\sigma} = \frac{\eta E_1}{E_1+E_2}\dot{\varepsilon} + \frac{E_1 E_2}{E_1+E_2}\varepsilon \qquad (11\text{-}23)$$

令 $\alpha = \dfrac{\eta}{E_1+E_2}$;$\beta = \dfrac{\eta E_1}{E_1+E_2}$;$\gamma = \dfrac{E_1 E_2}{E_1+E_2}$。则式(11-23)为

$$\sigma + \alpha\dot{\sigma} = \beta\dot{\varepsilon} + \gamma\varepsilon \qquad (11\text{-}24)$$

解式(11-24),$\sigma = \sigma_0 =$ 常数时,其蠕变方程为

$$\varepsilon = \frac{\sigma_0}{\gamma} + \sigma_0\left(\frac{1}{E_1} - \frac{1}{\gamma}\right)\exp\left(-\frac{\gamma}{\beta}t\right) = \sigma_0\left\{\frac{1}{E_1} + \frac{1}{E_2}\left[1 - \exp\left(-\frac{E_2}{\eta}t\right)\right]\right\} \qquad (11\text{-}25)$$

当 $t=0$ 时，$\varepsilon=\dfrac{\sigma_0}{E_1}$；当 $t=\infty$ 时，$\varepsilon=\dfrac{E_1+E_2}{E_1 E_2}\sigma_0$。

$\varepsilon=\varepsilon_0=$ 常数时，应力松弛方程为

$$\sigma=\varepsilon_0\left[\gamma+(E_1-\gamma)\exp\left(-\frac{t}{\alpha}\right)\right]=\varepsilon_0\left\{E_1-\frac{E_1^2}{E_1+E_2}\left[1-\exp\left(-\frac{E_1+E_2}{\eta}t\right)\right]\right\}$$

(11-26)

当 $t=0$ 时，$\sigma=E_1\varepsilon_0$；当 $t=\infty$ 时，$\sigma=\dfrac{E_1 E_2}{E_1+E_2}\varepsilon_0$。

两者的曲线如图 11-19 所示。

由此可见，把不同的基本单元进行各种组合，即可表达具有不同性质岩土体的应力-应变关系。对应于图 11-9 所示 a) 段，用广义的凯尔文模型模拟；对应于图 11-9 所示 b) 段，用图 11-20所示的五参数模型，该模型又称为修正的柯马拉—黄模型。它由宾哈姆模型和凯尔文模型串联而成。并在卸载情况下能够模拟塑性应变即永久变形的效应。

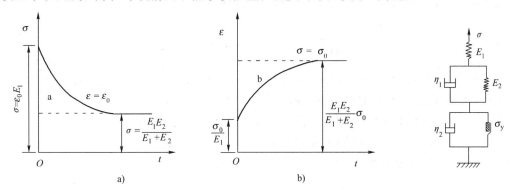

图 11-19　Kelvin-Hooke 模型的松弛与蠕变模型
a)松弛；b)蠕变

图 11-20　五参数模型

（3）围岩稳定的基本判据

①围岩强度破坏准则。

围岩强度破坏准则的理论基础是强度破坏理论，如德鲁克—普拉格准则或摩尔-库仑准则等。即在低约束压的条件下，当岩体内某斜截面的剪应力值超过破坏理论规定的滑动界限范围时，岩体就发生剪切屈服破坏。

材料随着外力的增大由弹性状态过渡到塑性状态。当应力的数值等于屈服极限 σ_y 时，材料屈服，开始流动，产生塑性变形。$\sigma=\sigma_y$ 这个由弹性状态过渡到塑性状态的条件，就是单向应力情况下的屈服条件，也称"塑性条件"，它是判断材料是否达到塑性状态的屈服准则。在复杂应力状态下，材料中某一点开始塑性变形时所必须满足的条件通常表达为屈服函数

$$f(\sigma_x,\sigma_y,\sigma_z,\tau_{xy},\tau_{yz},\tau_{zx})=C$$

(11-27)

式中：C——材料常数。

对于各向同性材料，坐标方向不影响屈服，故有

$$f(\sigma_1,\sigma_2,\sigma_3)=C$$

(11-28)

目前在实际设计中，采用最多的是摩尔-库仑破坏准则。另外格里菲斯破坏准则和德罗

克-普拉格破坏准则也是常用的。

a.摩尔—库仑(Mohr-Coulomb)破坏准则　库仑通过大量试验发现剪应力与位移曲线在破坏时常有一个极限剪应力或一个很明确的驼峰剪应力,因此将剪应力的最大值或其极限值认为是抗剪强度。其表达式即为库仑破坏准则

$$\tau_f = \sigma_f \tan\varphi + c \tag{11-29}$$

式中:c——黏聚力;

　　σ_f——破坏面上的法向应力;

　　φ——内摩擦角。

如果用摩尔圆来表示岩土体中的应力状态,在同一坐标图中绘出摩尔应力圆和强度包络线,则可以得到岩土体材料破坏时的应力极限平衡关系如下,即摩尔—库仑破坏准则

$$\frac{\sigma_1 - \sigma_3}{2} = c \cdot \cos\varphi + \frac{\sigma_1 + \sigma_3}{2} \sin\varphi \tag{11-30}$$

b.德罗克—普拉格(Drucke-Prager)准则　该准则假定物体内单位体积的应变能达到某一极限值时所对应的点开始屈服,并考虑静水压力的作用,对于平面应变状态有

$$\frac{\sin\varphi}{\sqrt{3}\sqrt{3 + \sin^2\varphi}}\sigma_m + \sqrt{J'_2} - \frac{\cos\varphi}{\sqrt{3}\sqrt{3 + \sin^2\varphi}} = 0 \tag{11-31}$$

c.格里菲斯(Griffith)准则　Griffith 认为,内部有裂隙的材料,将在裂隙周围引起应力集中,由于应力集中的影响,使材料的破坏强度降低。裂隙一般有各式各样的形状,不会是相同的,但作为一个理想状态假定为扁平的椭圆裂隙,可按平面状态破坏理论处理。

如图 11-21 所示,在具有扁平椭圆裂隙孔的无限板上,在无限远处,作用有垂直应力 σ_1,水平应力 σ_3,则 Griffith 准则如下

$$\begin{cases} 当 \sigma_3 > -\dfrac{\sigma_1}{3} 时,(\sigma_1 - \sigma_3)^2 - 8R_t(\sigma_1 + \sigma_3) = 0 \\ 当 \sigma_3 < -\dfrac{\sigma_1}{3} 时,\sigma_2 = -R_t \end{cases} \tag{11-32}$$

式中:R_t——材料的抗拉强度。

②围岩极限应变破坏准则。

极限应变是岩体达到破坏极限时的应变,一般由岩石的单轴压缩试验得到。许多试验证明,极限应变的室内试验和原位试验结果几乎一致,也就是说可以通过试件的室内试验来求得原位岩体的极限应变值。加之最近几年由于量测技术的发展,使应变推求成为可能,故以应变为破坏准则的研究也得到了一定的发展,下面对围岩材料破坏时的应变计算作一简要介绍。

a.土和岩石试件破坏时的应变。

土和岩石根据单轴抗压试验得出的应力-应变曲线,一般都可拟合成双曲线形,如图 11-22 所示,表示为

$$\sigma = \frac{\varepsilon}{b + a\varepsilon} \tag{11-33}$$

式中，$b=\dfrac{1}{E_i}$，E_i 为初始弹性系数；$a=\dfrac{1}{\sigma_n}$，σ_n 为极限应力值。

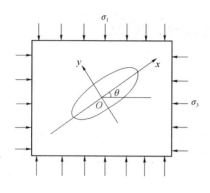

图 11-21　Griffith 准则

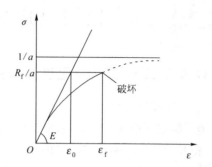

图 11-22　应力—应变曲线

令 R_c 为岩石单轴抗压强度，则

$$R_c = \frac{R_f}{a} \tag{11-34}$$

式中：R_f——岩石的破坏比。

用单轴抗压强度 R_c 和初始弹性系数 E_i 来定义极限应变

$$\varepsilon_0 = \frac{R_c}{E_i} \tag{11-35}$$

如图 11-22 所示，ε_f 为破坏应变，$1/a$ 为应力极限值。由图中可以看出，各种土和岩石的极限应变 ε_0 随抗压强度 R_c 的增大而趋于减小。对于岩石，ε_0 一般在 $0.1\%\sim1.0\%$ 的范围内变动（下限值为硬岩，上限值为软岩）；对土（主要是黏性土），ε_0 约在 $1.0\%\sim5.0\%$ 的范围之内变动。

破坏应变 ε_f 可由下式求出

$$\varepsilon_f = \frac{R_c}{E_i(1-R_f)} = \frac{\varepsilon_0}{1-R_f} \tag{11-36}$$

对各种土和岩石，R_f 的取值在 $0.1\sim0.8$ 的范围内。单轴抗压强度愈大，R_f 愈小。

b. 岩体破坏时的应变。

原位岩体的力学性质，一般都用千斤顶试验及剪切试验来调查。用千斤顶试验求出弹性系数 E_s，用剪切试验求出黏聚力 c 和内摩擦角 φ，岩体的单轴抗压强度 R_{cs} 可由下式推算

$$R_{cs} = \frac{2c\cos\varphi}{1-\sin\varphi} \tag{11-37}$$

这样，在单轴应力状态下岩体的极限应变 ε_{0s} 可由下式求出

$$\varepsilon_{0s} = \frac{R_{cs}}{E_s} \tag{11-38}$$

此极限应变 ε_{0s} 可利用现场的岩体试验结果求出,约在 $0.1\%\sim1.0\%$ 范围之内,这个数值与岩石试件室内试验的结果大致相等。

11.4　地下工程施工的模拟

11.4.1　地下工程施工过程的模拟

(1)卸荷释放荷载

地下洞室开挖在力学上可以认为是一个应力释放和回弹变形的问题。为了模拟开挖效应,获得开挖地下洞室后围岩中的应力、应变状态,可以将开挖释放掉的应力作为等效荷载加在开挖后洞室的周边上。

如图 11-23 所示,当洞室开挖后,围岩中的部分初始地应力得到释放,产生了向隧道内的回弹变形,并使围岩中的应力重新分布,洞室周边成为自由表面,应力为零。为了模拟开挖效应,求得开挖后围岩中的应力状态,可以将开挖释放掉的应力作为等效荷载加在开挖后洞室的周边上,并将其转化为等效节点力。设沿设计开挖面上各点的初始应力场 $\{\sigma_0\}$ 为已知,在离散化情况下,假定沿开挖面上两相邻节点之间的初始应力呈线性变化,如图 11-24 所示。当开挖边界节点按逆时针次序排列时,对任意开挖边界点 i,开挖引起等效释放荷载(等效节点力)为

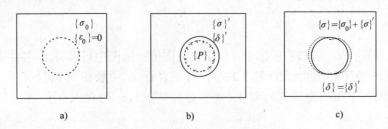

图 11-23　洞室开挖模拟

a)原始状态;b)开挖效应;c)开挖后状态

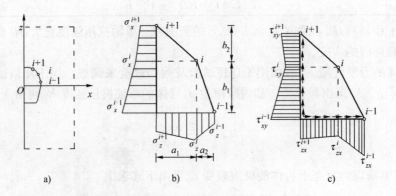

图 11-24　开挖面边界上应力上等效节点力计算图

a)洞型;b)初始正应力等效荷载;c)剪应力等效荷载

$$p_x^i = \frac{1}{6}\big[2\sigma_x^i(b_1 + b_2) + \sigma_x^{i+1}b_2 + \sigma_x^{i-1}b_1 + 2\tau_{xz}^i(a_1 + a_2) + \tau_{xz}^{i+1}a_2 + \tau_{xz}^{i-1}a_1\big]$$

$$p_z^i = \frac{1}{6}\big[2\sigma_z^i(a_1 + a_2) + \sigma_z^{i+1}a_2 + \sigma_z^{i-1}a_1 + 2\tau_{xz}^i(b_1 + b_2) + \tau_{xz}^{i+1}b_2 + \tau_{xz}^{i-1}b_1\big] \tag{11-39}$$

若初始应力场为均匀应力场,则

$$\left.\begin{aligned} \sigma_x^i = \sigma_x^{i-1} = \sigma_x^{i+1} = \sigma_x \\ \sigma_z^i = \sigma_z^{i-1} = \sigma_z^{i+1} = \sigma_z \\ \tau_{xz}^i = \tau_{xz}^{i-1} = \tau_{xz}^{i+1} = \tau_{xz} \end{aligned}\right\} \tag{11-40}$$

式(11-39)即可简化为

$$\left.\begin{aligned} p_x^i = \frac{1}{2}\big[\sigma_x(b_1 + b_2) + \tau_{xz}(a_1 + a_2)\big] \\ p_z^i = \frac{1}{2}\big[\sigma_z(a_1 + a_2) + \tau_{xz}(b_1 + b_2)\big] \end{aligned}\right\} \tag{11-41}$$

若初始主应力场方向与坐标轴重合,式(11-41)简化为

$$\left.\begin{aligned} p_x^i = \frac{1}{2}\sigma_x(b_1 + b_2) \\ p_z^i = \frac{1}{2}\sigma_z(a_1 + a_2) \end{aligned}\right\} \tag{11-42}$$

(2)开挖过程的力学模拟

分部开挖的具体模拟方法如下:

①按照施工要求划分好开挖顺序,如图 11-25 所示。

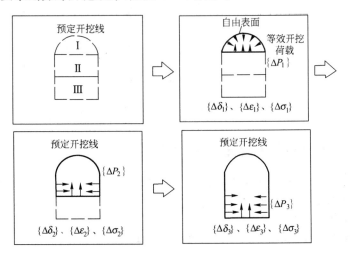

图 11-25　开挖过程释放荷载的模拟

②按照隧道埋深和地质构造特点进行开挖前的应力分析,求出围岩中的初始地应力场$\{\sigma\}^0$和位移场$\{\varepsilon\}^0$。考虑到初始位移早就结束,对今后开挖坑道不产生影响,故可取$\{\varepsilon\}^0=0$。但在多数情况下,认为围岩的初始地应力场是已知的,刚开挖前的应力状态就可作为原始数据直接输入,不必进行分析。

③根据每次开挖的尺寸,除去被挖掉的单元。根据除去单元现有的应力值,求出被开挖出的自由表面各节点处的节点力。将与这些节点力大小相等、方向相反的力$\{P_i\}$作用于自由表面相同的节点上,这些力$\{P_i\}$就是等效开挖释放荷载。

④在等效开挖释放荷载作用下进行分析,求出该开挖步骤后,围岩中的位移$\{\Delta_n\}$、应变$\{\Delta\varepsilon_n\}$、应力$\{\Delta\sigma_n\}$,并叠加于以前的状态上。若不是最终开挖步骤,则重复本步工作,直到最后一个开挖步骤进行完为止。

(3)支护过程模拟

为了模拟支护过程,在离散化结构时,必须考虑各步施工的情况及结构特征。如图 11-26 所示为一地下坑道施工过程示意图,开挖及支护分上下两部分进行。顺序是开挖上部→上部衬砌支护→开挖下部→下部衬砌支护。模拟计算时,每一步开挖,即把该部分的单元作为"空单元"(令刚度接近于 0)。每一步衬砌施工,即把与该部分衬砌对应的单元(开挖后的"空单元")重新赋予衬砌材料的参数。如图 11-26 所示,全部计算分 4 步完成,把每一步的结果叠加即得到最终结果。需特别指出的是:把开挖部分以"空单元"取代,可能导致方程"病态",为此,必须令这些节点的位移为 0。

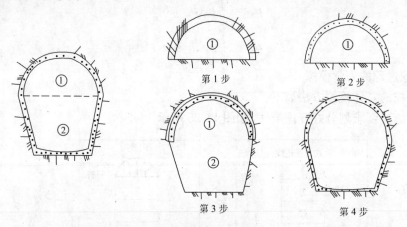

图 11-26　坑道断面开挖及支护过程的模拟

11.4.2　施工过程模拟的增量初应变法

目前的有限元程序大都采用增量初应变法来模拟工程的分步施工。对各开挖阶段的状态,有限元分析的增量表达式可写为

$$\left[[\boldsymbol{K}]_0+\sum_{\lambda=1}^{i}[\Delta\boldsymbol{K}]_\lambda\right]\{\Delta\boldsymbol{\delta}\}_i=\{\Delta\boldsymbol{F}_r\}_i+\{\Delta\boldsymbol{F}_a\}_i \quad (i=1,\cdots,L) \tag{11-43}$$

式中:L——开挖阶段数;

$[\boldsymbol{K}]_0$——岩体和结构的初始刚度矩阵;

$[\Delta K]_\lambda$——开挖施工过程中,λ 开挖阶段的岩体和结构刚度的增量或减量,用以体现岩体单元的挖除或填筑,以及结构单元的施作或拆除;

$\{\Delta F_r\}_i$——第 i 开挖阶段开挖边界上的释放荷载的等效结点力;

$\{\Delta F_a\}_i$——第 i 开挖阶段新增自重等的等效结点力;

$\{\Delta\boldsymbol{\delta}\}_i$——第 i 开挖阶段的结点位移增量。

采用增量初应变法解题时,对每个开挖步,有限元分析中增量加载过程的表达式为

$$[\boldsymbol{K}]_{ij}\{\Delta\boldsymbol{\delta}\}_{ij}=\{\Delta\boldsymbol{F}_r\}_{ij}+\{\Delta\boldsymbol{F}_a\}_{ij}\ (i=1,\cdots,L;j=1,\cdots,M) \tag{11-44}$$

式中:M——各开挖步增量加载的次数;

$[\boldsymbol{K}]_{ij}$——第 i 开挖步中施加第 j 增量步时的刚度矩阵;

$\{\Delta\boldsymbol{F}_r\}_{ij}$——第 j 增量步中,开挖边界上的释放荷载的等效结点力增量;

$\{\Delta\boldsymbol{F}_a\}_{ij}$——第 j 增量步新增自重等的等效结点力;

$\{\Delta\boldsymbol{\delta}\}_{ij}$——第 j 增量步的结点位移增量。

增量时步加荷过程中,部分岩体进入塑性状态后,由材料屈服引起的过量塑性应变以初应变的形式被转移,并由整个体系中的所有单元共同负担。每一时步中,各单元与过量塑性应变相应的初应变均以等效节点力的形式起作用,并处理为再次计算时的节点附加荷载,据以进行迭代运算,直至时步到达最终计算时间,并满足给定的精度要求。

岩体单元出现受拉破坏或结构面单元发生受拉或受剪破坏时,也按与上述类同的方法处理。单元发生破坏后,沿破坏方向的单元应力需予转移,计算过程也将其处理为等效节点力,并据以进行迭代计算。

岩体和结构面单元处于非线性弹性或弹塑性受力状态时,对各开挖阶段的任意增量时步的非线性迭代计算,有限元分析的方程可表示为

$$[\boldsymbol{K}]_{ij}\{\Delta\boldsymbol{\delta}\}_{ij}^k=\{\Delta\boldsymbol{F}\}_{ij}^k \qquad (i=1,\cdots,L;j=1,\cdots,M;k=1,\cdots,N) \tag{11-45}$$

式中:　　N——非线性迭代的步数;

$\{\Delta\boldsymbol{F}\}_{ij}^k$——第 k 步非线性迭代的等效结点力。

用于对各开挖步,计算位移、应变和应力的迭代式为

$$\left.\begin{aligned}
\{\boldsymbol{\delta}\}_i&=\{\boldsymbol{\delta}\}_{i-1}+\{\Delta\boldsymbol{\delta}\}_{ij}=\sum_{\alpha=1}^{i}\sum_{\beta=1}^{j}\sum_{k=1}^{N}\{\Delta\boldsymbol{\delta}\}_{\alpha\beta}^{k}\\
\{\boldsymbol{\varepsilon}\}_i&=\{\boldsymbol{\varepsilon}\}_{i-1}+\{\Delta\boldsymbol{\varepsilon}\}_{ij}=\sum_{\alpha=1}^{i}\sum_{\beta=1}^{j}\sum_{k=1}^{N}\{\Delta\boldsymbol{\varepsilon}\}_{\alpha\beta}^{k} \quad (i=1,\cdots,L;j=1,\cdots,M;k=1,\cdots,N)\\
\{\boldsymbol{\sigma}\}_i&=\{\boldsymbol{\sigma}\}_{i-1}+\{\Delta\boldsymbol{\sigma}\}_{ij}=\{\boldsymbol{\sigma}_0\}+\sum_{\alpha=1}^{i}\sum_{\beta=1}^{j}\sum_{k=1}^{N}\{\Delta\boldsymbol{\sigma}\}_{\alpha\beta}^{k}
\end{aligned}\right\} \tag{11-46}$$

式中:$\{\boldsymbol{\delta}\}_i$、$\{\boldsymbol{\varepsilon}\}_i$、$\{\boldsymbol{\sigma}\}_i$——分别为位移、应变和应力向量;

$\{\boldsymbol{\sigma}_0\}$——初始地应力;

$\{\Delta\boldsymbol{\sigma}\}_{\alpha\beta}^{k}$——第 k 迭代步的应力增量。

采用增量初应变法模拟洞室开挖的施工过程时,计算工作的基本过程可归纳为:

①计算岩土体的初始地应力。

②按开挖步计算开挖释放荷载。

③按荷载增量步逐级施加开挖释放荷载。

④对各开挖步,必要时在选定的荷载增量步内施加锚喷支护。

⑤每次施加增量荷载后,先按弹性状态进行计算,得出各单元的应力增量和位移增量。

⑥将算得的单元应力增量和位移增量与增量加载前的单元应力、位移分别叠加,得到增量加载后的单元应力和位移。

⑦计算单元主应力。

⑧对岩体单元检验抗拉强度和抗剪强度是否满足要求。

⑨对节理单元检验是否发生受拉或受剪破坏。

⑩将各单元中的过量塑性应变等转化为等效节点力,并将其作为附加荷载向量,再次进行迭代计算。

⑪转至⑤,重复⑤～⑨的计算过程,直至满足⑧⑨规定的计算要求。

⑫转至③,再次施加荷载增量,直到加载结束。

⑬转至②,直至开挖工作结束。

11.4.3 隧洞开挖面空间效应的考虑

隧洞和洞室开挖施工是个三维问题。在施工过程中,洞室施工面的前方是尚未开挖的地层,后方是已开挖的地层。采用新奥法施工,支护必须紧跟开挖面施作。开挖面附近岩体的应力和变形,一部分是因开挖面向前推移逐步释放荷载引起的,一部分则是因围岩黏塑性变形随时间增长产生的蠕变引起的。如果采用三维弹黏塑性有限元数值分析进行求解,可以较充分地反映三维的实际情况,但如此一来,势必增加计算机的工作量,增加计算时间,而且在工程实际设计施工中也无必要。目前,对于开挖面空间效应只作近似考虑,利用平面应变弹黏塑性有限单元法数值分析进行计算,其结果已能满足一般的工程要求。

11.5 地下工程反分析

考虑地下结构与地层的共同作用,通常把地下结构与地层看作一个整体,按连续介质力学理论计算地下结构及围岩的内力。由于岩土介质本构关系研究的进步与数值方法和计算机技术的发展,连续介质力学方法已能求解各种洞型、多种支护形式的弹性、弹塑性、黏弹性和黏弹塑性解,成为地下隧洞计算中较为完整的理论。但由于岩土介质和地质条件的复杂性,计算所需的输入量(初始地应力、弹性模量、泊松比等)都有很大的不确定性,因而大大地限制了这些方法的实用性。自20世纪70年代以来发展起来的以现场量测为基础的反分析法为解决这一问题提供了方便。岩土工程反分析既依赖于工程地质和岩土力学理论,又依托于岩土工程的现场实际测量,是理论性和实践性都很强的一种实用技术,是联系理论和实际的桥梁。

在力学范畴,利用反映系统力学行为的某些物理量推算该系统的各项或一些初始参数的问题通常被称为反问题或逆问题,在岩土工程领域内则被称为反分析法。其中反映系统力学行为的某些现场观测物理量,被称为反分析法的基础信息(如应变信息、位移信息、应力信息等)。根据反分析时所利用的基础信息不同,反分析法可分为应力反分析法、位移反分析法和混合反分析法。反分析的结果依赖于反分析所依据的物理量的量测和计算精度,目前现场量测的物理量中位移量测更经济、方便、较易获取,且精度最为可靠,采用有限元法计算的位移也较其他计算方法的精度高,因此以位移为依据的位移反分析法成为岩土工程反分析中应用最为广泛的方法。

11.5.1　位移反分析法

位移反分析法是利用现场量测位移来反推工程区域的力学特性及其地质背景的初始参数的方法。位移反分析法按照其采用的计算方法又可分为解析法和数值法(有限元法、边界元法等)。由于解析法只适于简单几何形状和边界条件的问题反演,因此,难以为复杂的岩土工程所广泛采用,而数值方法具有普遍的适应性。

根据数值方法实现反分析的过程不同,又可以分为三类方法,即逆解法、直接法和图谱法。

逆解法是直接利用量测位移求解由正分析方程反推得到的逆方程,从而得到待定参数(力学特性参数和初始地应力分布参数等)。简单地说,逆解法即是正分析的逆过程。此法基于各点位移与弹性模量成反比,与荷载成正比的基本假设,仅适用于线弹性等比较简单的问题。其优点是计算速度快,占用计算机内存少,可一次解出所有的待定参数。

直接法又称直接逼近法,也可称为优化反演法。这种方法是把参数反演问题转化为一个目标函数的寻优问题。直接利用正分析的过程和格式,通过迭代最小误差函数,逐次修正未知参数的试算值,直至获得"最佳值"。其中优化迭代过程常用的方法有:单纯形法、复合形法、变量替换法、共轭梯度法、罚函数法、Powell 法等。这些方法各有其特点和不足。总的来说,这类方法的特点是可用于线性及各类非线性问题的反分析,具有很广的适用范围。其缺点是通常需给出待定参数的试探值或分布区间等,计算工作量大,解的稳定性差。特别是待定参数的数目较多时,费时、费工,收敛速度缓慢。

图谱法是杨志法教授等提出的一种位移图解与图谱法。该法以预先通过有限元计算得到的对应于各种不同弹性模量和初始地应力与位移的关系曲线,建立简便的图谱和图表。根据相似原理,由现场量测位移通过图谱和图表的图解反推初始地应力和弹性模量。目前这一方法已发展为用计算机自动检索,使用时只需输入实际工程的尺寸与荷载相似比,即可得到所需的地层参数。方法简便实用,对于线弹性反分析更方便实用,具有较好的精度。

无论采用何种反分析法,位移反分析的主要任务是利用较易获得的位移信息,反演岩体的力学特性参数及初始地应力或支护荷载或工程边界荷载。根据岩体所处的力学状态不同,反分析需采用不同的本构关系(应力与应变之间的关系式),同时得到不同的力学特性参数,如弹性参数(弹性模量、泊松比等)、黏弹性参数(黏弹性模量、黏弹性系数等)、弹塑性参数(弹性模量、内黏结力 c、内摩擦角 φ 等)、黏弹塑性参数(黏弹性模量、黏弹性系数、黏塑性系数、c、φ 等)。它们分别对应的分析方法称为弹性位移反分析、黏弹性位移反分析、弹塑性位移反分析和黏弹塑性位移反分析。对于初始地应力,上述任何一种分析都会遇到,它是所有反分析中均需确定的参数。

11.5.2　直接法和逆解法原理

(1)直接法

由线弹性理论的叠加原理,可知由洞室开挖引起的围岩应力状态的变化量可由各初始地应力分量在独立作用的情况下产生的应力状态的变化量叠加而得到。假设在三维空间问题中初始地应力分量为常量,并设某任意测点由各初始地应力分量产生的位移为 $u'_k(k=1,\cdots,6)$。如将该测点由洞室开挖引起的总位移记为 U^*,则有

$$U^* = \sum_{k=1}^{6} u'_k \tag{11-47}$$

在反分析计算问题中,因初始地应力分量为未知数,故 u'_k 亦为未知数,但 U^* 为可通过现场量测采集的已知量。

为便于分析,将初始地应力分量记为 $\{P\}$,并设 $\{\bar{P}\}$ 为任意选取的一组已知具体数值的初始地应力分量,则可写出

$$\{P\} = [A]\{\bar{P}\} \tag{11-48}$$

因式中 $\{\bar{P}\}$ 为已知量(常取为单位应力分量),故由反演计算确定初始地应力 $\{P\}$ 的问题可归结为求算应力系数 $A_k(k=1,\cdots,6)$(矩阵 $[A]$ 中对角线上的元素,其余元素均为零)的问题。

设 $u_k(k=1,\cdots,6)$ 为由各单位应力分量产生的测点的位移,则各测点由各应力分量引起的测点位移值可表示为

$$u'_k = A_k u_k \tag{11-49}$$

显而易见,式中 u_k 为已知量。将上式代入式(11-47),可得

$$U^* = \sum_{k=1}^{6} A_k u_k \tag{11-50}$$

因式中 U^* 为已知测点位移,故上式可用于建立在算出值 u_k 后求解 A_k 值的方程组。

如将地层弹性模量 E 也作为反演计算的待求参数,则可在计算 u_k 时将弹性模量取为已知值 E_0(例如令 $E_0=1$),并将式(11-50)改写为

$$U^* = \frac{E_0}{E} \sum_{k=1}^{6} A_k \varepsilon_k \tag{11-51}$$

在已同时测得应变量测值 ε^* 和扰动应力增量量测值 $\Delta\sigma^*$ 的情形下,同理可知

$$\varepsilon^* = \frac{E_0}{E} \sum_{k=1}^{6} A_k \varepsilon_k \tag{11-52}$$

$$\Delta\sigma^* = \sum_{k=1}^{6} A_k \sigma_k \tag{11-53}$$

式中:ε_k、σ_k——分别为假定地层弹性模量为已知值 E_0 后由各单位初始应力分量单独作用产生的应变或应力增量,可由正演计算得出其量值。

对每个测点都可写出一个形如式(11-51)、(11-52)或(11-53)的方程。如将采集位移、应变和扰动应力增量信息的测点总数分别记为 $N_u,N_\varepsilon,N_\sigma$,则可得出如下量测方程组

$$\left. \begin{aligned} U_i^* &= \frac{E_0}{E} \sum_{k=1}^{6} A_k u_k^i && (i=1,2,\cdots,N_u) \\ \varepsilon_i^* &= \frac{E_0}{E} \sum_{k=1}^{6} A_k \varepsilon_k^i && (i=1,2,\cdots,N_\varepsilon) \\ \Delta\sigma_i^* &= \sum_{k=1}^{6} A_k \sigma_k^i && (i=1,2,\cdots,N_\sigma) \end{aligned} \right\} \tag{11-54}$$

将上式写成矩阵形式,有

$$\left.\begin{aligned}
\{ \boldsymbol{U}^* \} &= \frac{E_0}{E}[\boldsymbol{U}]\{\boldsymbol{A}\} \\[2mm]
\{ \boldsymbol{\varepsilon}^* \} &= \frac{E_0}{E}[\boldsymbol{\varepsilon}]\{\boldsymbol{A}\} \\[2mm]
\{ \Delta \boldsymbol{\sigma}^* \} &= [\boldsymbol{\sigma}]\{\boldsymbol{A}\}
\end{aligned}\right\} \tag{11-55}$$

当量测信息总数等于或大于未知数总数（按上述分析为 $N_u + N_\varepsilon + N_\sigma \geqslant 7$）时，不难由上式解得 $A_i(i=1,6)$ 和地层 E 值。

（2）逆解法

本节叙述利用矩阵求逆过程进行反分析计算的逆解法的原理。首先将在反分析计算中可作为输入信息的位移量、应变量和扰动应力增量与弹性模量 E、泊松比 μ 及初始地应力分量 $\{P\}$ 之间的关系式表示为

$$\left.\begin{aligned}
U_i^* &= f_i(E,\mu,\{P\}) \\
\varepsilon_i^* &= g_i(E,\mu,\{P\}) \\
\Delta \sigma_i^* &= h_i(\mu,\{P\})
\end{aligned}\right\} \tag{11-56}$$

式中：U_i^*、ε_i^*、$\Delta\sigma_i^*$——分别为在任意测点 i 的预定量测方向上获得的位移、应变和应力增量的量测值。

通常情况下，式（11-56）很难演化为以显式形式表示的解析表达式，只能借助有限元法或边界元法等数值计算技术将其表示为离散式。对有限单元法，与位移量信息相应的基本方程为

$$E[\boldsymbol{K}]\{\boldsymbol{\delta}\} = \{\boldsymbol{F}\} \tag{11-57}$$

式中：$[\boldsymbol{K}]$——刚度矩阵，仅与泊松比 μ 及坐标位置有关；

$\{\boldsymbol{F}\}$——等效节点荷载，对于开挖问题，$\{\boldsymbol{F}\}$ 与初始地应力 $\{P\}$ 相关。

对给定点的量测位移值 $\{U^*\}$，可利用适当的插值变换将其表示为

$$\{\boldsymbol{U}^*\} = [\boldsymbol{L}_u]\{\boldsymbol{\delta}\} \tag{11-58}$$

并有

$$\{\boldsymbol{F}\} = [\boldsymbol{M}]\{\boldsymbol{P}\} \tag{11-59}$$

式中：$[\boldsymbol{L}_u]$、$[\boldsymbol{M}]$——与单元插值函数有关的系数矩阵。

将式（11-58）、式（11-59）代入式（11-57），可得

$$\{\boldsymbol{U}^*\} = \frac{1}{E}[\boldsymbol{L}_u][\boldsymbol{K}]^{-1}[\boldsymbol{M}]\{\boldsymbol{P}\} \tag{11-60}$$

令 $[\boldsymbol{T}_u]=[\boldsymbol{L}_u][\boldsymbol{K}]^{-1}[\boldsymbol{M}]$，则有

$$\{\boldsymbol{U}^*\} = \frac{1}{E}[\boldsymbol{T}_\varepsilon]\{\boldsymbol{P}\} \tag{11-61}$$

对应变量测信息 $\{\varepsilon^*\}$ 和应力增量量测信息 $\{\Delta\sigma^*\}$ 同理可得

$$\left.\begin{aligned}
\{ \boldsymbol{\varepsilon}^* \} &= \frac{1}{E}[\boldsymbol{T}_u]\{\boldsymbol{P}\} \\[2mm]
\{ \Delta \boldsymbol{\sigma}^* \} &= [\boldsymbol{T}_\sigma]\{\boldsymbol{P}\} \\[2mm]
[\boldsymbol{T}_\varepsilon] &= [\boldsymbol{L}_\varepsilon][\boldsymbol{B}][\boldsymbol{K}]^{-1}[\boldsymbol{M}] \\[2mm]
[\boldsymbol{T}_\sigma] &= [\boldsymbol{D}][\boldsymbol{L}_\sigma][\boldsymbol{B}][\boldsymbol{K}]^{-1}[\boldsymbol{M}]
\end{aligned}\right\} \tag{11-62}$$

式中：$[L_\epsilon]$、$[T_\sigma]$——分别为与应变或应力增量量测值相关的插值变换阵；

$\quad\quad [B]$——应变矩阵；

$\quad\quad [D]$——仅与泊松比 μ 相关的弹性矩阵。

重写式(11-61)、式(11-62)，得

$$
\left.
\begin{array}{l}
[T_u]\{P\} - E\{U^*\} = 0 \\
[T_\epsilon]\{P\} - E\{\varepsilon^*\} = 0 \\
[T_\sigma]\{P\} = \{\Delta\sigma^*\}
\end{array}
\right\}
\tag{11-63}
$$

令

$$
[T] = \begin{bmatrix} [T_u] & -\{U^*\} \\ [T_\epsilon] & -\{\varepsilon^*\} \\ [T_\sigma] & 0 \end{bmatrix}; \quad \{X\} = \begin{Bmatrix} \{P\} \\ E \end{Bmatrix}; \quad \{H\} = \begin{Bmatrix} 0 \\ 0 \\ \{\Delta\sigma^*\} \end{Bmatrix}
$$

有

$$
[T]\{X\} = \{H\}
\tag{11-64}
$$

量测信息总数等于未知量个数时，可将上式表示为

$$
\{X\} = [T]^{-1}\{H\}
\tag{11-65}
$$

当量测信息总数大于未知量个数时，有

$$
\{X\} = ([T]^T[T])^{-1}[T]^T\{H\}
\tag{11-66}
$$

由式(11-65)、式(11-66)不难看出，可由利用现场量测信息建立的方程组通过矩阵求逆得出反演计算结果。其间区别仅是量测信息不同，得到的反演方程和计算结果也不同。在未给定应力增量量测值的条件下，由逆解法得出的输出结果仅为当量初始地应力$\{P\}/E_0$。

复习思考题

1　简述围岩-结构模型的特点。

2　试分析围岩-结构模型应用的条件。

3　说明地下结构有限元常用的单元类型。

4　用有限元计算地下结构时，如何选取其计算范围？

5　试说明在有限单元划分时应注意哪些问题？

6　在有限元计算中，如何施加卸荷释放荷载？

7　简述在岩土材料中常用的本构关系。

8　简述位移反分析法的要点。

9　如何评价有限元在地下结构计算上的可信度？试说明其理由。

第12章 地下建筑施工技术与施工组织设计

12.1 概 述

地下建筑不仅在设计理论和方法方面不同于地面建筑,在施工设备和技术、施工组织设计等方面和地面建筑也有较大的差异。地下结构的施工技术主要包含两个方面:一是地下洞室及空间的成型技术;二是支护结构的施工技术。其中与地面建筑差别最大的是地下洞室及空间的施工技术,它不仅受到地质条件的影响,也受到埋深条件的影响。

由于地下工程介质(岩体或土体)复杂多变,其性质难以确定,因此,地下工程施工时的灾害风险大,影响因素多,处理不慎将会产生伤亡事故,造成较大的经济和生命损失及不良的社会影响。特别是城市地铁、高层建筑地下室等,若设计施工处理不当,一旦出现基坑坍塌,将可能殃及周围建筑、管线、道路,造成严重后果,这方面的教训在国内外都是不鲜见的。

对地下工程施工方法的选择不仅需要了解工程类型、特性、工期和施工环境,更重要的是需要针对特定的工程条件,选择与之相适应的施工工艺与方法。

选择施工方法的基本因素大体上可归纳为以下几点:

①施工条件:施工条件是决定施工方法的最基本的因素,它包括一个施工队伍所具备的施工能力、人员素质、施工装备以及管理水平等,不同施工队伍的人员素质和施工装备有时相差较大,在选择施工方法时,必须考虑这一因素的影响。

②地质条件:包括围岩类别、地下水及不良地质现象等。围岩类别是对围岩工程性质的综合判定,对施工方法的选择起着重要的甚至决定性的作用。

③尺寸和形态:尺寸和形态对施工方法的选择也有一定的影响。如目前隧道断面有向大断面发展的趋势,公路隧道已出现3车道甚至4车道的大断面,水电工程中的大断面洞室更是屡见不鲜。对于单线和双线的铁路隧道、2车道的公路隧道,可采用全断面法及台阶法施工,而在更大断面的隧道工程中,则较多的是采用先修小断面的导洞,再扩大形成全断面的施工方法。

④埋深:在同样的地质条件下,地下工程埋深不同,施工方法也会有很大的差异。如对于浅埋的地下工程,就可以采用明挖的方法进行施工,而对于深埋的工程,就必须选择暗挖方法。

⑤工期:作为设计条件之一的工期,在一定程度上会影响施工方法的选择,因为工期决定了对应配备的开挖、运输、衬砌等综合生产能力的基本要求,即对施工机械化水平和管理模式的要求。

⑥环境条件:当施工对周围环境产生不良影响时,环境条件也会成为选择地下工程施工方法的重要因素。尤其在城市中施工,甚至成为选择施工方法的决定性因素。

地下工程施工方法种类繁多,总体上可以分为岩石地下工程施工方法和土层地下工程施工方法。其中岩石地下工程施工方法可分为矿山法、新奥法和隧道掘进机三类;土层地下工程施工方法可分为明挖法、暗挖法、盖挖法、沉井、沉管、顶管法、盾构法、微型管道(非开挖技术)等。在地下工程施工过程中还运用了一些辅助工法,如注浆技术、深层搅拌桩、粉喷桩、SMW工法、钻孔桩、冻结法、气压法和降水方法等。本章对其中的一些施工方法进行概要的介绍。

12.2　矿山法及浅埋暗挖法施工

12.2.1　矿山法

矿山法也称钻爆法,是指主要用钻孔爆破方法开挖断面而修筑隧道及地下工程的施工方法,因其最早在矿山中使用,故习惯上称之为矿山法。从技术发展来看,矿山法目前仍然是修筑山岭隧道的主流方法。

矿山法的基本工序为:钻孔、装药、爆破、出渣、支护、衬砌。它的辅助工作还有测量放线、通风、排水及必要的监测记录和后勤支持工作等。以上各个工序中,钻孔、出渣是开挖过程中需时最多的主要工序;支护是保证施工能安全、顺利、快速进行的重要手段。开挖工作的机械化和先进与否,主要也体现在这三个主要工序之中。衬砌是与开挖工作相对应的另一施工工序,一般是指混凝土衬砌、钢板衬砌回填混凝土,也包括采用其他材料的承重性衬砌、装饰性衬砌或防水性衬砌等。衬砌所需费用及工期往往和开挖差不多。在硬岩中建造地下洞室,如果围岩能够自稳,则可以省去衬砌,以节约造价和加快施工。

(1)钻孔、爆破和开挖

钻爆开挖作业是隧道钻爆法施工中首要的工作,它是在岩体上钻凿出一定孔径和深度的炮眼,并装上炸药进行爆破,从而达到开挖的目的。目前在隧道开挖爆破中,广泛采用的钻孔机具为凿岩机和钻孔台车。其工作原理都是利用镶嵌在钻头前端的凿刃反复冲击转动破碎岩石而成孔,有的可通过调节冲击功的大小和转动速度以适应不同硬度的岩石,以达到最佳的成孔效果。

当围岩稳定或基本稳定,开挖断面不大时,可采用全断面一次钻爆。如断面较大,可采用预留光爆层爆破法,分次爆破,以减小爆震波对围岩的影响。在岩层稳定或较稳定条件下,断面高度较大时,可采用分层施工法,又称台阶施工法,其中包括长台阶法、短台阶法和超短台阶法。当地质条件复杂,工程断面较大时,可采用导洞施工法,即先掘一定深度(1.5～2.5m)的小断面巷道,然后再开帮挑顶或卧底,将洞室扩大到设计断面。中间留有一定宽度的隔墙,对称两侧向导坑掘进并支护,最后扩大到工程设计断面的施工方法称为眼镜工法。图12-1所示的是在隧道施工中常用的开挖方法。

采用光面爆破技术,可以减少超挖和欠挖,断面较圆滑规则,易于安装锚杆和钢丝网,减少喷射混凝土数量。光面爆破还可以减少对围岩的松动、掉落。光面爆破对钻眼质量,装药的结构及爆破方式要求严格。周边眼的最小抵抗线、眼间距和装药结构是影响光面爆破效果的三要素,必须合理地选择。一般严格控制周边的装药量,宜采用小直径、低爆速药卷,并尽可能使药量沿炮眼全长均匀分布。地下工程光面爆破,通常采用微差爆破法,起爆顺序分正序和反序起爆两种。正序起爆则首先起爆周边孔,后起爆掏槽孔和辅助孔,又称预裂光面爆破。目前多采用正序起爆。实际施工中光面爆破参数的设计,应采用工程类比或根据爆破漏斗及成缝的试验方法确定。对中硬岩可采用全断面一次爆破。炮眼深度为 3~5m;对于软岩工程,可采用半断面或台阶开挖,一般为 1.0~3.0m 的浅孔爆破。

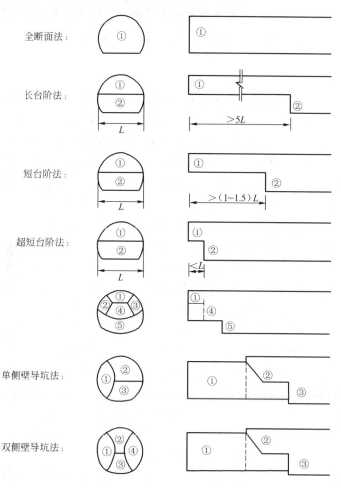

图 12-1　隧道施工中常用的开挖方法

　　西康铁路的秦岭隧道,Ⅱ线隧道为马蹄形断面,采用钻爆法施工。Ⅱ线隧道先期在中线位置开挖导坑(断面尺寸 4.8m×6.2m),以探明全断面地质情况,为Ⅰ线大断面隧道凿岩机(TBM)施工做准备,采用 H178 三臂钻孔台车和 TH568-10 轨行三臂钻孔台车钻眼,以 LZ120 装渣机装渣,运输用 14m³ 梭矿联挂配 18t 电瓶车或 JMD24 内燃机车。施工中多次优化钻爆设计,改进掏槽方式,优化炮孔深度和装药结构,使爆破效果诸如块度、抛掷距离,炮孔利用率等参数达到最佳。在Ⅳ类以上硬岩中采用 4 大空孔圆形排列的深孔直眼掏槽,炮孔深4.5m,每断面布置 101 个炮孔。实际单位面积钻孔 2.54 个/m²,药单耗 3.0kg/m³,炮孔利用率92%~94%,爆破后渣堆高度 3m,抛掷距离 50~60m,块度满足装渣机要求,经过不断的努力,缩短了循环作业时间,创造了月均掘进 264m,最高月掘进 456m 的国内最高纪录。月平均每循环作业时间 411min 即 6.85h,其中各工序占用的时间比例分别为:钻孔占 39%,装药占 18%,通风占 6.6%,出渣占32.3%,接轨占 3.6%。钻孔速度为 3.1m/min。

（2）出渣

出渣包括装渣和运输。该项作业往往占全部开挖循环作业时间的 35%~50%,对施工进度起着重要的控制作用。因此,正确选择并准备足够的装渣机械和运输车辆,确定合理的装渣运输方案,维修好线路,减少相互干扰,提高装渣效率是加快隧道施工速度,尤其是加快长大隧道施工速度的关键。

（3）支护及衬砌

在传统隧道施工方法中,隧道支护通常分为临时支护和永久支护。临时支护又称支撑,主要用于解决隧道施工安全问题,在进行永久支护前,临时支护通常予以拆除。临时支护按材料的不同有木支撑、钢支撑、钢木混合支撑、锚杆支撑、钢筋混凝土支撑、喷射混凝土支撑等形式,应根据围岩的稳固程度进行选用。永久支护一般采用模筑混凝土衬砌。

在现代隧道工程中,采用矿山法施工的隧道衬砌一般采用初期支护和二次支护,初期支护主要采用锚喷结构,二次支护通常采用素混凝土或钢筋混凝土材料。

锚喷支护依据围岩的稳定程度,可与开挖过程平行或交叉作业。锚喷支护为柔性支护,其机制是在光面爆破后,尽早将岩壁封闭起来,使其保持完整性,不再松动,以充分发挥围岩的自承作用。实践证明,正确使用锚喷支护,对于保证地下工程的施工进度和安全具有极大的好处。喷锚支护主要包括喷射混凝土、悬挂钢筋网、锚杆安装三道工序。

在Ⅳ、Ⅴ级围岩及特殊地质围岩中,应先喷射混凝土,再安装锚杆。喷射混凝土应优先选用硅酸盐水泥或普通硅酸盐水泥,也可选用矿渣硅酸盐水泥或火山灰质硅酸盐水泥,必要时,采用特种水泥,水泥强度等级不应低于 32.5MPa。砂应采用坚硬耐久的中砂或粗砂,细度模数宜大于 2.5。石子应选用坚硬耐久的卵石或碎石,粒径不宜大于 15mm。当使用碱性速凝剂时,不得使用含有活性二氧化硅的石材。混凝土喷射可分为干喷、潮喷和湿喷三种方式。实际工程中为了减少粉尘和回弹,多采用湿喷或潮喷。喷射混凝土的施工要点包括:

①喷射混凝土之前,用水或压缩空气将待喷部位的粉尘和杂物清理干净。

②严格掌握速凝剂掺加量和水灰比,使喷层表面光滑、厚度均匀、无滑移流淌现象。

③喷头与受喷面尽量垂直,并保持 0.6~1.0m,喷射机的工作风应根据具体情况控制在适宜的压力状态,一般为 0.1~0.15MPa。

④应分次喷射混凝土,一般 150mm 厚的喷层要分 2~3 次才能完成。

对于围岩较破碎,自稳性很差,临时支护需要承受较大荷载时,可挂钢筋网。钢筋网需用锚杆或专用栓钉固定在围岩上,并使各网片之间连接牢靠,喷射混凝土时钢筋不得晃动。

锚杆布置应根据隧道围岩地质情况、断面形状、尺寸和使用要求等,布置为系统锚杆或局部锚杆。系统锚杆在隧道横断面上应与岩体主结构面呈较大角度布置,也可与隧道周边轮廓垂直布置,在岩面上呈梅花形排列。局部锚杆布置在拱腰以上,悬吊上方破碎围岩,承受拉力;拱腰以下及边墙应有利于阻止不稳定块体滑动,部分锚杆应锚入稳定岩体内。

在钻锚杆孔前,应根据设计要求和围岩情况,定出孔位,做出标记。锚杆孔距的允许偏差为 150mm,预应力锚杆孔距的允许偏差为 200mm。

预应力锚杆的钻孔轴线与设计轴线的偏差不应大于 3%,其他锚杆的钻孔轴线应符合设计要求。

锚杆孔深应符合下列要求：

①水泥砂浆锚杆孔深允许偏差宜为 50mm。

②树脂锚杆和快硬水泥卷锚杆的孔深不应小于杆体有效长度，且不应大于杆体有效长度 30mm。

③摩擦型锚杆孔深应比杆体长 10～50mm。

锚杆孔径应符合下列要求：

①水泥砂浆锚杆孔径应大于杆体直径 15mm。

②树脂锚杆和快硬水泥卷锚杆孔径宜为 42～50mm，小直径锚杆孔直径宜为28～32mm。

③水胀式锚杆孔直径宜为 42～45mm。

④其他锚杆的孔径应符合设计要求。

锚杆尾端的托板应紧贴壁面，未接触部位必须楔紧。锚杆体露出岩面的长度不应大于喷射混凝土的厚度。

在围岩和初期支护变形基本稳定后，根据地下工程的用途，长期作用荷载的性质，一般要施加现浇钢筋混凝土永久衬砌支护。

地下水发育比较丰富时，在临时喷锚支护内侧，还要先铺设一道柔性卷材防水层，其中 PVC、氯丁橡胶、三元丙卷材类为常用材料。绑扎钢筋、架设模板、浇筑混凝土为基本的操作工序。如采用定型钢模板、滑动模板台车、高压泵送混凝土作业，可以大大减轻劳动强度，提高工程进度。

（4）新奥法的施工技术

新奥法是在矿山法基础上发展起来的一种新的地下隧道施工方法。1964 年，由拉布谢维茨教授总结一批奥地利工程师在软岩中进行隧道施工的经验之后命名的，用以区别于旧有的比利时隧道施工法。

用新奥法构筑地下结构的主要特点是：通过多种量测手段，对开挖后的围岩进行动态监测，并以此指导支护结构的设计与施工，其理论是建立在岩体力学基础上的，并考虑到隧道掘进时的空间效应和时间效应对围岩应力与应变的影响。它集中体现在支护结构种类、支护结构的构筑时机、岩体压力、围岩变形四者的关系上，贯穿在不断变更的设计与施工过程中。

新奥法的设计目前以工程类比法应用最广，并以现场监控量测进行工程实际检验。考虑到地下工程地质条件的复杂性，在某些特殊地形、地质条件下（如浅埋、偏压、通过严重湿陷性黄土层、膨胀性地层、原始地应力过大的地层等），及大跨度地下洞室等，无相似工程类比或仅凭工程类比尚不能保证设计的合理性时，宜采用解析法或数值法加以验算，进行综合分析研究。

新奥法的设计一般分为两个阶段，即施工前预设计阶段和信息反馈修改设计阶段。

预设计是在认真研究勘测资料的基础上进行的。在该阶段，因为很难全面详细地掌握实际的工程地质和水文地质条件，常常会有一定幅度的变动，故通过施工中的地质调查和现场监控量测，确认和修改设计是极为重要的。但是，应尽量避免对施工组织和支护结构进行大规模的变更，否则会造成工期的拖后和工程费用的增加。因此，要求勘测阶段地质调查的内容和精度必须满足预设计的要求，预设计必须在认真研究勘测资料和地质调查成果的基础上进行。

新奥法的基本要点是：

①隧道和围岩组成一个支护体系，其中起主要作用的是围岩，即将围岩看做是地下结构的主要承载单元。

②开挖作业多采用光面爆破和预裂爆破，尽可能减轻对隧道围岩的扰动或尽可能不破坏围岩的强度。

③允许围岩有一定的变形，以便安全地发挥围岩的全部强度，使之在隧道衬砌周围形成承载环，但对变形必须加以严格限制，防止过度变形导致围岩承载能力的降低和丧失或导致地表产生过大沉陷。

④洞室开挖后，及时施作密贴于围岩的喷射混凝土和锚杆初期支护，抑制岩体的早期变形。二次衬砌原则上是在围岩与初期支护变形基本稳定的条件下修筑。

⑤尽量使隧道断面圆顺，不产生突出的拐角，以避免产生应力集中现象。同时，尽早使结构闭合(封底)，以形成承载环。

⑥通过施工中对围岩和支护的动态观测，合理安排施工工序，进行设计变更及日常的施工管理。

新奥法要取得预期的效果，必须与其应遵循的原则紧密联系在一起。尤其是把围岩看作支护的重要组成部分，强调通过监控量测，实行信息化设计和施工，有控制地调节围岩的变形，以便最大限度地利用围岩的自承能力，这些是新奥法的核心。

12.2.2　浅埋暗挖法

浅埋暗挖法是城市地下工程施工的主要方法之一。它适用于不宜明挖施工的、含水量较小的各种地层，尤其在城区地面建筑密集、交通运输繁忙、地下管线密布，且对地面沉陷要求严格的情况下，修建埋置较浅的地下建筑工程更为适用。对于含水量较大的松散地层，采用堵水或降水等措施后，仍然可以采用浅埋暗挖法施工。如北京市用暗挖施工的热力、电力、交通隧道达百余公里，其中北京地铁复兴门折返线工程、地铁西单车站、月坛天外天地下市场，都取得了成功的经验。上海市通过对饱和淤泥黏土、亚黏土地层进行大面积深层搅拌桩加固，也取得小洞室暗挖法施工成功的例子。如上海地铁1号线、2号线区间隧道旁通道施工，大多采用暗挖法施工。

浅埋暗挖法是依据新奥法的基本原理，施工中采用多种辅助措施加固围岩，充分调动围岩的自承能力。开挖后及时支护、封闭成环，使其与围岩共同作用形成联合支护体系，是一种抑制围岩过大变形的综合配套施工技术。根据地下建筑工程的结构特征及覆盖层的地质条件，具体又可分为管棚法、矿山(导洞)法、盾构法等。下面对管棚法作一介绍。

管棚法也称平拱法，是采用浅埋暗挖施工时的超前支护技术。管棚法的实质是在拟开挖的地下建筑衬砌拱圈外弧线上，预先钻孔并安设惯性力矩较大的厚壁钢管，起临时超前支护作用，以防止掘进及后续支护过程中的土层坍塌和地表下沉。对于特殊或困难地段，如松散破碎、塌方体及岩堆区等，管内辅以注浆效果更好。

管棚的布置形式要根据地下工程的形状和工程条件来确定，常见的几种布置形式如图12-2所示。其中一字形布置适用于洞室跨度不大，仅上部易坍塌的地段；门字形布置适用于大型洞室上部具有不稳定地段的情况；半圆拱形适用于地铁、地下隧道的不稳定土层段；正方形布置适用于大型洞室的松软土层段。

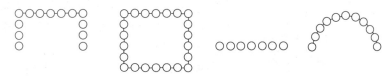

图 12-2　管棚的布置形式

管棚法施工的主要工序包括：开挖工作室、钻孔、安装管棚、管棚钢管注浆及掘砌施工等。

(1)开挖工作室

工作室的开挖尺寸应根据钻机和钢管推进机的规格确定，一般要超出隧道或洞室轮廓线 0.5～1.0m。开挖工作室采用普通施工方法，但要加强支护，一般需设受力钢支架。

(2)钻孔

管棚钻孔基本为水平钻进，孔径根据棚管直径确定，一般比设计的棚管直径大 20～30mm，以便于钻进。钻机选型由一次钻孔深度和孔径决定，国内目前多采用地质钻机。

(3)安装管棚

根据钻孔深度大小可选用适宜的钢管安装技术。对于塌孔严重地段，可直接将管棚钢管钻入，使钻孔与安装一次完成。对于孔长小于 15m 的短孔，可用人工安装或用卷扬机顶进。深孔则用钻机顶进，在顶进过程中，必须用测斜仪严格控制上仰角度，一般为 1°～2°。接长管棚钢管时，接头要采用厚壁管箍，上满丝口，确保连接可靠。

(4)管棚钢管注浆

钢管就位后，可用水泥浆或水泥水玻璃浆液进行管内注浆充填，一般以浆液注满钢管为宜。当围岩或土层松软破碎时，可在管棚钢管上事先钻小孔，使浆液能扩散至钢管周围。为了增加管棚强度，可在钢管内加钢筋笼后再注浆。

管棚钢管内注浆用泵灌注，钻孔封堵口设有进料孔和出气孔，浆液由出气孔流出时，说明管内已注满，应停止压注。

(5)掘砌施工

掘砌施工在管棚注浆结束 4～8h 后方可进行。用管棚法施工的地下隧道或洞室断面都比较大，当所处地段的岩土层软弱破碎时，多采用单侧臂导洞或双侧臂导洞掘进技术，由机械开挖或人工与机械混合开挖，以尽量减小对围岩的扰动。目前在掘砌施工中多采用小型挖掘机或单臂掘进机。

管棚的长度应按地质条件选用，但应保证开挖后管棚具有足够的超前长度。钢管长度一般为 10～45m，当采用分段连接时，可选用 4～6m 的钢管。纵向以长度不小于 15cm 的丝扣连接。纵向两组管棚间的水平搭接长度应不小于 1.5m。

管棚钢管宜采用厚壁钢管，其间距根据管棚的用途(防塌、防水等)进行设计。常用钢管的直径为 φ80～500mm，中心距为 100～550mm。

图 12-3 所示为一般管棚施工的隧道结构图。钢拱架作初期支护，以承受因开挖引起的松动压力，钢架纵向间距一般不大于 1.2m，两钢架之间设置直径为 20～33mm 的钢撑杆。钢架设置好之后，及时喷射混凝土。通常在混凝土喷层外铺设防水层后再进行二次模筑衬砌。

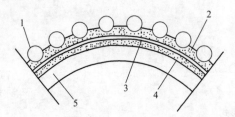

图 12-3 管棚施工的隧道支护结构
1-管棚(管内灌注水泥砂浆);2-混凝土喷层;
3-钢拱;4-防水层;5-混凝土支护

近年来,我国在管棚法的应用方面已取得了广泛的实践经验,其中在西单地铁车站施工中的应用创造了松散地层中用暗挖法修建地铁车站的世界新纪录。

西单车站是复兴门至八王坟线东进的第一站。地处西单繁华闹市区东长安街主干道以下,站中心离西单路口南北轴线 198.2m,覆盖层仅 6m。车站的结构形为三拱两柱双层岛式车站,车站隧道全长 259.6m,总宽 26.1m,站台宽 16m,总高 13.5m,最大断面 340m²。车站顶部地层中埋有雨水、污水、上水、通信、电力、热力、煤气等 20 余条市政管线。最大雨水管直径 1640mm,最大管沟尺寸 2400mm×1500mm,管底埋深在地面下 5.5m。车站地面公共交通客流量大,早高峰小时单向最大客流量 2.55 万人次,自行车流量超过 2 万辆,机动车流量超过 3 万辆。经过对施工方案多方面对比分析,采用"双眼镜法"进行开挖,边洞自下而上,中孔由上而下。积小洞为大洞,由局部变整体。随着开挖和支护的进行,车站内的梁板柱结构逐步建立起来,最终形成三拱两柱两层车站。

开挖这样大的洞室,既要有超前可靠的护顶措施,使整个施工过程在绝对安全的条件下进行,还应设法加固地基,使之坚实,足以承受这一庞大的结构物。施工从多工作面同时立体式展开,必须时时处处注意局部(以至整体的)结构的力的平衡转换。车站中梁板柱结构是在狭小的工作空间内分段安装连接起来的,需要有相应的特殊施工方法和工艺,而且要求不降低工程结构的强度和刚度。

采用双眼镜工法开挖车站,其初期支护采用钢筋格栅、钢筋网和喷射早强混凝土,在施工期间为承载结构,起到临时支护作用,随着施工的逐步展开,初期支护由于局部拆除,逐步失去结构的完整性从而丧失原有的承载能力。车站的全部荷载主要由二次衬砌和梁板柱组成的构架承担。二次衬砌为钢筋混凝土结构,考虑施工过程中受不同荷载的组合力,不考虑与初期支护的共同作用。在初期支护和二次衬砌之间利用喷涂在初期支护表面的 851 涂层作为柔性防水层。顶梁设计为型钢梁,柱为钢管混凝土柱,底梁为钢筋混凝土梁,板为有纵横梁的薄板。施工中采用大管棚护顶,配合超前小导管注浆加固,减少了开挖对地层的扰动,有效地避免了松散粉细砂和沙砾层的局部坍塌,再加上格栅拱、钢筋网、喷射混凝土层组成强大的初期支护体系,保证了施工的安全进行。

国外暗挖法也有许多新的进展,其中有大跨度的预制块法,预切槽法,气压法等。预制块法是把盾构管片的安装技术和暗挖法技术融合在一起的一项新技术,施工时先做两侧导洞及侧墙,然后注浆开挖并安放钢模架,喷射混凝土,安装预制块,在背后注浆,用这种方法施工的结构跨度已达 28m 以上,在法国已有大量应用。预切槽法是按照结构尺寸制造一个台架,应用特制链条锯沿拱圈方向把地层切开一个宽 10~35cm,深 4~5m 的槽缝,然后放置钢筋网并喷射混凝土,形成钢筋混凝土拱,在其保护下开挖,施工效果很好,在意大利、法国等国已有广泛应用。气压暗挖法是采用气压条件下的新奥法施工方法,因为采用低于大气压的压力,对人体健康没有影响。压缩空气不仅可以排除隧道中的地下水,还可以减少地面沉降,防止地面已有结构的破坏,减少加压隧道一次衬砌的荷载,对开挖洞室有支护作用,降低了成本,对减少施工中粉尘也有显著的作用。这种办法已在奥地利、德国、英国、日本等国有成功的应用。

12.3　掘进机、盾构、顶管施工

12.3.1　隧道掘进机(TBM,Tunnel Boring Machine)

隧道掘进机是一种利用回转刀具开挖(同时破碎和掘进隧道)岩石隧道的机械装置。用此机械修筑隧道的方法,称为掘进机法。它可用于铁路隧道、公路隧道、水利引水导洞、地下铁路及其他地下洞室工程的施工。

采用隧道掘进机施工方法的优点为:

①开挖作业能连续进行,施工速度快、工期短。用隧道掘进机施工的平均掘进速度比用钻爆法提高 1～1.5 倍,因此巷道成本可降低 30%～50%。特别是在稳定的围岩中开挖长距离隧道时,此优势更加明显。

②能够保证开挖洞室的稳定性。对于围岩的损坏小,几乎不产生松弛、掉块、崩塌的危险,可减少支护的工作量。

③振动、噪声小,对周围的居民和结构物的影响小。

④超挖量少,可减少不必要的辅助工程量。若用混凝土衬砌,可以大大减少混凝土回填量。

近十多年来,掘进机的制造和应用技术有了迅速发展。国外应用掘进机曾达到月掘进2000m 以上,日掘进突破 70m 的记录,所制造的掘进机最大直径达 11.176m。

我国在制造和应用掘进机方面也取得了一定成绩,至今已制成并相继投入试验性运转的隧道掘进机达 50 多台,刀盘直径最大达 6.8m。在引滦工程南线引滦入唐工程中,使用SJ-58A 型隧道掘进机达到了月近尺 201.53m 的记录。在西安至安康的铁路秦岭隧道 1 号线施工中,也采用了掘进机施工方法,该铁路隧道总长为 18.460km,掘进机由德国 Wirth 公司设计制造,在直径为 8.8m 的刀盘上装有 71 把盘形滚动刀具,机身全长 235m,质量达 3000t,总装机容量 5400kVA,总掘进量 21000kN,掘进速度 1～3m/h。全套设备采用计算机控制,闭路电视监控。从秦岭隧道围岩特性和使用机械性能来看,基本上 Ⅱ 类围岩 200～250m/月,Ⅲ类围岩 350～400/月,Ⅳ类围岩 400～420m/月,Ⅴ、Ⅵ类围岩 250m/月。TBM 施工速度快,相关环节多,对于施工组织和施工技术要求严格,稍有疏漏,损失很大。

(1)隧道掘进机(TBM)的组成

隧道掘进机主要分为敞开式和护盾式(单护盾和双护盾)两大类。各种形式的 TBM 各有优缺点,应根据岩石的强度、岩石的种类、涌水和承压水、围岩的膨胀性、破碎带等进行选择。

掘进机的基本构造包括:切削刀盘、主轴承与密封装置、刀盘主驱动机构、推进装置、主机架、主支撑架、带式输送机、主支撑靴、后支撑靴及底部支撑等部分。

(2)掘进机施工作业程序

掘进机正式试掘进之前,应做好平行导洞地质的详勘、机械的组装调试、进出洞、渣土运送堆放场地规划等一系列工作,其正常条件下 TBM 作业程序如图 12-4 所示。

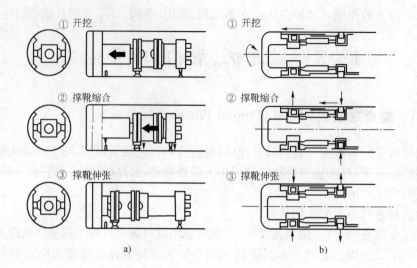

图 12-4　掘进机工作示意图
a)敞开式 TBM;b)盾构式 TBM

（3）TBM 隧道施工存在的问题及对策

TBM 隧道施工进度快,机械化程度高,安全性能好是世界公认的。TBM 在中等坚硬的岩体中施工,比起钻爆法隧道施工对环境的扰动小。在对环境保护严格的市区中修建圆形长大隧道的,TBM 应是首选的方法。

TBM 施工目前仍存在以下问题,有待进一步研究解决。

①隧道施工造价高。TBM 机械电气结构复杂,制造技术难度大,机械的购置费和运输、组装、解体等费用高,因此很难用于短隧道的施工中。

②施工断面主要为圆形,在施工中改变断面大小、形状难。不适合于方形、椭圆形断面隧道的施工。

③对岩石特性的依赖性大。对硬岩,当抗压强度大于 150MPa,刀具成本急剧增大,开挖速度也随之降低。常用的全断面掘进机,其刀盘直径 3~12m 不等。刀盘上装有切刀,切刀直径小的 30cm,大的可达 45cm。刀盘旋转时,这些切刀就在掌子面上挤压旋转,把岩石挤碎。特别坚硬的岩石,TBM 要经常更换切刀,刀具损耗率高,增加施工成本。特别破碎的软岩,淤泥质黏土,TBM 必须与盾构结合,才能保持开挖面的稳定。如围岩中有较大断层,TBM 主机部分一旦陷入,可能造成进退两难的困境。

④TBM 施工管理技术要求严格,对操作工人技术素质要求高。

针对上述不足,应加速我国 TBM 的引进消化吸收,研制新型刀具,实现 TBM 的国产化。结合工程地质和水文地质的状况合理选择 TBM 的形式,发挥 TBM 的特长,提高效率和效益。

12.3.2　盾构(Shield Machine)

用盾构法修建隧道开始于 1818 年,但直到 1869 年英国工程师格瑞塞德(J. H. Great-head)应用盾构法成功地修建了英国伦敦泰晤士河下水底隧道以后,盾构法才得到了普遍的承认。

我国在 1959 年北京下水道工程中首次使用 2.6m 小盾构。此后,从 1963 年起,先后设计制造了外径为 3.6m、4.2m、5.8m、10.2m 等不同直径的盾构机械。近年还设计制造了 11.0m 的大盾构,在上海延安东路过江道路隧道施工中得到了应用。目前,盾构机作为软地层隧道建设的工具得到日益广泛的应用。

盾构施工的主要工序有:盾构的安设与拆卸、土体开挖与推进、衬砌拼装与防水等。

(1)盾构的安装与拆卸

通常情况下,盾构的安装与拆卸是在盾构拼装井和盾构接收井内完成的。若推进长度很长,中间还应设置检修工作井。这些井一般都结合隧道规划线路上的通风竖井、设备井、泵房或不同施工方法、不同结构断面的连接等因素综合考虑设置。

盾构拼装井的设置目的是用于在井内拼装及调试盾构。然后通过拼装井的预留孔口,让盾构按设计要求进入土层。盾构前进的推力由盾构千斤顶提供,而盾构千斤顶的反作用力由拼装井井壁(后靠墙)外侧的土体抗力和一部分井壁摩阻力与其平衡。盾构拼装井的尺寸应根据盾构安装、拆卸及施工要求来确定。其宽度比盾构直径大 1.6～2.0m,以满足拼装工人铆、焊等工作要求。盾构推进方向的长度应能满足盾构前面拆除洞门封板、盾构后面布置一定数量的后座管片,及井内垂直运输所需的工作尺寸要求,其尺寸还应满足建筑及运营的要求。

设置盾构接受井的目的是接受在土层中已完成了某一阶段推进长度的盾构。盾构进入接受井后,或实施解体,或进行维护保养,为继续推进做准备,或作折返施工。不作折返施工的接受井平面尺寸除满足使用要求外,还要满足解体施工或维修保养的操作空间。

盾构进出工作井前后 50m 是盾构法施工最困难的地段之一,处理得好,能减少许多后患,保证施工速度和安全。当盾构在出发井内安装完毕,所有工作就绪后即可出洞。常见的方法是在井壁上预留有临时封门洞口,故只要拆除临时封门,逐步推进盾构进入地层,使盾构最终脱离工作井即算出洞完毕。当盾构推进结束,需要进入接受井(即盾构进洞)时,接受井井壁也应修建供盾构进洞的临时设施,以保证盾构安全进洞。

盾构进出洞口周围土体的稳定性对保证盾构进出洞的安全十分重要,一般都要对洞口周围土体进行加固,主要加固方法包括注浆法、旋喷桩法、冻结法、降水法、压气法、托换基础法、承压板(临时支承)法等。应用人工制冷技术使含水软土固结的冻结法已在我国软土隧道中成功应用与推广,为盾构隧道的施工提供了新的有效方法。

(2)土体开挖与推进

盾构施工时,首先要使切口环切入土层,然后再开挖土体。千斤顶将切口环向前顶入土层,其最大距离是一个千斤顶行程。盾构的位置与方向以及纵坡的坡度均依靠调整千斤顶的编组及辅助措施加以控制。如图 12-5 所示为盾构推进工艺图。

土体开挖方式根据土质的稳定状况和选用的盾构类型确定,常用的开挖方式有以下几种:

①敞开式开挖。在地质条件好,开挖面在掘进中能维持稳定或采取适当的措施后能维持稳定,用手掘式及半机械式盾构时,均采用敞开式开挖。开挖程序一般是从顶部开始逐层向下挖掘。

②机械切削开挖。利用与盾构直径相当的全断面旋转切削大刀盘开挖,配合运土机械可使土方从开挖到装运均实现机械化。

③网格式开挖。开挖面用盾构正面的隔板与横撑梁分成格子,盾构推进时,土体从格子里成条状挤入盾构中。这种出土方式效率高,是我国大、中型盾构常用的方式。

④挤出式开挖。用挤出式和局部挤压式开挖,由于不出土或部分出土,对地层有较大的扰动,施工中应严格控制出土量,以减小表面变形。

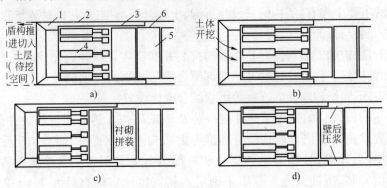

图 12-5　盾构推进工艺图
a)切入土层;b)土体开挖;c)衬砌拼装;d)壁后注浆
1-切口环;2-支撑环;3-盾尾;4-推进千斤顶;5-管片;6-盾尾空隙

(3)衬砌拼装与防水

隧道衬砌是在盾构尾部壳保护下的空间内进行拼装的。在拼装管片或砌块的过程中,主要应解决管片或砌块的运送、就位、成环以及衬砌的防水等工作。为保证拼装质量,首先必须充分做好准备工作,如起重臂的安全检查,拼装车架的配合,盾构底部的清洗,有关拼装材料的准备等,并接预定位置放好,以提高拼装速度。

在含水层中用盾构施工,其衬砌除应满足强度要求外,还应解决好防水问题。管片接缝是防水的关键部位。目前多采用纵缝、环缝设防水密封垫的方式。防水材料应具备抗老化性能,在承受各种外力而产生往复变形的情况下,应有良好的黏着力、弹性复原力和防水性能,实际应用中多采用特种合成橡胶。

采用盾构法施工,必须对地面沉降进行合理控制。即使采用目前世界上最先进的盾构机,用盾构法修建隧道也会产生一定的沉降。在盾构选型合理、施工工艺先进、不断优化施工技术参数的情况下,可以将地面沉降控制在较小的范围($-3 \sim +1$cm)。为减少盾构法施工对周围环境的影响,必须在施工中尽可能减少对隧道周围土体的扰动,其主要的技术关键是保持开挖面的稳定和管片脱出盾尾后及时进行壁后压浆。

压浆分一次压浆和二次压浆。当地层条件差,不稳定,盾尾空隙一出现就会发生坍塌时,宜采用一次压注,压浆材料以水泥、黏土砂浆为主体,终凝强度不低于 0.2MPa。二次压浆是当盾构推进一环后,先向壁后的空隙注入粒径 $3 \sim 5$mm 的石英砂或石粒砂;连续推进 $5 \sim 8$ 环后,再把水泥浆液注入砂石中,使之固结。压浆宜对称于衬砌环进行,注浆压力一般为 $0.6 \sim 0.8$MPa。

12.3.3 顶管

盾构法隧道前进依靠设在盾尾的分组千斤顶克服盾构机重和周围土体产生的正面和侧壁阻力,千斤顶支撑在已拼装好的环形隧道衬砌上,每拼装一环管片千斤顶向前顶进一个衬砌环间宽度。理论上,盾构法隧道施工,前进的阻力不随隧道长度增加而增加。而顶管法动力来自始发工作井内作用在后背井壁上的分组千斤顶,顶管千斤顶将带有切口和支护开挖装置的工具管顶出工作井井壁。以工具管为先导,逐步将预制管节按设计轴线顶入土层中,直到工具管后的第一个管节进入目标工作井。顶管法推进的阻力随管道长度增加而增加。为了克服长距离顶管顶进力不足,管道中间设置一个至几个中继接力间,并在管道外周压注触变泥浆以减少顶进摩擦。通常认为当隧道内径大于 4m 时,使用顶管法不如盾构法经济合理,对于内径小于 4m 或更小的管道,特别是用于城市市政工程的管道,顶管法有其独特的优越性。

国内已使用的顶管工具管的形式有手掘式、挤压式、局部气压水力挖土式、泥水平衡式、土压平衡式。手掘式工具管是正面敞胸,人工开挖,它适用于有一定自立性的硬质黏土。挤压式工具管,正面有网格切土装置,它适用于沿海淤泥质黏土。对于地质条件复杂,周围环境要求严格,长距离大口径顶管必须采用气压、泥水或土压平衡式工具管。气压平衡工具管的正面网格后设密封舱,以在其中加适当气压支承正面土体。密封舱内设高压水枪和水力扬升器,用以冲挖正面土体,并将泥浆送入通过密封舱隔墙的水力运泥管,泵入储池。泥水平衡式工具管正面设有刮土刀盘,在其后设密封舱,通过密封舱向工作面上注入用于稳定正面土体的护壁泥浆,使开挖土体的表面形成不透水的泥皮或薄膜层。一旦挖土机反铲抓土破坏了薄膜层,从喷嘴中新喷射出的膨润土泥浆不断地修补泥皮层,沉在密封舱下的泥水,由压力管道泵送至地面泥水处理装置。普通土压平衡工具顶管的头部设密封舱,密封隔板上装有数个刀盘切土器,在顶进中螺旋出土速度与工具管推进速度相协调,使工具管正面土体的顶进压力和初始的侧向土体压力基本相等。随着顶管技术的发展,顶管法和盾构法隧道的施工技术相互渗透,基本原理和施工工艺越来越趋向一致。

顶管法施工包括顶管工作坑的开挖,穿墙管及穿墙技术,顶进与纠偏技术,局部气压与冲泥技术和触变泥浆减阻技术。顶管施工目前已基本形成一套完整独立的系统。

(1)顶管工作坑的开挖

工作坑主要安装顶进设备,承受最大的顶进力,要有足够的坚固性。一般选用圆形结构,采用沉井法或地下连续墙法施工。用沉井法施工时,在沉井壁管道顶进处要预设穿墙管,沉井下沉前,应在穿墙管内填满黏土,以避免地下水和土大量涌入工作坑中。

采用地下连续墙法施工时,在管道穿墙位置要设置钢制锥形管,用楔形木块填塞。开挖工作井时,木块起挡土作用。井内要现浇各层圈梁.以保持地下墙各槽段的整体性。顶管工作面的圈梁要有足够的高度和刚度,管轴线两侧要设置两道与圈梁嵌固的侧墙,顶管时承受拉力,保证圈梁整体受力。工作坑最小长度估算方法如下:

①按正常顶进需要计算。

$$L \geqslant b_1 + b_2 + b_3 + l_1 + l_2 + l_3 + l_4 \tag{12-1}$$

式中:b_1——后座厚度,$b_1 = 40 \sim 65$cm;

　　b_2——刚性顶管厚度,$b_2 = 25 \sim 35$cm;

　　b_3——环形顶管厚度,$b_3 = 12 \sim 30$cm;

　　l_1——工程管段长度;

　　l_2——主油缸长度;

l_3——井内留接管最小长度,一般取 70cm;

l_4——管道回弹及富余量,一般取 30cm。

以 m 为单位,近似估算,一般为

$$L \geqslant 4.2 + l_1 \tag{12-2}$$

②按最初穿墙状态需要计算。

$$L \geqslant b_1 + b_2 + b_3 + l_2 + l_4 + l_5 + l_6 \tag{12-3}$$

式中:l_5——工具管长度;

l_6——第一节管段长度。

以 m 为单位,近似估算为

$$L \geqslant 6.0 + l_5 \tag{12-4}$$

工作坑长度应按上述两种方法计算后取大者。

(2)穿墙管及穿墙技术

穿墙管是在工作坑的管道顶进位置预设的一段钢管,其目的是保证管道顺利顶进,且起防水挡土作用。穿墙管要有一定的结构强度和刚度。

从打开穿墙管闷板,将工具管顶出井外,到安装好穿墙止水,这一过程通称穿墙。穿墙是顶管施工中的一道重要工序,因为穿墙后工具管方向的准确程度将会给以后管道的方向控制和管道拼接工作带来影响。

为了避免地下水和土大量涌入工作坑,穿墙管内事先填满经过夯实的黏土。打开穿墙管闷板,应立刻将工具管顶进,这时穿墙管内的黏土被挤压,堵住穿墙管与工具管之间的环缝,起临时止水作用。当其尾部接近穿墙管,泥浆环尚未进洞时,停止顶进,安装穿墙止水装置。止水圈不宜压得太紧,以不漏浆为准,并留下一定的压缩量,以便磨损后仍能压紧止水。

(3)顶进与纠偏技术

工程管下放到工作坑中,在导轨上与顶进管道焊接好后,便可启动千斤顶。各千斤顶的顶进速度和顶力要确保均匀一致。

管道偏离轴线主要是由于作用于管道的外力不平衡造成的,产生外力不平衡的主要原因有:

①推进管线不可能绝对在一条直线上。

②管道截面不可能绝对垂直于管道轴线。

③管道之间垫板的压缩性不完全一致。

④顶管迎面阻力的合力与顶管后端推进顶力的合力不一致。

⑤推进的管道在发生挠曲时,沿管道纵向的一些地方会产生约束管道挠曲的附加抗力。

管道偏心度过大可能会使管节接头压损或管节中部出现环向裂缝。而管节发生裂缝就无法保证管道外围泥浆环的支撑和减摩作用,造成顶进困难和地表下沉。因此,在顶进过程中要加强方向检测,及时纠偏。纠偏通过改变工具管管端方向实现,必须随偏随纠,否则,偏离过多,造成工程管弯曲而增大摩擦力,加大顶进困难。一般讲,管道偏离轴线主要是工具管受外力不平衡造成,事先能消除不平衡外力,就能防止管道的偏位。因此,目前正在研究采用测力纠偏法,其核心是利用测定不平衡外力的大小来指导纠偏和控制管道顶进方向。

（4）局部气压与冲泥技术

在长距离顶管中,工具管采用局部气压施工往往是必要的。特别是在流沙或易塌方的软土层中顶管,采用局部气压法,对于减少出泥量,防止塌方和地面沉裂,减少纠偏次数都具有明显效果。

局部气压的大小以不塌方为原则,可等于或略小于地下水压力,但不宜过大,气压过大会造成正面土体排水固结,使正面阻力增加。

局部气压施工中,若工具管正面遇到障碍物或正面格栅被堵,影响出泥,必要时人员需进入冲泥舱排除或修理,此时由操作室加气压,人员则在气压下进入冲泥舱,称气压应急处理。

管道顶进中由水枪冲泥,冲泥水压一般为 $1.5 \sim 2.0$ MPa,冲下的碎泥由一台水力吸泥机通过管道排放到井外。

（5）触变泥浆减阻长距离压浆技术

在长距离大直径管道的顶进过程中,有效降低顶进阻力是施工中必须解决的关键问题。顶进阻力主要由迎面阻力和管壁外周摩阻力两部分组成,在超长距离顶管工程中,迎面阻力占顶进总阻力的比例较小,如上海南市水厂顶管工程中该比例值仅为 6%。为了充分发挥顶力的作用,达到尽可能长的顶进距离,除了在中间设置若干个中继环外,更为重要的是尽可能降低顶进中的管壁外周摩阻力。为了达到此目的,采用管壁外周加注触变泥浆,在土层与管道及工具管之间形成一定厚度的泥浆环,使工具管和顶进的管道在泥浆环中向前滑移,以达到减阻的目的。管道外周空隙的形成有三个要素:一是顶管工具管比管道外径略大;二是工具管纠偏;三是工具管及管道外周附着黏土,必须要在管道外周孔隙形成后而且土体落到管体上及土压力增大至全值以前,将触变泥浆填充于其中,才能使其达到支撑土体和减阻的目的。这不仅要求对顶管机头尾部的压浆要紧随管道顶进同步进行,同时,在顶管顶进过程中为使管壁外周形成的泥浆环始终起到支撑土体和减阻的作用,在中继环和管道的适当点位还必须进行跟踪补浆,以补充在顶进过程中的触变泥浆损失量。一般压浆量为管道外周环形空隙的 $1.5 \sim 2.0$ 倍。

要达到以上的效果,压浆不仅要及时和适量,还必须在适当的压力下由适当的点位和正确的方法向管外压注。压浆压力应根据管道埋置深度 H 和土的天然重度 γ 而定,一般为 $2 \sim 3\gamma H$。

12.4　明挖法施工

明挖法是从地表面向下开挖,在预定位置修筑结构物,再进行回填,把结构掩埋起来的施工方法。在城市交通、市容和居民生活环境允许,且埋深小于 30m 的情况下,都可采用明挖法施工。明挖法施工与矿山法、盾构法、沉管法、沉井法相比,便于机械化施工,进度快、造价低、风险小。明挖法施工一般分为基坑开挖、支挡开挖和地下连续墙三大类,各类又包含多种方法。场地开阔,土体有一定的自立性,应采用放坡基坑开挖;场地狭小,土质松散,地下水位较高,无法采用放坡开挖时,必须先施作围护,在围护结构体系保护之下挖土。深基坑开挖坡度选择不合理,坡顶超载,地下水渗流和动水压力引起的流沙现象,围护支撑设计不合理,架设不及时,都会影响基坑土体稳定性。即使在场地空旷地区,当基坑邻近江海大堤、公路、桥梁、高压输电塔和其他重要建筑物时,也一定要严格防范基坑施工可能引起的地表变形及边坡失稳,要充分注意在地层较软弱地区,盲目性较大的施工情况下,容易引起边坡失稳塌陷,造成安全事故和殃及市政环境。

明挖法从施工工艺考虑,目前主要有以下几种方法:

①顺筑法。这是目前在地下结构明挖法中采用的主要施工工艺。它是在开挖到预定深度后,按照底板→侧墙(中柱或中墙)→顶板的顺序修筑,这种方法为明挖法的标准施工方法。

②逆作法。逆作法施工的工艺原理是:先沿建筑物地下室轴线或周围施工地下连续墙,作为地下室的外墙或基坑围护结构。同时在建筑物内部有关位置(柱或隔墙相交处,根据需要经计算确定)施作中间支承柱。然后以地面为起始面,由下而上进行上部建筑的施工,同时由上而下进行地下室结构和建筑的施工,直至工程结束。

对于深度很大的多层地下室,用传统方法施工存在很多问题。一方面是地下结构施工的工期很长,另一方面是基坑围护结构的设置困难很多,费用也很高。实践证明,利用地下连续墙和中间支承柱进行逆作法施工,对于深度较大的地下室结构是十分有效的。目前已发展了多种逆作方法,主要有全逆作法、半逆作法(也称盖挖逆作法)和局部逆作法等。

③辅助工法。是在施工过程中,以确保工作面的稳定而采用的辅助性施工方法。隧道及地下工程施工中最常用的辅助工法为注浆加固、冻结和降水处理方法。

本节主要对放坡开挖和地下连续墙法进行介绍。

12.4.1 放坡开挖

在无支护情况下进行放坡开挖,是隧道及地下工程基坑开挖中最常用的方法。开挖深度应根据地下结构的埋深、土质条件、地下水文条件,挖土机械条件等综合考虑,对照理论计算结果和工程实践经验,给出合适的安全度。当基坑深度不大于 5m 时,应根据土质和施工情况进行放坡,其最大容许的坡度按表 12-1 的规定采用。

开挖深度在 5m 内的基坑(槽)、管沟边坡的最大坡度(无支撑)　　　　　表 12-1

土 的 类 别	边坡坡度(高:宽)		
	坡顶无荷载	坡顶有荷载	坡顶有动载
中密的砂	1:1.00	1:1.25	1:1.50
中密的碎石类(充填物为砂土)	1:0.75	1:1.00	1:1.25
硬塑的亚黏土	1:0.67	1:0.25	1:1.00
中密的碎石类(充填物为黏性土)	1:0.50	1:0.67	1:0.75
硬塑的亚黏土,黏土	1:0.33	1:0.50	1:0.67
老黄土	1:0.10	1:0.25	1:0.33
软土(轻型井点降水)	1:1.00	—	—

注:1. 静载指堆土或材料等荷载,动载指机械挖土或汽车运输作业等。静载或动载应距挖土边缘 0.8m 以外。堆土或材料的高度不宜超过 1.5m。

　　2. 当有成熟经验时,可不受本表限制。

当开挖基坑超过 5m 时,可分层放坡,每层放坡坡度不同,相邻放坡坡间设置马道。基坑内土体的挖掘,除人工挖土外,有机械铲斗挖土和水力机械冲刷出土。机械铲斗挖土使用的挖土机有反铲挖土机、拉铲挖土机、抓铲挖土机。反铲挖土机适合于开挖基坑深度 4~6m,比较经济的挖土深度 1.5~3.0m,适用于含水量丰富、地下水位高的土壤;拉铲挖土机不及反铲挖土机灵活,适用于挖掘停机面以下 I~III 类土,开挖较深、较大的基坑,还可挖取水中的泥土;抓铲挖土机可以在基坑内任何位置上挖土,深度不限,并可以在任何高度卸土(装土),抓铲挖土机用于开挖土坡较陡的基坑,可以挖砂土、亚黏土或水下土方等。用水力机械冲刷出土适合于饱和淤泥质黏土、亚黏土、粉质黏土、黏土夹薄层粉细砂等软土,先用高压水枪冲刷切割土体,将土体混合成泥浆,用水力吸泥机或泥浆泵泵送至基坑外的泥浆池。

放坡开挖施工应注意的环境保护措施有:

①合理地选用井点降水,以确保基坑的稳定,减少基坑周围的地面沉降。

②深大基坑,按设计边坡分层、分段开挖,及时浇筑混凝土垫层和结构底板,减少基坑暴露时间。

③基坑四周严禁堆放设计所不允许的超载(包括土方及机械)。

④整个基坑开挖过程中,坑底设有排水沟和泵汲积水的集水井,同时严格防止在基坑周围地面上有积水或水流渗入边坡下土体。

⑤当基坑开挖深度很大,而边坡又因环境限制不能放坡时,为了确保基坑周围地面建筑或地下管线安全,必须对边坡滑动范围内土体进行加固。加固方法主要有旋喷桩法、分层注浆法、深层搅拌桩法等。

⑥基坑边坡暴露时间较长,雨季的浸泡冲刷,会把坡脚掏空,而地面水经裂缝渗入边坡内部,会引起超孔隙水压力,两者都能使边坡失去稳定。在边坡土体表面抹 1~2cm 厚水泥浆面层,或在坡面上覆一层塑料薄膜,可以达到保护坡面不受侵蚀的目的。

12.4.2　地下连续墙施工

地下连续墙一般多用于施工条件较差的情况,其工程质量在施工期间难以直接用眼睛观察,一旦发生质量事故其返工处理将十分困难。要使开挖后地下连续墙有很高的垂直精度和水平精度,垂直和水平方向有连续均匀的抗弯强度和防水性能,必须编制周密的施工组织设计,采用先进的施工工艺和严格的技术管理。

地下连续墙的施工包含以下几个方面:

①成槽精度和连续墙质量。挖槽是地下连续墙施工中的关键工序。在我国地下连续墙施工中,目前应用最多的是吊索式导板蚌式抓斗,导杆蚌式抓斗,冲击钻式和回转多头钻式挖槽机,尤以前三种最多。这些挖槽机大多数是参照国外产品研制的,也有少数外国进口的。施工人员技术不熟练,常造成成槽精度不高,如槽壁垂直度不高,泥浆制作分离技术工艺不完善,常使制作的泥浆质量、黏度、泥皮形成能力(失水量、泥皮厚度)、含砂率、含砂量、含盐量、pH 值、重力稳定性(析水试验)等达不到稳定槽壁悬浮泥渣的要求。由于上述原因,常有塌孔,沉渣堆集,成槽形状不规则。特别是接头部位夹泥,用导板蚌式抓斗,拖板刮削不干净,造成连续墙中含有夹泥孔洞,大大降低承载力和防水性能。泥渣未清彻底,将直接影响地下连续墙与基底的嵌固。日本、德国使用计算机监控的旋转式掘削机,开槽垂直精度达 1/2000,凭超声波扫描检

测仪,可绘出孔底的形状和泥渣堆积厚度。大功率的射流泵,向槽底喷射比重小的稳定液,把积聚在槽底的沉渣从一侧赶向另一侧,同时开启另一台吸收泵,通过吸管把比重较大的沉渣从另一侧吸出。为了避免混凝土中含有泥浆,采用高流动性,高填充性混凝土,从而保证地下连续墙的工程质量。

②地下连续墙的接头构造。地下连续墙承受来自垂直和水平方向的自重、水土压力以及地震动荷载,要求槽段之间钢筋尽可能贯通,混凝土质量尽可能均匀,不至于使接头处成为刚度和强度薄弱部位。目前国内常用的接头施工方式有锁口管接头、接头箱接头和隔板式接头。用水平贯通钢筋和弯曲钢筋穿过 H 形或十字形接头钢板,钢筋直径,根数,搭接长度,都能满足地下连续墙抗剪切、弯曲强度和刚度的要求,这种形式的结构接头称为刚性接头。槽段仅靠绕过锁口管的水平钢筋贯通,无接头钢板加强,称之为柔性接头。槽段接头形式取决于使用要求。国内外不少科研机构对连续墙的接头荷载破坏机理都进行了大量的模型试验和承载能力验证。

③地下连续墙接头防水。地下连续墙接头处是最易渗透漏水的部位。接头处夹泥,施工缝处新旧混凝土不能充分结合,高水头地下水长期作用等都会造成接头部位的渗漏水。由于地下连续墙的渗漏水,使得地下工程内部的使用环境受到限制。日本使用高分子尼龙布包裹新旧槽段接头,达到可靠的防水效果。上海宝钢冶金建设公司以液压抓斗为成槽设备,以嵌有橡胶止水带的有接头模板固定紧贴槽段端头,使其随钢筋笼垂直吊入。混凝土浇筑12h 后,利用脱模器使防水接头脱模。防水接头模板待相邻槽段成槽且清底之后才拔出。由于接头模板始终保护已浇注混凝土的槽段,避免了端头被槽内泥浆污染,使槽段间混凝土可很好连接,消除了接头渗漏的隐患。

④复合墙的连续构造。地下连续墙一般作为地下街、地铁车站、高层建筑地下室施工阶段的围护结构,建成后使用阶段承载能力往往不足,在防水、装修和其他性能方面不能满足长期使用要求。为解决这一问题,可在连续墙墙内再立模浇注一定厚度的混凝土内衬,形成连续墙和内衬共同作用的复合墙结构。在泥土中构筑的地下连续墙,土体开挖后很难达到表面平整,光洁,无渗水,因此加做现浇混凝土内衬是很必要的。为使连续墙和内衬整体结合共同作用,以加强地下连续墙与内部地下工程顶板的连接,在内部土体开挖露出墙体时,凿开预埋连接钢筋处的墙面,将露出的预埋件与后浇内衬砌的配筋连接一体,再浇筑内衬混凝土。

随着地下连续墙技术的不断进步,地下连续墙在隧道及地下工程设计和施工中将有更广泛的用途。除了用于深基坑的围护结构外,还可在水利工程中用作水坝或大堤的挡水结构,抗震的隔层,高层建筑和桥梁的深基。积极引进开发新的挖槽机、泥浆制作分离设施、超声波监测技术,对推进我国地下连续墙的发展是很有意义的。

12.4.3　其他围护结构施工

除了上述地下连续墙外,还有钻孔灌注桩支护、深层土体连续搅拌桩挡墙支护、钢板桩支护、预制钢筋混凝土板桩支护、横列木插板护墙支护等支护方式,可根据实际情况进行选用。

对于有一定自立性的土体,地下水位又比较低,如我国北方的一些城市和山区城市的基坑,也可采用喷射混凝土加锚杆护墙、土钉墙、挖孔桩、自凝泥浆护墙、多层位整体工作桩空间结构支护体系等。这些结构施工各有特点,如果因地制宜使用合理,能达到事半功倍的效果。

12.5　沉管、沉井和沉箱施工

12.5.1　沉管

用沉管法修建隧道主要包括:地槽的浚挖,管节制作,管节的防水、管节的驳运沉放,地基的处理等施工工序。沉管施工技术受特定的环境条件和工程要求影响大,故在进行环境调查与研究时必须特别注意,例如河道港湾航运状况,水力条件,气候条件和土工技术条件等。这些条件通常互相影响和制约,对于施工的效果起决定作用。

(1)地槽浚挖

地槽浚挖之前,先要对现场土壤质量,河流海洋的水力条件,生态资料等进行广泛调查。对各种浚挖技术方案进行比较,以确定基槽的断面和浚挖机械。

挖浚基槽最常用的挖泥船有:吸扬式挖泥船、抓扬式挖泥船、链斗式挖泥船和铲扬式挖泥船。吸扬式挖泥船靠绞刀和泥耙把基槽的土体搅拌成泥浆,然后再由泥浆泵排泥管卸泥于水下或输送到陆地上。另外三种方法则靠铲斗、抓斗、链头把泥块挖起,装入驳船远走。

(2)管段的制作

混凝土管段是在干船坞内或专门建造的内水湾中预先制作。有时利用隧道岸边引道段围堰先作为管段制作场。钢筋混凝土管段通常为矩形,每节长 60～140m,多数为 100m 左右,最长为 268m。箱型管节宽度须保证通行车辆的净空,还必须容纳通风和水电等服务性空间。预制大体积混凝土箱涵时,必须合理地组织施工,特别注意纵横向施工缝的处理。要加强对混凝土的养护,防止因为混凝土的质量引起渗漏。箱涵的模板尺寸准确,混凝土砂石骨料均匀,可保证沉管管节各部分重力协调平衡。混凝土箱涵的底模通常为钢板,在侧墙和顶板外侧,视工程质量状况,可增加外贴的刚性或柔性防水层。

(3)管节的驳运和沉放

①管节的驳运。在管段拖运之前,为了确定浮运过程中管段的特性和沉放的设施,首先要进行实验室的模拟实验和理论计算。所需的拖船的能力和数量取决于隧道管段在河流、运河和海洋中的阻力以及驾驭航行时可利用的空间。另一个决定因素是在一个特定的位置处有无船队通行。当整个系统通过空间有限的船闸或桥涵时,建议用绞盘或拖拉。海上运输与河流运输完全不同,海上运输要求管段的结构能对付大海浪引起的各种冲击力。

整个拖运过程都与潮汐有关,通常根据潮汐的周期性变化确定最佳拖运时间,特别是驳运过程中的困难地段,保证在潮汐有利时刻通过。每次拖运之前,根据天文、气象及江河流量等预报资料对作业时间安排进行调整。国外建造沉管隧道的经验,在管段拖运阶段对自然条件限制为:风速小于 10m/s;浪高小于 0.5m;流速小于 0.6～0.8m/s;能见度大于 1000m。

通常用回声声波探测法对浮运航道水深进行检查,必要时进行疏浚作业。河道的障碍物可能会损害管段的胶垫,一旦戳穿临时封堵隔墙,则可能造成灾难性的后果。在不能用浮标以肉眼观测的方法表示航道的地方,需要导航船或自动导航系统。在拖运过程中通常有船只护航,以确保管段安全。

②管节的沉放。管段的沉放在整个沉管隧道施工过程中是最危险、最困难的工序,沉放过

程的成功与否直接影响到整个沉管隧道的质量。成功的沉放作业需要有各种环境条件的信息,还需要作业的技能和经验、为设备准备足够的后援设施。

到目前为止,常用的管段沉放方法有两类。一类为吊沉法,另一类为拉沉法。吊沉法又分为:以起重船或浮箱为主要机具的分吊法、以方驳船为主的扣吊法和以水上作业平台为主的起吊法。

拉沉法利用预先设置在沟槽中的地垄,通过架设在管段上面的钢桁架顶上的卷扬机牵拉扣在地垄上的钢索,将具有 2000～3000kN 浮力的管段缓缓地拉下水,沉防到桩墩上,如图 12-6所示,此法必须在水底设置桩墩,费用较大,应用很少。

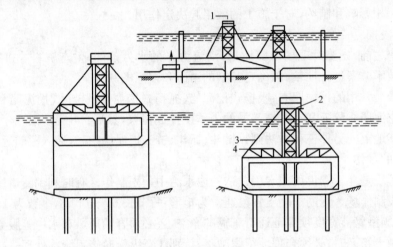

图 12-6 拉沉法

1-拉合千斤顶;2-拉沉卷扬机;3-拉沉索;4-压载水

沉放作业除了应有四只 1000～1500kN 的方形浮箱和四艘小型方驳船外,还必须配有发电机组、定位卷扬机(牵引力 80～100kN,绳速 0～3m/min)、起吊卷扬机(牵引力 100～120kN,绳速 5m/min)、定位塔、超声波测距仪、倾斜仪、缆索测力计、压载水容量指示器、指挥通信工具等。

采取水上交通管制措施。航道封锁的范围,在上下游方向一般为隧道轴线两边各 150～200m。在隧道轴线方向,若采用前后锚时,管段两端各 150～200m;若采用"双三角"形锚索布置,则可缩小几十米。管段下沉的全过程一般需要 2～4h,宜在水流递减至 0m/s 之前 1～2h 开始下沉,开始时水流速小于 0.15m/s。

压载水舱灌至设计值后,以开始 40～50cm/min 速度沉放管段,直到管底离设计标高 4～5m。下沉时要随时校正管段的位置。随后将管段向已沉放管段靠近 2m 左右,继续下沉管段离设计标高 0.5～1m 处。接着将管段移至距前节即设管段约 50cm 处,校正管段位置后,开始着地下沉。着地下沉要慢,并不断校正位置。着地时先将前端搁置在"鼻式"托或套上卡式定位的位座,然后将后端轻轻搁置在临时支座上。各个吊点同时卸载,在卸去 1/3 和 1/2 吊力时,各校正一次位置,最后卸去全部吊力。管段下沉后,立即用水灌满压载水舱以防止管段由于水密度的变化或船只的来往而升浮。

用水力压接法进行连接的主要施工顺序为:对位→拉合→压接→拆除封堵。管段沉放到临时支承上后,钢缆绳操作进行初步定位,然后用临时支承上的垂直和水平千斤顶精确定位。达到定位精度之后,已设管段和新设管段仍有空隙,通常带有锤状螺杆的专用千斤顶拉合,使胶垫的尖肋部分产生变形,具有初步止水作用。拉合千斤顶所提供的总拉力应为 2000～3000kN,行程一般为 100cm。接着用水泵抽掉封在隔墙间的水,使新管段自由端受到 30000～40000kN 侧向静水压力,胶垫的硬橡胶被压缩高度的 1/3,接头完全封住,此时可以拆除隔墙。

最后一节管段要在两头端面都采用水力压接法是不可能的,最后一个端面的连接必须采用其他方法,如水中模板混凝土式、靠临时性封闭的干燥钢制镶板式。

(4)基础处理技术

沉管隧道的基础所承受的荷载通常较低,只作一般的处理,用沙和碎石作为垫层就能满足要求。只是当土壤承载能力极差时,为避免可能引起危险的沉陷,将一些隧道或部分管节放置在桩基础上。地震时管段下沙垫层一旦出现液化,将产生向上浮力。因此要求铺设的沙砾垫层尽可能密实。

沉管隧道的基础处理,早期采用先铺法,在管节沉放之前用刮砂、石法将基槽底整平。此法费时,整平度、密实度也不高,难以适应隧道宽度不断增加的要求。后来出现的后填法,管段沉放后,再将管段与基槽之间的空隙灌砂、喷砂或者压砂和压浆。

(5)管段连接和防水技术

水下沉放隧道,重要的技术环节就是防水。对此问题,在 7.5 节中已进行了介绍,此处不再赘述。

12.5.2　沉井和沉箱

沉井是圆形、长圆形或矩形的钢筋混凝土筒状结构。施工时首先在地面浇筑井筒,在筒内挖土使其下沉。若在深水中,可先在岸边筑好井筒,并加做一个临时的底板,浮运到预定的下沉位置之后,拆取底板使其下沉。沉到预定深度后,可用混凝土填实井内部,作为构筑物的基础;或者只在底部浇筑钢筋混凝土底板,利用沉井内部空间作为地下厂房、取水构筑物、大型排水窨井、盾构和顶管的工作井等。沉箱是一个有顶无底的箱型结构(沉箱工作室)。施工时借助输入工作室的压缩空气,以阻止地下水的渗入,便于工人进入室内挖土,使沉箱逐渐下沉,同时在上面接高混凝土侧壁。沉到预定深度后,用混凝土填实工作室的内部,作为重型构筑物(如桥墩)的基础。因其工作室内的气压随下沉深度而增加,有碍工人的健康,因此必须限制下沉深度和工人在室内连续工作的时间。

沉井主要有刃脚、井壁、横梁、封底等几部分。各部分厚度和配筋应考虑制作下沉及使用阶段的永久荷载和使用活荷载作用,由设计计算确定。

一般情况下沉井下沉的施工程序分为:下沉前的准备工作、沉井下沉、接长井壁、沉井封底四个阶段。

(1)下沉前的准备工作

沉井下沉前,先整平场地,沉井定位,然后开挖基坑(一般说开挖基坑可以减少沉井下沉深度,比较经济),搭设平台。当需要降低地下水位时,尚要按降水深度打设井点。为了避免在制作沉井时产生过大的沉降和不均匀沉降,在基坑底部铺一定厚度的沙垫层,振动密实。在沙垫层上铺设垫木或浇筑素混凝土垫层。立模板,绑扎钢筋,做第一节沉井。

(2)沉井下沉

当沉井混凝土达到一定强度时,方可抽除垫木(或敲碎素混凝土垫层),挖土下沉。根据不同的土质情况,可采用排水下沉,不排水下沉或中心岛式下沉等施工方法。

①排水下沉。

当沉井所穿过的土层较稳定,不会因排水产生流沙、管涌和井底土体失稳时,可采用排水挖土下沉的施工方法。排水引起地下水位降低和地面沉降,可能影响周围建筑物正常使用时,要采取必要的安全措施。采用排水下沉的出土方式,可根据水源、土壤特性和排泥条件分别选用水力机械出土或抓斗挖土。

②不排水下沉。

沉井穿过的土层不稳定,地下水涌量大,会发生流沙、管涌土体失稳时,应采用不排水下沉。下沉时井内的水位维持在可使井底土体保持稳定的高度。井内出土方式则按出土条件及周围环境选用水下抓斗挖土或水力机械出土。为了使超深的沉井顺利通过复杂的地层,近年来创造了钻吸法挖土的新工艺,这种方法是在刃脚斜面上装设水枪,井壁外侧采用触变泥浆护壁。

③中心岛式下沉。

为了进一步减少施工引起的地表沉降对周围建筑物和环境的影响,国内外近年来开始采用中心岛式下沉法。该方法是使用挖槽吸泥机沿井壁的内侧挖槽,槽内用泥浆护壁。沉井随挖槽加深而下沉。槽内泥浆维持一定的高度,以保持槽壁土体稳定,并使沉井刃脚徐徐地挤土下沉。沉井达到设计标高后,将井壁外侧的泥浆置换固化。待沉井达到稳定要求后,再开挖井内土体,浇筑内部结构。

施工时,要注意在井内四边均衡挖土,每日下沉速度保持基本一致,徐徐下沉。每个工班至少2次测量沉井四角的高差,一旦发现下沉不均匀,应及时通知挖土纠偏。如果长时间挖土不见沉井下沉时,应注意沉井可能发生突沉。

(3)接长井壁

当第一节沉井下沉到设计深度后,即停止挖土下沉。经验算,沉井刃脚承载力和井壁的摩阻力足以承担加高后沉井质量时,开始进行井壁的接长工作。随时观察沉井四角点的沉降变化速率,准备好应急的措施。

(4)沉井封底

当沉井下沉到设计标高后,停止挖土。如井底土体能保持稳定,周围环境保护达到要求时,可采用干封底。干封底成本低,工期快,能保证质量。在需要不排水下沉时,则采用水下混凝土封底方法。为了确保底板混凝土的质量,在底板上预留集水井,集水井的构造和布置应按设计确定。当封底混凝土未达到设计强度前,要从集水井不间断地抽水,以释放沉井底板以下的水压。待底板达到设计强度后,再将集水井封掉。

12.6 冻结、注浆、降水等辅助工法

当天然的地基强度和变形不能满足隧道和地下工程的施工和使用要求,又有可能对周围环境造成重大影响时,必须采取适当的措施对地基进行加固处理。隧道和地下工程施工用的

地基处理方面的辅助工法分为两大类:一类是冻结法、降水法等物理方法;另一类是注入化学浆液、压浆等化学加固方法。下面对注浆加固、冻结和降水处理方法作一介绍。

12.6.1　冻结法

冻结法是在不稳定含水地层中修建地下工程时,借助人工制冷手段暂时加固和隔断地下水,工程完工后再把冻土解冻,恢复原地层的一种特殊施工方法。作为土木工程施工技术,早在 1862 年英国的威尔士基础工程中就得到应用,但真正得到发展是在其后的凿井工程中。1880 年,德国工程师 F. H. Poetch 在国际上首次提出了冻结法凿井原理。1883 年,在德国阿尔巴里煤矿中首先应用冻结法建造井筒并获得了人工冻结法专利。20 世纪 70 年代初期,我国煤炭行业将冻结法施工技术首次推广应用于北京地铁建设工程中并获得了成功。

冻结法既适用于松散不稳定的冲积层和裂隙发育的含水岩层,也适用于淤泥、松软泥岩以及饱和含水和水头特别高的地层,但对于土中含水量非常小或地下水流速相当大的地层不适用。

由于冻结地层的强度高、阻水能力强、容易预测冻结范围、可靠性高、又不污染大气及地下水质,故特别适用于在松散含水表土地层的地下工程施工。分析各国的工程实例,除了软土隧道直接用冻结法开凿外,冻结法在隧道、矿山和其他地下工程施工中也得到了应用,如盾构出洞、进洞的土体加固,桥墩基础的施工,在河下、铁道下和其他建筑下的隧道,市政工程中的上下管道及坍塌事故的修复冻结等。

(1)地层冻结原理

土体是一个多相和多成分混合体系,由水、各种矿物和化合物颗粒、气体等组成,而土中的水又可有自由水、结合水和结晶水三种形态。当温度降到负温时,土体中的自由水结冰并将土体颗粒胶结在一起形成整体。冻土的形成是一个物理力学过程,土中水结冰的过程可划分为五个阶段:①冷却段,向土体供冷初期,土体的温度逐渐降到冰点。②过冷段,土体降温到 0℃以下时,自由水尚不结冰,呈现过冷现象。③突变段,水过冷后,一旦结晶就立即放出结冰潜热出现升温过程。④冻结段,温度下降到 0℃时稳定下来,土体中的水产生结冰过程,矿物颗粒胶结在一起形成冻土。⑤冻土继续冷却,冻土的强度继续增大。

地层冻结是通过一个个的冻结器向地层输送冷量的过程。这样在每个冻结器的周围形成一个以冻结管为中心的降温区,分别为冻土区、融土降温区、常温土层区。地层中温度曲线呈对数曲线分布,如图 12-7 所示。

(2)冻结设计

①冻结方案的确定。冻结方案不仅关系到冻结速度、技术经济效果,而且关系到工程的成败。选择哪种方案应全面分析工程地质和水文地质情况,同时考虑到冷冻设备和施工队伍的技术水平,以取得最佳的技术经济效益。按照制冷剂的不同,冻结可供选择的方案有:盐水冻结、液氨冻结和干冰冻结等。由于干冰的土层冻结技术仍处在研究阶段,目前应用于工程实践的主要为前两种。

对于临时基础、小型工程,冻土体积较小时,可采用液氨冻结。对于大型开挖工程宜用氯化钙溶液(俗称盐水)冻结。

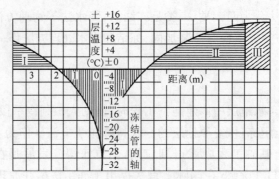

图 12-7　冻结管周围的温度分布
Ⅰ-冻土区；Ⅱ-融土降温区；Ⅲ-常温土层区

为了既能快速冻结土层，又能获得最佳的经济效益，意大利和美国已经开始使用混合冻结系统。这种混合冻结系统即是以盐水冻结补充液氨冻结法，积极冻结用液氨，而用传统冻结法维持冻结。美国底特律市一条为 25 万人口服务的直径 3.9m 的下水道，当发生破坏塌落危险时，即采用混合冻结方法进行抢险，收到良好的技术经济效果。

②冻土壁结构设计。冻土壁的结构形式主要有以下三类：

a. 圆形和椭圆形帷幕。对煤矿井筒和隧道工程等一些圆形和近似圆形结构，选用圆形和椭圆形帷幕，能充分利用冻土抗压承载能力高的特点，具有较好的受力性能，经济上也比较合理。

b. 直墙式帷幕和重力式挡墙帷幕。直墙式帷幕结构的受力性能较差，会出现较大的拉应力，一般要求内支撑。重力式挡墙帷幕在受力方面有所改善，承载能力有所提高，但工程量相对较大，需布置倾斜冻结孔。

c. 连拱形帷幕。为了克服冻土直墙的不利受力条件，将多个圆拱或扁拱排列起来组成连拱形帷幕，这样可使墙体中主要出现压应力，同时还可利用未冻土体的自身拱形作用来改善受力情况。

采用冻结法施工时，须根据施工进度、冻土墙的需要强度、开挖顺序等，确定冻土墙的厚度、冻结管群的间距与行数，及其长度、冻结顺序和解冻顺序等，从而选择必要的冻结设备，此外，还须制定施工中的测定温度计划和测定点。根据测定结果，以连续或间断的供冷方式保持冻土墙的冻结。同时研究地层冻结时的膨胀和解冻时的下沉情况，预先制定测定方法和对策。此外，在地下构筑物施工时，必然要在接近−10～−5℃的冻结面处浇筑混凝土，因此最好采用低温早强混凝土，否则要埋设加热器或铺设绝热材料，以减少冻土对混凝土的影响。地下构筑物完成后，要对冻结的地层进行均匀而连续的解冻，对埋深不大的地下工程，可停止供应盐水，进行人工解冻。

③冻结法施工工艺。冻结法施工主要包括以下几个内容：冷冻站安装、钻孔冻结、冻结器的安装、实施冻结、掘砌和收尾工作。

a. 冷冻站安装。

冷冻站的位置应以供冷、供电、供水和排水方便为原则，同时不影响永久建筑施工，尽量少占地。特别是市政工程中，地面空间更为紧张。为减少冷量损失，冷冻站离冻结点应尽量近些，其安装可与打钻同时进行。

对于氨压缩机的安装质量应予格外重视。氨压缩机的混凝土基础要严格按照图纸施工，其他设备也应按各自的技术质量标准进行安装。

b. 冷冻站试运转。

制冷系统安装完备后，应进行耐压密封试验。试验前，先进行氨压缩机的空载及负荷运转，运转累计时间不得少于 24h。合格后，再对氨循环管路压风吹洗，清除管内杂物，然后进行耐压密封试验。试验可分为压气和真空试漏两种。压气试漏时间规定为 24h，开始 6h 由于压缩空气冷却允许压降为 20～30kPa，此后 18h 不再下降为合格。一般试压压力为工作压力的 1.5 倍。为了进一步检查管路的密封性，还要进行真空试验，将管路抽成真空度为 730～760mm 汞柱高，24h 后真空度仍保持在 700mm 为合格。

管路密封性试验完成后，应对低压管路和设备进行绝热保温。

12.6.2　注浆加固方法

注浆法是用压力将能固化的水泥浆液或化学浆液注入土层以改善地基土物理力学性能的一种方法。注浆按其工艺所依据的基本原理分为：充填注浆、劈裂注浆及脉状注浆、基岩裂隙注浆、渗透注浆、挤密注浆和电动化学注浆等。浆液注入土体的过程一般总是先渗透，当通道被堵而且压力足够大时，即在土体中产生劈裂的现象，浆液沿裂缝进一步扩散。在浆液极稠（坍落度 2～3cm 的砂浆），而压力又很大时（8～10MPa），明显会出现浆液对周围土体的压密现象。

（1）注浆法类型

①充填注浆。用于坑道、隧道背面、构筑物基础下的大空洞以及土体中大孔隙的回填注浆。其目的在于加固整个土层以及改善土体的稳定性。这种注浆法主要是使用水泥浆、水泥黏土浆等粒状材料的混合浆液。一般情况下注浆压力较小，浆液不能充填细小孔隙，所以止水防渗效果较差。

②劈裂注浆及脉状注浆。当土壤渗透系数小于 10^{-4}cm/s 时，渗透注浆难以奏效，可采用劈裂注浆及脉状注浆方法。这种方法是在较高压力作用下，使土体发生剪切裂缝，浆液沿裂缝面注入。劈入土体的浆液形成加固体的网络和骨架。劈裂注浆过程中，产生超孔隙水压力，孔隙压力的消散使地基土固结、浆液硬结和土层再固结，较大地提高土体强度和刚性。土层固结过程中也引起土体的沉降和位移。用于劈裂注浆浆液有单液和双液两种，单液需要有硬结过程，双液则可瞬间硬结。在浅层土体中注浆，由于注入压力的作用可使地面隆起，往往影响附近建筑物的稳定性。

③基岩裂隙注浆。基岩中存在的裂隙使整个地基强度变弱或形成涌水通道，在这种裂隙中进行的注浆称为裂隙注浆，多用于以止水为目的的岩石坝基防渗和加固，隧道、竖井的开掘等。

④渗透注浆。渗透注浆是使浆液渗透扩散到土粒间的孔隙中，凝固后达到土体加固和止水的目的。浆液性能、土体孔隙的大小、孔隙水、非均质性等都会对浆液渗透扩散产生影响，从而影响到注浆效果。

⑤挤密注浆。当使用高塑性浆液，地基又是细颗粒的软弱土时，注入地基中的浆液在压力作用下形成局部的高压区，对周围土体产生挤压力，在注浆点周围形成压力浆泡，使土体孔隙减小，密实度增加。挤密注浆主要靠挤压效应来加固土体。固结后的浆液混合物是一个坚硬

的、压缩性很小的球状体,它可用来调整基础的不均匀沉降,进行基础托换处理,以及在大开挖或隧道开挖时对临近土体进行加固。

⑥电动化学注浆。在地基中插入金属电极并通以直流电,在电场作用下,土体中的水分会从阳极向阴极流动,这种现象称为电渗。借助于电渗作用,将浆液注入土体中,或者将浆液依靠灌浆压力注入电渗区之后,再通过电渗使浆液扩散均匀,以提高注浆效果。

(2)注浆施工技术

注浆施工方法很多,隧道和地下工程中最常用的方法有:花管注浆和单向阀管注浆法。隧道施工中的压密注浆则用专门的压力泵和管道传送设备。

①花管注浆。常用注浆管的直径为 $\phi25\sim\phi400$mm,头部 $1\sim2$m 为侧壁开孔的花管,孔眼直径一般为 $\phi3\sim\phi4$mm,梅花形布置。注浆管开孔直径一般比锥尖直径小 $1\sim2$mm。有时为防止堵眼,可以在开口孔眼先包一圈橡皮环。用人工或电动振动机把注浆管压入地层,在开孔段压入地表 50cm 开始压浆。常用水灰比为 $0.4\sim0.6$。为了防止浆液沿管壁上冒,可加一些速凝剂(3%~5%的氯化钙)或压浆后间歇数小时,在地表形成一个封闭层。连着每压入 1m 注浆一次,直至到达设计深度。每段注浆的终止条件为吸浆量不少于 $1\sim2$L/min。当某段注浆量超过设计值 $1.5\sim2.0$ 倍时,应停止注浆,间歇数小时后再注,以防止注浆扩散到加固段以外。

②单向阀管注浆。钻孔的孔径一般在 $\phi80\sim\phi100$mm 范围内,采用泥浆护壁。首先向孔内插入无孔眼的钢管,并通过此管向孔内压入套壳料(又称封闭泥浆)直至孔内泥浆完全被顶出孔外为止。然后把浇注套壳料的钢管拔出,再把底端封闭的单向阀管压入孔内。套壳料的作用是封闭单向阀管和孔壁之间的间隙,迫使浆液从灌浆孔内开环,使压出的浆液挤出套壳,注入四周土层。单向阀管可用内径 $\phi50\sim\phi60$mm 的钢管或塑料管,每隔 $33\sim50$cm 钻一组射浆孔,外包橡皮套,管段封闭,在套壳料达到一定强度后,通过灌浆泵施加压力把套壳压裂。套壳料的破碎程度越高,注浆率越大,所需注浆压力也较小。

(3)注浆设计要点

注浆设计应确定以下技术要求和工艺参数:

①注浆目的,注浆所要达到的处理效果以及质量指标,以及采用的工艺方法。

②注浆的材料及配方。

③注浆孔孔距、排距、孔数、排数。

④注浆压力、浆液扩散半径、注浆量、注浆历时。

⑤注浆效果检验的方法及标准。

(4)其他化学加固方法

使用深层搅拌桩的土体加固方法,粉喷桩的土体加固方法,粉喷桩和旋喷桩加固土体的方法,也大量用作隧道和地下工程施工的辅助工法。例如盾构进出工作井土体的加固,区间隧道联络通道土体加固,地下工程基坑的维护和防水帷幕等。

12.6.3 降水方法

在地下水位较高的透水土层中进行基坑开挖施工时,由于坑内外的水位差大,容易产生潜蚀、流沙、管涌、突涌等渗透破坏现象,引起边坡或基坑坑壁失稳。为保证施工安全,必须对地下水进行有效的处治。在基坑工程施工中,对地下水的治理一般可从两个方面进行,一是封堵地下水,二是进行降水。

目前工程中对地下水的封堵方法有钢板桩、地下连续墙、防渗垂直帷幕、防渗水平帷幕,以及冻结法等。

降水方法主要有明沟排水、井点降水、喷射井点和电渗井点等。

①明沟排水。通常在开挖基坑内(或外)设置排水沟,并根据地下水量的大小,每隔 20～40m 设置一个集水井,基坑内的积水及地层中渗出的水经排水沟流向集水井,再用水泵将集水井中的水抽出,使基坑保持干燥,此法施工简便,成本低,因而得到广泛应用,但只能用于开挖基坑浅,涌水量较小的情况。

②井点降水(又称轻型井点)。井点降水法是在拟建工程的基坑四周埋设能渗水的井点管,井点管一般采用直径为 38～55mm 的钢管,长 6～9m,其下端配有长 1.0～1.5m 的过滤管,过滤管用钢和不锈钢组成,管壁上钻有直径 10～18mm 的小孔,孔间距 30～40mm,孔隙率为 25% 左右,管壁包两层滤网,内层为细滤网,外层为粗滤网。井端可封闭,也可用自射式。井点排列成线状或环状,视基坑形状而定,其间距 0.8～2.4m,并与集水总管用螺纹胶管或塑料管连接,总管则与真空泵或射流泵相连接。这一套布置称为井点系统或轻型井点。

轻型井点系统的平面布置由基坑的平面形状和大小、要求降深、地下水流向和地基岩性等因素决定,可布置成环形、U 形或直线形,一般沿基坑外缘 1.0～1.5m 布置。

③喷射井点。喷射井点是利用循环高速水流产生的负压把地下水吸出。井点管分内、外管,高压离心泵输出的高压循环水流从内、外管间隙流至管底,从内管四周的进水孔流入,再经喷嘴喷到混合室。由于喷嘴处的断面突然缩小,喷射水流速加快(一般流速高达 30m/s 以上)高速水流喷射之后,在喷嘴喷射出水柱的周围形成负压区。在负压作用下,四周的地下水经滤管被吸入,经混合、扩散后随循环水流从内管进入水箱。喷射井点间距一般为 2～3m,每套井点总管数应控制在 30 根左右。在井点管安装完成后,必须试抽,以便及时发现并消除漏气和"死井"。井点孔口地面以下 0.5～1.0m 深度应用黏土封口。

喷射井点主要适用于渗透系数较小的含水层和降水深度较大(8～20m)的降水工程。其主要优点是降水深度大,但由于需要双层井点管,喷射器设在井孔底部,有二根总管与各井点管相连,地面管网铺设复杂,工作效率低,成本高,管理困难。

④电渗井点。电渗井点降水是利用轻型井点和喷射井点的井点管作阴极,另在土中埋设金属棒(钢筋和铝棒等)为阳极,在电动势作用下构成电渗井点抽水系统。当接通直流电后,在电场作用下,土中的带正电荷的水分子从正极流向负极,带负电荷的黏土微粒向阳极方向移动,通过电渗和真空抽吸的双重作用,强制黏性土中的水向井点管汇集,由井点管汲取排出,使地下水水位逐渐下降。

电渗井点的直流电压为不大于 60V 的安全电压,土体通电时,沿基坑周边在阴、阳极之间土体断面中的电流密度以 $0.5～1.0A/m^2$ 为佳,宜采用间歇通电的方式,电压梯度可采用 $0.5V/cm^2$。

电渗降水一般只适用于含水层渗透系数较小(<0.1m/d)的饱和黏土,特别适用于在淤泥和淤泥质黏土中的降水。这是因为黏性土的颗粒较小,地下水在其中的流动非常困难,一般情况下,仅有自由水在孔隙中流动,其他部分则处于被毛细水吸附的约束状态,在压力水头作用下不能参与流动,但当向土中通以直流电后,自由水和被毛细管约束的黏滞水都能参与流

动,增加了孔隙水流动的有效断面,其渗透性提高数十倍,从而缩短降水时间、提高降水效率。

各种降水方法都有一定的适用范围,应根据土层的渗透性,工程开挖深度和各种不同的降水目的,选择合适的降水类型,设计降水漏斗半径,降水深度和抽取水量等参数。

开挖深度小于 3m 宜采用明沟排水法。开挖深度大于 3m,小于 6m 时用轻型井点。采用水射泵井点可把水位降低到 8m。多级轻型井点的降水深度一般为 6~12m。喷射井点降水深度为 8~20m。当含水层厚度和深度均较大或深基坑开挖要求降低深部承压水时可采用深井井点。深井井点可降低水位 15m 以下,通常采用深井泵抽水。在黏性渗透性极差的土层中降低地下水时,采用电渗井点可以达到良好效果。

12.7　地下建筑施工组织设计

地下建筑施工组织是对完成最终地下建筑工程施工全过程所进行的有目的的计划、组织、协调、控制、监督等活动的统称。它主要是根据生产管理的普遍规律,结合地下建筑工程的生产特点,合理地组织完成最终工程的全部施工准备和施工过程,充分利用人力和物力,有效地利用时间和空间,保证综合协调施工,如期、安全地完成工程任务并交付使用,以创造社会效益和提高企业的经济效益。

根据地下建筑施工的特点,施工组织的基本任务即在于:根据工程具体条件,制定出切实可行的技术组织措施,保证施工安全,不断改善劳动条件,将各方面的力量、各种要素(人力、资金、材料、机械、技术措施等)科学地组织起来,使建筑工程的施工活动做到工期短、质量好、成本低,迅速发挥投资效益。

12.7.1　地下建筑施工的程序和施工准备

(1)组织工程施工的基本程序

组织工程施工的程序分为施工准备、组织施工、竣工验收三大阶段。施工准备阶段的主要工作是进行工程施工调查,并在此基础上进行施工组织设计和施工条件的准备。做好施工前的各项准备工作,是保证施工能够顺利进行,达到好、快、省,安全完成施工任务的重要保证。组织施工阶段的主要工作是保证施工组织设计的实施和施工现场的管理工作。竣工验收阶段是在工程完成后,由有关部门根据设计文件及验收标准对工程进行验收。竣工工程只有经过验收合格后,才能交付使用。

(2)施工准备阶段的工作内容

施工准备是指施工前从组织、经济、劳力、物资、生活等方面为了保证工程顺利施工而事先要做好的各项工作。按准备工作的性质可归纳为以下四个方面:

①技术准备。

a.熟悉和会审施工图纸及有关设计资料,了解设计意图。为了正确地组织施工,做到"胸中有数",应认真、细致地熟悉施工图纸,了解设计意图。一般应着重分析:设计是否符合国家有关技术规范的规定;图纸及设计说明是否完整、齐全、清楚;图中尺寸、坐标、标高、轴线、各种管线等是否准确;一套图纸的前、后各图纸是否吻合一致;有联系的前后各套图纸设计是否有矛盾;洞室支护及稳定性等方面有无问题;洞室的方位、埋深等是否合理;设计是否符合当地施工条件和施工能力,如采用的新技术、新工艺、新材料等,施工单位有无困难;装修、水电、设备安装等各种图纸互相之间是否有矛盾;在互相交叉施工时有无问题;设计所选用的各种材料、配件、物件,在采购供应时,其品种、规格性能、质量、数量等方面能否满足设计需要。

b. 调查研究,收集资料。调查内容主要包括:

(a)地形地貌调查。包括工程建设的城市规划图或建设区域地形图,现场地形、地貌特征,勘测高程、高差等。

(b)地上、地下障碍物调查。包括施工区域一切地上建筑物、构筑物、树木、农田、庄稼及一切地下原有埋设物。

(c)洞口可供施工使用的场地和布置情况,节约用地的方案和措施,弃渣场地布置和弃渣利用情况。

(d)气象调查。包括气温、雨情、风情调查。

(e)地面水、地下水水文资料调查。

(f)地方建筑生产企业调查。包括当地的混凝土制品厂、金属结构厂、建筑设备修造厂、砂石供应处等的生产能力、规格质量、供应条件、运距及价格等情况。

(g)地方资源调查。包括各种地方材料的质量、品种、数量等。

(h)交通运输条件调查,包括铁路、水路、公路的交通条件、车辆条件、运输能力、码头设施等,以选择经济合理的运输方式。

(i)水电供应能力调查。

(j)当地可能提供的劳动力的数量、来源及技术水平,生活供应、医疗卫生、文化教育;当地政治、经济、居民情况及风俗情况等。

c. 编制施工准备计划。施工准备是完成单位工程施工任务的重要和首要条件,也是单位工程施工组织设计中的一项重要内容。施工准备工作不但在单位工程正式开工前需要,而且在开工后,随着施工的进展,在各阶段施工之前,仍要为各阶段的施工做好准备。因此,施工准备工作是贯穿了整个工程施工的始终。

d. 编制施工图预算和施工预算。

②物资准备。

材料、构件、机具、设备是保证施工任务完成的基础,必须在施工前做好准备工作。物资准备一般包含如下几项主要工作:

a. 主要建筑材料准备。

b. 预制构件和配件准备。

c. 施工机械和周转材料的准备。

d. 工艺生产设备的准备。

③施工现场准备。

施工前应会同勘测设计单位,根据其交付的测量资料,在现场进行地面桩位和水准基点的核对和交接,并组织测量、固定标桩等工作。为保证施工测量的精度,可在施工前进行补点测量;对障碍物进行清除和平整洞口场地;运输道路和供风、供水、供电设施必须按计划准备就绪,以保证主体工程开工;临时性建筑物的准备,应根据工程进展情况和使用缓急,逐步修建齐全。尽可能利用原有建筑物,或提前修建拟建的永久性建筑物,以减少临时设施费用;根据工程采用的新技术、新工艺、新材料进行现场试验和技术培训,必要时还应制订出相应的施工工艺规程。施工机具必须按计划组织进场,并根据需要搭设工作棚,接通动力和照明线路,做好各种施工机械的试运转工作。

施工准备工作内容多,涉及面广,必须在施工调查和施工组织设计基础上,专门编制施工准备工作计划(或成为施工组织设计的组成部分),以指导施工准备工作。

(3)施工管理

施工管理是一项复杂、细致的技术经济工作。只有在工作中反复实践、反复学习、反复总结经验,才能真正掌握。施工管理的主要内容包括:计划管理、技术管理、安全生产管理、劳动管理、机具材料管理、工程成本管理等。下面仅介绍计划管理和技术管理工作的主要内容。

①计划管理。

计划管理包括制定作业计划和实施计划两个方面。作业计划是根据工程总进度计划按期(月、旬)制订,并向各施工队(或班组)下达。实施计划是指施工过程中计划执行情况的检查及其调整。

施工的过程就是计划实施的过程。检查计划的执行情况是要了解:各项工程进展到什么程度、哪些项目已经完成或超额完成、哪些项目拖延了进度、原因是什么等。通过工程进展情况的检查,做到心中有数,以便及时发现问题、解决问题。检查计划执行情况的方法:一是有关人员深入现场检查了解,并发现问题和原因;二是建立健全的统计制度,及时、准确地反映工程进度、材料资源的消耗情况。在对统计资料分析研究的基础上发现问题,找出原因。为了提高计划管理的水平,以上两种方法必须很好结合起来。

在施工过程中,常会出现超进度或拖进度的现象,这就需要对计划进行调整。应深入现场分析原因,根据具体情况采取必要的措施。如因工效提高,计划提前完成时,就可以把后续任务提上来,或者分配新的任务。当重点工程的主要工序由于某种原因发生拖进度时,应及时组织力量支援,赶上进度计划。如果主观愿望不符合客观情况(如地质勘测资料不合实际情况),或者客观情况发生了变化,造成计划难以执行时,就要部分地或全部地改变计划。如果因施工方法或施工组织上的原因拖延进度,除了调整计划外,还应调整施工组织,改进作业方法,以便适应计划要求。

②技术管理。

为了保证施工质量和施工安全,必须加强技术管理工作。施工中,图纸应由专人负责管理,并建立必要的管理制度。

施工前应认真做好技术交底工作。对基层施工单位的交底,应该比较具体、仔细,使参与施工活动的每一位技术人员明确本工程的特定施工条件、施工组织、具体技术要求和有针对性的关键技术措施,系统掌握工程施工全貌和施工的关键部位;使参与工程操作的每一位工人了解自己所要完成的分项工程的具体工作内容、操作方法、施工工艺、质量要求和安全注意事项等,做到任务和措施明确。

工程需用的材料、成品、半成品凡有出厂合格证明者,原则上不要复检。对于无出厂证明及性能不明者,或者虽有出厂证明,但储藏过期易变质的材料,均须经过检验合格后方可使用。土建材料的检验项目参见表12-2。

土建材料检验项目 表 12-2

序　号	材 料 名 称	必 验 项 目	必要时需验项目
1	水泥	强度等级	安定性、凝结时间
2	钢筋	抗拉强度、延伸率、冷弯	冲击韧性、化学成分、断面缩小率、疲劳强度
3	结构用型钢	抗拉屈服强度、延伸率、冷弯	冲击韧性、化学成分
4	砖	标号	外观规格、吸水率

爆破器材、水电材料及设备无论有无出厂证明，在使用前均应经过检查或试验，否则不得使用或铺设安装。

混凝土工程的配合比应由专职人员统一管理和掌握。施工中还应有专人负责测定及调整配合比，并制作试块等。

工程质量检查验收是保证和提高工程质量的重要环节。在施工中应贯彻预防为主的方针，加强检查，发现问题及时纠正。地下建筑属于隐蔽工程，应在每一施工阶段搞好质量检查和验收工作。如浇筑混凝土以前，应对模板架设和钢筋骨架绑扎质量组织检查验收，合格后才准浇筑混凝土。此外，还应根据地下建筑的特点搞好施工测量和地质、水文地质情况的现场观察和记录，以作为竣工资料和验收的依据。

12.7.2　地下建筑施工组织设计要点

施工组织设计是组织和指导施工的技术经济文件。施工组织设计根据编制的对象或范围不同，有按一个洞区工程（或一个建设项目）为对象编制的施工组织设计，以及按工种或专业工程为对象编制的工程施工组织设计，如开挖工程施工组织设计、支护工程施工组织设计，甚至按某项新技术或作业过程编制的，如控制爆破、超前锚杆、压力灌浆的施工组织设计等。一般，编制的对象或范围愈大，施工组织设计的内容就愈概括、愈粗略；编制的对象或范围愈小，施工组织设计的内容便愈具体、愈详尽，更具有实施性。施工组织总设计和施工组织设计、工程施工设计之间的关系是：前者涉及工程的整体，后者仅是局部；前者为后者编制的依据，后者为前者的具体化。另一方面，由于后者更为详尽和结合施工实际，所以，也可根据后者对前者进行局部的调整和修正。

本节主要以一个洞室工程（单位工程）为例，介绍施工组织设计的内容和编制方法。

（1）施工组织设计的编制原则及依据

①编制原则。根据施工组织的基本任务和施工组织设计所起的作用，在编制施工组织设计时，应遵循以下基本原则：

a. 保证工程质量，按规定建设期限，确保配套投产，形成生产能力或达到使用要求。

b. 制订的一切技术或组织措施，要从实际出发，因岩制宜、因洞制宜、因工程制宜；采取的一切措施或方案，都必须通过技术经济分析确定。

c. 积极推广和采用施工新工艺和新技术，努力提高施工机械化程度，加快工程进度。

d. 协调施工，综合平衡，注意留有一定的余地。地下工程施工综合性强，不可预见因素多，因此在安排工程计划时，要注意综合平衡，采用的定额要符合实际，计划指标要积极可靠，并有足够的材料、备品配件的储备。

e. 针对地下工程施工的特点,要不断改善劳动条件,讲究劳动卫生,确保施工安全。

f. 节约施工用地,不占或少占农田好土,开展综合利用,减轻施工公害,防止环境污染,努力降低工程成本。

②编制依据。

a. 建设任务的有关文件:反映地下建筑工程建设任务的文件,有建设任务书、主管部门的审批文件、甲方(建设单位)和乙方(施工单位)间的任务委托和签订的承包合同等。这些书面文件确定了工程的内容和性质、建设期限、施工要求、建设条件、投资限额和有关规定等。

b. 勘测、设计技术文件:勘测、设计技术文件包括地形图、控制测量有关资料、设计说明书、施工图纸等。

c. 施工现场情况调查资料、建设地区自然条件调查资料和建设地区技术经济条件调查资料。

d. 施工单位的劳动力、技术水平和现有的技术装备条件。

e. 有关技术经济定额、指标。

在建筑工程中应用的定额种类很多。根据定额反映的内容,有劳动定额、机械台班定额和材料消耗定额。根据定额的用途,又有施工定额、预算定额和概算指标之分。定额主要用于基层施工单位编制施工预算和施工设计、并作为进行工料分析和确定领用料的依据。预算定额主要用于编制设计预算,确定工程造价和编制施工组织总设计或施工组织设计,用作工程备料的依据。概算指标因项目粗、计量单位大,仅用于确定工程概算和主要建设资源需用量。根据编制及批准单位不同,定额又有国家定额、部颁定额、地区定额和企业定额之分。地下建筑工程至今尚无全国统一的定额。编制时可参照有关部颁定额(如铁道部颁布的铁路隧道工程定额)和地区定额、企业定额。

(2)地下建筑施工组织设计的主要内容

①工程概况。工程概况中应指明工程名称并概要地说明工程性质、建设地点、建设规模、洞室断面尺寸、支护结构类型、工艺及使用要求、建筑面积、主要工种的工程量、施工总期限、分期分批投入使用的项目和期限、工程总投资和作为编制施工组织设计依据的说明书文号、设计图号和各项文件、资料等。

②施工条件。主要说明:

a. 工程所在地区的地形、地质及水文地质资料:包括地质钻孔位置、地层分布情况、岩石种类、岩石坚硬系数及风化程度、断层情况、地下水位及涌水量估计等。

b. 交通运输条件:铁路、公路、水路的情况及运输能力。

c. 气象情况:夏季最高温度、冬季最低温度及冰冻期、全年晴雨日、雨季及降雨量、洪水期及最高洪水位、常年主导风向等。

d. 水源、电源情况:当地能提供给工程施工用的水、电、建筑物情况。

e. 工程材料的来源、地方性建筑材料供应情况和砂、石采集方案。

f. 能为该工程服务的施工单位、人力、机具、设备情况等。

g. 地震震级及烈度。

③施工程序和施工方案。

施工程序和施工方案是施工组织设计的重要组成部分。

一般的施工程序遵循先准备,后开工;先临时工程,后主体工程,再附属工程;主体工程先地下,后地面;地下工程先开挖,后支护,再安装的程序。

临建、主体、附属工程中,各分项工程的安排应根据使用缓急、劳动力情况、材料供应及准备工作进度等进行综合衡量,妥善安排。

施工方案概括起来,主要就是施工方法的确定、施工机具的选择、施工顺序的安排、流水施工的组织。地下工程的施工方案主要包括:开挖方案、钻爆方案、配模方案、衬砌方案等。

施工方法是工程施工方案的核心内容,具有决定性的作用,只要一经确定,机具的选择就只能以满足它的要求为基本依据,施工组织也只能在这个基础上进行。

④开挖工程的作业组织和循环图表。

开挖工程是地下工程的主要分部工程。如采用钻爆法施工,则开挖工程是由钻孔、爆破、出渣这三项基本作业组成的循环性作业。完成一个循环作业所消耗的时间称为开挖循环作业时间。每一循环作业所达到的开挖深度,称为开挖循环进尺。开挖作业循环通常以图表的形式表示,称为开挖循环作业图表,它是编制开挖工程施工设计或洞室工程组织设计的基础。

开挖工程的作业组织应根据地下工程的施工特点,合理地进行工程面的组织和劳动力组织,充分利用洞室空间和有效工作时间。目前在开挖工程中采用的作业方式有顺序作业、平行作业和流水作业等三种方式。

表12-3是顺序作业开挖循环图表的一种形式。它的施工对象只有一个作业面,各工序按作业顺序依次进行,前一项工序完成后才进行后一项工序。这样工作面上始终只有一个专业工种在工作,互不干扰,但循环作业时间长,工程进度慢,仅适用于机械化程度不高或不具备平行作业条件的狭小工作面的开挖工程。

顺序作业开挖循环图表(三班制) 表12-3

序号	工作内容	单位	工作量	单位定额	劳动量	工作时间(h)	工作进度(h)							
							1	2	3	4	5	6	7	8
1	排险					0.5								
2	支撑					0.5								
3	出渣	m³				3.5								
4	钻孔	m				2.5								
5	装药爆破					0.5								
6	通风排烟					0.5								

平行作业是在同一个工作面上,同时进行两项或两项以上的工序,如同时进行钻孔和出渣作业。这种作业方式的优点是可以缩短作业循环时间,但同时作业的工序之间会产生相互干扰。

当作业面较大时,可以将一个开挖循环的主要工序分在两个工作面上同时进行,如表12-4所示。在第一个八小时内,在工作面Ⅰ上进行钻孔作业的同时,在工作面Ⅱ上进行着出渣作业;而在第二个八小时,在工作面Ⅰ进行出渣时,在工作面Ⅱ上进行钻孔,如此轮换进行流水作业。流水作业施工的特点是,对每一个工作面来说,各项作业按顺序进行;对几个工作面来说,则同时进行着几项不同的作业,所以它既有顺序作业的优点,又具有平行作业的优点。

流水作业开挖循环图表 表12-4

序号	工作内容	工作时间 (h)	工作面	第一作业班工作进度(h)								工作面	第二作业班工作进度(h)							
				1	2	3	4	5	6	7	8		1	2	3	4	5	6	7	8
1	准备	0.5	I									II								
2	钻孔	5.0																		
3	装药爆破	1.0																		
4	通风排烟	0.5	II									I								
5	排险	0.5																		
6	出渣	6.5																		

钻孔和出渣是开挖工程中的两项主要工序,占用时间最长,也是组织作业的主要工序。其他工序,如支撑、铺轨、通风排烟、排险、交接班及准备工作等,都可以根据具体情况穿插或平行进行。

⑤工程进度计划。

工程进度计划是表示各项工程的施工顺序和开工、竣工时间以及相互衔接关系,以便均衡地按照规定期限好、快、省、安全地完成施工任务的计划,是编制劳动力、材料和机具设备供应计划的依据。

工程进度计划有施工总进度计划和单位工程、工种工程进度计划之分,它们分别为施工组织总设计、单位工程施工组织设计和工种工程施工设计的组成部分,其表达形式有横道图法、垂直图法和网络图法。各种表达形式有不同的用途。

横道图法具有比较简单、直观、易懂和容易编制的优点,但也存在一些缺点,主要表现在:分项工程(或工序)的相互关系不明确;施工日期和施工地点无法表示,只能用文字说明;工程数量实际分布情况不具体;仅能反映出平均流水速度。横道法适用于绘制集中性工程进度图,材料供应图,或作为辅助性的图示附带说明。

垂直图是以坐标形式绘制的。垂直图的优点是消除了横道图的不足之处,工程项目的相互关系、施工的紧凑程度和施工速度都十分清楚,工程的分布情况和施工日期一目了然。但也存在以下缺点:

a. 反应不出某项工作提前或推后完成对整个计划的影响程度。

b. 反应不出哪些工程是主要的,不能明确表达出哪些是关键工作。

c. 计划安排的优劣程度很难评价。

d. 不能使用电子计算机,因而绘制和修改进度的工作量很大。

网络图又叫流线图,是用统筹法编制的施工进度计划形式。国外从20世纪60年代推广和应用这种方法,我国建筑业从1965年以后也逐步开始采用此法。目前,部分省、市和行业已规定全部或重要工程必须采用网络图法编计划,否则不准开工。承包国外或外资工程也往往要求承包方编制网络计划。

这种方法的核心是将头绪万千的任务或工序繁纷的工程,经过周密分析和统筹安排建立成网络模型一网络图,再通过系统的数学计算,从中找出对完成整个工程起关键性作用的线路来。这条线路叫主要矛盾线,构成这条线路的工序就叫主导工序(或关键工序)。这样,就为完成整个工程指出了工作的重心和方向,有利于对计划进行有效的检查、调整和控制。用网络法编制施工进度计划的程序可以用如图 12-8 所示的框图简明地表示。

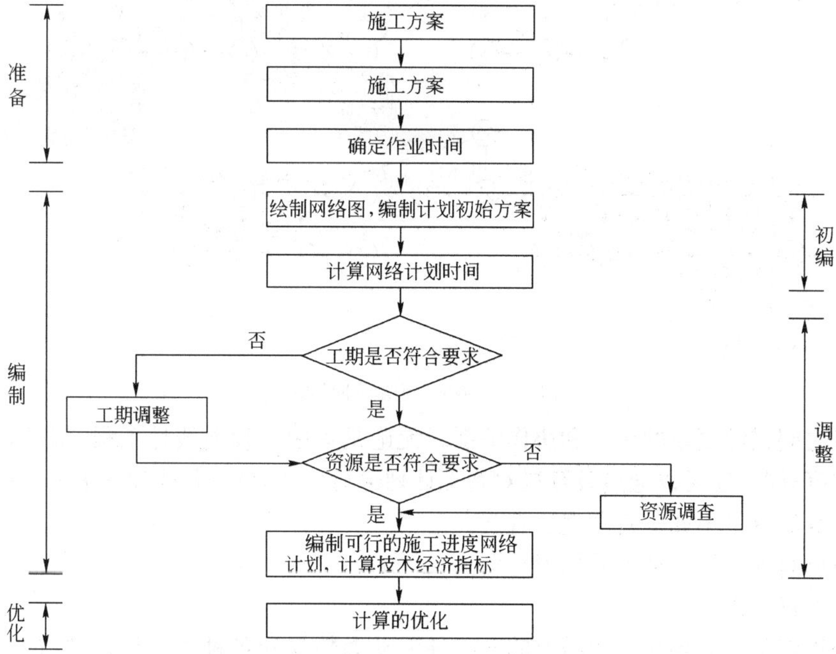

图 12-8　用网络法编制施工进度计划的程序

用网络法编制施工进度计划的步骤如下：

a. 对所计划的工程进行深入的分析和研究，根据制订的施工方案，拟出为完成该项工程所必需的施工过程，并确定其最合理的施工顺序。

b. 根据所确定的施工顺序，绘制出网络草图。

c. 根据工程量、劳动力、施工机具情况，计算各施工过程的作业时间（即各施工活动消耗时间）。

d. 计算时间参数 t_E、t_L 和 t_S。

e. 确定关键线路和总工期。

f. 检查调整计划。看确定的工程总工期是否符合规定的建设期限。若不符合，应首先从关键线路进行调整。调整的方法，一方面是通过技术革新，缩短关键工序的作业时间；另一方面，是通过改变施工活动的划分，使顺序开展的活动改变为平行或搭接进行。

g. 绘制正式的网络图，关键线路用粗线条表示。为便于指导施工，可在每一节点上注明日历日期；在箭线上还可标注工效要求或形象进度等说明。

如图 12-9 所示为一个单位洞室工程的网络图。该工程导洞开挖与洞室扩大相搭接施工。全洞开挖完后再进行洞室衬砌。衬砌（包括地梁）施工时，地梁和洞室衬砌的模板、钢筋、混凝土等项施工过程也采用相继搭接施工的方式。

由于网络图中每项活动都需要消耗一定的资源，所以，编好网络，即可据之编制该工程劳动力、材料、机具的需用量计划。

网络图和横道图及垂直图相比，不仅能反映出施工进度，而且能清楚地反映出各个工序、

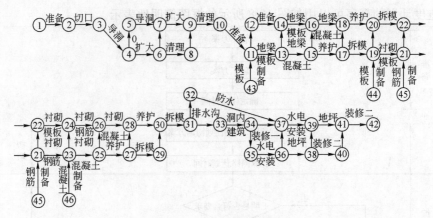

图 12-9 单位工程施工网络图

各施工项目之间错综复杂的生产和协作关系。无论是集中工程或线性工程,都可以用网络图表示工程进度,同时还可以通过计算机对施工计划进行优化,是一种比较先进的工程进度图的表示形式。其缺点是不如垂直图表法直观。

⑥主要材料、机具、劳动力需用量计划。

a. 施工工料分析。

工料分析就是计算各项工程需要的各工种劳动力数量和各种主要材料、机械台班的需用量。工料分析是编制主要材料、机具、劳动力需用量计划的原始资料,也是安排生产计划、组织施工、备料和组织机具、材料进场的依据。

工料分析是根据施工图纸和施工定额来编制的。编制步骤是:列出施工过程项目,计算工程量,套用定额计算各施工过程的用工、材料数量和机械台班数量,然后列出工料分析表。计算用工、用料及机械台班数量时,分别套用施工定额中的劳动定额、材料消耗定额及机械定额。没有施工定额套用的作业项,可根据经验数据或指标套用。

b. 主要材料、机具、劳动力的需用量计划的编制。

在工料分析的基础上,就可以根据施工进度计划编制主要材料、机具、劳动力的需用量计划。以便于按照工程进度及时地组织材料、机具和人力进场,保证施工顺利进行,保证施工进度计划的完成。在安排材料(特别是沙、石大堆材料)的供应计划时,要根据所在地区的气象、气候和自然条件,以及运输情况等,考虑适当的储备量,以免造成停工待料。材料需用量计划可按月或按旬安排,对于用料数量很大的工程,应按旬安排计划;对于用料较少的工程,则可按月安排计划,组织供应。

⑦辅助设施的组织。

地下建筑施工的辅助设施包括压缩空气的供给、供电、供水、临时房屋设施和运输道路等。辅助设施的组织设计同样是施工组织设计的重要组成部分。

地下建筑压缩空气供应的主要对象是风动压缩机、风镐等风动工具,以及喷射混凝土和其他风动机械。空压机的容量和台数应根据用气量的大小配备。

供电、供水要根据工地生产、生活的需求量确定。设计工地供电时应解决好用电地点和需电量、电源选择和供电系统设计等问题。

工地临时房屋的需要量,与工地规模、工期长短等因素有关。可根据工地的工人、管理人员及家属的总人数和国家规定的房屋面积定额确定。

⑧施工准备工作计划。

施工准备工作计划,就是为必须在正式施工前要完成的先行工程所编制的计划。这些先行工程包括:现场障碍物的清除及场地平整、临时运输道路及排水沟的修筑、暂设水电线路安装铺设、临时房屋的修建等。编制准备工程计划时,要根据施工组织设计中确定的施工顺序和施工方案,确定各项准备工程的工程量(或工作量)、劳动力、材料、机具设备等的需用情况和完成各个项目的时间。一般准备工程计划也应用表格形式表示。

⑨施工平面图。

施工平面图有两种:全工地性的施工总平面图和单位工程施工平面图。

全工地性的施工总平面图通常是一个洞区工程的施工现场布置图。图中标明各种永久性地下建筑和临时性设施的位置。通常按 1:1000、1:5000 的比例绘制。

单位工程施工平面图则是一个单位工程(或一个洞室)的施工现场布置图。图中标明为工程所服务的临时设施、材料堆放场地及各种仓库、运输道路、主要机械布置、弃渣场地等。一般采用比例为 1:200 或 1:500 的地形图绘制。由于单位工程施工平面图是全工地性施工总平面图的局部和具体化,它必须与施工总平面图相配合,并受其约束。

施工过程是一个变化的过程,工地上的临时建筑物和其他临时设施,及场地的使用,往往是随着工程的进度而变化的。因此,对于规模较大或工期较长的工程,还需要按年度或按施工阶段来布置或修正施工平面图,以适应不同施工阶段的需要。

施工平面图设计的意义与内容。要组织一个地下建筑物的施工,拟建工程施工现场必须具备一定的施工条件。施工场地必须有道路、供水、供电、供风等条件;不仅要有施工方案所确定的各种机械和施工机具,而且还必须有生产和生活需要的各种临时设施以及大量材料、各种预制构件的堆放场地或仓库等等。所有的管线、道路、轨道、机械、设施、堆场、仓库等,都应按照一定的原则,结合拟建工程的特点和施工现场的具体环境与条件,根据施工的技术要求,作出一个既合理又经济的平面规划和布置方案并表现在图纸上。这项工作就称为工程施工现场平面图设计。

施工平面图上一般应包括:

a. 整个建设项目的建筑总平面图,包括各种地上、地下已有和拟建建筑物、构筑物以及其他设施的位置和尺寸。

b. 所有为全工地施工服务的临时性设施的布置,如

(a)施工用地范围,施工用的各种道路。

(b)加工厂、制备站及有关机械化装置。

(c)建筑材料、半成品、构件的仓库和施工备用品堆放场地。

(d)弃渣场地的布置及范围。

(e)行政办公用房、宿舍、文化生活福利建筑等。

(f)风、水、电设施及管道、线路布置。

(g)一切安全、防火设施等。

c. 永久性和半永久性坐标的位置。

在施工平面图的设计中,应尽量不占或少占农田好土及城市道路,布置紧凑,最大限度地

减少施工用地。为了降低临时设施费用,应该尽最大可能利用附近现有房屋及可供施工使用的设施,或者尽可能提前修建拟建的永久性建筑物、运输道路、给排水管道和电力设施等,供施工时使用。一切临时设施,最好不占用拟建的永久性建筑物和设施的位置,以免中途拆迁这些临时设施而造成浪费和损失。只有当被占用位置上的拟建工程开工时间较晚,而且与其位置上的临时设施的使用时间不冲突时,才可以使用该场地。运输道路布置必须同附属生产企业、仓库、材料堆放场地的布置结合考虑,以保证各种材料、设备的运距最短,尽可能避免场内二次搬运。同时保证在生产上有合理的工艺流程。办公室、工人宿舍等的布置,应方便生产和生活,一般应该设在地势宽敞而平坦的地方,既要靠近施工现场,又要不妨碍施工,以减少作业人员上下班时间。还应与产生噪声的机房分开,以免影响办公和保证作业人员的休息。生产设施的布置应符合技术上合理和安全的要求。如:空气压缩机站应尽可能接近洞口,以减少线路上的压力损耗;各临时房屋应根据防火规定保持一定距离;炸药、雷管应分别存放在危险品仓库中,炸药库距重要建筑物、市镇、居民点、公路等的安全距离及炸药库与雷管库之间的最小距离均应该符合国家有关规定。此外,施工平面图还要考虑防洪,预防滑坡、泥石流等地质灾害及其他特殊要求。

⑩施工技术组织措施。

地下建筑由于施工条件比较复杂,所以对施工中可能出现的各种问题,必须采取有效的预防措施,以保证工程安全、优质、高速、低耗地完成。

制定施工技术措施,应考虑工程特点和施工队伍的技术水平,对一般性的如安全技术措施、机械维修保养措施等不必列入制定范围。对工程施工中特有的新技术、新工艺、新机具的试验和应用;由于地质条件而引起的施工方法的变更;以及有特殊要求的施工进度、工程质量、节约原材料等方面的技术措施,均应分别制定。制定的内容包括目的、要求和具体措施等。制定技术措施时一定要实事求是,以人为本。措施要落实到班组,并要满足必要的物质条件,以保证措施的实现。

复习思考题

1　简述浅埋暗挖法的优点及施工步骤。

2　简述逆作法的设计要点。

3　试分析明挖法施工的主要技术难题。

4　阐述管棚法的基本概念及施工步骤。

5　为保证顶管工程的成功实施,需要解决好哪些关键技术?

6　简述沉井法的特点及施工步骤。

7　简述沉管管段之间的连接处理方法。

8　选择冻结方案时,应考虑哪些主要因素?

9　阐述地下建筑工程施工组织设计的编制内容。

10　简述施工平面图设计的意义与内容

附录 弹性地基梁计算用表

双曲线三角函数 $\varphi_1 \sim \varphi_4$

αx	φ_1	φ_2	φ_3	φ_4	αx	φ_1	φ_2	φ_3	φ_4
0.0	1.0000	0	0	0	3.6	−16.4218	−24.5016	−8.0918	8.2940
0.1	1.0000	0.2000	0.0100	0.0006	3.7	−17.1622	−27.8630	−10.7088	6.4196
0.2	0.9997	0.4000	0.0400	0.0054	3.8	−17.6875	−31.3522	−13.6686	3.9876
0.3	0.9987	0.5998	0.0900	0.0180	3.9	−17.9387	−34.9198	−16.9818	0.9284
0.4	0.9957	0.7994	0.1600	0.0427	4.0	−17.8498	−38.5048	−20.6530	−2.8292
0.5	0.9895	0.9980	0.2498	0.0833	4.1	−17.3472	−42.0320	−24.6808	−7.3568
0.6	0.9784	1.1948	0.3596	0.1439	4.2	−16.3505	−45.4110	−29.0548	−12.7248
0.7	0.9600	1.3888	0.4888	0.2284	4.3	−14.7722	−48.5338	−33.7546	19.0004
0.8	0.9318	1.5782	0.6372	0.3406	4.4	−12.5180	−51.2746	−38.7486	−26.2460
0.9	0.8931	1.7608	0.8042	0.4845	4.5	−9.4890	−53.4894	−43.9918	−34.5160
1.0	0.8337	1.9336	0.9890	0.6635	4.6	−5.5791	−55.0114	−49.4234	−43.8552
1.1	0.7568	2.0930	1.1904	0.8811	4.7	−0.6812	−55.6548	−54.9646	−54.2928
1.2	0.6561	2.2346	1.4070	1.1406	4.8	5.3164	−55.2104	−60.5178	−65.8416
1.3	0.5272	2.3534	1.6366	1.4448	4.9	12.5239	−53.4478	−65.9628	−78.4928
1.4	0.3656	2.4434	1.8766	1.7959	5.0	21.0504	−50.1130	−71.1550	−92.2100
1.5	0.1664	2.4972	2.1240	2.1959	5.1	30.9997	−44.9322	−75.9238	−106.9268
1.6	−0.0753	2.5070	2.3746	2.6458	5.2	42.4661	−37.6114	−80.0700	−122.5384
1.7	−0.3644	2.4644	2.6236	3.1451	5.3	55.5317	−27.8402	−83.3652	−138.8984
1.8	−0.7060	2.3578	2.8652	3.6947	5.4	70.2637	−15.2880	−85.5454	−155.8096
1.9	−1.1049	2.1776	3.0928	4.2908	5.5	86.7044	0.3802	−86.3186	−173.0223
2.0	−1.5656	1.9116	3.2980	4.9301	5.6	104.8687	19.5088	−85.3550	−190.2232
2.1	−2.0923	1.5470	3.4718	5.6078	5.7	124.7352	42.4398	−82.2908	−207.0252
2.2	−2.6882	1.0702	3.6036	6.3162	5.8	146.2448	69.5128	−76.7280	−222.9716
2.3	−3.3562	0.4670	3.6816	7.0457	5.9	169.2837	101.0406	−68.2396	−237.5220
2.4	−4.0976	−0.2772	3.6922	7.7842	6.0	193.6813	137.3156	−56.3624	−250.0424
2.5	−4.9128	−1.1770	3.6210	8.5170	6.1	219.2004	178.5894	−40.6086	−259.8072
2.6	−5.8003	−2.2472	3.4512	9.2260	6.2	245.5231	225.0498	−20.4712	−265.9924
2.7	−6.7565	−3.5018	3.1654	9.8898	6.3	272.2487	276.8240	4.5772	−267.6700
2.8	−7.7759	−4.9540	2.7442	10.4832	6.4	298.8909	333.9444	35.0724	−263.7944
2.9	−8.8471	−6.6158	2.1676	10.9772	6.5	324.7861	396.3274	71.5426	−253.2420
3.0	−9.9669	−8.4970	1.4138	11.3384	6.6	349.2554	463.7602	114.5056	−234.7480
3.1	−11.1119	−10.6046	0.4606	11.5392	6.7	371.4244	535.8748	164.4510	−206.9720
3.2	−12.2656	−12.9422	−0.7148	11.5076	6.8	390.2947	612.1116	221.8174	−168.4760
3.3	−13.4048	−15.5098	−2.1356	11.2272	6.9	404.7145	691.6650	286.9854	−117.7327
3.4	−14.5008	−18.3014	−3.8242	10.6356	7.0	413.3762	773.6144	360.2382	−53.1368
3.5	−15.5198	−21.3050	−5.8028	9.6780					

双曲线三角函数 $\varphi_5 - \varphi_8$

αx	φ_5	φ_6	φ_7	φ_8	αx	φ_5	φ_6	φ_7	φ_8
0.0	1.0000	1.0000	1.0000	0.0000	3.6	−0.0124	−0.0245	−0.0366	−0.0121
0.1	0.8100	0.9004	0.9907	0.0903	3.7	−0.0079	−0.0210	−0.0341	−0.0131
0.2	0.6398	0.8024	0.9651	0.1627	3.8	−0.0040	−0.0177	−0.0314	−0.0137
0.3	0.4888	0.7078	0.9267	0.2189	3.9	−0.0008	−0.0147	−0.0286	−0.0139
0.4	0.3564	0.6174	0.8784	0.2610	4.0	0.0019	−0.0120	−0.0258	−0.0139
0.5	0.2415	0.5323	0.8231	0.0908	4.1	0.0040	−0.0096	−0.0231	−0.0136
0.6	0.1413	0.4530	0.7628	0.3099	4.2	0.0057	−0.0074	−0.0204	−0.0131
0.7	0.0599	0.3798	0.6997	0.3199	4.3	0.0070	−0.0055	−0.0179	−0.0124
0.8	−0.0093	0.3030	0.6354	0.3223	4.4	0.0079	−0.0038	−0.0155	−0.0117
0.9	−0.0657	0.2528	0.5712	0.3185	4.5	0.0085	−0.0024	−0.0132	−0.0109
1.0	−0.1108	0.1988	0.5083	0.3096	4.6	0.0089	−0.0011	−0.0111	−0.0100
1.1	−0.1457	0.1510	0.4476	0.2967	4.7	0.0090	−0.0002	−0.0092	−0.0091
1.2	−0.1716	0.1092	0.3899	0.2807	4.8	0.0089	0.0007	−0.0075	−0.0082
1.3	−0.1897	0.0729	0.3355	0.2626	4.9	0.0087	0.0014	−0.0059	−0.0073
1.4	−0.2011	0.0419	0.2849	0.2430	5.0	0.0084	0.0020	−0.0046	−0.0065
1.5	−0.2068	0.0158	0.2384	0.2226	5.1	0.0080	0.0023	−0.0033	−0.0056
1.6	−0.2077	−0.0059	0.1959	0.2018	5.2	0.0075	0.0026	−0.0023	−0.0049
1.7	−0.2047	−0.0236	0.1576	0.1812	5.3	0.0069	0.0028	−0.0014	−0.042
1.8	−0.1985	−0.0376	0.1234	0.1610	5.4	0.0064	0.0029	−0.0006	−0.0035
1.9	−0.1899	−0.0484	0.0932	0.1415	5.5	0.0058	0.0029	0.0001	−0.0029
2.0	−0.1794	−0.0564	0.0667	0.1231	5.6	0.0052	0.0029	0.0005	−0.0023
2.1	−0.1675	−0.0618	0.0439	0.1057	5.7	0.0046	0.0028	0.0010	−0.0018
2.2	−0.1548	−0.0652	0.0244	0.0896	5.8	0.0041	0.0027	0.0013	−0.0014
2.3	−0.1416	−0.0668	0.0080	0.0748	5.9	0.0036	0.0026	0.0015	−0.0010
2.4	−0.1282	−0.0669	−0.0056	0.0613	6.0	0.0031	0.0024	0.0017	−0.0007
2.5	−0.1149	−0.0658	−0.0166	0.0491	6.1	0.0026	0.0022	0.0018	−0.0004
2.6	−0.1019	−0.0636	−0.0254	0.0383	6.2	0.0022	0.0020	0.0019	−0.0002
2.7	−0.0895	−0.0608	0.0320	0.0287	6.3	0.0018	0.0019	0.0019	0.0000
2.8	−0.0777	−0.0573	−0.0369	0.0204	6.4	0.0015	0.0017	0.0018	0.0002
2.9	−0.0666	−0.0535	−0.0403	0.0133	6.5	0.0012	0.0015	0.0018	0.0003
3.0	−0.0563	−0.0493	−0.0423	0.0070	6.6	0.0009	0.0013	0.0017	0.0004
3.1	−0.0469	−0.0450	−0.0431	0.0019	6.7	0.0006	0.0012	0.0016	0.0005
3.2	−0.0383	−0.0407	−0.0431	−0.0024	6.8	0.0004	0.0010	0.0015	0.0006
3.3	−0.0306	−0.0364	−0.0422	−0.0058	6.9	0.0002	0.0008	0.0014	0.0006
3.4	−0.0237	−0.0322	−0.0408	−0.0085	7.0	0.0001	0.0007	0.0013	0.0006
3.5	−0.0177	−0.0283	−0.0389	−0.0106					

双曲线三角函数 $\varphi_9 \sim \varphi_{15}$ 附表3

αx	φ_9	φ_{10}	φ_{11}	φ_{12}	φ_{13}	φ_{14}	φ_{15}
1.0	1.3365	0.6794	1.1341	0.8365	1.0446	0.5028	1.0112
1.1	1.4948	0.9122	1.3163	0.9949	1.2890	0.7380	1.3526
1.2	1.7050	1.1978	1.5355	1.2050	1.5736	1.0488	1.7680
1.3	1.9780	1.5448	1.8026	1.4780	1.9066	1.4508	2.2672
1.4	2.3276	1.9642	2.1317	1.8277	2.2986	1.9620	2.8621
1.5	2.7694	2.4692	2.5397	2.2694	2.7644	2.6031	3.5672
1.6	3.3222	3.0762	3.0470	2.8222	3.3214	3.3974	4.3990
1.7	4.0079	3.8052	3.6774	3.5079	3.9914	4.3722	5.3780
1.8	4.8541	4.6820	4.4608	4.3542	4.8024	5.5601	6.5294
1.9	5.8926	5.7378	5.4319	5.3926	5.7884	6.9975	7.8832
2.0	7.1637	7.0116	6.6333	6.6637	6.9906	8.7295	9.4770
2.1	8.7150	8.5518	8.1161	8.2151	8.4604	10.8071	11.3556
2.2	10.6060	10.4176	9.9419	10.1060	10.2598	13.2942	13.5758
2.3	12.9087	12.6828	12.1859	12.4087	12.4650	16.2650	16.2056
2.4	15.7120	15.4368	14.9388	15.2120	15.1678	19.8097	19.3292
2.5	19.1234	18.8790	18.3111	18.6235	18.4816	24.0360	23.0490
2.6	23.2768	22.8790	22.4373	22.7768	22.5424	29.0772	27.4922
2.7	28.3353	27.8688	27.4823	27.8353	27.5180	35.0921	32.8138

基础梁受均布荷载的 σ、$\overline{Q}$、M 系数 附表4

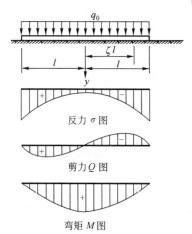

反力 σ 图

剪力 Q 图

弯矩 M 图

转换公式：$\sigma = \overline{\sigma} q_0$

$Q = \overline{Q} q_0 l$

$M = \overline{M} q_0 l^2$

均 布 荷 载 $\overline{\sigma}$ 附表4-1

t ╲ ζ	0.0	0.1	0.2	0.3	0.4	0.5	0.6	0.7	0.8	0.9	1.0
0	0.64	0.64	0.65	0.67	0.69	0.74	0.80	0.89	1.06	1.46	—
1	0.69	0.70	0.71	0.72	0.75	0.80	0.87	0.99	1.23	1.69	—
2	0.72	0.72	0.74	0.74	0.77	0.81	0.87	0.99	1.21	1.65	—
3	0.74	0.75	0.75	0.76	0.78	0.81	0.87	0.9	1.19	1.61	—
5	0.77	0.78	0.78	0.79	0.80	0.83	0.88	0.97	1.16	1.55	—
7	0.80	0.80	0.81	0.81	0.82	0.84	0.88	0.96	1.13	1.50	—
10	0.84	0.84	0.84	0.84	0.84	0.85	0.88	0.95	1.11	1.44	—
15	0.88	0.88	0.87	0.87	0.87	0.87	0.89	0.94	1.07	1.37	—
20	0.90	0.90	0.90	0.89	0.89	0.88	0.89	0.93	1.05	1.32	—
30	0.94	0.94	0.93	0.92	0.91	0.90	0.90	0.92	1.01	1.26	—
50	0.97	0.97	0.96	0.95	0.94	0.92	0.91	0.92	0.99	1.18	—

均 布 荷 载 $\overline{Q}$

t \ ζ	0.0	0.1	0.2	0.3	0.4	0.5	0.6	0.7	0.8	0.9	1.0
0	0	−0.036	−0.072	−0.106	−0.138	−0.167	−0.190	−0.206	−0.210	−0.187	0
1	0	−0.030	−0.060	−0.089	−0.115	−0.138	−0.155	−0.163	−0.153	−0.110	0
2	0	−0.028	−0.056	−0.082	−0.107	−0.128	−0.145	−0.153	−0.144	−0.104	0
3	0	−0.026	−0.052	−0.076	−0.099	−0.120	−0.136	−0.144	−0.136	−0.099	0
5	0	−0.022	−0.045	−0.066	−0.087	−0.105	−0.121	−0.129	−0.124	−0.090	0
7	0	−0.020	−0.039	−0.058	−0.077	−0.094	−0.108	−0.117	−0.113	−0.084	0
10	0	−0.016	−0.033	−0.049	−0.065	−0.080	−0.094	−0.103	−0.101	−0.075	0
15	0	−0.012	−0.025	−0.038	−0.051	−0.064	−0.076	−0.085	−0.085	−0.065	0
20	0	−0.010	−0.019	−0.030	−0.041	−0.053	−0.064	−0.073	−0.075	−0.060	0
30	0	−0.006	−0.012	−0.020	−0.026	−0.038	−0.048	−0.057	−0.061	−0.050	0
50	0	−0.003	−0.006	−0.010	−0.015	−0.022	−0.031	−0.040	−0.045	−0.039	0

均 布 荷 载 $\overline{M}$

t \ ζ	0.0	0.1	0.2	0.3	0.4	0.5	0.6	0.7	0.8	0.9	1.0
0	0.137	0.135	0.129	0.120	0.108	0.093	0.075	0.055	0.034	0.014	0
1	0.103	0.101	0.097	0.089	0.079	0.066	0.052	0.036	0.020	0.006	0
2	0.096	0.095	0.091	0.084	0.074	0.063	0.049	0.034	0.019	0.006	0
3	0.090	0.089	0.085	0.079	0.070	0.059	0.046	0.032	0.018	0.006	0
5	0.080	0.079	0.076	0.070	0.063	0.053	0.042	0.029	0.016	0.005	0
7	0.072	0.071	0.068	0.063	0.057	0.048	0.038	0.027	0.015	0.005	0
10	0.063	0.062	0.059	0.055	0.050	0.042	0.034	0.024	0.013	0.004	0
15	0.051	0.050	0.049	0.046	0.041	0.036	0.028	0.020	0.011	0.004	0
20	0.043	0.043	0.041	0.039	0.035	0.031	0.025	0.018	0.010	0.003	0
30	0.033	0.033	0.032	0.030	0.028	0.024	0.020	0.015	0.009	0.003	0
50	0.022	0.021	0.021	0.020	0.019	0.017	0.014	0.011	0.007	0.002	0

基础梁受集中荷载的 σ、$\overline{Q}$、$\overline{M}$ 系数

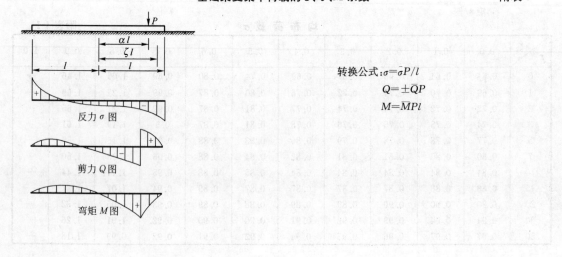

反力 σ 图

剪力 Q 图

弯矩 M 图

转换公式：$\sigma = \overline{\sigma} P / l$

$Q = \pm \overline{Q} P$

$M = \overline{M} P l$

附表 5-1a)　$t=0$ 集中荷载 $\bar{\sigma}$

ζ\α	1.0	0.9	0.8	0.7	0.6	0.5	0.4	0.3	0.2	0.1	0.0	-0.1	-0.2	-0.3	-0.4	-0.5	-0.6	-0.7	-0.8	-0.9	-1.0	α\ζ
0.0	—	0.73	0.53	0.45	0.40	0.37	0.35	0.33	0.32	0.32	0.32	0.32	0.32	0.33	0.35	0.37	0.40	0.46	0.53	0.73	—	0.0
0.1	—	0.86	0.61	0.51	0.45	0.40	0.37	0.35	0.34	0.33	0.32	0.31	0.31	0.31	0.32	0.33	0.35	0.38	0.45	0.60	—	-0.1
0.2	—	0.99	0.70	0.57	0.49	0.44	0.40	0.37	0.35	0.33	0.32	0.31	0.30	0.29	0.29	0.29	0.30	0.32	0.36	0.47	—	-0.2
0.3	—	1.12	0.78	0.63	0.54	0.48	0.43	0.39	0.36	0.34	0.32	0.30	0.29	0.27	0.26	0.26	0.25	0.26	0.28	0.34	—	-0.3
0.4	—	1.26	0.87	0.69	0.59	0.51	0.46	0.41	0.38	0.35	0.32	0.29	0.27	0.25	0.24	0.22	0.21	0.20	0.19	0.20	—	-0.4
0.5	—	1.39	0.95	0.76	0.64	0.55	0.49	0.43	0.39	0.35	0.32	0.29	0.26	0.23	0.21	0.18	0.16	0.13	0.11	0.07	—	-0.5
0.6	—	1.52	1.04	0.82	0.68	0.59	0.51	0.45	0.40	0.30	0.32	0.28	0.25	0.21	0.18	0.15	0.11	0.06	0.02	-0.06	—	-0.6
0.7	—	1.65	1.12	0.88	0.73	0.62	0.54	0.47	0.42	0.36	0.32	0.27	0.23	0.19	0.15	0.11	0.06	-0.01	-0.06	-0.19	—	-0.7
0.8	—	1.78	1.21	0.94	0.78	0.66	0.57	0.49	0.43	0.37	0.32	0.27	0.22	0.17	0.12	0.07	0.02	-0.05	-0.15	-0.32	—	-0.8
0.9	—	1.91	1.29	1.01	0.83	0.70	0.60	0.51	0.44	0.38	0.32	0.26	0.21	0.15	0.10	0.04	-0.03	-0.12	-0.23	-0.45	—	-0.9
1.0	—	2.04	1.38	1.07	0.87	0.73	0.63	0.53	0.45	0.38	0.32	0.26	0.19	0.13	0.07	0.00	-0.08	-0.18	-0.32	-0.58	—	-1.0
α\ζ	-1.0	-0.9	-0.8	-0.7	-0.6	-0.5	-0.4	-0.3	-0.2	-0.1	0.0	0.1	0.2	0.3	0.4	0.5	0.6	0.7	0.8	0.9	1.0	ζ\α

附表 5-1b)　$t=0$ 集中荷载 $\bar{Q}$

ζ\α	1.0	0.9	0.8	0.7	0.6	0.5	0.4	0.3	0.2	0.1	0.0	-0.1	-0.2	-0.3	-0.4	-0.5	-0.6	-0.7	-0.8	-0.9	-1.0	α\ζ
0.0	0	-0.14	-0.20	-0.25	-0.29	-0.33	-0.37	-0.40	-0.44	-0.47	0.50*	0.47	0.44	0.40	0.37	0.33	0.29	0.25	0.20	0.14	0	0.0
0.1	0	-0.17	-0.24	-0.30	-0.35	-0.39	-0.43	-0.46	-0.50	0.47*	0.44	0.40	0.37	0.34	0.31	0.28	0.24	0.21	0.17	0.12	0	-0.1
0.2	0	-0.20	-0.28	-0.34	-0.40	-0.44	-0.49	-0.52	0.44*	0.40	0.37	0.34	0.31	0.28	0.25	0.22	0.19	0.16	0.13	0.09	0	-0.2
0.3	0	-0.23	-0.32	-0.39	-0.45	-0.50	-0.54	0.42*	0.38	0.34	0.31	0.28	0.25	0.22	0.19	0.17	0.14	0.12	0.09	0.06	0	-0.3
0.4	0	-0.26	-0.36	-0.43	-0.50	-0.55	0.40*	0.35	0.31	0.28	0.24	0.21	0.19	0.16	0.14	0.11	0.09	0.07	0.05	0.03	0	-0.4
0.5	0	-0.28	-0.40	-0.48	-0.55	0.39*	0.34	0.29	0.25	0.21	0.18	0.15	0.12	0.10	0.08	0.06	0.04	0.03	0.01	0.00	0	-0.5
0.6	0	-0.31	-0.43	-0.53	0.40*	0.34	0.28	0.23	0.19	0.15	0.12	0.09	0.06	0.04	0.02	0.00	-0.01	-0.02	-0.03	-0.02	0	-0.6
0.7	0	-0.34	-0.47	0.43*	0.35	0.28	0.22	0.17	0.13	0.09	0.05	0.02	0.00	-0.02	-0.04	-0.05	-0.06	-0.06	-0.06	-0.05	0	-0.7
0.8	0	-0.37	0.49*	0.38	0.30	0.23	0.16	0.11	0.06	0.02	-0.01	-0.04	-0.06	-0.08	-0.11	-0.11	-0.11	-0.11	-0.10	-0.08	0	-0.8
0.9	0	0.61*	0.45	0.24	0.25	0.17	0.11	0.05	0.00	-0.04	-0.07	-0.10	-0.13	-0.14	-0.16	-0.16	-0.16	-0.16	-0.14	-0.11	0	-0.9
1.0	1	0.58	0.41	0.29	0.20	0.11	0.05	-0.01	-0.06	-0.10	-0.14	-0.16	-0.19	-0.20	-0.21	-0.22	-0.21	-0.20	-0.18	-0.13	0	-1.0
α\ζ	-1.0	-0.9	-0.8	-0.7	-0.6	-0.5	-0.4	-0.3	-0.2	-0.1	0.0	0.1	0.2	0.3	0.4	0.5	0.6	0.7	0.8	0.9	1.0	ζ\α

附表 5-1c

t=0 集中荷载 M

ζ＼α	1.0	0.9	0.8	0.7	0.6	0.5	0.4	0.3	0.2	0.1	0.0	-0.1	-0.2	-0.3	-0.4	-0.5	-0.6	-0.7	-0.8	-0.9	-1.0
0.0	0	0.01	0.03	0.05	0.08	0.11	0.14	0.18	0.22	0.27	0.32	0.27	0.22	0.18	0.14	0.11	0.08	0.05	0.03	0.01	0
0.1	0	0.01	0.03	0.06	0.09	0.13	0.17	0.21	0.26	0.31	0.27	0.23	0.19	0.15	0.12	0.09	0.06	0.04	0.02	0.01	0
0.2	0	0.01	0.04	0.07	0.11	0.15	0.19	0.24	0.30	0.26	0.22	0.18	0.15	0.12	0.09	0.07	0.05	0.03	0.02	0.01	0
0.3	0	0.01	0.04	0.08	0.12	0.17	0.22	0.28	0.24	0.20	0.17	0.14	0.11	0.09	0.07	0.05	0.03	0.02	0.01	0.00	0
0.4	0	0.02	0.05	0.09	0.13	0.19	0.24	0.21	0.17	0.14	0.12	0.09	0.07	0.06	0.04	0.03	0.02	0.01	0.01	0.00	0
0.5	0	0.02	0.05	0.10	0.15	0.21	0.17	0.14	0.11	0.09	0.07	0.05	0.04	0.03	0.02	0.01	0.01	0.00	0.00	0.00	0
0.6	0	0.02	0.06	0.11	0.16	0.13	0.09	0.07	0.05	0.03	0.02	0.01	0.00	-0.01	-0.01	-0.01	-0.01	-0.01	0.00	0.00	0
0.7	0	0.02	0.06	0.12	0.08	0.05	0.02	0.00	-0.01	-0.02	-0.03	-0.04	-0.04	-0.04	-0.03	-0.03	-0.02	-0.02	-0.01	0.00	0
0.8	0	0.02	0.07	-0.02	-0.01	-0.03	-0.05	-0.07	-0.08	-0.08	-0.08	-0.08	-0.07	-0.07	-0.06	-0.05	-0.04	-0.02	-0.01	-0.01	0
0.9	0	0.03	-0.03	-0.06	-0.09	-0.11	-0.13	-0.14	-0.14	-0.14	-0.13	-0.12	-0.11	-0.10	-0.08	-0.07	-0.05	-0.03	-0.02	-0.01	0
1.0	0	-0.07	-0.12	-0.16	-0.18	-0.20	-0.20	-0.20	-0.20	-0.19	-0.18	-0.17	-0.15	-0.13	-0.11	-0.09	-0.06	-0.04	-0.02	-0.01	0
α＼ζ	-1.0	-0.9	-0.8	-0.7	-0.6	-0.5	-0.4	-0.3	-0.2	-0.1	0.0	0.1	0.2	0.3	0.4	0.5	0.6	0.7	0.8	0.9	1.0

附表 5-2a

t=1 集中荷载 $\bar\sigma$

ζ＼α	1.0	0.9	0.8	0.7	0.6	0.5	0.4	0.3	0.2	0.1	0.0	-0.1	-0.2	-0.3	-0.4	-0.5	-0.6	-0.7	-0.8	-0.9	-1.0
0.0	—	0.78	0.57	0.47	0.43	0.41	0.39	0.39	0.39	0.39	0.39	0.39	0.39	0.39	0.39	0.41	0.43	0.47	0.57	0.78	—
0.1	—	1.04	0.69	0.56	0.49	0.46	0.43	0.42	0.41	0.40	0.39	0.38	0.37	0.36	0.36	0.36	0.37	0.40	0.46	0.62	—
0.2	—	1.11	0.82	0.65	0.56	0.50	0.47	0.45	0.43	0.40	0.38	0.37	0.35	0.33	0.32	0.31	0.31	0.33	0.37	0.45	—
0.3	—	1.29	0.93	0.73	0.63	0.55	0.50	0.47	0.43	0.40	0.37	0.35	0.32	0.30	0.28	0.27	0.25	0.25	0.26	0.30	—
0.4	—	1.48	1.03	0.80	0.68	0.59	0.53	0.48	0.44	0.40	0.36	0.33	0.30	0.27	0.24	0.22	0.20	0.17	0.15	0.15	—
0.5	—	1.66	1.16	0.89	0.74	0.63	0.56	0.49	0.44	0.39	0.35	0.31	0.27	0.24	0.21	0.17	0.14	0.09	0.05	0.00	—
0.6	—	1.85	1.29	0.98	0.80	0.67	0.58	0.50	0.44	0.39	0.34	0.29	0.25	0.21	0.17	0.12	0.08	0.02	-0.04	-0.15	—
0.7	—	2.05	1.42	1.07	0.85	0.70	0.60	0.51	0.44	0.38	0.32	0.27	0.22	0.18	0.13	0.08	0.02	-0.05	-0.15	-0.30	—
0.8	—	2.25	1.54	1.14	0.90	0.74	0.63	0.52	0.44	0.37	0.31	0.25	0.20	0.15	0.09	0.03	-0.04	-0.13	-0.25	-0.45	—
0.9	—	2.46	1.64	1.22	0.95	0.77	0.63	0.53	0.44	0.36	0.30	0.23	0.17	0.11	0.05	-0.01	-0.09	-0.20	-0.32	-0.59	—
1.0	—	2.66	1.79	1.30	1.00	0.80	0.65	0.54	0.44	0.36	0.28	0.21	0.15	0.08	0.02	-0.06	-0.15	-0.27	-0.45	-0.73	—
α＼ζ	-1.0	-0.9	-0.8	-0.7	-0.6	-0.5	-0.4	-0.3	-0.2	-0.1	0.0	0.1	0.2	0.3	0.4	0.5	0.6	0.7	0.8	0.9	1.0

附表 5-2b)

$t=1$ 集中荷载 $\bar{Q}$

α＼ζ	−1.0	−0.9	−0.8	−0.7	−0.6	−0.5	−0.4	−0.3	−0.2	−0.1	0.0	0.1	0.2	0.3	0.4	0.5	0.6	0.7	0.8	0.9	1.0
0.0	0	0.10	0.16	0.22	0.26	0.30	0.34	0.38	0.42	0.46	0.50*	0.46	−0.42	−0.38	−0.34	−0.30	−0.26	−0.22	−0.16	−0.10	0
0.1	0	0.08	0.13	0.17	0.21	0.25	0.28	0.32	0.35	0.39	0.43	0.47*	−0.49	−0.45	−0.40	−0.36	−0.31	−0.26	−0.20	−0.11	0
0.2	0	0.05	0.09	0.13	0.16	0.19	0.22	0.25	0.29	0.33	0.36	0.40	0.45*	−0.51	−0.47	−0.42	−0.36	−0.30	−0.23	−0.14	0
0.3	0	0.03	0.06	0.08	0.10	0.14	0.17	0.20	0.23	0.26	0.30	0.34	0.38	0.42*	−0.53	−0.48	−0.42	−0.35	−0.27	−0.16	0
0.4	0	0.02	0.03	0.05	0.07	0.09	0.11	0.14	0.16	0.20	0.23	0.27	0.31	0.36	0.41*	−0.54	−0.47	−0.40	−0.31	−0.19	0
0.5	0	0.00	0.00	0.01	0.02	0.03	0.05	0.08	0.10	0.13	0.16	0.20	0.24	0.29	0.34	0.40*	−0.53	−0.45	−0.35	−0.21	0
0.6	0	−0.02	−0.03	−0.03	−0.03	−0.02	0.00	0.02	0.04	0.07	0.10	0.13	0.17	0.22	0.28	0.34	0.41*	−0.50	−0.39	−0.23	0
0.7	0	−0.04	−0.06	−0.07	−0.07	−0.07	−0.06	−0.04	−0.02	0.00	0.03	0.07	0.11	0.16	0.21	0.28	0.35	0.45*	−0.42	−0.26	0
0.8	0	−0.06	−0.09	−0.11	−0.12	−0.12	−0.11	−0.10	−0.08	−0.06	−0.03	0.00	0.04	0.09	0.15	0.21	0.30	0.40	0.53*	−0.28	0
0.9	0	−0.08	−0.12	−0.15	−0.17	−0.17	−0.17	−0.16	−0.14	−0.12	−0.10	−0.07	−0.02	0.02	0.08	0.15	0.24	0.34	0.49	0.69*	0
1.0	0	−0.10	−0.15	−0.19	−0.21	−0.22	−0.22	−0.22	−0.21	−0.19	−0.16	−0.13	−0.09	−0.04	0.02	0.09	0.18	0.29	0.44	0.66	1*
ζ＼α	1.0	0.9	0.8	0.7	0.6	0.5	0.4	0.3	0.2	0.1	0.0	−0.1	−0.2	−0.3	−0.4	−0.5	−0.6	−0.7	−0.8	−0.9	−1.0

附表 5-2c)

$t=1$ 集中荷载 $\bar{M}$

α＼ζ	−1.0	−0.9	−0.8	−0.7	−0.6	−0.5	−0.4	−0.3	−0.2	−0.1	0.0	0.1	0.2	0.3	0.4	0.5	0.6	0.7	0.8	0.9	1.0
0.0	0	0.01	0.02	0.04	0.06	0.09	0.12	0.16	0.20	0.24	0.29	0.24	0.20	0.16	0.12	0.09	0.06	0.04	0.02	0.01	0
0.1	0	0.00	0.01	0.03	0.05	0.07	0.10	0.13	0.16	0.20	0.24	0.29	0.23	0.19	0.15	0.11	0.07	0.04	0.02	0.01	0
0.2	0	0.00	0.01	0.02	0.04	0.05	0.08	0.10	0.13	0.16	0.19	0.23	0.27	0.22	0.17	0.12	0.09	0.05	0.03	0.01	0
0.3	0	0.00	0.01	0.01	0.02	0.04	0.05	0.07	0.09	0.11	0.14	0.17	0.21	0.25	0.19	0.14	0.10	0.06	0.03	0.01	0
0.4	0	0.00	0.00	0.01	0.01	0.02	0.03	0.04	0.06	0.07	0.10	0.12	0.15	0.18	0.22	0.16	0.11	0.07	0.03	0.01	0
0.5	0	0.00	0.00	0.00	0.00	0.00	0.01	0.01	0.02	0.03	0.05	0.07	0.09	0.12	0.15	0.18	0.13	0.08	0.04	0.01	0
0.6	0	0.00	−0.01	−0.01	−0.02	−0.01	−0.01	−0.01	−0.01	0.00	0.00	0.01	0.03	0.05	0.07	0.11	0.14	0.09	0.04	0.01	0
0.7	0	0.00	−0.01	−0.01	−0.02	−0.03	−0.03	−0.04	−0.04	−0.04	−0.04	−0.04	−0.03	−0.02	0.00	0.03	0.06	0.10	0.05	0.01	0
0.8	0	0.00	−0.01	−0.02	−0.03	−0.04	−0.06	−0.07	−0.08	−0.08	−0.09	−0.09	−0.09	−0.08	−0.07	−0.05	−0.03	0.01	0.05	0.02	0
0.9	0	0.00	−0.01	−0.03	−0.04	−0.06	−0.08	−0.09	−0.11	−0.12	−0.13	−0.13	−0.13	−0.12	−0.11	−0.10	−0.08	−0.04	−0.04	0.02	0
1.0	0	0.00	−0.02	−0.03	−0.05	−0.08	−0.10	−0.12	−0.14	−0.16	−0.18	−0.20	−0.20	−0.21	−0.21	−0.21	−0.20	−0.17	−0.14	−0.08	0
ζ＼α	1.0	0.9	0.8	0.7	0.6	0.5	0.4	0.3	0.2	0.1	0.0	−0.1	−0.2	−0.3	−0.4	−0.5	−0.6	−0.7	−0.8	−0.9	−1.0

附表 5-3a

t=3 集中荷载 $\bar{\sigma}$

α \ ζ	1.0	0.9	0.8	0.7	0.6	0.5	0.4	0.3	0.2	0.1	0.0	-0.1	-0.2	-0.3	-0.4	-0.5	-0.6	-0.7	-0.8	-0.9	-1.0	α
0.0	—	0.64	0.47	0.42	0.42	0.43	0.44	0.46	0.47	0.49	0.50	0.49	0.47	0.46	0.44	0.43	0.42	0.42	0.47	0.64	—	0.0
0.1	—	0.80	0.62	0.54	0.50	0.49	0.49	0.50	0.50	0.50	0.49	0.47	0.44	0.42	0.39	0.38	0.36	0.35	0.38	0.48	—	-0.1
0.2	—	0.96	0.81	0.65	0.58	0.55	0.54	0.53	0.52	0.50	0.47	0.44	0.41	0.38	0.35	0.33	0.31	0.30	0.21	0.33	—	-0.2
0.3	—	1.16	0.87	0.72	0.64	0.60	0.57	0.54	0.52	0.48	0.44	0.41	0.37	0.34	0.31	0.28	0.25	0.23	0.22	0.20	—	-0.3
0.4	—	1.37	0.97	0.78	0.69	0.64	0.59	0.54	0.50	0.45	0.41	0.37	0.33	0.29	0.26	0.22	0.19	0.15	0.11	0.08	—	-0.4
0.5	—	1.58	1.12	0.89	0.76	0.67	0.60	0.54	0.48	0.43	0.38	0.33	0.29	0.25	0.21	0.17	0.13	0.07	0.02	-0.04	—	-0.5
0.6	—	1.81	1.28	1.00	0.82	0.70	0.61	0.53	0.46	0.40	0.34	0.29	0.25	0.21	0.16	0.12	0.07	0.01	-0.06	-0.16	—	-0.6
0.7	—	2.05	1.44	1.09	0.87	0.72	0.60	0.51	0.43	0.37	0.31	0.26	0.22	0.16	0.12	0.07	0.02	-0.05	-0.14	-0.28	—	-0.7
0.8	—	2.31	1.58	1.16	0.90	0.72	0.59	0.49	0.40	0.33	0.27	0.22	0.17	0.12	0.07	0.02	-0.04	-0.11	-0.22	-0.39	—	-0.8
0.9	—	2.57	1.72	1.23	0.93	0.73	0.58	0.47	0.38	0.30	0.23	0.18	0.12	0.08	0.03	-0.03	-0.09	-0.18	-0.30	-0.50	—	-0.9
1.0	—	2.83	1.86	1.31	0.97	0.74	0.58	0.45	0.35	0.27	0.19	0.14	0.08	0.03	-0.02	-0.08	-0.15	-0.24	-0.39	-0.61	—	-1.0
ζ	-1.0	-0.9	-0.8	-0.7	-0.6	-0.5	-0.4	-0.3	-0.2	-0.1	0.0	0.1	0.2	0.3	0.4	0.5	0.6	0.7	0.8	0.9	1.0	α \ ζ

附表 5-3b

t=3 集中荷载 $\bar{Q}$

α \ ζ	1.0	0.9	0.8	0.7	0.6	0.5	0.4	0.3	0.2	0.1	0.0	-0.1	-0.2	-0.3	-0.4	-0.5	-0.6	-0.7	-0.8	-0.9	-1.0	α
0.0	0	-0.09	-0.14	-0.18	-0.22	-0.27	-0.31	-0.36	-0.40	-0.45	0.50*	0.45	0.40	0.36	0.31	0.27	0.22	0.18	0.14	0.09	0	0.0
0.1	0	-0.10	-0.17	-0.20	-0.27	-0.32	-0.37	-0.42	-0.47	0.48*	0.43	0.38	0.33	0.29	0.25	0.21	0.17	0.14	0.10	0.06	0	-0.1
0.2	0	-0.11	-0.19	-0.26	-0.33	-0.38	-0.44	-0.49	0.46*	0.41	0.36	0.31	0.27	0.23	0.19	0.16	0.13	0.10	0.07	0.03	0	-0.2
0.3	0	-0.14	-0.24	-0.32	-0.39	-0.45	-0.50*	0.44*	0.39	0.34	0.29	0.25	0.21	0.17	0.14	0.11	0.09	0.06	0.04	0.02	0	-0.3
0.4	0	-0.17	-0.29	-0.37	-0.45	-0.51*	0.42*	0.37	0.31	0.27	0.22	0.18	0.15	0.12	0.09	0.07	0.05	0.03	0.02	0.01	0	-0.4
0.5	0	-0.20	-0.33	-0.43	-0.51*	0.41*	0.35	0.29	0.24	0.20	0.16	0.12	0.09	0.06	0.04	0.02	0.01	0.00	-0.01	-0.01	0	-0.5
0.6	0	-0.23	-0.38	0.49*	0.42*	0.34	0.28	0.22	0.17	0.13	0.09	0.06	0.03	0.01	-0.01	-0.02	-0.03	-0.03	-0.03	-0.02	0	-0.6
0.7	0	-0.26	-0.43	0.45*	0.35	0.27	0.20	0.15	0.10	0.06	0.03	0.00	-0.02	-0.04	-0.05	-0.06	-0.07	-0.07	-0.06	-0.04	0	-0.7
0.8	0	-0.29	0.52*	0.38	0.28	0.20	0.13	0.08	0.03	0.00	-0.03	-0.06	-0.08	-0.09	-0.10	-0.10	-0.10	-0.10	-0.08	-0.05	0	-0.8
0.9	0	0.67*	0.46	0.32	0.21	0.13	0.06	0.01	-0.03	-0.07	-0.09	-0.12	-0.13	-0.14	-0.15	-0.15	-0.14	-0.13	-0.10	-0.06	0	-0.9
1.0	1*	0.64	0.41	0.24	0.14	0.05	-0.01	-0.06	-0.10	-0.13	-0.16	-0.17	-0.19	-0.19	-0.19	-0.19	-0.18	-0.17	-0.13	-0.08	0	-1.0
ζ	-1.0	-0.9	-0.8	-0.7	-0.6	-0.5	-0.4	-0.3	-0.2	-0.1	0.0	0.1	0.2	0.3	0.4	0.5	0.6	0.7	0.8	0.9	1.0	α \ ζ

附表 5-3c)

t=3 集中荷载 M̄

α＼ζ	1.0	0.9	0.8	0.7	0.6	0.5	0.4	0.3	0.2	0.1	0.0	−0.1	−0.2	−0.3	−0.4	−0.5	−0.6	−0.7	−0.8	−0.9	−1.0
0.0	0	0.00	0.02	0.03	0.05	0.08	0.11	0.14	0.18	0.22	0.27	0.22	0.18	0.14	0.11	0.08	0.05	0.03	0.02	0.01	0
0.1	0	0.00	0.02	0.04	0.66	0.09	0.13	0.17	0.21	0.26	0.22	0.18	0.14	0.11	0.08	0.06	0.04	0.02	0.01	0.00	0
0.2	0	0.01	0.02	0.04	0.07	0.11	0.15	0.20	0.25	0.20	0.17	0.13	0.10	0.08	0.06	0.04	0.02	0.01	0.00	0.00	0
0.3	0	0.01	0.03	0.05	0.09	0.13	0.18	0.23	0.19	0.15	0.12	0.10	0.07	0.05	0.04	0.03	0.02	0.01	0.00	0.00	0
0.4	0	0.01	0.03	0.07	0.11	0.15	0.21	0.17	0.14	0.11	0.08	0.06	0.04	0.03	0.02	0.01	0.01	0.00	0.00	0.00	0
0.5	0	0.01	0.04	0.08	0.12	0.18	0.14	0.11	0.08	0.06	0.04	0.03	0.02	0.01	0.00	0.00	0.00	0.00	0.00	0.00	0
0.6	0	0.01	0.04	0.09	0.14	0.10	0.07	0.05	0.03	0.01	0.00	−0.01	−0.01	−0.01	−0.01	−0.02	−0.01	−0.01	0.00	0.00	0
0.7	0	0.01	0.05	0.10	0.06	0.03	0.00	−0.01	−0.03	−0.03	−0.04	−0.04	−0.04	−0.04	−0.03	−0.03	−0.02	−0.01	−0.01	0.00	0
0.8	0	0.02	0.05	0.01	−0.02	−0.05	−0.06	−0.07	−0.08	−0.08	−0.08	−0.07	−0.07	−0.06	−0.05	−0.04	−0.03	−0.02	−0.01	0.00	0
0.9	0	0.02	−0.04	−0.08	−0.10	−0.12	−0.13	−0.13	−0.13	−0.12	−0.12	−0.11	−0.09	−0.08	−0.07	−0.05	−0.04	−0.03	−0.01	0.00	0
1.0	0	−0.08	−0.13	−0.16	−0.18	−0.19	−0.19	−0.19	−0.18	−0.17	−0.16	−0.14	−0.12	−0.10	−0.08	−0.06	−0.05	−0.03	−0.01	0.00	0
ζ＼α	−1.0	−0.9	−0.8	−0.7	−0.6	−0.5	−0.4	−0.3	−0.2	−0.1	0.0	0.1	0.2	0.3	0.4	0.5	0.6	0.7	0.8	0.9	1.0

附表 5-4a)

t=5 集中荷载 σ̄

α＼ζ	1.0	0.9	0.8	0.7	0.6	0.5	0.4	0.3	0.2	0.1	0.0	−0.1	−0.2	−0.3	−0.4	−0.5	−0.6	−0.7	−0.8	−0.9	−1.0
0.0	—	0.53	0.38	0.38	0.41	0.44	0.47	0.51	0.54	0.57	0.58	0.57	0.54	0.51	0.47	0.44	0.41	0.38	0.38	0.53	—
0.1	—	0.68	0.56	0.51	0.50	0.51	0.53	0.56	0.58	0.58	0.57	0.54	0.50	0.46	0.42	0.39	0.35	0.32	0.31	0.28	—
0.2	—	0.85	0.74	0.65	0.59	0.58	0.59	0.60	0.59	0.57	0.54	0.49	0.45	0.41	0.37	0.33	0.30	0.29	0.27	0.24	—
0.3	—	1.05	0.84	0.71	0.65	0.63	0.62	0.61	0.58	0.54	0.49	0.45	0.40	0.36	0.32	0.28	0.24	0.22	0.19	0.13	—
0.4	—	1.28	0.91	0.76	0.71	0.68	0.64	0.60	0.55	0.50	0.45	0.40	0.35	0.31	0.26	0.22	0.18	0.13	0.08	0.03	—
0.5	—	1.51	1.08	0.89	0.78	0.71	0.64	0.58	0.51	0.45	0.40	0.35	0.30	0.25	0.21	0.17	0.12	0.06	−0.01	−0.07	—
0.6	—	1.76	1.28	1.02	0.85	0.73	0.63	0.54	0.41	0.40	0.35	0.29	0.25	0.20	0.16	0.11	0.06	0.00	−0.07	−0.16	—
0.7	—	2.05	1.45	1.11	0.88	0.73	0.60	0.51	0.42	0.35	0.29	0.24	0.19	0.15	0.11	0.06	0.01	−0.05	−0.13	−0.25	—
0.8	—	2.36	1.61	1.17	0.90	0.71	0.57	0.46	0.37	0.30	0.24	0.19	0.14	0.10	0.06	0.01	−0.04	−0.10	−0.20	−0.34	—
0.9	—	2.67	1.76	1.24	0.92	0.70	0.54	0.42	0.33	0.25	0.19	0.13	0.09	0.05	0.01	−0.04	−0.09	−0.16	−0.27	−0.42	—
1.0	—	2.97	1.91	1.31	0.94	0.69	0.52	0.38	0.28	0.20	0.13	0.08	0.04	0.00	−0.04	−0.09	−0.14	−0.22	−0.33	−0.51	—
ζ＼α	−1.0	−0.9	−0.8	−0.7	−0.6	−0.5	−0.4	−0.3	−0.2	−0.1	0.0	0.1	0.2	0.3	0.4	0.5	0.6	0.7	0.8	0.9	1.0

附表 5-4b

t=5 集中荷载 $\bar{Q}$

ζ \ α	0.0	−0.1	−0.2	−0.3	−0.4	−0.5	−0.6	−0.7	−0.8	−0.9	−1.0
1.0	0	0	0	0	0	0	0	0	0	0	1*
0.9	−0.05	−0.09	−0.14	−0.17	−0.21	−0.27	−0.32	−0.37	−0.43	0.66*	0.62
0.8	−0.12	−0.14	−0.17	−0.21	−0.27	−0.32	−0.37	−0.43	0.51*	0.44	0.38
0.7	−0.16	−0.19	−0.24	−0.29	−0.35	−0.42	−0.48	0.45*	0.37	0.29	0.22
0.6	−0.20	−0.24	−0.30	−0.36	−0.43	−0.50	0.43*	0.35	0.27	0.19	0.11
0.5	−0.24	−0.30	−0.36	−0.42	−0.50	0.43*	0.35	0.27	0.19	0.11	0.03
0.4	−0.28	−0.35	−0.41	−0.49	0.44*	0.36	0.28	0.20	0.12	0.04	−0.03
0.3	−0.33	−0.40	−0.47	0.45*	0.38	0.30	0.22	0.14	0.07	0.00	−0.08
0.2	−0.39	−0.46	0.47*	0.39	0.32	0.24	0.17	0.10	0.02	−0.04	−0.11
0.1	0.44	0.48*	0.41	0.34	0.27	0.19	0.13	0.06	0.00	−0.07	−0.14
0.0	0.5*	0.42	0.35	0.28	0.22	0.15	0.09	0.03	−0.03	−0.09	−0.15
−0.1	0.44	0.37	0.30	0.24	0.18	0.11	0.06	0.00	−0.05	−0.11	−0.16
−0.2	0.39	0.32	0.25	0.19	0.14	0.08	0.03	−0.02	−0.07	−0.12	−0.17
−0.3	0.33	0.27	0.21	0.16	0.11	0.06	0.01	−0.04	−0.08	−0.13	−0.17
−0.4	0.28	0.22	0.17	0.12	0.08	0.03	−0.01	−0.05	−0.09	−0.13	−0.17
−0.5	0.24	0.18	0.14	0.09	0.05	0.01	−0.02	−0.06	−0.09	−0.13	−0.16
−0.6	0.20	0.15	0.10	0.07	0.03	0.00	−0.03	−0.06	−0.09	−0.12	−0.15
−0.7	0.16	0.11	0.07	0.04	0.02	−0.01	−0.04	−0.06	−0.09	−0.13	−0.13
−0.8	0.12	0.08	0.05	0.02	0.01	−0.01	−0.03	−0.05	−0.07	−0.11	−0.13
−0.9	0.05	0.05	0.02	0.01	0.00	−0.01	−0.02	−0.03	−0.05	−0.05	−0.08
−1.0	0	0	0	0	0	0	0	0	0	0	−1.0

（底边对偶坐标：ζ = 1.0, 0.9, 0.8, 0.7, 0.6, 0.5, 0.4, 0.3, 0.2, 0.1, 0.0, −0.1, −0.2, −0.3, −0.4, −0.5, −0.6, −0.7, −0.8, −0.9, −1.0；α = 0.0, 0.1, 0.2, 0.3, 0.4, 0.5, 0.6, 0.7, 0.8, 0.9, 1.0）

附表 5-4c

t=5 集中荷载 $\bar{M}$

ζ \ α	0.0	−0.1	−0.2	−0.3	−0.4	−0.5	−0.6	−0.7	−0.8	−0.9	−1.0
1.0	0	0	0	0	0	0	0	0	0	0	0
0.9	0.00	0.00	0.00	0.00	0.01	0.01	0.01	0.01	0.02	0.02	−0.08
0.8	0.01	0.02	0.02	0.02	0.03	0.04	0.04	0.05	0.06	−0.04	−0.13
0.7	0.03	0.03	0.04	0.05	0.06	0.07	0.08	0.10	0.01	−0.07	−0.16
0.6	0.05	0.05	0.06	0.08	0.10	0.12	0.14	0.06	−0.02	−0.10	−0.17
0.5	0.07	0.08	0.10	0.12	0.15	0.17	0.10	0.03	−0.04	−0.11	−0.18
0.4	0.09	0.11	0.13	0.16	0.20	0.13	0.07	0.00	−0.06	−0.12	−0.18
0.3	0.12	0.15	0.18	0.22	0.16	0.10	0.04	−0.01	−0.07	−0.12	−0.17
0.2	0.16	0.19	0.23	0.17	0.12	0.07	0.02	−0.02	−0.07	−0.12	−0.16
0.1	0.20	0.24	0.19	0.14	0.10	0.05	0.01	−0.03	−0.07	−0.11	−0.15
0.0	0.25	0.20	0.15	0.11	0.07	0.03	0.00	−0.04	−0.07	−0.10	−0.14
−0.1	0.20	0.16	0.12	0.08	0.05	0.02	−0.01	−0.04	−0.07	−0.09	−0.12
−0.2	0.16	0.12	0.09	0.06	0.04	0.01	−0.02	−0.04	−0.06	−0.08	−0.10
−0.3	0.12	0.09	0.06	0.04	0.02	0.00	−0.02	−0.03	−0.05	−0.07	−0.08
−0.4	0.09	0.07	0.05	0.03	0.01	−0.01	−0.02	−0.03	−0.04	−0.06	−0.07
−0.5	0.07	0.05	0.03	0.02	0.01	−0.01	−0.02	−0.03	−0.04	−0.04	−0.05
−0.6	0.05	0.03	0.02	0.01	0.00	−0.01	−0.02	−0.02	−0.03	−0.04	−0.04
−0.7	0.03	0.02	0.01	0.01	−0.01	−0.01	−0.01	−0.02	−0.02	−0.02	−0.02
−0.8	0.01	0.01	0.00	0.00	−0.01	−0.01	−0.01	−0.01	−0.01	−0.01	−0.01
−0.9	0.00	0.00	0.00	0.00	0.00	0.00	0.00	0.00	0.00	0.00	−0.08
−1.0	0	0	0	0	0	0	0	0	0	0	0

（底边对偶坐标：ζ = 1.0, 0.9, 0.8, 0.7, 0.6, 0.5, 0.4, 0.3, 0.2, 0.1, 0.0, −0.1, −0.2, −0.3, −0.4, −0.5, −0.6, −0.7, −0.8, −0.9, −1.0；α = 0.0, 0.1, 0.2, 0.3, 0.4, 0.5, 0.6, 0.7, 0.8, 0.9, 1.0）

附表 6

基础梁受力矩作用的 σ、Q、M 系数

反力 σ 图

剪力 Q 图

弯矩 M 图

转换公式: $\sigma = \pm \bar{\sigma} m / l^2$
$Q = \bar{Q} m / l$
$M = \pm \bar{M} m$

附表 6-1a)

$l=1$　力矩荷载 $\bar{\sigma}$

ζ\α	1.0	0.9	0.8	0.7	0.6	0.5	0.4	0.3	0.2	0.1	0.0	-0.1	-0.2	-0.3	-0.4	-0.5	-0.6	-0.7	-0.8	-0.9	-1.0	α\ζ
0.0	—	1.64	1.24	0.83	0.62	0.48	0.38	0.29	0.21	0.11	0.00	-0.11	-0.21	-0.29	-0.38	-0.48	-0.62	-0.83	-1.24	-1.64	—	0.0
0.1	—	1.81	1.30	0.93	0.66	0.50	0.39	0.29	0.19	0.07	-0.04	-0.13	-0.20	-0.28	-0.36	-0.46	-0.57	-0.70	-0.96	-1.49	—	-0.1
0.2	—	1.73	1.18	0.83	0.62	0.47	0.35	0.22	0.12	0.01	-0.08	-0.16	-0.22	-0.30	-0.37	-0.47	-0.57	-0.73	-1.00	-1.59	—	-0.2
0.3	—	1.84	1.04	0.75	0.57	0.44	0.30	0.16	0.05	-0.04	-0.11	-0.18	-0.24	-0.31	-0.38	-0.47	-0.59	-0.81	-1.08	-1.52	—	-0.3
0.4	—	1.86	1.15	0.81	0.59	0.42	0.26	0.13	0.02	-0.06	-0.12	-0.19	-0.25	-0.32	-0.39	-0.47	-0.59	-0.79	-1.08	-1.50	—	-0.4
0.5	—	1.89	1.25	0.87	0.60	0.39	0.23	0.11	0.01	-0.06	-0.13	-0.19	-0.26	-0.32	-0.39	-0.47	-0.60	-0.79	-1.08	-1.48	—	-0.5
0.6	—	1.94	1.31	0.88	0.57	0.36	0.21	0.10	0.01	-0.07	-0.14	-0.20	-0.25	-0.31	-0.38	-0.47	-0.58	-0.74	-1.00	-1.49	—	-0.6
0.7	—	2.01	1.25	0.78	0.51	0.32	0.19	0.08	0.00	-0.07	-0.14	-0.20	-0.25	-0.31	-0.38	-0.46	-0.57	-0.72	-1.00	-1.47	—	-0.7
0.8	—	2.03	1.23	0.78	0.50	0.31	0.19	0.08	-0.01	-0.08	-0.14	-0.20	-0.25	-0.31	-0.38	-0.46	-0.57	-0.74	-1.00	-1.47	—	-0.8
0.9	—	2.03	1.23	0.78	0.50	0.31	0.18	0.08	-0.01	-0.08	-0.14	-0.20	-0.25	-0.31	-0.38	-0.46	-0.57	-0.74	-1.00	-1.47	—	-0.9
1.0	—	2.03	1.23	0.78	0.50	0.31	0.18	0.08	-0.01	-0.08	-0.14	-0.20	-0.25	-0.31	-0.38	-0.46	-0.57	-0.74	-1.00	-1.47	—	-1.0
ζ\α	-1.0	-0.9	-0.8	-0.7	-0.6	-0.5	-0.4	-0.3	-0.2	-0.1	0.0	0.1	0.2	0.3	0.4	0.5	0.6	0.7	0.8	0.9	1.0	α\ζ

附表 6-1b)

$t=1$ 力矩荷载 $\bar{Q}$

α＼ζ	1.0	0.9	0.8	0.7	0.6	0.5	0.4	0.3	0.2	0.1	0.0	-0.1	-0.2	-0.3	-0.4	-0.5	-0.6	-0.7	-0.8	-0.9	-1.0	α
0.0	0	-0.20	-0.34	-0.44	-0.51	-0.56	-0.61	-0.64	-0.66	-0.68	-0.69	-0.68	-0.66	-0.64	-0.61	-0.56	-0.51	-0.44	-0.34	-0.20	0	0.0
0.1	0	-0.17	-0.34	-0.44	-0.51	-0.57	-0.61	-0.64	-0.67	-0.68	-0.68	-0.67	-0.66	-0.63	-0.60	-0.56	-0.51	-0.44	-0.36	-0.24	0	-0.1
0.2	0	-0.21	-0.36	-0.46	-0.53	-0.56	-0.62	-0.65	-0.67	-0.68	-0.67	-0.66	-0.64	-0.62	-0.58	-0.54	-0.49	-0.42	-0.34	-0.31	0	-0.2
0.3	0	-0.26	-0.40	-0.49	-0.55	-0.60	-0.64	-0.66	-0.67	-0.67	-0.66	-0.65	-0.63	-0.60	-0.56	-0.52	-0.47	-0.40	-0.31	-0.18	0	-0.3
0.4	0	-0.25	-0.40	-0.49	-0.56	-0.61	-0.65	-0.67	-0.67	-0.67	-0.66	-0.65	-0.63	-0.60	-0.56	-0.52	-0.47	-0.40	-0.31	-0.18	0	-0.4
0.5	0	-0.24	-0.40	-0.50	-0.57	-0.63	-0.65	-0.67	-0.68	-0.67	-0.66	-0.65	-0.62	-0.60	-0.56	-0.52	-0.46	-0.40	-0.31	-0.18	0	-0.5
0.6	0	-0.24	-0.40	-0.51	-0.58	-0.63	-0.65	-0.67	-0.67	-0.67	-0.66	-0.64	-0.62	-0.59	-0.56	-0.52	-0.46	-0.40	-0.31	-0.19	0	-0.6
0.7	0	-0.27	-0.42	-0.52	-0.58	-0.63	-0.65	-0.66	-0.67	-0.66	-0.65	-0.64	-0.61	-0.59	-0.55	-0.51	-0.46	-0.39	-0.31	-0.18	0	-0.7
0.8	0	-0.27	-0.43	-0.52	-0.59	-0.63	-0.65	-0.66	-0.67	-0.66	-0.65	-0.63	-0.61	-0.58	-0.55	-0.51	-0.46	-0.39	-0.30	-0.18	0	-0.8
0.9	0	-0.27	-0.43	-0.52	-0.59	-0.63	-0.65	-0.66	-0.67	-0.66	-0.65	-0.63	-0.61	-0.58	-0.55	-0.50	-0.46	-0.39	-0.30	-0.18	0	-0.9
1.0	0	-0.27	-0.43	-0.52	-0.59	-0.63	-0.65	-0.66	-0.67	-0.66	-0.65	-0.63	-0.61	-0.58	-0.55	-0.50	-0.46	-0.39	-0.30	-0.18	0	-1.0
ζ	-1.0	-0.9	-0.8	-0.7	-0.6	-0.5	-0.4	-0.3	-0.2	-0.1	0.0	0.1	0.2	0.3	0.4	0.5	0.6	0.7	0.8	0.9	1.0	＼α

附表 6-1c)

$t=1$ 力矩荷载 M

α＼ζ	1.0	0.9	0.8	0.7	0.6	0.5	0.4	0.3	0.2	0.1	0.0	-0.1	-0.2	-0.3	-0.4	-0.5	-0.6	-0.7	-0.8	-0.9	-1.0	α
0.0	0	0.01	0.04	0.08	0.14	0.18	0.24	0.30	0.36	0.43	-0.50*	-0.43	-0.36	-0.30	-0.24	-0.18	-0.14	-0.08	-0.04	-0.01	0	0.0
0.1	0	0.01	0.03	0.07	0.12	0.17	0.23	0.29	0.36	-0.57*	-0.51	-0.44	-0.37	-0.31	-0.25	-0.19	-0.13	-0.08	-0.04	-0.01	0	-0.1
0.2	0	0.01	0.04	0.08	0.13	0.19	0.25	0.31	-0.62*	-0.58	-0.49	-0.42	-0.36	-0.29	-0.23	-0.18	-0.12	-0.08	-0.04	-0.01	0	-0.2
0.3	0	0.02	0.05	0.09	0.16	0.20	0.27	-0.67*	-0.61	-0.53	-0.48	-0.40	-0.33	-0.28	-0.22	-0.16	-0.11	-0.07	-0.03	-0.01	0	-0.3
0.4	0	0.01	0.05	0.09	0.16	0.20	-0.73*	-0.67	-0.60	-0.53	-0.46	-0.40	-0.34	-0.27	-0.22	-0.16	-0.11	-0.07	-0.03	-0.01	0	-0.4
0.5	0	0.01	0.05	0.09	0.14	-0.80*	-0.73	-0.66	-0.60	-0.53	-0.46	-0.40	-0.33	-0.27	-0.21	-0.16	-0.11	-0.07	-0.03	-0.01	0	-0.5
0.6	0	0.01	0.04	0.09	-0.86*	-0.79	-0.73	-0.66	-0.60	-0.53	-0.46	-0.40	-0.34	-0.27	-0.22	-0.16	-0.11	-0.07	-0.03	-0.01	0	-0.6
0.7	0	0.01	0.05	-0.90*	-0.85	-0.79	-0.72	-0.66	-0.60	-0.52	-0.46	-0.39	-0.33	-0.27	-0.21	-0.16	-0.11	-0.07	-0.03	-0.01	0	-0.7
0.8	0	0.01	-0.95*	-0.90	-0.85	-0.79	-0.72	-0.66	-0.59	-0.52	-0.46	-0.39	-0.33	-0.27	-0.21	-0.16	-0.11	-0.07	-0.03	-0.01	0	-0.8
0.9	0	-0.99*	-0.95	-0.90	-0.85	-0.79	-0.72	-0.66	-0.59	-0.52	-0.46	-0.39	-0.33	-0.27	-0.21	-0.16	-0.11	-0.07	-0.03	-0.01	0	-0.9
1.0	-1*	-0.99	-0.95	-0.90	-0.85	-0.79	-0.72	-0.66	-0.59	-0.52	-0.46	-0.39	-0.33	-0.27	-0.21	-0.16	-0.11	-0.07	-0.03	-0.01	0	-1.0
ζ	-1.0	-0.9	-0.8	-0.7	-0.6	-0.5	-0.4	-0.3	-0.2	-0.1	0.0	0.1	0.2	0.3	0.4	0.5	0.6	0.7	0.8	0.9	1.0	＼α

附表 6-2a

$t=3$ 力 矩 荷 载 $\bar{\sigma}$

$\zeta \diagdown \alpha$	1.0	0.9	0.8	0.7	0.6	0.5	0.4	0.3	0.2	0.1	0.0	-0.1	-0.2	-0.3	-0.4	-0.5	-0.6	-0.7	-0.8	-0.9	-1.0
0.0	—	1.55	1.22	0.91	0.69	0.56	0.48	0.41	0.31	0.17	0.00	-0.17	-0.31	-0.41	-0.48	-0.56	-0.69	-0.91	-1.22	-1.55	—
0.1	—	1.56	1.65	1.23	0.80	0.60	0.50	0.41	0.25	0.05	-0.13	-0.25	-0.31	-0.35	-0.42	-0.50	-0.53	-0.54	-0.63	-1.59	—
0.2	—	1.80	1.28	0.91	0.69	0.54	0.41	0.24	0.06	-0.11	-0.24	-0.31	-0.36	-0.39	-0.44	-0.50	-0.55	-0.60	-0.77	-1.42	—
0.3	—	2.07	0.84	0.58	0.55	0.45	0.26	0.05	-0.12	-0.24	-0.30	-0.35	-0.40	-0.44	-0.48	-0.53	-0.62	-0.76	-1.05	-1.24	—
0.4	—	2.13	1.17	0.82	0.61	0.39	0.16	-0.05	-0.19	-0.28	-0.33	-0.37	-0.41	-0.45	-0.48	-0.52	-0.61	-0.77	-1.01	-1.20	—
0.5	—	2.22	1.47	1.00	0.63	0.31	-0.06	-0.11	-0.22	-0.29	-0.35	-0.39	-0.43	-0.45	-0.48	-0.52	-0.63	-0.81	-1.03	-1.16	—
0.6	—	2.36	1.64	1.03	0.55	0.20	-0.01	-0.15	-0.23	-0.30	-0.35	-0.38	-0.41	-0.43	-0.46	-0.49	-0.56	-0.64	-0.81	-1.18	—
0.7	—	2.56	1.46	0.79	0.37	0.11	-0.06	-0.18	-0.26	-0.32	-0.36	-0.39	-0.41	-0.43	-0.46	-0.49	-0.55	-0.64	-0.81	-1.13	—
0.8	—	2.60	1.41	0.73	0.33	0.08	-0.08	-0.19	-0.27	-0.32	-0.36	-0.39	-0.41	-0.43	-0.46	-0.49	-0.55	-0.64	-0.81	-1.11	—
0.9	—	2.59	1.40	0.73	0.34	0.09	-0.08	-0.19	-0.27	-0.32	-0.36	-0.39	-0.41	-0.43	-0.46	-0.49	-0.55	-0.64	-0.81	-1.11	—
1.0	—	2.59	1.40	0.74	0.34	0.09	-0.08	-0.19	-0.27	-0.32	-0.36	-0.39	-0.41	-0.43	-0.46	-0.49	-0.55	-0.64	-0.81	-1.11	—
$\zeta \diagdown \alpha$ 1.0\-1.0	-1.0	-0.9	-0.8	-0.7	-0.6	-0.5	-0.4	-0.3	-0.2	-0.1	0.0	0.1	0.2	0.3	0.4	0.5	0.6	0.7	0.8	0.9	1.0

附表 6-2b

$t=3$ 力 矩 荷 载 $\bar{Q}$

$\zeta \diagdown \alpha$	1.0	0.9	0.8	0.7	0.6	0.5	0.4	0.3	0.2	0.1	0.0	-0.1	-0.2	-0.3	-0.4	-0.5	-0.6	-0.7	-0.8	-0.9	-1.0
0.0	0	-0.17	-0.31	-0.42	-0.50	-0.56	-0.61	-0.65	-0.69	-0.71	-0.72	-0.71	-0.69	-0.65	-0.61	-0.56	-0.50	-0.42	-0.31	-0.17	0
0.1	0	-0.17	-0.26	-0.40	-0.50	-0.57	-0.62	-0.67	-0.70	-0.72	-0.71	-0.69	-0.66	-0.63	-0.59	-0.54	-0.49	-0.44	-0.39	-0.29	0
0.2	0	-0.09	-0.36	-0.47	-0.55	-0.61	-0.66	-0.69	-0.71	-0.70	-0.69	-0.66	-0.63	-0.59	-0.55	-0.50	-0.45	-0.39	-0.32	-0.22	0
0.3	0	-0.21	-0.49	-0.55	-0.61	-0.66	-0.70	-0.71	-0.71	-0.70	-0.66	-0.63	-0.59	-0.55	-0.50	-0.45	-0.40	-0.33	-0.24	-0.12	0
0.4	0	-0.35	-0.47	-0.57	-0.64	-0.69	-0.72	-0.73	-0.71	-0.69	-0.66	-0.62	-0.58	-0.54	-0.50	-0.44	-0.39	-0.32	-0.23	-0.12	0
0.5	0	-0.32	-0.47	-0.61	-0.67	-0.72	-0.74	-0.73	-0.71	-0.69	-0.66	-0.62	-0.58	-0.54	-0.49	-0.44	-0.39	-0.33	-0.22	-0.11	0
0.6	0	-0.29	-0.47	-0.61	-0.68	-0.72	-0.73	-0.72	-0.70	-0.69	-0.64	-0.61	-0.57	-0.52	-0.48	-0.43	-0.38	-0.32	-0.25	-0.15	0
0.7	0	-0.28	-0.54	-0.65	-0.70	-0.73	-0.73	-0.71	-0.70	-0.68	-0.63	-0.59	-0.55	-0.51	-0.46	-0.42	-0.36	-0.31	-0.23	-0.14	0
0.8	0	-0.34	-0.55	-0.65	-0.71	-0.73	-0.73	-0.71	-0.69	-0.66	-0.62	-0.59	-0.55	-0.50	-0.46	-0.41	-0.36	-0.30	-0.23	-0.13	0
0.9	0	-0.36	-0.55	-0.65	-0.71	-0.73	-0.73	-0.71	-0.69	-0.66	-0.62	-0.59	-0.55	-0.50	-0.46	-0.41	-0.36	-0.30	-0.23	-0.13	0
1.0	0	-0.36	-0.55	-0.65	-0.71	-0.73	-0.73	-0.71	-0.69	-0.66	-0.62	-0.59	-0.55	-0.50	-0.46	-0.41	-0.36	-0.30	-0.23	-0.13	0
$\zeta \diagdown \alpha$ 1.0\-1.0	-1.0	-0.9	-0.8	-0.7	-0.6	-0.5	-0.4	-0.3	-0.2	-0.1	0.0	0.1	0.2	0.3	0.4	0.5	0.6	0.7	0.8	0.9	1.0

附表 6-2c

$t=3$ 力矩荷载 $\bar\sigma$

α＼ζ	1.0	0.9	0.8	0.7	0.6	0.5	0.4	0.3	0.2	0.1	0.0	-0.1	-0.2	-0.3	-0.4	-0.5	-0.6	-0.7	-0.8	-0.9	-1.0
0.0	0	0.01	0.03	0.07	0.12	0.17	0.23	0.29	0.36	0.43	-0.50*	-0.43	-0.36	-0.29	-0.23	-0.17	-0.12	-0.07	-0.03	-0.01	0
-0.1	0	0.01	0.02	0.05	0.09	0.15	0.21	0.27	0.34*	-0.59*	-0.52	-0.45	-0.38	-0.31	-0.25	-0.20	-0.14	-0.10	-0.05	-0.01	0
-0.2	0	0.01	0.04	0.08	0.13	0.19	0.25	0.32	-0.61*	-0.54	-0.52	-0.40	-0.34	-0.28	-0.22	-0.17	-0.12	-0.08	-0.04	-0.01	0
-0.3	0	0.02	0.06	0.12	0.18	0.24	0.31	-0.62*	-0.55	-0.48	-0.41	-0.35	-0.29	-0.23	-0.18	-0.13	-0.09	-0.05	-0.02	0.00	0
-0.4	0	0.02	0.06	0.11	0.17	0.24	-0.69*	-0.62	-0.54	-0.47	-0.40	-0.34	-0.28	-0.23	-0.17	-0.13	-0.09	-0.05	-0.02	0.00	0
-0.5	0	0.02	0.06	0.11	0.17	-0.76*	-0.69	-0.61	-0.54	-0.47	-0.41	-0.34	-0.28	-0.23	-0.17	-0.13	-0.09	-0.05	-0.02	-0.01	0
-0.6	0	0.02	0.05	0.11	-0.83*	-0.76	-0.68	-0.61	-0.54	-0.47	-0.40	-0.34	-0.28	-0.23	-0.18	-0.13	-0.09	-0.06	-0.03	-0.01	0
-0.7	0	0.01	0.05	-0.88*	-0.81	-0.74	-0.66	-0.59	-0.52	-0.45	-0.39	-0.33	-0.27	-0.22	-0.17	-0.13	-0.09	-0.05	-0.03	-0.01	0
-0.8	0	0.02	-0.93*	-0.87	-0.80	-0.73	-0.66	-0.59	-0.52	-0.45	-0.39	-0.32	-0.27	-0.22	-0.17	-0.12	-0.09	-0.05	-0.03	-0.01	0
-0.9	0	-0.98*	-0.93	-0.87	-0.80	-0.73	-0.66	-0.59	-0.52	-0.45	-0.39	-0.33	-0.27	-0.22	-0.17	-0.12	-0.09	-0.05	-0.03	-0.01	0
-1.0	-1*	-0.98	-0.93	-0.87	-0.80	-0.73	-0.66	-0.59	-0.52	-0.45	-0.39	-0.33	-0.27	-0.22	-0.17	-0.12	-0.09	-0.05	-0.03	-0.01	0
ζ＼α	-1.0	-0.9	-0.8	-0.7	-0.6	-0.5	-0.4	-0.3	-0.2	-0.1	0.0	0.1	0.2	0.3	0.4	0.5	0.6	0.7	0.8	0.9	1.0

附表 6-3a

$t=5$ 力矩荷载 $\bar\sigma$

α＼ζ	1.0	0.9	0.8	0.7	0.6	0.5	0.4	0.3	0.2	0.1	0.0	-0.1	-0.2	-0.3	-0.4	-0.5	-0.6	-0.7	-0.8	-0.9	-1.0
0.0	—	1.48	1.29	0.99	0.76	0.62	0.57	0.51	0.39	0.23	0.00	-0.23	-0.39	-0.51	-0.57	-0.62	-0.76	-0.99	-1.29	-1.48	—
-0.1	—	1.53	2.03	1.47	0.93	0.68	0.60	0.49	0.29	0.00	-0.24	-0.39	-0.43	-0.46	-0.50	-0.54	-0.49	-0.30	-0.28	-1.49	—
-0.2	—	1.86	1.38	0.99	0.76	0.61	0.47	0.26	0.02	-0.21	-0.38	-0.46	-0.48	-0.49	-0.51	-0.54	-0.53	-0.48	-0.54	-1.27	—
-0.3	—	2.22	0.61	0.43	0.53	0.49	0.26	-0.02	-0.25	-0.38	-0.45	-0.48	-0.51	-0.53	-0.55	-0.56	-0.64	-0.81	-1.05	-0.04	—
-0.4	—	2.31	1.15	0.82	0.64	0.38	0.08	-0.18	-0.36	-0.45	-0.48	-0.50	-0.63	-0.54	-0.55	-0.56	-0.63	-0.78	-0.98	-0.98	—
-0.5	—	2.47	1.65	1.12	0.66	0.25	-0.07	-0.29	-0.41	-0.48	-0.51	-0.54	-0.55	-0.55	-0.55	-0.55	-0.65	-0.84	-1.03	-0.91	—
-0.6	—	2.70	1.94	1.17	0.53	0.08	-0.20	-0.35	-0.44	-0.49	-0.52	-0.53	-0.53	-0.52	-0.52	-0.52	-0.53	-0.56	-0.65	-0.93	—
-0.7	—	3.01	1.62	0.77	0.24	-0.08	-0.28	-0.40	-0.47	-0.51	-0.53	-0.53	-0.52	-0.51	-0.51	-0.50	-0.52	-0.56	-0.66	-0.87	—
-0.8	—	3.09	1.54	0.67	0.17	-0.12	-0.30	-0.41	-0.48	-0.51	-0.53	-0.53	-0.52	-0.51	-0.51	-0.51	-0.52	-0.57	-0.67	-0.85	—
-0.9	—	3.06	1.53	0.68	0.18	-0.11	-0.30	-0.41	-0.48	-0.51	-0.53	-0.53	-0.52	-0.51	-0.51	-0.51	-0.52	-0.57	-0.67	-0.85	—
-1.0	—	3.05	1.53	0.68	0.19	-0.11	-0.30	-0.41	-0.48	-0.51	-0.53	-0.53	-0.52	-0.51	-0.51	-0.51	-0.52	-0.57	-0.67	-0.85	—
ζ＼α	-1.0	-0.9	-0.8	-0.7	-0.6	-0.5	-0.4	-0.3	-0.2	-0.1	0.0	0.1	0.2	0.3	0.4	0.5	0.6	0.7	0.8	0.9	1.0

附表 6-3b)

t=5 力矩荷载 $\overline{Q}$

ζ \\ α	1.0	0.9	0.8	0.7	0.6	0.5	0.4	0.3	0.2	0.1	0.0	−0.1	−0.2	−0.3	−0.4	−0.5	−0.6	−0.7	−0.8	−0.9	−1.0
0.0	0	−0.14	−0.28	−0.40	−0.48	−0.55	−0.61	−0.67	−0.71	−0.75	−0.76	−0.75	−0.71	−0.67	−0.61	−0.55	−0.48	−0.40	−0.28	−0.14	0
0.1	0	−0.01	−0.20	−0.38	−0.50	−0.58	−0.64	−0.70	−0.73	−0.76	−0.74	−0.72	−0.67	−0.62	−0.57	−0.52	−0.47	−0.43	−0.40	−0.34	0
0.2	0	−0.20	−0.36	−0.48	−0.57	−0.64	−0.69	−0.73	−0.74	−0.73	−0.70	−0.66	−0.61	−0.56	−0.51	−0.46	−0.41	−0.36	−0.31	−0.23	0
0.3	0	−0.43	−0.55	−0.60	−0.65	−0.70	−0.74	−0.75	−0.74	−0.70	−0.66	−0.61	−0.57	−0.51	−0.46	−0.40	−0.34	−0.27	−0.18	−0.07	0
0.4	0	−0.37	−0.53	−0.63	−0.70	−0.75	−0.78	−0.77	−0.74	−0.70	−0.65	−0.60	−0.55	−0.50	−0.45	−0.39	−0.33	−0.26	−0.17	−0.07	0
0.5	0	−0.32	−0.52	−0.66	−0.75	−0.79	−0.80	−0.78	−0.75	−0.70	−0.65	−0.60	−0.54	−0.49	−0.44	−0.38	−0.32	−0.25	−0.15	−0.05	0
0.6	0	−0.34	−0.53	−0.69	−0.77	−0.80	−0.79	−0.77	−0.73	−0.68	−0.63	−0.58	−0.52	−0.47	−0.42	−0.37	−0.31	−0.26	−0.20	−0.17	0
0.7	0	−0.40	−0.63	−0.75	−0.80	−0.80	−0.78	−0.75	−0.71	−0.66	−0.60	−0.55	−0.50	−0.45	−0.40	−0.35	−0.29	−0.24	−0.18	−0.10	0
0.8	0	−0.43	−0.65	−0.76	−0.80	−0.80	−0.78	−0.75	−0.70	−0.65	−0.60	−0.55	−0.49	−0.44	−0.39	−0.34	−0.29	−0.23	−0.17	−0.10	0
0.9	0	−0.43	−0.65	−0.76	−0.80	−0.80	−0.78	−0.75	−0.70	−0.65	−0.60	−0.55	−0.49	−0.44	−0.39	−0.34	−0.29	−0.23	−0.17	−0.10	0
1.0	0	−0.43	−0.65	−0.76	−0.80	−0.80	−0.78	−0.75	−0.70	−0.65	−0.60	−0.55	−0.49	−0.44	−0.39	−0.34	−0.29	−0.23	−0.17	−0.10	0
α \\ ζ	−1.0	−0.9	−0.8	−0.7	−0.6	−0.5	−0.4	−0.3	−0.2	−0.1	0.0	0.1	0.2	0.3	0.4	0.5	0.6	0.7	0.8	0.9	1.0

附表 6-3c)

t=5 力矩荷载 $\overline{M}$

ζ \\ α	1.0	0.9	0.8	0.7	0.6	0.5	0.4	0.3	0.2	0.1	0.0	−0.1	−0.2	−0.3	−0.4	−0.5	−0.6	−0.7	−0.8	−0.9	−1.0
0.0	0	0.01	0.03	0.06	0.11	0.16	0.22	0.28	0.35	0.42	−0.50*	−0.42	−0.35	−0.28	−0.22	−0.16	−0.11	−0.06	−0.03	−0.01	0
0.1	0	0.01	0.00	0.03	0.07	0.13	0.19	0.26	0.33	−0.60*	−0.52	−0.45	−0.38	−0.32	−0.26	−0.20	−0.15	−0.11	−0.06	−0.02	0
0.2	0	0.01	0.04	0.08	0.13	0.19	0.26	0.33	0.60*	−0.52	−0.45	−0.38	−0.32	−0.26	−0.21	−0.16	−0.11	−0.08	−0.04	−0.01	0
0.3	0	0.03	0.08	0.13	0.20	0.27	0.34	−0.59*	−0.51	−0.44	−0.37	−0.31	−0.25	−0.19	−0.15	−0.10	−0.06	−0.04	−0.01	0.00	0
0.4	0	0.02	0.07	0.13	0.19	0.27	−0.66*	−0.58	−0.50	−0.43	−0.36	−0.30	−0.24	−0.19	−0.14	−0.10	−0.06	−0.03	−0.01	0.00	0
0.5	0	0.02	0.06	0.12	0.19	−0.73*	−0.65	−0.57	−0.49	−0.42	−0.35	−0.29	−0.23	−0.18	−0.14	−0.10	−0.08	−0.03	−0.01	0.00	0
0.6	0	0.01	0.07	0.12	−0.81*	−0.73	−0.65	−0.57	−0.49	−0.42	−0.36	−0.30	−0.24	−0.19	−0.15	−0.11	−0.07	−0.05	−0.02	−0.01	0
0.7	0	0.02	0.07	−0.86*	−0.78	−0.70	−0.62	−0.54	−0.47	−0.40	−0.34	−0.28	−0.23	−0.18	−0.14	−0.10	−0.07	−0.04	−0.02	0.00	0
0.8	0	0.02*	−0.92*	−0.85	−0.77	−0.69	−0.61	−0.53	−0.46	−0.39	−0.33	−0.27	−0.22	−0.17	−0.13	−0.10	−0.07	−0.04	−0.02	0.00	0
0.9	0	−0.98*	−0.92	−0.85	−0.77	−0.69	−0.61	−0.53	−0.46	−0.39	−0.33	−0.27	−0.22	−0.17	−0.13	−0.10	−0.07	−0.04	−0.02	0.00	0
1.0	−1*	−0.98*	−0.92	−0.85	−0.77	−0.69	−0.61	−0.53	−0.46	−0.39	−0.33	−0.27	−0.22	−0.17	−0.13	−0.10	−0.07	−0.04	−0.02	0.00	0
α \\ ζ	−1.0	−0.9	−0.8	−0.7	−0.6	−0.5	−0.4	−0.3	−0.2	−0.1	0.0	0.1	0.2	0.3	0.4	0.5	0.6	0.7	0.8	0.9	1.0

附表 6-4a

$t=0$ 力矩荷载 $\bar{\sigma}$

ζ	-1.0	-0.9	-0.8	-0.7	-0.6	-0.5	-0.4	-0.3	-0.2	-0.1	0.0	0.1	0.2	0.3	0.4	0.5	0.6	0.7	0.8	0.9	1.0
$\bar{\sigma}$	—	-1.31	-0.85	-0.62	-0.48	-0.37	-0.28	-0.20	-0.13	-0.06	-0.00	0.06	0.13	0.20	0.28	0.37	0.48	0.62	0.85	1.31	—

附表 6-4b

$t=0$ 力矩荷载 $\bar{Q}$

ζ	-1.0	-0.9	-0.8	-0.7	-0.6	-0.5	-0.4	-0.3	-0.2	-0.1	0.0	0.1	0.2	0.3	0.4	0.5	0.6	0.7	0.8	0.9	1.0
$\bar{Q}$	0	-0.27	-0.38	-0.45	-0.51	-0.55	-0.58	-0.61	-0.62	-0.63	-0.64	-0.63	-0.62	-0.61	-0.58	-0.55	-0.51	-0.45	-0.38	-0.27	0

附表 6-4c

$t=0$ 力矩荷载 $\bar{M}$

ζ	-1.0	-0.9	-0.8	-0.7	-0.6	-0.5	-0.4	-0.3	-0.2	-0.1	0.0	0.1	0.2	0.3	0.4	0.5	0.6	0.7	0.8	0.9	1.0
$\bar{m}$	0	-0.02	-0.05	-0.09	-0.14	-0.20	-0.25	-0.31	-0.37	-0.44	-0.50	-0.56	-0.63	-0.69	-0.75	-0.80	-0.86	-0.91	-0.95	-0.98	-1.00

附表 7

均布荷载作用下基础梁的角变 θ

① 转换公式：$\theta=$ 表中系数 $\times \dfrac{q_0 l^2}{EI}$（顺时针为正）。

② 表中数字以右半梁为准。左半梁数值相同，但正负相反。

③ 由于 $\theta=\dfrac{dy}{dx}$，故可以根据表中求 θ 的系数用数值积分（梯形公式）计算梁的挠度 y，向下为正。

t＼ζ	0	0.1	0.2	0.3	0.4	0.5	0.6	0.7	0.8	0.9	1.0
0	0	-0.0136	-0.0268	-0.0392	-0.0506	-0.0607	-0.0691	-0.0756	-0.0801	-0.0824	-0.0832
1	0	-0.0102	-0.0201	-0.0294	-0.0378	-0.0451	-0.0554	-0.0510	-0.0582	-0.0594	-0.0598
2	0	-0.0096	-0.0188	-0.0276	-0.0355	-0.0424	-0.0521	-0.0480	-0.0548	-0.0560	-0.0563
3	0	-0.0090	-0.0176	-0.0258	-0.0333	-0.0397	-0.0489	-0.0450	-0.0514	-0.0526	-0.0529
5	0	-0.0080	-0.0157	-0.0230	-0.0296	-0.0354	-0.0438	-0.0402	-0.0460	-0.0471	-0.0473
7	0	-0.0072	-0.0141	-0.0206	-0.0266	-0.0319	-0.0394	-0.0362	-0.0416	-0.0426	-0.0428
10	0	-0.0062	-0.0123	-0.0180	-0.0232	-0.0278	-0.0346	-0.0316	-0.0364	-0.0372	-0.0375

两个对称集中荷载作用下基础梁的角变 θ

附表 8

①转换公式:θ=表中系数×$\dfrac{Pl^2}{EI}$(顺时针向为正)。

②当只有一个集中荷载 P 作用在梁长的中点处,使用上式时需用 P/2 代替 P。

③表中数字以右半梁为准,左半梁数值相同,但正负相反。

④由于 θ=$\dfrac{\mathrm{d}y}{\mathrm{d}x}$,故可以根据表中系数用数值积分(梯形公式)计算梁的挠度 y,向下为正。

两个对称集中荷载 P t =0

附表 8-1

α＼ζ	0	0.1	0.2	0.3	0.4	0.5	0.6	0.7	0.8	0.9	1.0
0	0	−0.059	−0.0108	−0.149	−0.182	−0.208	−0.227	−0.240	−0.247	−0.251	−0.252
0.1	0	−0.054	−0.103	−0.144	−0.177	−0.203	−0.222	−0.235	−0.242	−0.246	−0.247
0.2	0	−0.044	−0.088	−0.129	−0.162	−0.188	−0.207	−0.220	−0.227	−0.231	−0.232
0.3	0	−0.034	−0.068	−0.104	−0.137	−0.163	−0.182	−0.195	−0.202	−0.206	−0.207
0.4	0	−0.024	−0.048	−0.074	−0.102	−0.128	−0.147	−0.160	−0.167	−0.171	−0.172
0.5	0	−0.014	−0.028	−0.044	−0.062	−0.083	−0.102	−0.115	−0.122	−0.126	−0.127
0.6	0	−0.004	−0.008	−0.014	−0.022	−0.033	−0.047	−0.060	−0.067	−0.071	−0.072
0.7	0	0.006	0.011	0.015	0.017	0.019	0.017	0.009	0.001	−0.001	−0.003
0.8	0	0.016	0.031	0.045	0.057	0.067	0.073	0.075	0.072	0.069	0.068
0.9	0	0.026	0.051	0.075	0.097	0.117	0.133	0.145	0.152	0.154	0.153
1.0	0	0.036	0.071	0.105	0.137	0.167	0.193	0.215	0.232	0.244	0.248

附表 8-2

$t=1$ 两个对称集中荷载 P

$\dfrac{\alpha}{\zeta}$	0	0.1	0.2	0.3	0.4	0.5	0.6	0.7	0.8	0.9	1.0
0	0	−0.053	−0.098	−0.134	−0.162	−0.184	−0.199	−0.209	−0.215	−0.217	−0.218
0.1	0	−0.048	−0.093	−0.129	−0.157	−0.178	−0.193	−0.203	−0.209	−0.211	−0.212
0.2	0	−0.038	−0.077	−0.113	−0.141	−0.163	−0.178	−0.188	−0.194	−0.196	−0.197
0.3	0	−0.029	−0.058	−0.090	−0.118	−0.139	−0.154	−0.164	−0.170	−0.173	−0.174
0.4	0	−0.019	−0.040	−0.062	−0.086	−0.107	−0.123	−0.138	−0.139	−0.142	−0.143
0.5	0	−0.010	−0.020	−0.032	−0.047	−0.064	−0.080	−0.091	−0.097	−0.099	−0.100
0.6	0	−0.001	−0.002	−0.005	−0.010	−0.018	−0.029	−0.039	−0.045	−0.048	−0.049
0.7	0	0.008	0.016	0.022	0.027	0.028	0.026	0.020	0.014	0.012	0.011
0.8	0	0.017	0.034	0.050	0.064	0.076	0.084	0.087	0.086	0.084	0.083
0.9	0	0.026	0.052	0.077	0.100	0.121	0.138	0.152	0.160	0.163	0.162
1.0	0	0.036	0.071	0.105	0.137	0.167	0.194	0.217	0.235	0.247	0.252

附表 8-3

$t=3$ 两个对称集中荷载 P

$\dfrac{\alpha}{\zeta}$	0	0.1	0.2	0.3	0.4	0.5	0.6	0.7	0.8	0.9	1.0
0	0	−0.049	−0.089	−0.121	−0.146	−0.165	−0.178	−0.186	−0.191	−0.192	−0.192
0.1	0	−0.043	−0.083	−0.114	−0.139	−0.157	−0.169	−0.177	−0.182	−0.184	−0.185
0.2	0	−0.033	−0.068	−0.099	−0.123	−0.141	−0.153	−0.160	−0.165	−0.167	−0.168
0.3	0	−0.025	−0.050	−0.078	−0.103	−0.122	−0.135	−0.143	−0.148	−0.150	−0.151
0.4	0	−0.017	−0.034	−0.053	−0.075	−0.095	−0.109	−0.118	−0.123	−0.125	−0.126
0.5	0	−0.008	−0.018	−0.029	−0.042	−0.058	−0.073	−0.082	−0.088	−0.090	−0.091
0.6	0	0.000	−0.001	−0.002	−0.007	−0.014	−0.025	−0.036	−0.042	−0.044	−0.045
0.7	0	0.008	0.015	0.021	0.025	0.027	0.025	0.019	0.013	0.011	0.010
0.8	0	0.015	0.030	0.044	0.056	0.066	0.073	0.076	0.075	0.073	0.072
0.9	0	0.023	0.046	0.068	0.088	0.106	0.121	0.133	0.141	0.143	0.142
1.0	0	0.031	0.061	0.091	0.119	0.146	0.171	0.192	0.209	0.220	0.224

附表 8-4

$t=5$ 两个对称集中荷载 P

ζ / α	0	0.1	0.2	0.3	0.4	0.5	0.6	0.7	0.8	0.9	1.0
0	0	−0.045	−0.081	−0.109	−0.130	−0.146	−0.158	−0.166	−0.170	−0.171	−0.171
0.1	0	−0.040	−0.076	−0.104	−0.126	−0.141	−0.152	−0.159	−0.163	−0.165	−0.166
0.2	0	−0.030	−0.061	−0.089	−0.110	−0.125	−0.136	−0.142	−0.146	−0.147	−0.147
0.3	0	−0.022	−0.044	−0.069	−0.091	−0.108	−0.119	−0.126	−0.130	−0.131	−0.132
0.4	0	−0.014	−0.030	−0.047	−0.066	−0.085	−0.098	−0.106	−0.110	−0.112	−0.113
0.5	0	−0.007	−0.014	−0.023	−0.035	−0.050	−0.064	−0.074	−0.079	−0.082	−0.082
0.6	0	0.000	0.000	−0.002	−0.006	−0.012	−0.023	−0.033	−0.039	−0.042	−0.042
0.7	0	0.007	0.013	0.019	0.023	0.024	0.022	0.016	0.009	0.007	0.006
0.8	0	0.014	0.027	0.040	0.051	0.059	0.065	0.067	0.064	0.061	0.061
0.9	0	0.021	0.041	0.061	0.079	0.095	0.109	0.120	0.127	0.129	0.128
1.0	0	0.027	0.054	0.080	0.106	0.130	0.152	0.171	0.187	0.198	0.202

附表 9

两个对称力矩荷载作用下基础梁的角变 θ

①转换公式：$\theta=$ 表中系数 $\times \dfrac{ml}{EI}$（顺时针向为正）。

②表中数字以右半梁为准，左半梁数值相同，但正负相反。

③由于 $\theta=\dfrac{dy}{dx}$，故可以根据表中系数用数值积分（梯形公式）计算梁的挠度 y，向下为正。

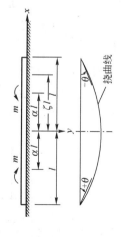

附表 9-1

$t=0$ 两个对称力矩荷载 m

α\ζ	0	0.1	0.2	0.3	0.4	0.5	0.6	0.7	0.8	0.9	1.0
0	0	−0.100	−0.100	−0.100	−0.100	−0.100	−0.100	−0.100	−0.100	−0.100	−0.100
0.2	0	−0.100	−0.200	−0.200	−0.200	−0.200	−0.200	−0.200	−0.200	−0.200	−0.200
0.3	0	−0.100	−0.200	−0.300	−0.300	−0.300	−0.300	−0.300	−0.300	−0.300	−0.300
0.4	0	−0.100	−0.200	−0.300	−0.400	−0.400	−0.400	−0.400	−0.400	−0.400	−0.400
0.5	0	−0.100	−0.200	−0.300	−0.400	−0.500	−0.500	−0.500	−0.500	−0.500	−0.500
0.6	0	−0.100	−0.200	−0.300	−0.400	−0.500	−0.600	−0.600	−0.600	−0.600	−0.600
0.7	0	−0.100	−0.200	−0.300	−0.400	−0.500	−0.600	−0.700	−0.700	−0.700	−0.700
0.8	0	−0.100	−0.200	−0.300	−0.400	−0.500	−0.600	−0.700	−0.800	−0.800	−0.800
0.9	0	−0.100	−0.200	−0.300	−0.400	−0.500	−0.600	−0.700	−0.800	−0.900	−0.900
1.0	0	−0.100	−0.200	−0.300	−0.400	−0.500	−0.600	−0.700	−0.800	−0.900	−1.000

附表 9-2

$t=1$ 两个对称力矩荷载 m

α\ζ	0	0.1	0.2	0.3	0.4	0.5	0.6	0.7	0.8	0.9	1.0
0.1	0	−0.101	−0.102	−0.103	−0.105	−0.107	−0.1185	−0.111	−0.112	−0.113	−0.114
0.2	0	−0.098	−0.196	−0.194	−0.193	−0.192	−0.191	−0.191	−0.191	−0.191	−0.191
0.3	0	−0.0945	−0.189	−0.283	−0.277	−0.273	−0.269	−0.267	−0.265	−0.264	−0.264
0.4	0	−0.093	−0.186	−0.280	−0.374	−0.370	−0.366	−0.363	−0.361	−0.360	−0.360
0.5	0	−0.093	−0.186	−0.279	−0.374	−0.470	−0.466	−0.464	−0.462	−0.462	−0.462
0.6	0	−0.093	−0.186	−0.279	−0.373	−0.469	−0.565	−0.563	−0.561	−0.561	−0.561
0.7	0	−0.092	−0.184	−0.277	−0.370	−0.465	−0.560	−0.657	−0.655	−0.654	−0.654
0.8	0	−0.0915	−0.184	−0.276	−0.370	−0.464	−0.560	−0.656	−0.754	−0.753	−0.753
0.9	0	−0.091	−0.183	−0.275	−0.369	−0.463	−0.559	−0.655	−0.753	−0.852	−0.852
1.0	0	−0.091	−0.182	−0.275	−0.369	−0.463	−0.559	−0.655	−0.753	−0.852	−0.952

附表 9-3

t=3 两个对称力矩荷载 m

α＼ζ	0	0.1	0.2	0.3	0.4	0.5	0.6	0.7	0.8	0.9	1.0
0.1	0	−0.103	−0.107	−0.111	−0.115	−0.120	−0.125	−0.130	−0.135	−0.137	−0.138
0.2	0	−0.099	−0.194	−0.190	−0.186	−0.184	−0.182	−0.182	−0.182	−0.182	−0.182
0.3	0	−0.083	−0.167	−0.251	−0.237	−0.225	−0.215	−0.207	−0.202	−0.199	−0.198
0.4	0	−0.0815	−0.164	−0.248	−0.333	−0.320	−0.310	−0.302	−0.297	−0.294	−0.294
0.5	0	−0.081	−0.163	−0.245	−0.330	−0.417	−0.406	−0.398	−0.393	−0.391	−0.391
0.6	0	−0.081	−0.163	−0.245	−0.331	−0.418	−0.509	−0.502	−0.499	−0.498	−0.498
0.7	0	−0.078	−0.157	−0.238	−0.320	−0.404	−0.492	−0.584	−0.578	−0.576	−0.575
0.8	0	−0.0775	−0.156	−0.236	−0.317	−0.402	−0.489	−0.580	−0.675	−0.672	−0.672
0.9	0	−0.0775	−0.156	−0.236	−0.317	−0.402	−0.489	−0.580	−0.675	−0.772	−0.772
1.0	0	−0.0775	−0.156	−0.236	−0.317	−0.402	−0.489	−0.580	−0.675	−0.772	−0.872

附表 9-4

t=5 两个对称力矩荷载 m

α＼ζ	0	0.1	0.2	0.3	0.4	0.5	0.6	0.7	0.8	0.9	1.0
0.1	0	−0.104	−0.109	−0.114	−0.120	−0.127	−0.134	−0.142	−0.149	−0.154	−0.155
0.2	0	−0.0905	−0.182	−0.175	−0.169	−0.165	−0.162	−0.161	−0.162	−0.162	−0.162
0.3	0	−0.0745	−0.150	−0.227	−0.207	−0.189	−0.175	−0.163	−0.155	−0.150	−0.148
0.4	0	−0.0725	−0.146	−0.222	−0.300	−0.282	−0.267	−0.256	−0.248	−0.244	−0.243
0.5	0	−0.071	−0.143	−0.217	−0.294	−0.375	−0.360	−0.349	−0.342	−0.339	−0.338
0.6	0	−0.072	−0.145	−0.220	−0.298	−0.380	−0.466	−0.457	−0.452	−0.450	−0.449
0.7	0	−0.0675	−0.136	−0.207	−0.281	−0.359	−0.441	−0.529	−0.521	−0.518	−0.517
0.8	0	−0.0665	−0.134	−0.204	−0.276	−0.352	−0.433	−0.520	−0.611	−0.607	−0.606
0.9	0	−0.0665	−0.134	−0.204	−0.276	−0.352	−0.433	−0.520	−0.611	−0.607	−0.706
1.0	0	−0.0665	−0.134	−0.204	−0.276	−0.352	−0.433	−0.520	−0.611	−0.607	−0.806

附表 10

两个反对称集中荷载作用下基础梁的角变 θ

① 求 θ 公式：$\theta = \phi - \dfrac{\Delta}{l}$（顺时针向为正）

式中：$\phi = $ 表中系数 $\times \dfrac{Pl^2}{EI}$（顺时针为正）

求 Δ 可以根据表中系数用数值积分（梯形公式）计算。例如，$t=5,\alpha=0.1,\zeta=1$，则

$\Delta = -(0.004+0.0115+0.018+0.023+0.0265+0.029+$

$0.0305+0.0315+0.032+0.032/2) \times \dfrac{Pl^2}{EI} \times 0.1l$

$= -0.0222 \dfrac{Pl^3}{EI}$

② 表中数字以右半梁为准，左半梁数值相同，正负号亦相同。

③ 求出 θ 后，挠度 y 可用数值积分计算。

附表 10-1

$t=0$ 两个反对称集中荷载 P

α＼ζ	0	0.1	0.2	0.3	0.4	0.5	0.6	0.7	0.8	0.9	1.0
0.1	0	-0.004	-0.0115	-0.018	-0.0235	-0.028	-0.315	-0.034	-0.0355	-0.036	-0.036
0.2	0	-0.004	-0.0155	-0.029	-0.040	-0.049	-0.056	-0.061	-0.063	-0.065	-0.065
0.3	0	-0.003	-0.0125	-0.0285	-0.0455	-0.059	-0.0695	-0.077	-0.0815	-0.0835	-0.084
0.4	0	-0.0025	-0.0100	-0.0225	-0.040	-0.058	-0.0715	-0.081	-0.087	-0.090	-0.091
0.5	0	-0.002	-0.0075	-0.0165	-0.0295	-0.047	-0.064	-0.076	-0.0835	-0.087	-0.088
0.6	0	-0.001	-0.0045	-0.011	-0.020	-0.032	-0.0475	-0.062	-0.071	-0.075	-0.076
0.7	0	-0.001	-0.0035	-0.007	-0.0115	-0.018	-0.027	-0.039	-0.0495	-0.054	-0.055
0.8	0	0.000	0.0005	0.001	0.0005	-0.001	-0.0035	-0.005	-0.009	-0.145	-0.016
0.9	0	0.001	0.0035	0.007	0.0115	0.0165	0.021	0.0245	0.0265	0.025	0.023
1.0	0	0.001	0.0045	0.0105	0.0185	0.0285	0.040	0.052	0.063	0.071	0.074

附表 10-2

$t=1$ 两个反对称集中荷载 P

ζ / α	0	0.1	0.2	0.3	0.4	0.5	0.6	0.7	0.8	0.9	1.0
0.1	0	−0.0045	−0.0125	−0.019	−0.0245	−0.029	−0.032	−0.0335	−0.0345	−0.035	−0.035
0.2	0	−0.0035	−0.014	−0.027	−0.0375	−0.0455	−0.0515	−0.0555	−0.058	−0.0595	−0.060
0.3	0	−0.0030	−0.012	−0.027	−0.043	−0.055	−0.064	−0.0705	−0.074	−0.0755	−0.076
0.4	0	−0.0025	−0.0095	−0.021	−0.0375	−0.054	−0.066	−0.074	−0.0785	−0.0805	−0.081
0.5	0	−0.0020	−0.0075	−0.0165	−0.029	−0.045	−0.0605	−0.071	−0.077	−0.0795	−0.080
0.6	0	−0.0005	−0.002	−0.006	−0.013	−0.023	−0.037	−0.050	−0.0575	−0.0605	−0.061
0.7	0	0.0000	−0.0005	−0.002	−0.0045	−0.009	−0.016	−0.0255	−0.034	−0.0375	−0.038
0.8	0	0.0005	0.0015	0.0025	0.0035	0.0045	0.005	0.0035	−0.001	−0.005	−0.006
0.9	0	0.0010	0.004	0.009	0.015	0.0215	0.0285	0.0345	0.0385	0.039	0.038
1.0	0	0.0020	0.0075	0.0155	0.0255	0.0375	0.0515	0.066	0.079	0.089	0.093

附表 10-3

$t=3$ 两个反对称集中荷载 P

ξ / α	0	0.1	0.2	0.3	0.4	0.5	0.6	0.7	0.8	0.9	1.0
0.1	0	−0.006	−0.0155	−0.022	−0.0275	−0.0315	−0.0340	−0.0360	−0.0375	−0.0380	−0.038
0.2	0	−0.0035	−0.0145	−0.028	−0.0385	−0.0465	−0.0525	−0.0565	−0.0585	−0.0595	−0.060
0.3	0	−0.0025	−0.0110	−0.026	−0.0410	−0.0520	−0.0605	−0.0660	−0.0695	−0.0715	−0.072
0.4	0	−0.0025	−0.0100	−0.022	−0.0385	−0.0550	−0.0670	−0.0755	−0.0805	−0.0825	−0.083
0.5	0	−0.0015	−0.0060	−0.014	−0.0260	−0.0420	−0.0570	−0.0670	−0.073	−0.0755	−0.076
0.6	0	−0.0010	−0.004	−0.009	−0.0160	−0.0255	−0.0385	−0.0510	−0.058	−0.0605	−0.061
0.7	0	−0.0005	−0.0015	−0.0035	−0.0065	−0.0110	−0.0180	−0.0275	−0.036	−0.0395	−0.040
0.8	0	0.0005	0.0015	0.0025	0.0035	0.0045	0.0045	0.0025	−0.002	−0.006	−0.007
0.9	0	0.0005	0.003	0.0075	0.0130	0.0195	0.0260	0.0320	0.0365	0.037	0.036
1.0	0	0.0015	0.006	0.0135	0.0235	0.0355	0.0485	0.0615	0.0740	0.084	0.088

附表 10-4

$l=5$ 两个反对称集中荷载 P

α\ζ	0	0.1	0.2	0.3	0.4	0.5	0.6	0.7	0.8	0.9	1.0
0.1	0	−0.004	−0.0115	−0.018	−0.023	−0.0265	−0.029	−0.0305	−0.0315	−0.032	−0.032
0.2	0	−0.0035	−0.014	−0.027	−0.037	−0.0445	−0.050	−0.0535	−0.056	−0.057	−0.057
0.3	0	−0.003	−0.0115	−0.026	−0.0415	−0.053	−0.0615	−0.0675	−0.071	−0.0725	−0.073
0.4	0	−0.0025	−0.009	−0.020	−0.0365	−0.053	−0.065	−0.073	−0.0775	−0.0795	−0.080
0.5	0	−0.0015	−0.006	−0.014	−0.0255	−0.0405	−0.055	−0.0645	−0.070	−0.0725	−0.073
0.6	0	−0.001	−0.035	−0.008	−0.0155	−0.0255	−0.0385	−0.0505	−0.057	−0.0595	−0.060
0.7	0	−0.0005	−0.002	−0.004	−0.0065	−0.0105	−0.017	−0.0265	−0.035	−0.0385	−0.039
0.8	0	0.000	0.0005	0.002	0.004	0.0055	0.004	0.001	−0.0035	−0.008	−0.009
0.9	0	0.001	0.004	0.0085	0.014	0.0205	0.0275	0.0335	0.0375	0.038	0.037
1.0	0	0.0015	0.006	0.0135	0.0235	0.0355	0.0485	0.062	0.075	0.085	0.089

附表 11

两个反对称力矩荷载作用下基础梁的角变 $θ$

① 求 $θ$ 公式:$θ=φ-\dfrac{Δ}{l}$(顺时针向为正)

式中:$φ=$ 表中系数 $×\dfrac{ml}{EI}$(顺时针为正)

求 $Δ$ 可以根据表中系数用数值积分(梯形公式)计算。例如,$l=0,α=0.3,ζ=1$,则

$$Δ=-(0.006+0.025+0.057+0.001-0.044-0.078-0.101$$
$$-0.115-0.122-0.124/2)×\dfrac{ml}{EI}×0.1l$$

$$=-0.0433\dfrac{ml^2}{EI}$$

② 表中数字以右半梁为准,左半梁数值相同,正负号亦相同。
③ 求出 $θ$ 后,挠度可用数值积分计算。

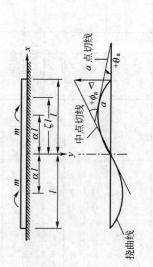

附表 11-1

$t=0$ 两个反对称力矩荷载 m

ζ \ α	0	0.1	0.2	0.3	0.4	0.5	0.6	0.7	0.8	0.9	1.0
0	0	−0.094	−0.175	−0.243	−0.299	−0.344	−0.378	−0.401	−0.415	−0.422	−0.424
0.1	0	0.006	−0.075	−0.143	−0.199	−0.244	−0.278	−0.301	−0.315	−0.322	−0.324
0.2	0	0.006	0.025	−0.043	−0.099	−0.144	−0.178	−0.201	−0.215	−0.222	−0.224
0.3	0	0.006	0.025	0.057	0.001	−0.044	−0.078	−0.101	−0.115	−0.122	−0.124
0.4	0	0.006	0.025	0.057	0.001	0.056	0.022	−0.001	−0.015	−0.022	−0.024
0.5	0	0.006	0.025	0.057	0.101	0.156	0.122	0.099	0.085	0.078	0.076
0.6	0	0.006	0.025	0.057	0.101	0.156	0.222	0.199	0.185	0.178	0.176
0.7	0	0.006	0.025	0.057	0.101	0.156	0.222	0.299	0.285	0.278	0.276
0.8	0	0.006	0.025	0.057	0.101	0.156	0.222	0.299	0.385	0.378	0.376
0.9	0	0.006	0.025	0.057	0.101	0.156	0.222	0.299	0.385	0.478	0.476
1.0	0	0.006	0.025	0.057	0.101	0.156	0.222	0.299	0.385	0.478	0.576

附表 11-2

$t=1$ 两个反对称力矩荷载 m

ζ \ α	0	0.1	0.2	0.3	0.4	0.5	0.6	0.7	0.8	0.9	1.0
0	0	−0.093	−0.172	−0.238	−0.292	−0.334	−0.366	−0.388	−0.400	−0.405	−0.406
0.1	0	0.0065	−0.0635	−0.130	−0.184	−0.226	−0.257	−0.277	−0.288	−0.292	−0.293
0.2	0	0.008	0.029	−0.038	−0.092	−0.135	−0.166	−0.186	−0.198	−0.203	−0.204
0.3	0	0.0065	0.027	0.0605	0.0055	−0.037	−0.0685	−0.090	−0.102	−0.107	−0.108
0.4	0	0.0065	0.026	0.059	0.105	0.065	0.0305	0.009	−0.003	−0.008	−0.009
0.5	0	0.0065	0.0265	0.0595	0.105	0.0163	0.133	0.112	0.100	0.095	0.094
0.6	0	0.0065	0.026	0.0585	0.104	0.161	0.230	0.209	0.198	0.193	0.192
0.7	0	0.0065	0.026	0.0585	0.104	0.161	0.229	0.308	0.295	0.290	0.289
0.8	0	0.0065	0.026	0.0585	0.104	0.161	0.229	0.308	0.395	0.390	0.389
0.9	0	0.0065	0.026	0.0585	0.104	0.161	0.229	0.308	0.395	0.490	0.489
1.0	0	0.0065	0.026	0.0585	0.104	0.161	0.229	0.308	0.395	0.490	0.589

附表 11-3

$t=3$ 两个反对称力矩荷载 m

$\diagdown$ α ζ	0	0.1	0.2	0.3	0.4	0.5	0.6	0.7	0.8	0.9	1.0
0	0	−0.093	−0.172	−0.237	−0.289	−0.329	−0.358	−0.377	−0.387	−0.391	−0.392
0.1	0	0.007	−0.077	−0.137	−0.189	−0.230	−0.259	−0.278	−0.289	−0.293	−0.294
0.2	0	0.007	0.0275	−0.039	−0.0925	−0.134	−0.165	−0.185	−0.197	−0.202	−0.203
0.3	0	0.0065	0.026	0.0585	0.0045	−0.0375	−0.0695	−0.0915	−0.104	−0.109	−0.110
0.4	0	0.0065	0.026	0.0585	0.104	0.0615	0.030	0.009	−0.003	−0.006	−0.005
0.5	0	0.0065	0.026	0.058	0.103	0.161	0.129	0.108	0.096	0.0005	0.089
0.6	0	0.0065	0.026	0.058	0.102	0.159	0.227	0.206	0.193	0.188	0.187
0.7	0	0.006	0.0245	0.0555	0.0985	0.154	0.221	0.299	0.286	0.280	0.278
0.8	0	0.006	0.0245	0.0555	0.0985	0.154	0.220	0.296	0.382	0.376	0.374
0.9	0	0.006	0.0245	0.0555	0.0985	0.154	0.220	0.296	0.382	0.476	0.474
1.0	0	0.006	0.0245	0.0555	0.0985	0.154	0.220	0.296	0.382	0.476	0.574

附表 11-4

$t=5$ 两个反对称力矩荷载 m

$\diagdown$ α ζ	0	0.1	0.2	0.3	0.4	0.5	0.6	0.7	0.8	0.9	1.0
0	0	−0.092	−0.169	−0.232	−0.282	−0.320	−0.347	−0.364	−0.373	−0.377	−0.378
0.1	0	0.0075	−0.0705	−0.135	−0.187	−0.226	−0.253	−0.271	−0.281	−0.286	−0.287
0.2	0	0.007	0.028	−0.0375	−0.0905	−0.132	−0.161	−0.181	−0.193	−0.195	−0.196
0.3	0	0.0065	0.026	0.059	0.0045	−0.0385	−0.070	−0.0915	−0.105	−0.111	−0.112
0.4	0	0.0065	0.026	0.0585	0.104	0.0615	0.0305	0.010	−0.002	−0.007	−0.008
0.5	0	0.0065	0.026	0.0585	0.104	0.161	0.129	0.108	0.0965	0.092	0.091
0.6	0	0.006	0.026	0.056	0.100	0.156	0.224	0.203	0.190	0.814	0.183
0.7	0	0.006	0.0245	0.056	0.098	0.152	0.218	0.294	0.281	0.275	0.274
0.8	0	0.006	0.024	0.054	0.096	0.150	0.214	0.290	0.375	0.369	0.368
0.9	0	0.006	0.024	0.054	0.096	0.150	0.214	0.290	0.375	0.469	0.468
1.0	0	0.006	0.024	0.054	0.096	0.150	0.214	0.290	0.375	0.469	0.568

参 考 文 献

[1] 高等学校土木工程专业指导委员会编制.高等学校土木工程专业本科教育培养目标和培养方案及课程教学大纲.北京:中国建筑工业出版社,2002.

[2] 天津大学建筑工程系地下建筑工程教研室.地下结构静力计算[M].北京:中国建筑工业出版社,1979.

[3] 李夕兵,冯涛.岩石地下建筑工程[M].长沙:中南工业大学出版社,1999.

[4] 孙钧,侯学渊.地下结构(上册)[M].北京:科学出版社,1987.

[5] 孙钧,侯学渊.地下结构(下册)[M].北京:科学出版社,1991.

[6] 徐思淑.岩石地下建筑设计与构造[M].北京:中国建筑工业出版社,1981.

[7] 张庆贺,朱合华.土木工程专业毕业设计指南隧道及地下工程分册[M].北京:中国水利水电出版社,1999.

[8] 同济大学、天津大学等六单位.土层地下建筑结构[M].上海:同济大学地下系翻印.

[9] 束昱.地下空间资源的开发与利用[M].上海:同济大学出版社.2002.

[10] 彭立敏,刘小兵.交通隧道工程[M].长沙:中南大学出版社,2003.

[11] 王毅才.隧道工程[M].北京:人民交通出版社.2001.

[12] 中国大百科全书.土木工程[M].北京:中国大百科全书出版社,1985.

[13] 陈建平,吴立.地下建筑工程设计与施工[M].武汉:中国地质大学出版社,2000.

[14] 图鸿宾,张金彪,那允伟.地下世界[M].北京:人民交通出版社,2003.

[15] 高谦,罗旭,等.现代岩土施工技术[M].北京:中国建材工业出版社,2006.

[16] 铁道部第二勘测设计院.铁路工程设计技术手册·隧道(修订版)[M].北京:中国铁道出版社,1999.

[17] 景诗庭,朱永全,宋玉香.隧道结构可靠度[M].中国铁道出版社,2002.

[18] 李志业,曾艳华.地下结构设计原理与方法[M].成都:西南交通大学出版社,2003.

[19] 龚维明,童小东,等.地下结构工程[M].南京:东南大学出版社,2004.

[20] 李晓红.隧道新奥法及其量测技术[M].北京:科学出版社,2002.

[21] 谢康和,周健.岩土工程有限元分析理论与应用[M].北京:科学出版社,2002.

[22] 阎盛海.地下结构抗震[M].大连:大连理工大学出版社,1989.

[23] 赵阳,方有珍,孙静怡.荷载与结构设计方法[M].重庆:重庆大学出版社,2001.

[24] 朱合华.地下建筑结构[M].北京:中国建筑工业出版社,2005

[25] 张庆贺,朱合华,黄宏伟.地下工程[M].上海:同济大学出版社,2005.

[26] 贺少辉.地下工程[M].北京:清华大学出版社、北京交通大学出版社,2006.

[27] 关宝树,杨其新.地下工程概论[M].成都:西南交通大学出版社,2001.

[28] 徐干成,白洪才,郑颖人,等.地下工程支护结构[M].北京:中国水利水电出版社.2001.

[29] 林宗元.岩土工程治理手册[M].北京:中国建筑工业出版社,2005.

[30] 张庆贺,朱合华,庄荣.地铁与轻轨[M].北京:人民交通出版社,2002.

[31] 孙强.工程教育教学法[M].合肥:合肥工业大学出版社,2004.

[32] 陈立道,朱雪岩.城市地下空间规划理论与实践[M].上海:同济大学出版社,1997.

[33] 耿永常.地下空间建筑与防护结构[M].哈尔滨:哈尔滨工业大学出版社等,2005.

[34] 潘昌实.隧道力学数值方法[M].北京:中国铁道出版社,1995.

[35] 高谦,乔兰,等.地下工程系统分析与设计[M].北京:中国建材工业出版社,2006.

[36] 施仲衡.地下铁道设计与施工[M].西安:陕西科学技术出版社,1997.

[37] 李相然,岳同助.城市地下工程实用技术[M].北京:中国建材工业出版社,2000.

[38] 贺永年,刘志强.隧道工程[M].徐州:中国矿业大学出版社,2002.

[39] 梁炯鎏.锚固与注浆技术手册[M].北京:中国电力出版社,1999.

[40] 张永波,孙新忠.基坑降水工程[M].北京:地震出版社,2000.

[41] 陈志龙.人民防空工程技术与管理[M].北京:中国建筑工业出版社,2004.

[42] 刘铁雄译.日本隧道标准规范(盾构篇)及解释[M].成都:西南交通大学出版社,1988.

[43] 翁家杰.地下工程[M].北京:煤炭工业出版社,1995

[44] 郑颖人.地下工程锚喷支护设计指南[M].北京:中国铁道出版社,1988.

[45] 马保松,D.Stein,等.顶管和微型隧道技术[M].北京:人民交通出版社,2004.

[46] 黄强.建筑基坑支护技术规程应用手册[M].北京:中国建筑工业出版社,1999.

[47] 杨林德,等.岩土工程问题的反演理论与工程实践[M].北京:科学出版社,1999.

[48] 中华人民共和国国家标准.建筑结构荷载规范(GB 50009—2012)(2006年版).北京:中国建筑工业出版社,2012.

[49] 中华人民共和国行业标准.铁路隧道设计规范(TB 10003—2005).北京:中国铁道出版社,2005.

[50] 铁路工程施工技术指南.铁路隧道工程施工技术指南(TZ 204—2008).北京:中国铁道出版社,2009.

[51] 中华人民共和国行业标准.公路隧道设计规范(JTG D70—2004).北京:人民交通出版社,2004.

[52] 中华人民共和国行业推荐性标准.公路隧道设计细则(JTG D70—2010).北京:人民交通出版社,2010.

[53] 中华人民共和国行业标准.公路隧道施工技术规范(JTG F60—2009).北京:人民交通出版社,1995.

[54] 中华人民共和国行业标准.铁路隧道喷锚构筑法技术规范(TB 10108—2002).北京:中国铁道出版社,2002.

[55] 中华人民共和国国家标准.人民防空地下室设计规范(GB 50038—2005).北京:国标图集出版社,2005.

[56] 中华人民共和国行业标准.锚杆喷射混凝土支护技术规范(GB 50086—2001).北京:中国计划出版社,2001.

[57] 中华人民共和国国家标准.地下铁道设计规范(GB 50157—2003).北京:中国计划出版社,1999.

[58] 中华人民共和国国家标准. 地下铁道工程施工及验收规范(GB 50299—1999). 北京:中国计划出版社, 1999.

[59] 刘建航, 侯学渊. 盾构法隧道[M]. 北京:中国铁道出版社, 1991.

[60] 中华人民共和国行业标准. 建筑基坑支护技术规程(JGJ 120—2012). 北京:中国建筑工业出版社, 2012.